实战从入门到精通（视频教学版）

Windows 10+Office 2013
高效办公实战从入门到精通
（视频教学版）

刘玉红　李　园　编著

清华大学出版社

北京

内 容 简 介

本书从零基础开始讲解，用实例引导读者深入学习，采用"Windows 10 系统应用→ Word 高效办公 → Excel 高效办公→ PowerPoint 高效办公→高效信息化办公→高手秘籍"的路线，深入浅出地讲解 Windows 10 系统和 Office 办公操作及实战技能。

第 1 篇"Windows 10 系统应用"主要讲解认识 Windows 10 操作系统、掌握 Windows 10 操作系统、个性化 Windows 10 操作系统、管理系统用户账户、轻松使用 Windows 10 附件、管理电脑中的文件资源、安装与管理软件等内容。

第 2 篇"Word 高效办公"主要讲解 Word 2013 的基本操作、文档格式的设置与美化、Word 2013 的高级应用、文档的审核及打印等内容。

第 3 篇"Excel 高效办公"主要讲解 Excel 2013 的基本操作、工作表数据的输入与编辑、工作表格式的设置与美化、工作表数据的管理与分析、使用公式与函数计算数据等内容。

第 4 篇"PowerPoint 高效办公"主要讲解 PowerPoint 2013 的基本操作、丰富演示文稿的内容、让演示文稿有声有色，放映 / 打包与发布演示文稿等内容。

第 5 篇"高效信息化办公"主要讲解办公局域网的连接与设置、网络辅助办公、网络沟通与交流、Office 组件之间的协作办公等内容。

第 6 篇"高手秘籍"主要讲解办公数据的安全与共享、办公电脑的优化与维护等内容。

本书配备的 DVD 光盘中赠送了丰富的资源，包括本书实例完整素材和结果文件、教学幻灯片、本书精品教学视频、600 套涵盖各个办公领域的实用模板、Office 2013 快捷键速查手册、Excel 常用办公函数 180 例、电脑故障维修案例大全、常用的办公辅助软件使用技巧、办公好助手——英语课堂、做个办公室的文字达人、打印机 / 扫描仪等常用办公设备的使用与维护、快速掌握必需的办公礼仪等。

本书适合任何想学习 Windows 10 和 Office 2013 办公技能的人员，无论您是否从事计算机相关行业，无论您是否接触过 Windows 10 和 Office 2013，通过学习本书均可快速掌握高效办公的方法和技巧。

图书在版编目(CIP)数据

windows 10+Office 2013高效办公实战从入门到精通：视频教学版 / 刘玉红，李园编著.
—北京：清华大学出版社，2017
　　（实战从入门到精通：视频教学版）

ISBN 978-7-302-46134-0

Ⅰ.①W… Ⅱ.①刘… ②李… Ⅲ.①Windows操作系统 ②办公自动化－应用软件 Ⅳ.①TP316.7 ②TP317.1

中国版本图书馆CIP数据核字（2017）第010934号

责任编辑：张彦青
封面设计：朱承翠
责任校对：吴春华
责任印制：宋　林

出版发行：清华大学出版社
　　　　　网　　　址：http://www.tup.com.cn，http://www.wqbook.com
　　　　　地　　　址：北京清华大学学研大厦A座　　　　邮　　编：100084
　　　　　社 总 机：010-62770175　　　　　　　　　　　邮　　购：010-62786544
　　　　　投稿与读者服务：010-62776969，c-service@tup.tsinghua.edu.cn
　　　　　质量反馈：010-62772015，zhiliang@tup.tsinghua.edu.cn

印 刷 者：清华大学印刷厂
装 订 者：三河市新茂装订有限公司
经　　销：全国新华书店
开　　本：190mm×260mm　　　　　印　　张：36.25　　　字　　数：879千字
　　　　　（附DVD 1张）
版　　次：2017年4月第1版　　　　　印　　次：2017年4月第1次印刷
印　　数：1～3000
定　　价：69.00元

产品编号：069889-01

前　言
PREFACE

　　"实战从入门到精通（视频教学版）"系列图书是专门为职场办公初学者量身定制的一套学习用书，涵盖办公、网页设计等方面。整套书具有以下特点。

前沿科技

　　无论是 Office 办公，还是 Dreamweaver CC、Photoshop CC，我们都精选较为前沿或者用户群较大的领域进行介绍，帮助读者认识和了解最新动态。

权威的作者团队

　　组织国家重点实验室和资深应用专家联手编著该套图书，融合丰富的教学经验与优秀的管理理念。

学习型案例设计

　　以技术的实际应用过程为主线，全程采用图解和同步多媒体结合的教学方式，生动、直观、全面地剖析使用过程中的各种应用技能，降低难度，提升学习效率。

为什么要写这样一本书

　　Office 在日常办公中的应用非常普遍，正确熟练地使用 Office 已成为信息时代对每个人的基本要求。为满足广大读者的学习需要，我们针对不同学习对象的接受能力，邀请了多位 Office 高手、实战型办公讲师，精心编写了本书。其主要目的是提高办公效率，让读者不再加班，轻松完成任务。

通过本书能精通哪些办公技能

◇ 精通 Windows 10 操作系统的应用技能。

◇ 精通 Word 2013 办公文档的应用技能。

◇ 精通 Excel 2013 电子表格的应用技能。

◇ 精通 PowerPoint 2013 演示文稿的应用技能。

◇ 精通 Outlook 2013 收发信件的应用技能。

◇ 精通 Office 2013 组件之间协作办公的应用技能。

◇ 精通现代网络化协同办公的应用技能。

◇ 精通办公数据的安全与共享的技能。

◇ 精通办公电脑的优化与维护的技能。

本书特色

▶ 零基础、入门级的讲解

无论您是否从事计算机相关行业，无论您是否接触过 Windows 10 操作系统和 Office 办公软件，都能轻松阅读本书。

▶ 超多、实用、专业的范例和项目

本书在编排上紧密结合深入学习 Office 办公技术的先后过程，从 Office 软件的基本操作开始，带领大家逐步深入地学习各种应用技巧，侧重实战技能，使用简单易懂的实际案例进行分析和操作指导，让读者读起来简明轻松，操作起来有章可循。

▶ 职业范例为主，一步一图，图文并茂

本书在讲解过程中，每一个技能点均配有与此行业紧密结合的行业案例辅助讲解，每一步操作均配有与此对应的操作截图。读者在学习过程中能直观、清晰地看到每一步的操作过程和效果，利于加深理解和快速掌握。

▶ 职业技能训练，更切合办公实际

本书在每个章节的最后均设置有"高效办公技能实战"环节，此环节是为提高读者电脑办公实战技能而特意安排的，从案例的选择到实训策略均吻合行业应用技能的需求，以便读者通过学习能更好地从事电脑办公。

▶ 随时检测自己的学习成果

每章首页均提供了学习目标，以指导读者重点学习及学后检查。

每章最后的"疑难问题解答"版块，均根据实战操作中遇到的经典问题做详细解答，以解决学习者的疑惑。

▶ 细致入微、贴心提示

本书在讲解过程中，使用了大量"注意""提示""技巧"等小栏目，使读者在学习过程中更清楚地了解相关操作、理解相关概念，并轻松掌握各种操作技巧。

▶ 专业创作团队和技术支持

您在学习过程中遇到任何问题，可加入智慧学习乐园 QQ 群：221376441 进行提问，随时有资深实战型讲师在旁指点，精选难点、重点在腾讯课堂还有直播讲授。

超值光盘

▶ 全程同步教学录像

涵盖本书所有知识点，详细讲解每个实例及项目的过程及技术关键点，使读者比看书更轻松地掌握书中所有的相关技能，而且扩展的讲解部分能使读者获得比书中讲解更多的收获。

▶ 超多容量王牌资源大放送

赠送大量王牌资源，包括本书实例完整素材和结果文件、教学幻灯片、本书精品教学视频、600 套涵盖各个办公领域的实用模板、Office 2013 快捷键速查手册、Excel 常用办公函数180 例、电脑故障维修案例大全、常用的办公辅助软件使用技巧、办公好助手——英语课堂、做个办公室的文字达人、打印机／扫描仪等常用办公设备使用与维护、快速掌握必需的办公礼仪。

读者对象

◇ 没有任何 Windows 10 操作系统和 Office 2013 办公基础的初学者。

◇ 有一定的 Office 2013 办公基础，想实现 Office 2013 高效办公的人员。

◇ 大专院校及培训机构的老师和学生。

创作团队

本书由刘玉红、李园编著，参加编写的人员还有刘玉萍、周佳、付红、王攀登、郭广新、侯永岗、蒲娟、刘海松、孙若淞、王月娇、包慧利、陈伟光、胡同夫、梁云梁和周浩浩。

在编写过程中，我们力尽所能地将最好的讲解呈现给读者，但也难免有疏漏和不妥之处，敬请不吝指正。若您在学习中遇到困难和疑问，或有何建议，可写信至信箱 35797357@qq.com。

编　者

目录

 **Windows 10系统应用**

第1章　从零开始——认识Windows 10操作系统

第2章　快速入门——掌握Windows 10操作系统

第3章　个性化定制——个性化Windows 10操作系统

第4章　账户管理——管理系统用户账户

第5章　附件管理——轻松使用Windows 10附件

第6章　文件管理——管理电脑中的文件资源

第7章　程序管理——软件的安装与管理

第2篇　Word高效办公

第8章　办公基础——Word 2013的基本操作

第9章　图文并茂——文档格式的设置与美化

第10章 文档排版——Word 2013的高级应用

第11章 文档输出——文档的审核与打印

Excel高效办公

第12章 制表基础——Excel 2013的基本操作

第13章 制作报表——工作表数据的输入与编辑

第14章 美化报表——工作表格式的设置与美化

第15章 分析报表——工作表数据的管理与分析

第16章 自动计算——使用公式与函数计算数据

第4篇　PowerPoint高效办公

第17章　文稿基础——PowerPoint 2013的基本操作

第18章　编辑文稿——丰富演示文稿的内容

第19章 美化文稿——让演示文稿有声有色

第20章 放映输出——放映、打包和发布演示文稿

第5篇 高效信息化办公

第21章 电脑上网——办公局域网的连接与设置

第22章 走进网络——网络辅助办公

第23章 办公通信——网络沟通和交流

第24章 协同办公——Office组件之间的协作办公

第 6 篇 高手秘籍

第25章 保护数据——办公数据的安全与共享

第26章 安全优化——办公电脑的优化与维护

第 **1** 篇

Windows 10 系统应用

电脑办公是目前最常用的办公方式，使用电脑可以轻松步入无纸化办公时代，节约能源并提高效率。本篇学习最新的 Windows 10 系统应用的常用技巧和技能。

第1章

从零开始——认识 Windows 10 操作系统

● **本章导读**

　　Windows 10 是由微软公司开发的新一代操作系统，该系统旨在让人们的日常电脑操作更加简单和快捷，为人们提供高效易行的工作环境。本章将为读者介绍 Windows 10 操作系统的版本、新功能体验、安装、启动与关闭等。

● **学习目标**

◎　了解 Windows 10 的版本内容
◎　熟悉 Windows 10 新功能体验
◎　掌握 Windows 10 的安装方法
◎　掌握启用 Windows 10 的方法
◎　掌握关闭 Windows 10 的方法

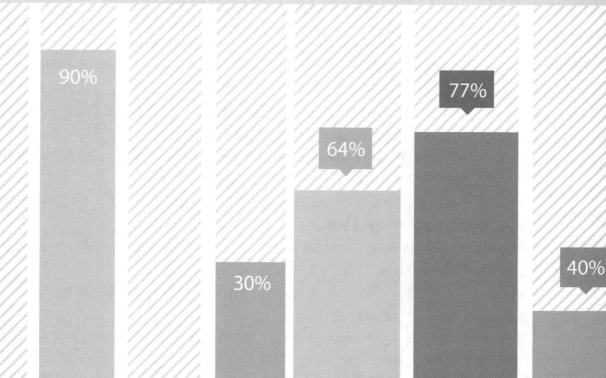

1.1 Windows 10版本介绍

与以往的操作系统不同，Windows 10 是一款跨平台的操作系统，它能够同时运行在台式机、平板电脑、智能手机和 Xbox 等平台中，为用户带来统一的体验。如图 1-1 所示为 Windows 10 专业版的桌面显示效果。

图 1-1　Windows 10 专业版的桌面

根据微软的正式公布，Windows 10 共划分为 7 个版本，具体介绍如下。

☆ Windows 10 家庭版 (Windows 10 Home)：主要是面向消费者和个人 PC 用户的电脑系统版本，适合个人或者家庭电脑用户使用。

☆ Windows 10 专业版 (Windows 10 Pro)：面向个人电脑用户，相比家庭版功能要多一些，并且 Windows 10 专业版还面向大屏平板电脑、笔记本、PC 平板二合一变形本等桌面设备。

☆ Windows 10 企业版 (Windows 10 Enterprise)：主要是在专业版的基础上，增加了专门给大中型企业的需求开发的高级功能，适合企业用户使用。

☆ Windows 10 教育版 (Windows 10 Education)：主要基于企业版进行开发，专门针对学校教职工、管理人员、老师和学生的需求。

☆ Windows 10 移动版 (Windows 10 Mobile)：主要面向小尺寸的触摸设备，主要针对智能手机、小屏平板电脑等移动设备。

☆ Windows 10 企业移动版 (Windows 10 Mobile Enterprise)：主要面向使用智能手机和小尺寸平板的企业用户，提供最佳的操作体验。

☆ Windows 10 IoT Core(主要针对物联网设备)：该版本主要面向低成本的物联网设备。

1.2　Windows 10新功能体验

Windows 10 操作系统结合了 Windows 7 和 Windows 8 操作系统的优点，更符合用户的操作体验，下面就来简单介绍 Windows 10 操作系统的新功能。

1.2.1　进化的"开始"菜单

Windows 8 系统中，用户熟悉的【开始】菜单被取消。因此，很多用户拒绝从 Windows 7 升级到 Windows 8。而在 Windows 10 中，用户熟悉的【开始】菜单回来了，而且还可以任意调整它的大小，甚至能够占满整个屏幕，同时又保留了磁贴界面。因此，用户可以将它视为 Windows 7【开始】菜单与 Windows 8【开始】菜单的结合体。如图 1-2 所示为 Windows 10 的【开始】菜单。

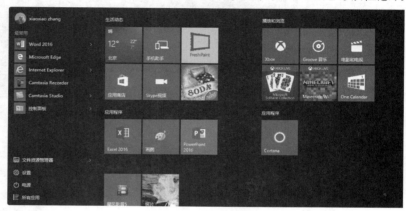

图 1-2　Windows 10 的【开始】菜单

1.2.2　微软"小娜"

Windows 10 与以前的操作系统相比具有炫酷的语音系统，其中文名为微软"小娜"。而且它无处不在，通过"小娜"，用户可以看照片、放音乐、发邮件、打开浏览器搜索等。它是微软发布的全球第一款个人智能助理，可以说 Cortana(小娜) 是 Windows 10 操作系统的私人助理。如图 1-3 所示为微软"小娜"的设置界面。

图 1-3　微软"小娜"的设置界面

1.2.3 任务视图

Windows 10 操作系统的任务视图(Task View)是其最新增加的虚拟桌面软件。该软件的按钮位于任务栏上，当单击之后能够查看当前运行的多任务程序。如图 1-4 所示为 Task View 的视图界面。

图 1-4　Task View 的视图界面

1.2.4 全新的通知中心

通过 Windows 10 操作系统的通知中心，用户可以自由开启或关闭通知，还有各种开关和快捷功能，如切换平板模式、打开便签等。单击任务栏右下角的【通知】按钮，可以打开通知面板，在面板上方则会显示来自不同应用的通知信息。如图 1-5 所示为 Windows 10 操作系统的通知中心面板。

图 1-5　Windows 10 操作系统的通知中心面板

1.2.5 全新的 Microsoft Edge 浏览器

Microsoft Edge 浏览器是 Windows 10 操作系统内置的浏览器。Microsoft Edge 浏览器的一些功能细节包括：支持内置 Cortana 语音功能，内置了阅读器、笔记和分享功能；设计注重实用和极简主义。如图 1-6 所示为 Microsoft Edge 浏览器的工作界面。

图 1-6 Microsoft Edge 浏览器的工作界面

1.2.6 多桌面功能

Windows 10 比较有特色的多桌面，可以把程序放在不同的桌面上从而让用户的工作更加有条理。这对于办公室人员是比较实用的，例如可以办公一个桌面，娱乐一个桌面。如图 1-7 所示为用户创建的两个桌面效果。

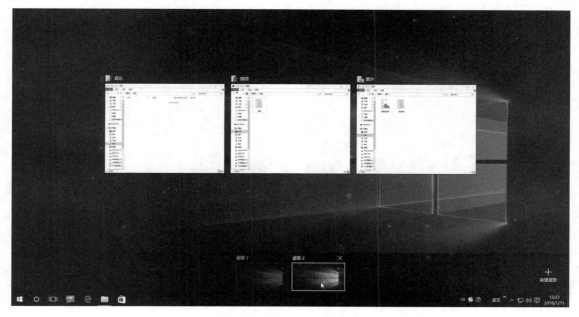

图 1-7 多桌面功能效果

1.3 Windows 10操作系统的安装

本节以安装 Windows 10 专业版为例，来具体介绍一下如何安装 Windows 10 操作系统。

1.3.1 Windows 10 操作系统的配置要求

微软的每一个操作系统都有一个允许安装的最低硬件系统标准。当然，Windows 10 也不例外，能安装 Windows 10 操作系统的计算机硬件要求如表 1-1 所示。

表 1-1　Windows 10 操作系统硬件要求

要　求	最　低	推　荐
处理器	1GHz 或更快（支持 PAE/NX 和 SSE2）	2GHz 或更快的处理器
内存	1GB(32 位版)	2GB 内存或更大内存空间
硬盘空间	至少大于 16GB	50GB 可用磁盘空间或更大磁盘空间
显示设备	1024×768 或分辨率更高的视频适配器和监视器	1600×900 显示适配器和即插即用显示器
定位设备	键盘和微软鼠标或兼容的定位设备	键盘和微软鼠标或兼容的定位设备

1.3.2 Windows 10 操作系统的安装

准备好电脑硬件之后，下面就可以安装 Windows 10 操作系统了，具体的操作步骤如下。

步骤 1 将 Windows 10 操作系统的光盘放入光驱，直接运行目录中的 setup.exe 文件，在【许可条款】界面，选中【我接受许可条款】复选框，并单击【接受】按钮，如图 1-8 所示。

步骤 2 进入【正在确保你已准备好进行安装】界面，检测完成，单击【下一步】按钮，如图 1-9 所示。

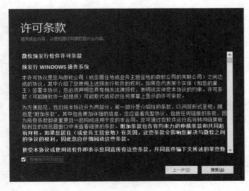 

图 1-8　【许可条款】界面　　　　图 1-9　【正在确保你已准备好进行安装】界面

步骤 3 进入【你需要关注的事项】界面，在显示结果界面即可看到注意事项，单击【确认】按钮，如图 1-10 所示。

图 1-10　【你需要关注的事项】界面

步骤　4　如果没有需要注意的事项则会出现【准备就绪，可以安装】界面，单击【安装】按钮即可，如图 1-11 所示。

图 1-11　【准备就绪，可以安装】界面

步骤　5　如果要更改升级后需要保留的内容，可以单击【更改要保留的内容】链接，在弹出的如图 1-12 所示的界面中进行设置。

图 1-12　【选择要保留的内容】界面

步骤　6　开始安装 Windows 10，显示【安装 Windows 10】界面，如图 1-13 所示。

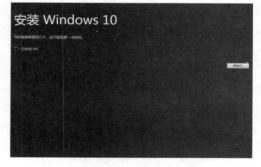

图 1-13　【安装 Windows 10】界面

步骤　7　电脑重启几次后，即可进入 Windows 10 界面，表示完成安装，如图 1-14 所示。

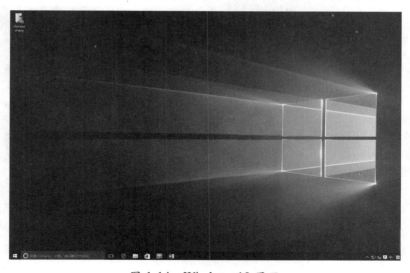

图 1-14　Windows 10 界面

1.4 启动和关闭Windows 10

当在电脑中安装好 Windows 10 操作系统之后，通过启动和关闭电脑，就可以启动和关闭 Windows 10 操作系统了。

1.4.1 启动 Windows 10

启动 Windows 10 操作系统也就是启动安装有 Windows 10 操作系统的电脑。电脑的正常启动是指在电脑尚未开启的情况下进行启动，也就是第一次启动电脑。启动电脑的正确顺序是：先打开电脑的显示器，然后打开主机的电源。

启动 Windows 10 操作系统的具体操作步骤如下。

步骤 1 按下电脑的显示器电源按钮，打开电脑显示器，如图 1-15 所示。

图 1-15　电脑显示器

步骤 2 按下电脑主机的电源按钮，即打开主机的电源开关，如图 1-16 所示。

图 1-16　电脑主机

步骤 3 显示器上将显示启动信息，并自动完成自检和准备工作，如图 1-17 所示。

图 1-17　显示启动信息

步骤 4 成功自检后会进入启动界面，在其中显示正在启动的进度，当启动完毕后将进入欢迎界面，系统会显示电脑的用户名和登录密码文本框。单击需要登录的用户名，然后在【用户名】下的文本框中输入登录密码，按 Enter 键确认，如图 1-18 所示。

图 1-18　输入登录密码

步骤 5 如果密码正确，经过几秒钟后，系统会成功进入 Windows 10 系统桌面，这就表明已启动 Windows 10 操作系统，如图 1-19 所示。

图 1-19 Windows 10 系统桌面

1.4.2 重启 Windows 10

在使用 Windows 10 的过程中，如果安装了某些应用软件或对系统进行了新的配置，经常会被要求重新启动系统。

重新启动 Windows 10 操作系统的具体操作步骤如下。

步骤 1 单击所有打开的应用程序窗口右上角的【关闭】按钮，退出正在运行的程序，如图 1-20 所示。

图 1-20 单击【关闭】按钮

步骤 2 单击 Windows 10 桌面左下角的【开始】按钮，在弹出的【开始】菜单中选择【电源】命令，在弹出的子菜单中选择【重启】命令，如图 1-21 所示。

醒电脑，双击鼠标，即可重新唤醒电脑，并进入 Windows 10 操作系统的锁屏桌面，然后按 Enter 键确认，即可进入系统桌面。如图 1-23 所示为 Windows 10 操作系统的锁屏桌面。

图 1-21　选择【重启】命令

图 1-22　选择【睡眠】命令

1.4.3　睡眠与唤醒模式

在使用电脑的过程中，如果用户暂时不使用电脑，又不希望其他人在自己的电脑上任意操作时，可以将操作系统设置为睡眠模式。这样系统既能保持当前的运行，又能将电脑转入低功耗状态。当用户再次使用电脑时，可以将系统唤醒。

切换系统睡眠与唤醒模式的具体操作步骤如下。

步骤 1 单击 Windows 10 桌面左下角的【开始】按钮，在弹出的【开始】菜单中选择【电源】命令，在弹出的子菜单中选择【睡眠】命令，如图 1-22 所示。

步骤 2 此时电脑进入睡眠状态，如果想唤

图 1-23　锁屏桌面

1.4.4　关闭 Windows 10

关闭 Windows 10 操作系统就是关闭电脑。正常关闭电脑的正确顺序为：先确保关闭电脑中的所有应用程序，然后通过【开始】菜单退出 Windows 10 操作系统，最后关闭电脑显示器。

常见的关机方法有以下几种。

▶ 方法 1：通过【开始】按钮关机

步骤 1 单击所有打开的应用程序窗口右上角的【关闭】按钮，退出正在运行的程序，如图 1-24 所示为 Edge 浏览器运行窗口。

图 1-24　Edge 浏览器运行窗口

步骤 2 单击 Windows 10 桌面左下角的【开始】按钮，在弹出的【开始】菜单中选择【电源】命令，在弹出的子菜单中选择【关机】命令，如图 1-25 所示。

图 1-25　选择【关机】命令

步骤 3 系统将停止运行，屏幕上会出现“正在关机”的文字提示信息，稍等片刻，将自动关闭主机电源，待主机电源关闭后，按下显示器上的电源按钮，完成关闭电脑的操作。

提示　如果使用了外部电源，还需要关闭电源插座上的开关或拔掉电源插座的插头使其断电。

▶ 方法 2：通过右击【开始】按钮关机

右击【开始】按钮，在弹出的快捷菜单中选择【关机或注销】命令，在弹出的子菜单中选择【关机】命令，也可以关闭 Windows 10 操作系统，如图 1-26 所示。

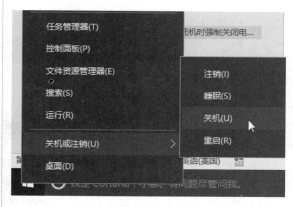

图 1-26　选择【关机】命令

▶ 方法 3：通过 Alt+F4 组合键关机

在关机前先关闭所有的程序，然后使用 Alt+F4 组合键快速调出【关闭 Windows】对话框，单击【确定】按钮，即可进行关机，如图 1-27 所示。

图 1-27 　【关闭 Windows】对话框

▶ 方法 4：死机时关闭系统

当电脑在使用的过程中出现了蓝屏、花屏、死机等非正常现象时，就不能按照正常关闭电脑的方法来关闭系统了。这时应该先用前面介绍的方法重新启动电脑；若不行再进行复位启动；如果复位启动还是不行，则只能进行手动关机。方法是：先按下主机机箱上的电源按钮 3 ～ 5 秒，待主机电源关闭后，再关闭显示器的电源开关，以完成手动关机操作。

1.5 高效办公技能实战

1.5.1 高效办公技能 1——开启 PC 电脑的平板模式

Windows 10 新增了一种使用模式——平板模式，它可以使用户的计算机像平板电脑那样使用。开启平板模式的操作如下。

步骤 1 单击桌面右下角通知区域中的【通知】图标 ，在弹出的窗口中单击【平板模式】图标，如图 1-28 所示。

图 1-28 　单击【平板模式】图标

步骤 2 返回桌面，即可看到系统桌面变为平板模式，可拖曳鼠标进行体验。如果电脑支持触屏操作，则体验效果更佳；如果退出平板模式，则再次单击【平板模式】图标即可，如图 1-29 所示。

图 1-29 平板模式

1.5.2 高效办公技能 2——通过滑动鼠标关闭电脑

在 Windows 10 操作系统中，除了 1.4.4 小节介绍的关机方法外，还可以通过鼠标滑动来关机，具体的操作方法如下。

步骤 1 按 Win+R 组合键，打开【运行】对话框，在下拉列表框中输入 C:\Windows\System32\SlideToShutDown.exe 命令，然后单击【确定】按钮，如图 1-30 所示。

步骤 2 显示如图 1-31 所示的界面，使用鼠标向下滑动则可关闭电脑，向上滑动则取消操作。

图 1-30 【运行】对话框

图 1-31 滑动以关闭电脑

> **提示** 输入的命令中，是执行 C 盘 Windows\System32 文件夹下的 SlideToShutDown.exe 应用；如果 Windows 10 不在 C 盘，则将 C 修改为对应的盘符即可，如 D、E 等。另外，也可以进入对应路径下，找到 SlideToShutDown.exe 应用，将其发送到桌面以方便使用。

1.6 疑难问题解答

问题 1：安装 Windows 10 操作系统后，电脑出现了 Edge 浏览器，但是无法上网，是什么原因？

解答：单击【开始】按钮，在弹出的【开始】菜单中选择【命令提示符】命令，进入管理员命令符操作窗口，在其中输入 netsh winsock reset 命令，之后按 Enter 键即可。

问题 2：将低版本操作系统升级到 Windows 10 操作系统后，还能恢复到以前的版本吗？

解答：可以将电脑的操作系统恢复到以前的低版本，具体的方法为：单击【开始】按钮，在弹出的菜单中选择【设置】命令，打开【设置】窗口，然后单击【更新和安全】图标，打开【更新和安全】窗口，在其中选择【恢复】选项，然后单击【恢复】按钮，即可将电脑系统恢复到以前的版本。

第 **2** 章

快速入门——掌握 Windows 10 操作系统

● **本章导读**

　　Windows 10 是一款跨平台及设备应用的操作系统，涵盖 PC、平板电脑、手机、服务器端等。对于首次使用 Windows 10 办公的用户，首先需要掌握系统的基本操作。本章将为读者介绍 Windows 10 操作系统的桌面组成、【开始】菜单和窗口的基本操作等。

● **学习目标**

　◎　了解桌面的组成元素
　◎　掌握桌面图标的基本操作
　◎　掌握窗口的基本操作
　◎　掌握管理【开始】屏幕的方法

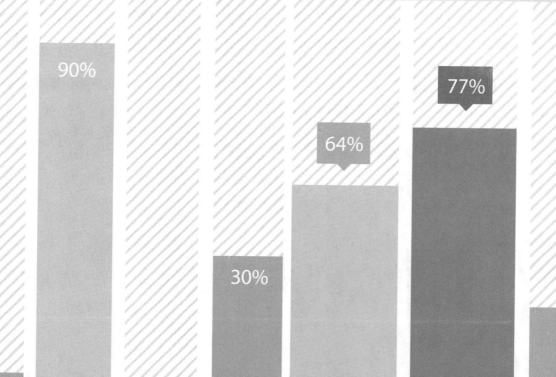

2.1 桌面的组成

进入 Windows 10 操作系统后，用户首先看到的就是桌面，桌面的组成元素主要包括桌面背景、图标、【开始】按钮、任务栏等。如图 2-1 所示为 Windows 10 的桌面。

图 2-1 Windows 10 的桌面

2.1.1 桌面图标

在 Windows 10 操作系统中，所有的文件、文件夹、应用程序等都由相应的图标表示。桌面图标一般是由文字和图片组成，文字说明图标的名称或功能、图片是它的标识符。如图 2-2 所示为【此电脑】的桌面图标。

用户双击桌面上的图标，可以快速地打开相应的文件、文件夹或者应用程序，如双击桌面上的【回收站】图标，即可打开【回收站】窗口，如图 2-3 所示。

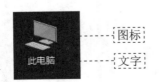

图 2-2 桌面图标

图 2-3 【回收站】窗口

2.1.2　桌面背景

桌面背景是指 Windows 10 桌面系统背景图案，也称为墙纸，用户可以根据需要设置桌面的背景图案。如图 2-4 所示为 Windows 10 操作系统的默认桌面背景。

图 2-4　默认桌面背景

2.1.3　任务栏

任务栏是位于桌面最底部的长条，主要由程序区、通知区和显示桌面按钮组成。和以前的系统相比，Windows 10 中的任务栏设计更加人性化、使用更加方便、功能和灵活性更强大。用户按 Alt+Tab 组合键可以在不同的窗口之间进行切换操作，如图 2-5 所示。

　　　【开始】按钮　　　程序区域　　　　　　　　　　　　　　通知区域

图 2-5　任务栏

2.2　桌面图标

在 Windows 操作系统中，所有的文件、文件夹以及应用程序都由形象化的图标表示，在桌面上的图标被称为桌面图标，双击桌面图标可以快速打开相应的文件、文件夹或应用程序。

2.2.1　调出常用桌面图标

刚装好 Windows 10 操作系统时，桌面上只有【回收站】和【此电脑】两个桌面图标，用户可以调出其他常用的桌面图标，具体操作步骤如下。

步骤 1 在桌面空白处右击，在弹出的快捷菜单中选择【个性化】命令，如图 2-6 所示。

步骤 2 在弹出的【个性化】设置界面中选择【主题】选项，如图 2-7 所示。

图 2-6　选择【个性化】命令

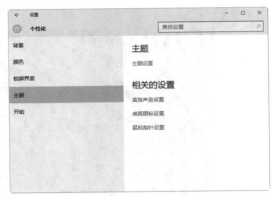

图 2-7　选择【主题】选项

步骤 3 单击右侧窗格中的【桌面图标设置】链接，弹出【桌面图标设置】对话框，在其中选中需要添加的系统图标复选框，如图 2-8 所示。

步骤 4 单击【确定】按钮，选择的图标即可添加到桌面上，如图 2-9 所示。

图 2-8　【桌面图标设置】对话框

图 2-9　添加了图标的桌面

2.2.2　添加桌面快捷图标

为方便使用，用户可以将文件、文件夹和应用程序的图标添加到桌面上，被添加的桌面图标称为快捷图标。

1.　添加文件或文件夹快捷图标

添加文件或文件夹快捷图标的具体操作步骤如下。

步骤 1 右击需要添加的文件夹，在弹出的快捷菜单中选择【发送到】→【桌面快捷方式】命令，如图 2-10 所示。

步骤 2 此文件夹图标就被添加到桌面上了，如图 2-11 所示。

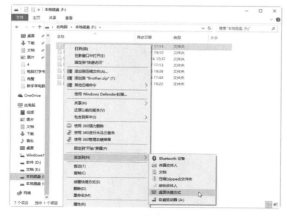

图 2-10 选择【桌面快捷方式】命令

图 2-11 添加了桌面快捷方式

2. 添加应用程序桌面快捷图标

用户可以将应用程序的快捷方式放置在桌面上。下面以添加【记事本】图标为例进行讲解，具体操作步骤如下。

步骤 1 单击【开始】按钮，在弹出的菜单中选择【所有应用】→【Windows 附件】→【记事本】命令，如图 2-12 所示。

步骤 2 选中【记事本】选项，按住鼠标左键不放，将其拖曳到桌面上，如图 2-13 所示。

步骤 3 返回到桌面，可以看到桌面上已经添加了一个【记事本】图标，如图 2-14 所示。

图 2-12 选择【记事本】命令

图 2-13 拖曳【记事本】图标

图 2-14 添加了【记事本】图标

2.2.3 删除桌面不用图标

对于不常用的桌面图标，用户可以将其删除，使桌面看起来简洁美观。删除桌面图标的方法有两种，下面分别进行介绍。

1. 使用【删除】命令

这里以删除【记事本】图标为例进行讲解，具体操作步骤如下。

步骤 1 在桌面上选中【记事本】图标并右击，在弹出的快捷菜单中选择【删除】命令，如图 2-15 所示。

步骤 2 即可将桌面图标删除，删除的图标被放在【回收站】中，用户也可以将其还原，右击【记事本】图标，在弹出的快捷菜单中选择【还原】命令，如图 2-16 所示。

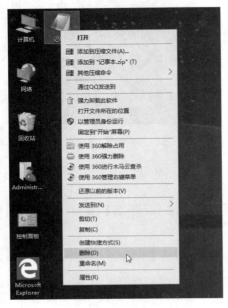

图 2-15　选择【删除】命令

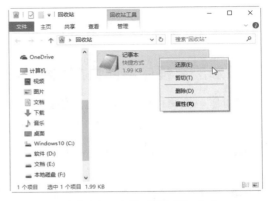

图 2-16　选择【还原】命令

2. 利用快捷键删除

选择需要删除的桌面图标，按 Delete 键，即可将图标删除。如果想彻底删除桌面图标，按 Delete 键的同时按 Shift 键，此时会弹出【删除快捷方式】对话框，提示"你确定要永久删除此快捷方式吗？"，单击【是】按钮，如图 2-17 所示。

图 2-17　【删除快捷方式】对话框

2.2.4　将图标固定到任务栏

在 Windows 10 中取消了快速启动工具栏，若要快速打开程序，可以将程序锁定到任务栏。具体的方法如下。

方法 1：如果程序已经打开，在任务栏中选择程序并右击，从弹出的快捷菜单中选择【固定到任务栏】命令，则任务栏将会一直存在添加的应用程序，用户可以随时打开程序，如图 2-18 所示。

　　方法 2：如果程序没有打开，选择【开始】→【所有应用】菜单命令，在弹出的列表中选择需要添加到任务栏中的应用程序，右击并在弹出的快捷菜单中选择【固定到任务栏】命令，即可将该应用程序添加到任务栏中，如图 2-19 所示。

图 2-18　选择【固定到任务栏】命令

图 2-19　应用程序添加到任务栏

2.2.5　设置图标的大小及排列

　　当桌面上的图标比较多时，会显得很乱，这时可以通过设置桌面图标的大小和排列方式等来整理桌面。具体操作步骤如下。

步骤 1 在桌面的空白处右击，在弹出的快捷菜单中选择【查看】命令，在弹出的子菜单中显示 3 种图标大小，包括大图标、中等图标和小图标，本实例选择【小图标】命令，如图 2-20 所示。

步骤 2 返回到桌面，此时桌面图标已经以小图标的方式显示，如图 2-21 所示。

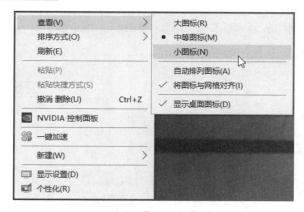

图 2-20　选择【小图标】命令

图 2-21　以小图标方式显示

步骤 3 在桌面的空白处右击，然后在弹出的快捷菜单中选择【排列方式】命令，在弹出的子菜单中有 4 种排列方式，分别为名称、大小、项目类型和修改日期，本实例选择【名称】命令，如图 2-22 所示。

步骤 4 返回到桌面，图标的排列方式将按名称进行排列，如图 2-23 所示。

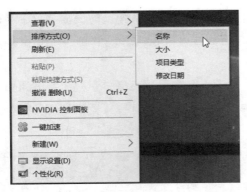

图 2-22　选择【名称】命令

图 2-23　以名称方式排列图标

2.3　窗口

在 Windows 10 操作系统中，窗口是用户界面中最重要的组成部分，用户可在任意窗口上工作，并在各窗口间交换信息，而且每个窗口负责显示和处理某一类信息。

2.3.1　窗口的组成元素

窗口是屏幕上与一个应用程序相对应的矩形区域，是用户与产生该窗口的应用程序之间的可视界面。当用户开始运行一个应用程序时，应用程序就创建并显示一个窗口；当用户操作窗口中的对象时，程序会做出相应的反应。用户通过关闭一个窗口来终止一个程序的运行，通过选择相应的应用程序窗口来选择相应的应用程序。

如图 2-24 所示是【此电脑】窗口，由标题栏、快速访问工具栏、菜单栏、地址栏、控制按钮区、搜索框、导航窗格、内容窗格、状态栏、视图按钮等部分组成。

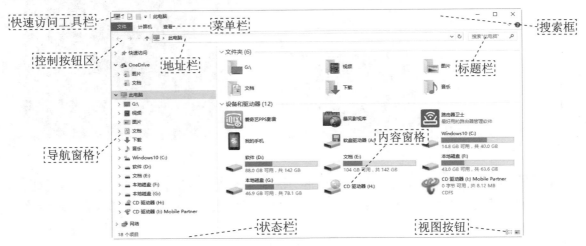

图 2-24　【此电脑】窗口

1. 标题栏

标题栏位于窗口的最上方，显示了当前的目录位置。标题栏右侧分别为【最小化】、【最大化/还原】、【关闭】三个按钮，单击相应的按钮可以执行相应的窗口操作。

 2. 快速访问工具栏

快速访问工具栏位于标题栏的左侧，显示了【当前窗口图标和查看属性】、【新建文件夹】、【自定义快速访问工具栏】三个按钮。单击【自定义快速访问工具栏】按钮，弹出下拉列表，用户可以选择列表中的功能选项，将其添加到快速访问工具栏中，如图2-25所示。

图 2-25　选择【恢复】命令

3. 菜单栏

菜单栏位于标题栏下方，包含了当前窗口或窗口内容的一些常用操作菜单，在菜单栏的右侧为【展开功能区/最小化功能区】和【帮助】按钮，如图2-26所示。

图 2-26　菜单栏

4. 地址栏

地址栏位于菜单栏的下方，主要反映了从根目录开始到现在所在目录的路径，单击地址栏即可看到具体的路径，如图2-27所示为表示 D 盘下【财务报表】文件夹目录。

图 2-27　地址栏

在地址栏中直接输入路径地址，单击【前进】按钮→或按 Enter 键，可以快速到达要访问的位置。

5. 控制按钮区

控制按钮区位于地址栏的左侧，主要用于返回、前进、上移到前一个目录位置。单击按钮，打开下拉菜单，可以查看最近访问的位置信息，选择下拉菜单中的位置信息，可以实现快速进入该位置目录的操作，如图2-28所示。

图 2-28　按钮控制区

6. 搜索框

搜索框位于地址栏的右侧，通过在搜索框中输入要查看信息的关键字，可以快速查找当前目录中相关的文件或文件夹。

7. 导航窗格

导航窗格位于控制按钮区下方，显示了电脑中包含的具体位置，如快速访问、OneDrive、此电脑、网络等，用户可以通过左侧的导航窗格，快速访问相应的目录。另外，用户也可以单击导航窗格中的【展开】按钮 ∨ 和【收缩】按钮 ›，显示或隐藏详细的子目录。

8. 内容窗格

内容窗格位于导航窗格右侧，是显示当前目录的内容区域，也叫工作区域。

9. 状态栏

状态栏位于导航窗格下方，会显示当前目录文件中的项目数量，也会根据用户选择的内容，显示所选文件或文件夹的数量、容量等属性信息。

10. 视图按钮

视图按钮位于状态栏右侧，包含了【在窗口中显示每一项的相关信息】和【使用大缩略图显示项】两个按钮，用户可以通过单击这两个按钮选择视图方式。

2.3.2 打开与关闭窗口

打开与关闭窗口是窗口的基本操作，下面介绍打开与关闭窗口的方法。

1. 打开窗口

在 Windows 10 中，双击应用程序图标，即可打开窗口。在【开始】菜单列表、桌面快捷方式、快速启动工具栏中都可以打开程序的窗口，如图 2-29 所示。另外，也可以右击程序图标，在弹出的快捷菜单中选择【打开】命令来打开窗口，如图 2-30 所示。

图 2-29 选择【画图】命令

图 2-30 选择【打开】命令

2. 关闭窗口

窗口使用完后，用户可以将其关闭，常见的关闭窗口的方法有以下几种。

▶ 方法 1：使用关闭按钮

单击窗口右上角的【关闭】按钮，即可关闭当前窗口，如图 2-31 所示。

图 2-31　单击【关闭】按钮

▶ 方法 2：使用快速访问工具栏

单击快速访问工具栏最左侧的窗口图标，在弹出的快捷菜单中选择【关闭】命令，即可关闭当前窗口，如图 2-32 所示。

图 2-32　选择【关闭】命令

▶ 方法 3：使用标题栏

在标题栏上右击，在弹出的快捷菜单中选择【关闭】命令即可，如图 2-33 所示。

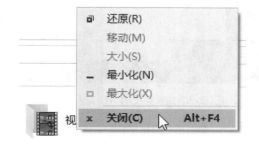

图 2-33　选择【关闭】命令

▶ 方法 4：使用任务栏

在任务栏上选择需要关闭的程序，右击鼠标并在弹出的快捷菜单中选择【关闭窗口】命令，如图 2-34 所示。

图 2-34　选择【关闭窗口】命令

▶ 方法 5：使用快捷键

在当前窗口上按 Alt+F4 组合键，即可关闭窗口。

2.3.3　移动窗口的位置

默认情况下，在 Windows 10 操作系统中，窗口是有一定透明性的，如果打开多个窗口，会出现多个窗口重叠的现象。对此，用户可以将窗口移动到合适的位置，具体操作步骤如下。

步骤 1 将鼠标指针放在需要移动位置的窗口的标题栏上，鼠标指针此时是 ⇖ 形状，如图 2-35 所示。

步骤 2 按住鼠标不放，拖曳到需要的位置，释放鼠标，即可完成窗口位置的移动，如图 2-36 所示。

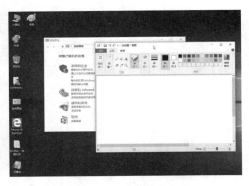

图 2-35　选择要移动的窗口

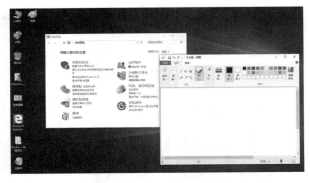

图 2-36　完成窗口的移动

如果桌面上的窗口很多，运用上述方法移动很麻烦，此时用户可以通过设置窗口的显示形式对窗口进行排列，如图 2-37 所示。

在任务栏的空白处右击，在弹出的快捷菜单中选择窗口的排列形式。有 3 种排列形式供选择，分别为层叠窗口、堆叠显示窗口和并排显示窗口几种。用户可以根据需要选择一种排列方式，如图 2-38 所示为层叠窗口的显示效果。

图 2-37　选择【层叠窗口】命令

图 2-38　以层叠窗口方式显示

2.3.4　调整窗口的大小

默认情况下，打开的窗口大小和上次关闭时的大小一样。用户可以根据需要调整窗口的大小。下面以设置【画图】软件的窗口为例，讲述设置窗口大小的方法。

1.　利用窗口按钮设置窗口大小

【画图】窗口右上角的按钮包括【最大化】、【最小化】和【还原】三个按钮。单击【最大化】按钮，则【画图】窗口将扩展到整个屏幕，显示所有的窗口内容，此时【最大化】按钮变成【还原】按钮，单击该按钮，即可将窗口还原到原来的大小，如图 2-39 所示。

单击【最小化】按钮，则【画图】窗口会最小化到任务栏上，用户要想显示窗口，只需要单击任务栏上的程序图标即可。

2. 手动调整窗口的大小

当窗口处于非最小化和最大化状态时，用户可以手动来调整窗口的大小。具体的方法为：将鼠标指针移动到窗口的边缘，鼠标指针变为↕或↔形状时，可上下或左右移动边框以纵向或横向改变窗口大小。指针移动到窗口的四个角时，鼠标指针变为↖或↗形状，拖曳鼠标，可沿水平或垂直两个方向等比例放大或缩小窗口，如图 2-40 所示。

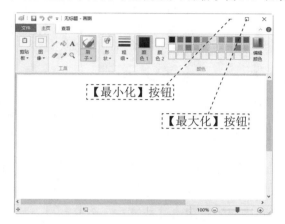

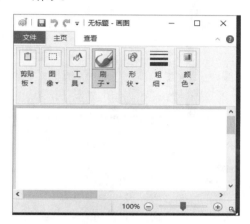

图 2-39　利用按钮调整窗口大小　　　　图 2-40　使用鼠标手动调整窗口大小

2.3.5 切换当前活动窗口

虽然在 Windows 10 操作系统中可以同时打开多个窗口，但是当前窗口只有一个。根据需要，用户需要在各个窗口之间进行切换操作。

1. 利用程序按钮区

每个打开的程序在任务栏中都有一个相对应的程序图标按钮，将鼠标放在程序图标按钮区域上，即可弹出打开软件的预览窗口，单击该预览窗口即可打开该窗口，如图 2-41 所示。

2. 利用 Alt+Tab 组合键

利用 Alt+Tab 组合键可以实现各个窗口之间的快速切换。弹出窗口缩略图图标，按住 Alt 键不放，然后按 Tab 键可以在不同的窗口之间进行切换，选择需要的窗口后，松开按键，即可打开相应的窗口，如图 2-42 所示。

图 2-41　利用程序按钮切换窗口　　　　图 2-42　利用 Alt+Tab 组合键切换窗口

3. 利用 Win+Tab 组合键或【任务视图】按钮

在 Windows 10 系统中，按键盘上主键盘区中的 Win+Tab 组合键或单击【任务视图】按钮

▢▢▢，即可显示当前桌面环境中的所有窗口缩略图，在需要切换的窗口上单击，即可快速切换，

如图 2-43
所示。

图 2-43　利用【任务视图】按钮切换窗口

2.3.6　分屏显示窗口

使用 Windows 10 的分屏功能可以将多个不同桌面的应用窗口展示在一个屏幕中，并和其
他应用自由组合成多个任务模式。使用分屏功能展示多个应用窗口的操作很简单，按住鼠标左

键，将桌面上的应
用程序窗口向左拖
曳，直至屏幕出现
分屏提示框（灰色
透明蒙版），释放
鼠标，即可实现
分屏显示窗口，如
图 2-44 所示。

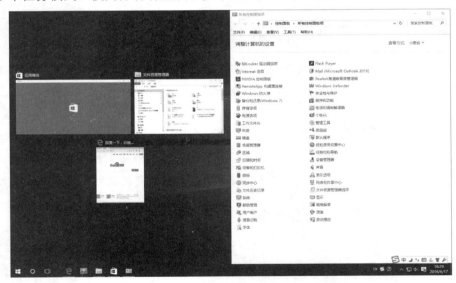

图 2-44　分屏显示窗口

> **提示**　键盘的 Win 键与上下左右方向键配合使用，更易实现多任务分屏，简单、方便、实用。

2.3.7　贴边显示窗口

在 Windows 10 系统中，如果需要同时处理两个窗口时，可以按住一个窗口的标题栏，拖曳

至屏幕左右边缘或角
落位置，窗口会出现
气泡，此时释放鼠标，
窗口即会贴边显示，
如图 2-45 所示。

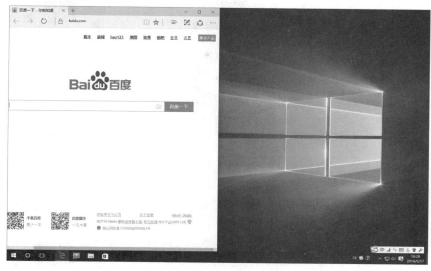

图 2-45　贴边显示窗口

2.4　【开始】屏幕

在 Windows 10 操作系统中，【开始】屏幕 (Start Screen) 取代了原来的【开始】菜单，实际使用时，【开始】屏幕相对于【开始】菜单具有很大的优势，因为【开始】屏幕照顾到了桌面和平板电脑用户。

2.4.1　认识【开始】屏幕

单击桌面左下角的【开始】按钮，即可弹出【开始】屏幕。它主要由程序列表、用户名、所有应用按钮、电源按钮区和动态磁贴面板等组成，如图 2-46 所示。

图 2-46　【开始】屏幕

用户名

在用户名区域显示了当前登录系统的用户，一般情况下用户名为 Administrator，该用户为系统的管理员用户，如图 2-47 所示。

图 2-47　用户名

 最常用程序列表

最常用程序列表中显示了【开始】菜单中的常用程序，通过选择不同的选项，可以快速地打开应用程序，如图 2-48 所示。

图 2-48　最常用程序列表

 固定程序列表

在固定程序列表中包含了【所有应用】按钮、【电源】按钮、【设置】按钮和【文件资源管理器】按钮，如图 2-49 所示。

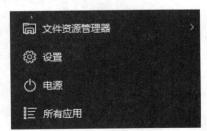

图 2-49　固定程序列表

单击【文件资源管理器】按钮，可以打开【文件资源管理器】窗口，在其中可以查看本台电脑的所有文件资源，如图 2-50 所示。

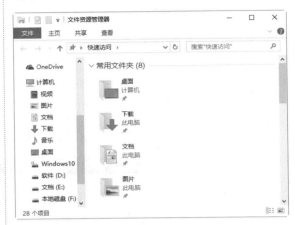

图 2-50　【文件资源管理器】窗口

单击【设置】按钮，可以打开【设置】窗口，在其中可以选择相关的功能，对系统、设备、账户、时间和语言等内容进行设置，如图 2-51 所示。

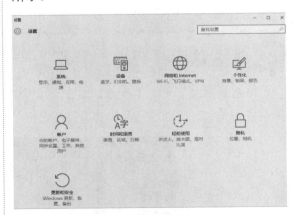

图 2-51　【设置】窗口

单击【所有应用】按钮，将打开所有应用程序列表，用户在所有应用程序列表中可以查看所有系统中安装的软件程序，单击列表中的文件夹图标，可以继续展开相应的程序。单击【返回】按钮，即可隐藏所有应用程序列表，如图 2-52 所示。

　　【电源】按钮主要是用来对操作系统进行关闭操作的，包括【关机】、【重启】、【睡眠】三个选项，如图 2-53 所示。

図 2-52　程序列表　　图 2-53　【电源】选项

4.　动态磁贴面板

　　Windows 10 的磁贴，有图片还有文字，更是动态的，当应用程序有更新的时候，可以通过这些磁贴直接反映出来，而无须运行它们，如图 2-54 所示。

图 2-54　动态磁贴面板

2.4.2　将应用程序固定到【开始】屏幕

　　在 Windows 10 操作系统中，用户可以将常用的应用程序或文档固定到【开始】屏幕中，以方便快速查找并打开。将应用程序固定到【开始】屏幕的操作步骤如下。

步骤 1　打开程序列表，选中需要固定到【开始】屏幕之中的程序图标，然后右击该图标，在弹出的快捷菜单中选择【固定到"开始"屏幕】命令，如图 2-55 所示。

图 2-55　选择【固定到"开始"屏幕】命令

步骤 2　这样即可将该程序固定到"开始"屏幕中，如图 2-56 所示。

图 2-56　固定选中的程序

> **提示**　如果想要将某个程序从【开始】屏幕中删除，可以先选中该程序图标，然后右击，在弹出的快捷菜单中选择【从"开始"屏幕取消固定】命令即可，如图 2-57 所示。

图 2-57　取消程序的固定

2.4.3　动态磁贴的应用

动态磁贴 (Live Tile) 是【开始】屏幕界面中的图形方块，也叫"磁贴"，它是 Windows 10 操作系统的一大亮点。通过它可以快速打开应用程序，如果将应用程序的动态磁贴功能开启，还可以及时了解应用的更新信息与最新动态。

 1.　调整磁贴大小

在磁贴上右击，在弹出的快捷菜单中选择【调整大小】命令，在弹出的子菜单中有 4 种显示方式，包括【小】、【中】、【宽】和【大】，选择对应的命令，即可调整磁贴大小，如图 2-58 所示。

图 2-58　调整磁贴显示方式

2.　打开／关闭磁贴

在磁贴上右击，在弹出的快捷菜单中选择【更多】→【关闭动态磁贴】或【打开动态磁贴】命令，即可关闭或打开磁贴的动态显示，如图 2-59 所示。

 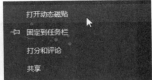

图 2-59　选择打开／关闭磁贴命令

3.　调整磁贴位置

选择要调整位置的磁贴，按住鼠标左键不放，拖曳至任意位置或分组，释放鼠标即可完成磁贴位置的调整，如图 2-60 所示。

图 2-60　调整磁贴位置

2.4.4 管理【开始】屏幕的分类

在 Windows 10 操作系统中，用户可以对【开始】屏幕进行分类管理，具体操作步骤如下。

步骤 1 单击【开始】按钮，打开【开始】屏幕，将鼠标放置在【生活动态】模块右侧，激活右侧的 ▬ 按钮，可以对屏幕分类进行重命名操作，如图 2-61 所示。

步骤 2 选中【开始】屏幕中的应用程序图标，按住鼠标左键不放并进行拖曳，可以将其拖曳到其他的分类模块中，如图 2-62 所示。

图 2-61　重命名屏幕分类　　　　　　　图 2-62　调整磁贴的位置

步骤 3 释放鼠标，可以看到【画图】工具放置到【播放和浏览】模块中，如图 2-63 所示。

步骤 4 将其他应用图标固定到【开始】屏幕中，并将其放置在一个模块中，移动鼠标指针至该模块的顶部，可以看到【命名组】模块名称，如图 2-64 所示。

图 2-63　调整程序图标位置　　　　　　图 2-64　命名组

步骤 5 单击【命名组】模块右侧的 ▬ 按钮，可以为其进行命名操作，如这里输入"应用程序"，完成操作后的显示效果如图 2-65 所示。

图 2-65　重命名组

2.4.5 将【开始】菜单全屏幕显示

默认情况下，Windows 10 操作系统的【开始】屏幕是和【开始】菜单一起显示的，那么如何才能将【开始】菜单全屏幕显示呢，下面介绍其具体操作步骤。

步骤 1 在系统桌面上右击，在弹出的快捷菜单中选择【个性化】命令，如图 2-66 所示。

步骤 2 打开【设置】窗口，在【个性化】设置界面中选择【开始】选项，在右侧的窗格中

将【使用全屏幕"开始"菜单】下方的按钮设置为【开】，然后单击【关闭】按钮关闭【设置】窗口，如图 2-67 所示。

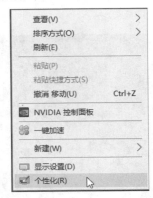
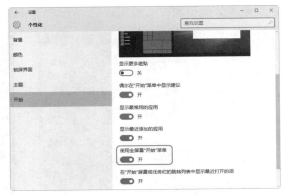

图 2-66　选择【个性化】命令　　　　图 2-67　设置"开"状态

步骤 3 单击【开始】按钮，可以看到【开始】菜单全屏幕显示，如图 2-68 所示。

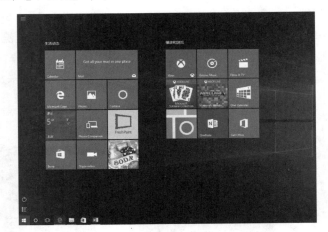

图 2-68　全屏幕显示【开始】菜单

2.5 高效办公技能实战

2.5.1 高效办公技能 1——使用虚拟桌面创建多桌面

通过虚拟桌面功能，可以为一台电脑创建多个桌面。下面以创建一个办公桌面和一个娱乐桌面为例，来介绍多桌面的使用方法与技巧。使用虚拟桌面创建办公桌面与娱乐桌面的具体操

作步骤如下。

步骤 1　单击系统桌面上的【任务视图】按钮 ▣，进入虚拟桌面操作界面，如图 2-69 所示。

步骤 2　单击【新建桌面】按钮，即可新建一个桌面，系统会自动为其命名为"桌面 2"，如图 2-70 所示。

图 2-69　虚拟桌面操作界面

图 2-70　新建"桌面 2"

步骤 3　进入"桌面 1"操作界面，在其中右击任意一个窗口图标，在弹出的快捷菜单中选择【移动至】→【桌面 2】命令，即可将"桌面 1"的内容移动到"桌面 2"之中，如图 2-71 所示。

步骤 4　使用相同的方法，将其他的文件夹窗口图标移至"桌面 2"之中，此时"桌面 1"中只剩下一个文件窗口，如图 2-72 所示。

图 2-71　移动图标到"桌面 2"

图 2-72　移动其他文件夹窗口图标到"桌面 2"

步骤 5　选择"桌面 2"，进入"桌面 2"操作系统中，可以看到移动之后的文件窗口，这样即可将办公与娱乐分在两个桌面之中，如图 2-73 所示。

步骤 6　如果想要删除桌面，则可以单击桌面右上角的【删除】按钮，将选中的桌面删除，如图 2-74 所示。

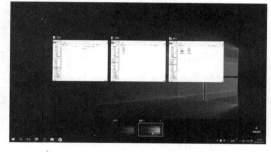

图 2-73　分类显示不同的桌面

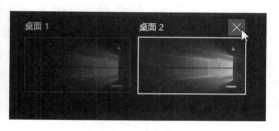

图 2-74　删除桌面

2.5.2 高效办公技能2——添加【桌面】图标到工具栏

将【桌面】图标添加到工具栏中，可以通过单击该图标，快速打开桌面上的应用程序功能。将【桌面】图标添加到工具栏中的操作步骤如下。

步骤 1 右击 Windows 10 操作系统的任务栏，在弹出的快捷菜单中选择【工具栏】→【桌面】命令，如图 2-75 所示。

步骤 2 即可将【桌面】图标添加到工具栏中，如图 2-76 所示。

步骤 3 单击【桌面】图标右侧的 **»** 按钮，在弹出的下拉菜单中通过选择相关命令，可以快速打开桌面上的功能，如图 2-77 所示。

图 2-75　选择【桌面】命令　图 2-76　添加【桌面】图标到工具栏　图 2-77　【桌面】菜单

2.6 疑难问题解答

问题 1：Windows 10【开始】屏幕上的磁贴不见了，该怎么办？

解答：通常来说，Windows 10【开始】屏幕上的磁贴丢失是因为误操作导致，也就是说，因为某种原因不慎将这个磁贴从【开始】屏幕取消固定了。这种情况其实很容易解决，用户只需单击【开始】按钮，然后选择【所有应用】命令，再在列表里选中丢失的应用，右击，在弹出的快捷菜单中选择【固定到"开始"屏幕】命令，即可将其重新添加到【开始】屏幕中。

问题 2：我桌面上的【桌面】图标与任务栏都不见了，怎么办？

解答：如果【桌面】图标和任务栏都不见了，这种情况一般是因为 Windows 资源管理器崩溃了，需要重新开启它就可以了。具体的方法为：按 Ctrl+Alt+Delete 组合键，在打开的界面中单击【任务管理器】选项，打开【任务管理器】对话框，然后选择【文件】→【运行新任务】菜单命令，在打开的【新建任务】对话框中输入 explorer，单击【确定】按钮，即可显示出【桌面】图标及任务栏。

第3章

个性化定制——个性化 Windows 10 操作系统

● 本章导读

作为新一代的操作系统，Windows 10 进行了重大变革，不仅延续了 Windows 家族的传统，而且带来了更多新体验，同时用户还可以根据需要个性化操作系统。本章将为读者介绍系统桌面与主题的个性化设置、日期和时间的设置、鼠标与键盘的设置、显示字体的设置和电脑显示的个性化设置等。

● 学习目标

◎ 掌握个性化桌面的方法
◎ 掌握个性化主题的方法
◎ 掌握个性化电脑显示设置的方法
◎ 掌握个性化电脑字体的方法
◎ 掌握设置日期和时间的方法
◎ 掌握设置键盘和鼠标的方法

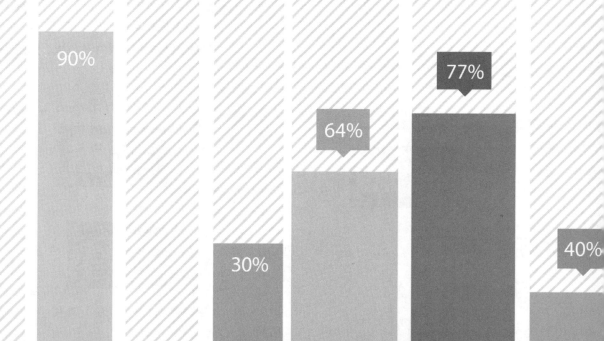

3.1 个性化桌面

Windows 10 操作系统桌面的个性化设置主要包括两个方面，分别是桌面背景和桌面图标，下面分别进行介绍。

3.1.1 自定义桌面背景

桌面背景可以是个人收集的数字图片、Windows 提供的图片、纯色或带有颜色框架的图片，也可以显示幻灯片图片。

自定义桌面背景的具体操作步骤如下。

步骤 1 在桌面的空白处右击，在弹出的快捷菜单中选择【个性化】命令，如图 3-1 所示。

图 3-1　选择【个性化】命令

步骤 2 打开【设置】窗口，在【个性化】设置界面中选择【背景】选项，如图 3-2 所示。

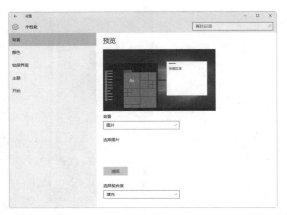

图 3-2　选择【背景】选项

步骤 3 单击【背景】下拉列表框右侧的下三角按钮，在弹出的下拉列表中可以对背景的样式进行设置，包括【图片】、【纯色】和【幻灯片放映】三个选项，如图 3-3 所示。

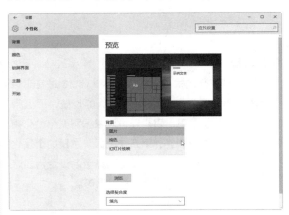

图 3-3　背景样式的设置

步骤 4 如果选择【纯色】选项，可以在下方的背景色中选择相关的颜色。选择完毕后，可以在【预览】区域中查看背景效果，如图 3-4 所示。

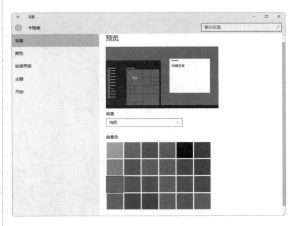

图 3-4　选择【纯色】选项

步骤 5 如果选择【幻灯片放映】选项，则可以在下方设置幻灯片图片的播放频率、播放顺序等信息，如图 3-5 所示。

步骤 6 如果选择【图片】选项，则可以在下方单击【选择图片】右侧的下拉三角按钮，在弹出的下拉列表中选择图片契合度，包括【填充】、【适应】、【拉伸】等选项，如图 3-6 所示。

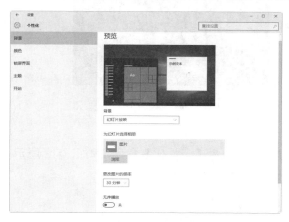

图 3-5　选择【幻灯片放映】选项

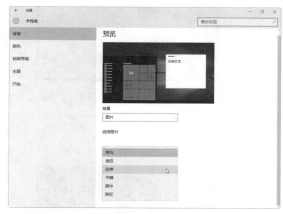

图 3-6　选择【图片】选项

步骤 7 单击【选择图片】下方的【浏览】按钮，则可打开【打开】对话框，在其中可以选择某个图片作为桌面的背景，如图 3-7 所示。

步骤 8 单击【选择图片】按钮，返回到【设置】窗口中，可以在【预览】区域查看预览效果，如图 3-8 所示。

图 3-7　【打开】对话框

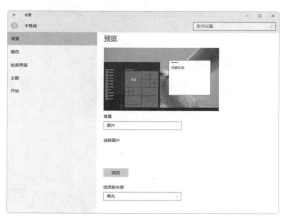

图 3-8　预览背景效果

3.1.2 自定义桌面图标

根据需要，用户可以通过更改桌面图标的名称和标识来自定义桌面图标，具体操作步骤如下。

步骤 1 选择需要修改名称的桌面图标，右击，在弹出的快捷菜单中选择【重命名】命令，如图 3-9 所示。

步骤 2 进入图标的编辑状态，直接输入名称，如图 3-10 所示。

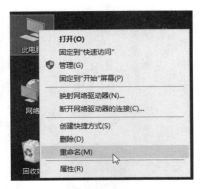

图 3-9　选择【重命名】命令

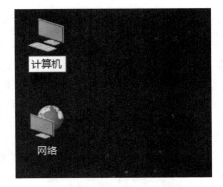

图 3-10　重命名图标

步骤 3 按 Enter 键确认名称的重命名，如图 3-11 所示。

步骤 4 在桌面上的空白处右击，在弹出的快捷菜单中选择【个性化】命令，如图 3-12 所示。

图 3-11　完成图标的重命名

图 3-12　选择【个性化】命令

步骤 5 弹出【设置】窗口，在【个性化】设置界面中选择【主题】选项，如图 3-13 所示。

步骤 6 单击右侧窗格中的【桌面图标设置】链接，弹出【桌面图标设置】对话框，在【桌面图标】选项卡中选择要更改标识的桌面图标。本实例选择【计算机】选项，然后单击【更改图标】按钮，如图 3-14 所示。

图 3-13　选择【主题】选项

图 3-14　【桌面图标设置】对话框

步骤 7 弹出【更改图标】对话框，在【从以下列表中选择一个图标】列表框中选择一个自己喜欢的图标，然后单击【确定】按钮，如图 3-15 所示。

步骤 8 返回到【桌面图标设置】对话框，可以看出【计算机】图标已经更改，单击【确定】按钮，如图 3-16 所示。

图 3-15　【更改图标】对话框　图 3-16　【桌面图标设置】对话框

步骤 9 返回到桌面，可以看出【计算机】图标已经发生了变化，如图 3-17 所示。

图 3-17　更改后的【计算机】图标

3.2 个性化主题

Windows 10 操作系统的主题采用了新的主题方案，该主题方案具有无边框设计的窗口、扁平化设计的图标等，使其更具现代科技感。对主题进行个性化设置，可以使主题符合自己的要求与使用习惯。

3.2.1 设置背景主题色

Windows 10 默认的背景主题色为黑色，如果用户不喜欢，则可以对其进行修改，具体操作步骤如下。

步骤 1 单击【开始】按钮，在弹出的【开始】菜单中选择【设置】命令，如图 3-18 所示。

图 3-18　选择【设置】命令

步骤 2 打开【设置】窗口，在其中单击【个性化】图标，如图 3-19 所示。

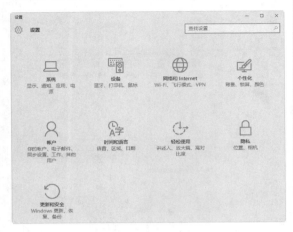

图 3-19 【设置】窗口

步骤 3 打开【个性化】设置界面，在其中选择【颜色】选项，在右边可以看到【预览】、【选择一种颜色】等参数，如图 3-20 所示。

图 3-20 选择【颜色】选项

步骤 4 将【选择一种颜色】下方的【从我的背景自动选取一种主题色】由【开】设置为【关】，这时系统会给出建议的颜色，在其中根据需要自行选择主题颜色，如图 3-21 所示。

步骤 5 这里选择【红色】色块，可以在【预览】区域中查看预览效果，如图 3-22 所示。

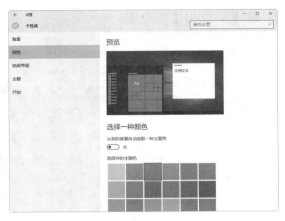

图 3-21 选择颜色

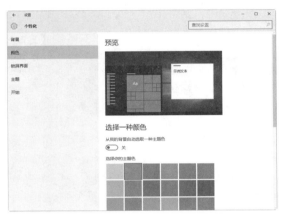

图 3-22 预览效果

步骤 6 将【显示"开始"菜单、任务栏、操作中心和标题栏的颜色】由【关】设置为【开】，如图 3-23 所示。

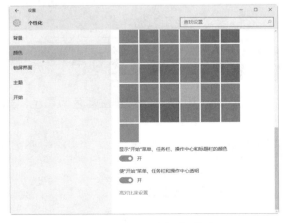

图 3-23 设置【开】状态

步骤 7 返回到系统中，至此就完成了 Windows 10 主题色的设置，如图 3-24 所示。

注意 若【显示"开始"菜单、任务栏、操作中心和标题栏的颜色】为【关】状态，则任务栏、【开始】菜单颜色不会随用户选择的颜色而改变。

图 3-24　完成主题色的设置

3.2.2 设置屏幕保护程序

当在指定的一段时间内没有使用鼠标或键盘后，屏幕保护程序就会出现在计算机的屏幕上，此程序为移动的图片或图案。屏幕保护程序最初用于保护较旧的单色显示器免遭损坏，但现在它们主要是个性化计算机或通过提供密码保护来增强计算机安全性的一种方式。

设置屏幕保护程序的具体操作步骤如下。

步骤 1 在桌面的空白处右击，在弹出的快捷菜单中选择【个性化】命令，打开【设置】窗口，在【个性化】设置界面中选择【锁屏界面】选项，如图 3-25 所示。

图 3-25　选择【锁屏界面】选项

步骤 2 在【锁屏界面】设置窗格中单击【屏

幕超时设置】超链接，将打开【系统】设置界面，选择【电源和睡眠】选项，在右侧窗格中可以设置屏幕和睡眠的时间，如图 3-26 所示。

图 3-26　设置屏幕和睡眠时间

步骤 3 在【锁屏界面】设置窗格中单击【屏幕保护程序设置】超链接，打开【屏幕保护程序设置】对话框，选中【在恢复时显示登录屏幕】复选框，如图 3-27 所示。

步骤 4 在【屏幕保护程序】下拉列表中选择系统自带的屏幕保护程序，本实例选择【气泡】选项，此时在上方的预览框中可以看到设置后的效果，如图 3-28 所示。

步骤 5 在【等待】微调框中设置等待的时间，本实例设置为 5 分钟，如图 3-29 所示。

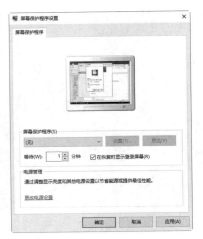

图 3-27 【屏幕保护程序设置】对话框

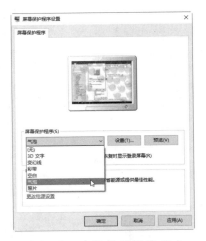

图 3-28 选择屏幕保护程序

图 3-29 设置等待时间

步骤 6 设置完成后，单击【确定】按钮，

返回到【设置】窗口。这样，如果用户在 5 分钟内没有对电脑进行任何操作，系统会自动启动屏幕保护程序。

3.2.3 设置电脑主题

主题是桌面背景图片、窗口颜色和声音的组合，用户可以对主题进行设置，具体操作步骤如下。

步骤 1 打开【个性化】窗口，在其中选择【主题】选项，单击【主题设置】超链接，随即进入【个性化】窗口主题的设置界面，在其中单击某个主题可一次性同时更改桌面背景、颜色、声音和屏幕保护程序，如图 3-30 所示。

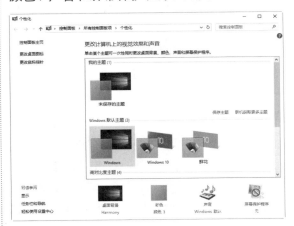

图 3-30 【个性化】窗口

步骤 2 选择 Windows 默认主题的 Windows 10 主题样式，可在下方显示该主题的桌面背景、颜色、声音和屏幕保护程序等信息，如图 3-31 所示。

步骤 3 单击主题下方的【桌面背景】超链接，可以在打开的【设置】窗口的【个性化】设置界面中选择【背景】选项，进行桌面背景的设置，如图 3-32 所示。

步骤 4 单击【彩色】超链接，可以在打开的【设置】窗口的【个性化】设置界面中选择【颜色】选项，进行主题颜色的设置，如图 3-33

所示。

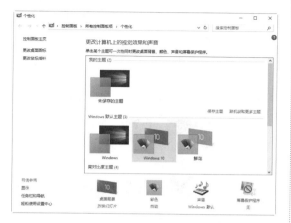

图 3-31 设置 Windows 主题样式

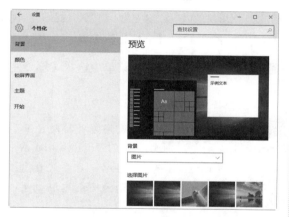

图 3-32 选择【背景】选项

步骤 5 单击【声音】超链接,打开【声音】对话框,在其中可以设置主题的声音效果,如图 3-34 所示。

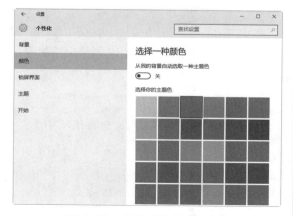

图 3-33 选择【颜色】选项

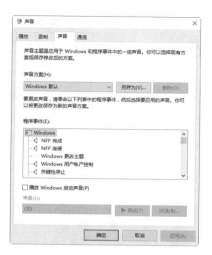

图 3-34 【声音】对话框

步骤 6 单击【屏幕保护程序】超链接,打开【屏幕保护程序设置】对话框,在其中可以设置主题的保护程序,如图 3-35 所示。

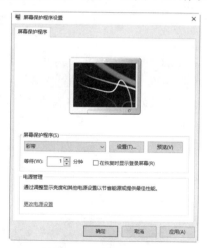

图 3-35 【屏幕保护程序设置】对话框

3.2.4 保存与删除主题

对于设置好的电脑主题,用户可以将其保存起来,方便以后使用,对于不需要的电脑主题,可以将其删除。

保存与删除主题的具体操作步骤如下。

步骤 1 在【个性化】窗口中,单击【保存主题】超链接,打开【将主题另存为】对话框,在其中输入主题的名称，如图 3-36 所示。

步骤 2 单击【保存】按钮，即可将正在使用的电脑主题保存到本台电脑中，方便以后使用，如图 3-37 所示。

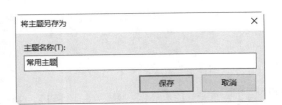

图 3-36　【将主题另存为】对话框

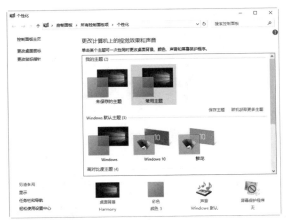

图 3-37　【个性化】窗口

步骤 3 在【个性化】窗口中，在想要删除的主题上右击，在弹出的快捷菜单中选择【删除主题】命令，即可将选中的主题删除，如图 3-38 所示。

> **注意** 此方法只对"我的主题"有效，不能删除 Windows 默认主题。另外，对于正在使用的主题，也不能删除。如果想要删除 Windows 默认主题，则需要找到 Windows 10 系统主题文件夹路径，一般情况下为 X\Windows\Resources\Themes(X 为 Windows 10 系统盘盘符)，然后在该文件夹内删除对应的主题文件 / 文件夹即可。如图 3-39 所示为当前电脑的主题文件夹路径窗口。

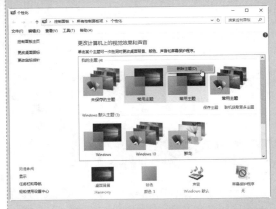

图 3-38　选择【删除主题】命令

图 3-39　当前电脑主题文件夹路径窗口

3.2.5　设置锁屏界面

Windows 10 操作系统的锁屏功能主要用于保护电脑的隐私安全，又可以保证在不关机的情况下省电，其锁屏所用的图片被称为锁屏界面。

设置锁屏界面的具体操作步骤如下。

步骤 1 在桌面的空白处右击，在弹出的快捷菜单中选择【个性化】命令，打开【设置】窗口，在【个性化】设置界面中选择【锁屏界面】选项，如图 3-40 所示。

步骤 2 单击【背景】下方【图片】右侧的下拉按钮，在弹出的下拉列表中可以设置用于锁屏的背景，包括【图片】、【Windows 聚焦】和【幻灯片放映】三种类型，如图 3-41 所示。

图 3-40 选择【锁屏界面】选项

图 3-41 设置锁屏的背景

步骤 3 选择【Windows 聚焦】选项，可以在【预览】区域查看设置的锁屏图片样式，如图 3-42 所示。

步骤 4 同时按下 Win+L 组合键，就可以进入系统锁屏状态，如图 3-43 所示。

图 3-42 预览锁屏界面

图 3-43 进入锁屏状态

3.3 个性化电脑的显示设置

对于电脑的显示效果，用户可以进行个性化操作，如设置电脑屏幕的分辨率、添加或删除通知区域显示的图标类型、启动或关闭系统图标等。

3.3.1 设置合适的屏幕分辨率

屏幕分辨率指的是屏幕上显示的文本和图像的清晰度。分辨率越高，项目越清楚。同时屏幕上的项目越小，因此屏幕可以容纳越多的项目。分辨率越低，在屏幕上显示的项目越少，但尺寸越大。

设置适当的分辨率，有助于提高屏幕上图像的清晰度，具体操作步骤如下。

步骤 1 在桌面上的空白处右击，在弹出的快捷菜单中选择【显示设置】命令，如图 3-44 所示。

步骤 2 弹出【设置】窗口，在【系统】设置界面中选择【显示】选项，进入显示设置窗格，如图 3-45 所示。

图 3-44　选择【显示设置】命令

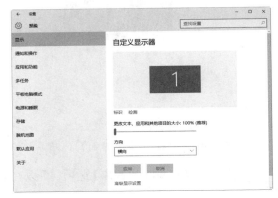

图 3-45　选择【显示】选项

步骤 3 单击【高级显示设置】超链接，弹出【高级显示设置】设置界面，用户可以看到系统默认设置的分辨率，如图 3-46 所示。

步骤 4 单击【分辨率】下拉列表框右侧的下拉按钮，在弹出的下拉列表中选择需要设置的分辨率即可，如图 3-47 所示。

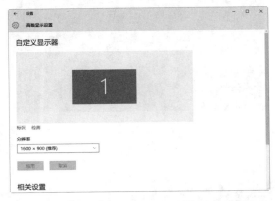

图 3-46　【高级显示设置】设置界面

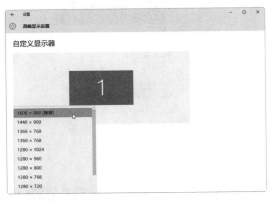

图 3-47　选择需要设置的分辨率

> **提示** 更改屏幕分辨率会影响登录到此计算机上的所有用户。如果将监视器设置为它不支持的屏幕分辨率，那么该屏幕在几秒钟内将变为黑色，监视器则还原至原始分辨率。

3.3.2 设置通知区域显示的图标

在任务栏上显示的图标，用户可以根据自己的需要进行显示或隐藏操作，具体的操作步骤如下。

步骤 1 在桌面上的空白处右击，在弹出的快捷菜单中选择【显示设置】命令，打开【设置】窗口，在【系统】设置界面中选择【通知和操作】选项，如图 3-48 所示。

步骤 2 单击【选择在任务栏上显示哪些图标】超链接，打开【选择在任务栏上显示哪些图标】设置界面，如图 3-49 所示。

图 3-48 选择【通知和操作】选项   图 3-49 设置通知区域图标的显示状态

步骤 3 单击要显示图标右侧的【开】/【关】按钮，即可将该图标显示/隐藏在通知区域中，如这里单击【360 安全卫士 安全防护中心模块】右侧的【开】/【关】按钮，将其设置为【开】状态，如图 3-50 所示。

步骤 4 返回到系统桌面中，可以看到通知区域中显示出了 360 安全卫士的图标，如图 3-51 所示。

图 3-50 设置图标的状态为【开】   图 3-51 通知区域显示图标

> **提示**
> 如果想要删除通知区域的某个图标，可以将其显示状态设置为【关】即可。

3.3.3 启动或关闭系统图标

用户可以根据自己的需要启动或关闭任务栏中显示的系统图标，具体操作步骤如下。

步骤 1 在【设置】窗口的【系统】设置界面中选择【通知和操作】选项，如图 3-52 所示。

步骤 2 单击【启用或关闭系统图标】超链接，进入【启用或关闭系统图标】设置界面，如图 3-53 所示。

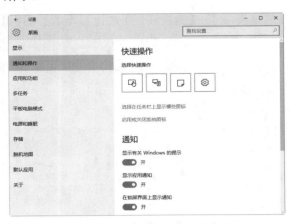

图 3-52 选择【通知和操作】选项

图 3-53 【启用或关闭系统图标】设置界面

步骤 3 如果想要关闭某个系统图标，需要将其状态设置为【关】，如这里单击【时钟】右侧的【开】/【关】按钮，将其状态设置为【关】，如图 3-54 所示。

步骤 4 返回到系统桌面，可以看到时钟系统图标在通知区域中不显示了，如图 3-55 所示。

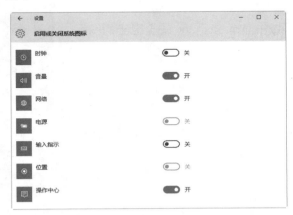

图 3-54 图标的显示状态设置为【关】

图 3-55 通知区域的图标消失

步骤 5 如果想要启动某个系统图标，则可以将其状态设置为【开】，如这里单击【输入指示】图标右侧的【开】/【关】按钮，将其状态设置为【开】，如图 3-56 所示。

步骤 6 返回到系统桌面，可以看到通知区域显示出了【输入指示】图标，如图 3-57 所示。

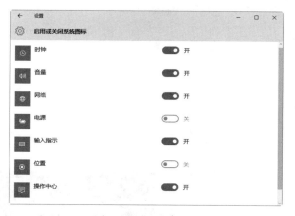

图 3-56　图标的显示状态设置为【开】　　　　图 3-57　图标显示在通知区域

3.3.4　设置显示的应用通知

Windows 10 的显示应用通知功能主要用于显示应用的通知信息，若关闭就不会显示任何应用的通知。

设置显示应用通知的具体操作步骤如下。

步骤 1　在【设置】窗口的【系统】设置界面中选择【通知和操作】选项，在右侧可以看到【通知】设置区域，如图 3-58 所示。

步骤 2　默认情况下，显示应用通知的功能处于【开】状态，单击系统桌面通知区域中的【应用通知】图标，可以打开【操作中心】界面，在其中可以查看相关的通知，如图 3-59 所示。

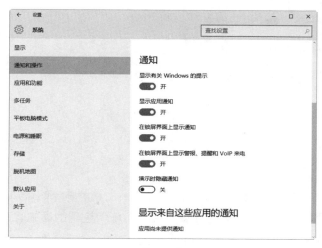

图 3-58　【通知】设置区域　　　　　　　　图 3-59　【操作中心】界面

步骤 3　如果想要关闭"显示应用通知"功能，只需要单击其下方的【开】/【关】按钮，将其状态设置为【关】即可，如图 3-60 所示。

步骤 4　返回到系统桌面，将鼠标指针放置到【显示应用通知】图标上，可以看到有关关闭的相关提示信息，如图 3-61 所示。

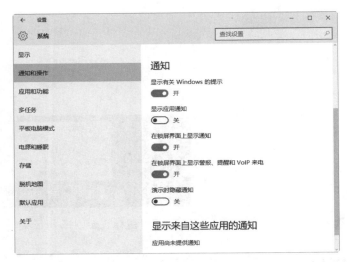

图 3-60　设置【显示应用通知】的状态为【关】　　　　图 3-61　通知关闭信息提示

步骤 5 用户还可以将其他的通知信息设置为【开】状态，这样不管本台电脑处于什么状态，都可以显示相关的通知信息，如图 3-62 所示。

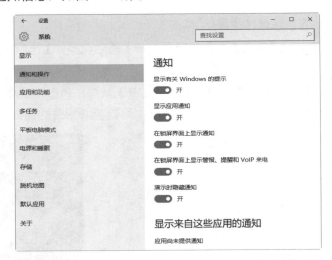

图 3-62　设置【通知】区域的全部功能状态为【开】

【通知】区域中 5 个选项的功能介绍如下。

【显示有关 Windows 的提示】：用于显示系统的通知，若关闭就不会显示系统的通知。

【显示应用通知】：用于显示应用的相关通知，若关闭就不会显示任何应用的通知。

【在锁屏界面上显示通知】：用于在锁屏界面上显示通知，若关闭这个选项，那么在锁屏界面上就不会显示通知，该功能主要用于 Windows Phone 手机和平板电脑。

【在锁屏界面上显示警报、提醒和 VoIP 来电】：若关闭这个选项，在锁屏界面上就不会显示警告、提醒或 VoIP 来电。

【演示时隐藏通知】：演示模式用于向用户展示 Windows 10 功能，若开启这个功能，在演示模式下会隐藏通知信息。

3.4 电脑字体的个性化

在 Windows 10 操作系统中，有多种字体样式，可供用户选择，而且用户还可以根据自己的需要对字体进行添加、删除、隐藏与显示操作，对于一些不用的字体，还可以将其删除。

3.4.1 字体设置

通过字体设置，用户可以隐藏不适用于输入语言设置的字体，还可以选择安装字体文件的快捷方式而不是安装该字体文件本身。字体设置的具体操作步骤如下。

步骤 1 在系统桌面上单击【开始】按钮，在弹出的【开始】屏幕中选择【控制面板】命令，如图 3-63 所示。

步骤 2 打开【所有控制面板项】窗口，在其中单击【字体】超链接，如图 3-64 所示。

图 3-63 选择【控制面板】命令

图 3-64 【所有控制面板项】窗口

步骤 3 打开【字体】窗口，单击窗口左侧的【字体设置】超链接，如图 3-65 所示。

步骤 4 打开【字体设置】对话框，在其中通过选中相应的复选框来对字体进行设置。设置完毕后，单击【确定】按钮，即可保存设置，如图 3-66 所示。

图 3-65 【字体】窗口

图 3-66 【字体设置】对话框

3.4.2 隐藏与显示字体

对于不经常使用的字体，用户可以将其隐藏，当再次需要该字体时，可以将其显示出来。隐藏与显示字体的具体操作步骤如下。

步骤 1 在【字体】窗口中，选中需要隐藏的字体图标，单击【隐藏】按钮，即可将该字体隐藏起来，隐藏起来的字体图标以透明状态显示，如图 3-67 所示。

步骤 2 在【字体】窗口中，选中需要显示的字体图标，单击【显示】按钮，即可将隐藏的字体显示出来，如图 3-68 所示。

图 3-67 隐藏字体图标

图 3-68 显示字体图标

3.4.3 添加与删除字体

Windows 10 操作系统自带的字体是有限的，如果用户想要显示出比较个性化的字体，就需要在系统中添加字体了；而对于不常用的字体，可以将其删除。添加与删除字体的具体操作步骤如下。

步骤 1 从网络中下载自己需要的字体，然后选中需要添加到系统中的字体列表，右击，在弹出的快捷菜单中选择【复制】命令，如图 3-69 所示。

步骤 2 打开【字体】窗口，在【组织】下方的窗格中右击，在弹出的快捷菜单中选择【粘贴】命令，如图 3-70 所示。

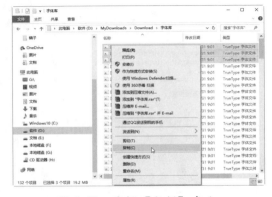
图 3-69 选择【复制】命令

图 3-70 选择【粘贴】命令

步骤 3 即可开始安装需要添加的字体文件，并弹出【正在安装字体】对话框，在其中显示安装的进度条，如图 3-71 所示。

步骤 4 安装完毕后，在【字体】窗口【组织】下方的窗格中可以查看添加的字体，如图 3-72 所示。

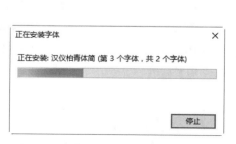

图 3-71　【正在安装字体】对话框

图 3-72　显示安装的字体

> **提示**　除上述通过复制的方法添加字体外，用户还可以通过直接安装字体文件的方法来添加字体。双击下载的字体文件，打开字体文件介绍窗口（见图 3-73），或选中字体文件，右击，在弹出的快捷菜单中选择【安装】命令（见图 3-74），均可打开【正在安装字体】对话框，进行添加字体，如图 3-75 所示。

图 3-73　字体文件介绍窗口

图 3-74　选择【安装】命令

步骤 5 选中需要删除的字体右击，选择【删除】命令，即可打开【删除字体】对话框，单击【是】按钮，即可将选中的字体删除，如图 3-76 所示。

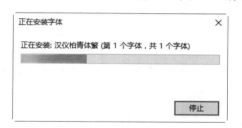

图 3-75　安装进度

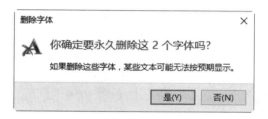

图 3-76　【删除字体】对话框

3.4.4 调整显示字体大小

通过对显示的设置，可以让桌面字体变得更大，具体操作步骤如下。

步骤 1 在系统桌面上右击，在弹出的快捷菜单中选择【显示设置】命令，打开【设置】窗口，如图 3-77 所示。

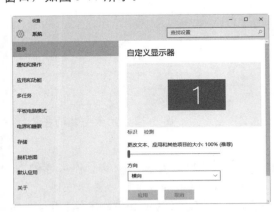

图 3-77 【设置】窗口

步骤 2 在【系统】设置界面中，选择【显示】选项，拖动【更改文本、应用和其他项目的大小：100%（推荐）】滑动条的滑块，通过增大其百分比，可以更改桌面字体的大小，如图 3-78 所示。

图 3-78 更改文本、应用和其他项目的大小

3.4.5 调整 ClearType 文本

ClearType 是 Windows 10 系统中的一种字体显示技术，可提高 LCD 显示器字体的清晰及平滑度，使计算机屏幕闪烁的文字看起来和纸上打印的一样清晰明了。通过 ClearType 文本调谐器来微调 ClearType 的设置，可以改善显示效果。

调整 ClearType 文本的具体操作步骤如下。

步骤 1 打开【设置】窗口，在【系统】设置界面中，选择【显示】选项，单击【高级显示设置】超链接，如图 3-79 所示。

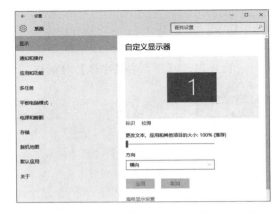

图 3-79 单击【高级显示设置】超链接

步骤 2 打开【高级显示设置】设置界面，在其中单击【ClearType 文本】超链接，如图 3-80 所示。

图 3-80 【高级显示设置】设置界面

步骤 3 打开【ClearType 文本调谐器】对话框，在其中选中【启用 ClearType】复选框，如图 3-81 所示。

图 3-81　【ClearType 文本调谐器】对话框

步骤 4 单击【下一步】按钮，提示用户 Windows 正在确保将你的监视器设置为其本机分辨率，如图 3-82 所示。

图 3-82　设置本机分辨率

步骤 5 单击【下一步】按钮，在出现的文本示例中单击看起来最清晰的文本示例，如图 3-83 所示。

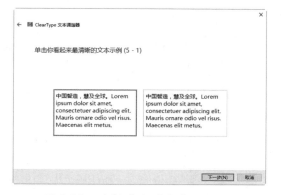

图 3-83　选择清晰的文本示例 (1)

步骤 6 单击【下一步】按钮，在出现的文

本示例中单击看起来最清晰的文本示例，如图 3-84 所示。

图 3-84　选择清晰的文本示例 (2)

步骤 7 单击【下一步】按钮，在出现的文本示例中单击看起来最清晰的文本示例，如图 3-85 所示。

图 3-85　选择清晰的文本示例 (3)

步骤 8 单击【下一步】按钮，在出现的文本示例中单击看起来最清晰的文本示例，如图 3-86 所示。

图 3-86　选择清晰的文本示例 (4)

步骤 **9** 单击【下一步】按钮，在出现的文本示例中单击看起来最清晰的文本示例，如图 3-87 所示。

步骤 **10** 单击【下一步】按钮，提示用户已经完成对监视器中文本的调谐，如图 3-88 所示。最后单击【完成】按钮，完成对 ClearType 文本的调整。

图 3-87　选择清晰的文本示例 (5)

图 3-88　完成对 ClearType 文本的调整

3.5　设置日期和时间

对于电脑系统的日期和时间，用户可以根据需要对其进行调整或校准，使 Windows 10 显示正确的日期和时间。

3.5.1　设置系统日期和时间

如果系统时间不准确，用户可以设置 Windows 10 中显示的日期和时间，具体操作步骤如下。

步骤 **1** 单击时间通知区域，在弹出的面板中单击【日期和时间设置】链接，如图 3-89 所示。

步骤 **2** 打开【设置】窗口，在【时间和语言】设置界面中，选择【日期和时间】选项，单击【自动设置时间】下方的按钮，将其设置为【开】，如图 3-90 所示。

图 3-89　时间与日期面板

图 3-90　设置日期和时间

步骤 3 如果电脑联网即会自动更新日期和时间，如图 3-91 所示。

步骤 4 另外，【自动设置时间】下方的按钮默认为【开】，用户也可以将其设置为【关】。其方法是：单击【更改】按钮，在弹出的【更改日期和时间】对话框中，手动校准时间，如图 3-92 所示。

图 3-91　自动更新日期和时间

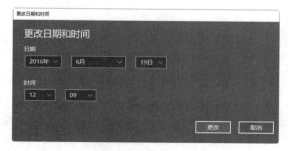

图 3-92　【更改日期和时间】对话框

步骤 5 返回【时间和语言】设置界面中，单击【格式】区域中的【更改日期和时间格式】超链接，如图 3-93 所示。

步骤 6 弹出【更改日期和时间格式】设置界面，用户可以根据使用习惯设置日期和时间的格式，即可在通知区域中显示修改后的效果，如图 3-94 所示。

图 3-93　设置日期和时间格式

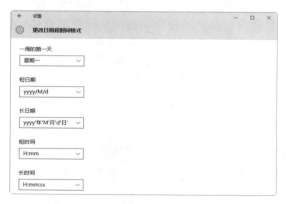

图 3-94　【更改日期和时间格式】设置界面

3.5.2　添加系统附加时钟

在 Windows 10 系统中，可以为系统添加不同时间的时钟，具体操作步骤如下。

步骤 1 在【时间和语言】设置界面中，单击【相关设置】区域中的【添加不同时区的时钟】超链接，弹出【日期和时间】对话框，在【附加时钟】选项卡中，选中【显示此时钟】复选框，即可在【选择时区】列表中选择要显示的时区，也可设置【输入显示名称】文本框，如图 3-95 所示。

步骤 2 设置完成后，单击【确定】按钮，关闭【日期和时间】对话框，再关闭【设置】窗口，然后单击时间通知区域，弹出日期和时间信息，即可看到添加的不同时区的时钟，如图 3-96 所示。

图 3-95　【日期和时间】对话框　　　　图 3-96　添加的系统附加时钟

> **提示**　如果要取消不同时区时钟的显示，则打开【日期和时间】对话框，在【附加时钟】选项卡下，取消选中【显示此时钟】复选框，并单击【确定】按钮即可。

3.6　设置鼠标和键盘

　　键盘和鼠标是电脑办公常用的输入设备，通过对键盘和鼠标的个性化设置，可以使电脑符合自己的使用习惯，从而提高电脑办公效率。

3.6.1　鼠标的设置

　　对鼠标的自定义设置，主要包括鼠标键配置、双击速度、鼠标指针、移动速度等方面的设置，具体操作步骤如下。

步骤 1　打开【所有控制面板项】窗口，在其中单击【鼠标】超链接，如图 3-97 所示。

步骤 2　打开【鼠标 属性】对话框，在【鼠标键】选项卡中可以设置鼠标键的配置、双击的速度等属性，如图 3-98 所示。

图 3-97　单击【鼠标】超链接　　　　图 3-98　【鼠标 属性】对话框

步骤 3 切换到【指针】选项卡，在其中可以对鼠标指针的方案、鼠标指针样式等进行设置，如图 3-99 所示。

步骤 4 切换到【指针选项】选项卡，在其中可以对鼠标移动的速度、鼠标的可见性等属性进行设置，如图 3-100 所示。

步骤 5 切换到【滑轮】选项卡，在其中可以对鼠标的垂直滚动行数和水平滚动字符进行设置，如图 3-101 所示。

图 3-99　设置鼠标指针方案

图 3-100　设置鼠标指针选项

图 3-101　设置鼠标滑轮参数

3.6.2　键盘的设置

对键盘的设置，主要从光标闪烁速度和字符重复速度两个方面进行，具体操作步骤如下。

步骤 1 在【所有控制面板项】窗口中单击【键盘】超链接，如图 3-102 所示。

步骤 2 打开【键盘 属性】对话框，在其中可以设置字符重复速度和光标闪烁速度，如图 3-103 所示。

图 3-102　单击【键盘】超链接

图 3-103　【键盘 属性】对话框

3.7 高效办公技能实战

3.7.1 高效办公技能 1——我用左手使用鼠标怎么办

通过对鼠标键的设置，可以使鼠标适应左手操作鼠标用户的使用习惯，具体操作步骤如下。

步骤 1 单击【开始】按钮，在弹出的【开始】菜单中选择【设置】命令，如图 3-104 所示。

步骤 2 弹出【设置】窗口，单击【设备】图标，如图 3-105 所示。

图 3-104 选择【设置】命令

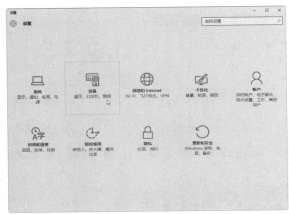

图 3-105 单击【设备】图标

步骤 3 弹出【设备】设置界面，在左侧的列表中选择【鼠标和触摸板】选项，然后在右侧窗口中单击【其他鼠标选项】超链接，如图 3-106 所示。

步骤 4 弹出【鼠标 属性】对话框，切换到【鼠标键】选项卡，然后选中【切换主要和次要的按钮】复选框，单击【确定】按钮即可完成设置，如图 3-107 所示。

图 3-106 选择【鼠标和触摸板】选项

图 3-107 【鼠标 属性】对话框

3.7.2 高效办公技能2——取消开机锁屏界面

电脑的开机锁屏界面会给人以绚丽的视觉效果，但会影响开机的时间和速度，用户可以根据需要取消系统启动后的锁屏界面，具体操作步骤如下。

步骤 1 按 Win+R 组合键，打开【运行】对话框，输入 gpedit.msc 命令，按 Enter 键或单击【确定】按钮，如图 3-108 所示。

步骤 2 打开【本地组策略编辑器】窗口，选择【计算机配置】→【管理模板】→【控制面板】→【个性化】选项，在【设置】列表中双击【不显示锁屏】选项，如图 3-109 所示。

图 3-108 【运行】对话框

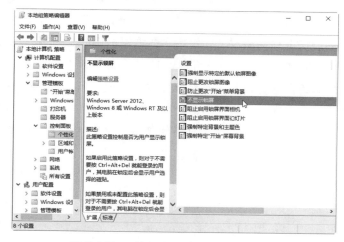

图 3-109 【本地组策略编辑器】窗口

步骤 3 打开【不显示锁屏】对话框，选中【已启用】单选按钮，单击【确定】按钮，即可取消显示开机锁屏界面，如图 3-110 所示。

图 3-110 【不显示锁屏】对话框

3.8 疑难问题解答

问题 1：Windows 10 更新后，有时会出现 QQ 等软件中文字虚化的问题，是什么原因？

解答：之所以会出现文字虚化问题，是因为在 Windows 7 时代，很多网友习惯将字体调整为 125% 甚至 130%；但当系统升级到 Windows 10 后，这些设置被沿用，由于兼容性的问题，导致字体虚化。具体的解决方案为：单击屏幕右下角的【通知中心】图标，并进入所有设置；在其中单击【系统】图标，进入【系统】窗口，将【更改文本、应用和其他项目的大小】滑动条的滑块拖动到最左，即可将字体调回至 100%，这样就解决了字体虚化的问题。

问题 2：如何关闭 Windows 10 的通知提示？

解答：若要隐藏 Windows 10 的通知提示，需要将通知相关项目的状态设置为【关】，具体方法为：在任务栏上右击，在弹出的快捷菜单中选择【属性】命令，打开【任务栏和"开始"菜单属性】对话框，单击其中的【自定义】按钮，打开通知和操作设置界面，在其中将通知相关项目的状态设置为【关】即可。

第 4 章

账户管理——
管理系统用户账户

● **本章导读**

管理 Windows 用户账户是使用 Windows 10 系统的第一步,注册并登录 Microsoft 账户,才可以使用 Windows 10 的许多功能应用,并可以进行同步设置。本章主要讲述本地账户与 Microsoft 账户的个性化设置、设置家庭成员、添加账户和同步账户设置等内容。

● **学习目标**

◎ 了解 Windows 10 的账户类型
◎ 掌握本地账户设置与应用的方法
◎ 掌握 Microsoft 账户设置与应用的方法
◎ 掌握本地账户与 Microsoft 账户相互切换的方法
◎ 掌握添加家庭成员与其他用户的方法

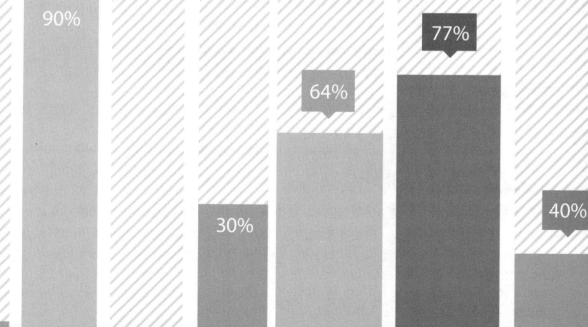

4.1 了解Windows 10的账户

Windows 10 操作系统具有两种账户类型：一是本地账户；二是 Microsoft 账户。使用这两种账户类型，都可以登录到操作系统中。

4.1.1 认识本地账户

在 Windows 7 及其之前的操作系统中，Windows 的安装和登录只有一种以用户名为标识符的账户，这个账户就是 Administrator 账户。这种账户类型就是本地账户，对于不需要网络功能，而又对数据安全比较在乎的用户来说，使用本地账户登录 Windows 10 操作系统是更安全的选择。

另外，对于本地账户来说，用户可以不用设置登录密码，就能登录系统。当然，不设置密码的操作，对系统安全是没有保障的。因此，不管是本地账户，还是 Microsoft 账户，都需要为账户添加密码。

4.1.2 认识 Microsoft 账户

Microsoft 账户是免费的且易于设置的系统账户，用户可以使用自己所选的任何电子邮件地址完成该账户的注册与登录操作。例如，可以使用 Outlook.com、Gmail 或 Yahoo! 地址，作为 Microsoft 账户。

当用户使用 Microsoft 账户登录自己的电脑或设备时，可从 Windows 应用商店中获取应用，使用免费云存储或备份自己的所有重要数据和文件，并使自己的所有常用内容，如设备、照片、好友、游戏、设置、音乐等，保持更新和同步。

4.2 本地账户的设置与应用

本地账户的设置主要包括启用本地账户、创建新用户、更改账户类型、设置账户密码等。本节介绍本地账户的设置与相关应用。

4.2.1 启用本地账户

在安装 Windows 10 系统的过程中，需要通过用户在微软注册的账户来激活系统，所以当安装完成以后，系统会默认使用在微软的账户来作为系统登录用户。不过，用户可以启用本地账户，这里以启用 Administrator 账户为例，这样就可以像在 Windows 7 操作系统中一样，使用

Administrator 账户登录 Windows 10 系统了。

启用 Administrator 账户的具体操作步骤如下。

步骤 1 在 Windows 10 系统桌面中，选中【开始】按钮，右击，在弹出的快捷菜单中选择【计算机管理】命令，如图 4-1 所示。

步骤 2 打开【计算机管理】窗口，依次展开【本地用户和组】→【用户】选项，展开本地用户列表，如图 4-2 所示。

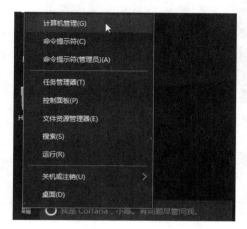

图 4-1 选择【计算机管理】命令

图 4-2 【计算机管理】窗口

步骤 3 选中 Administrator 账户，右击，在弹出的快捷菜单中选择【属性】命令，如图 4-3 所示。

步骤 4 打开【Administrator 属性】对话框，在【常规】选项卡中，取消选中【帐户已禁用】复选框，然后单击【确定】按钮，即可启用 Administrator 账户，如图 4-4 所示。

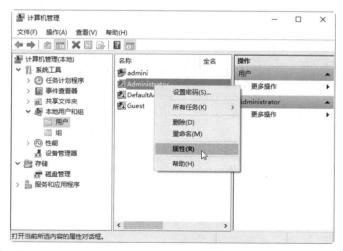

图 4-3 选择【属性】命令

图 4-4 【Administrator 属性】对话框

步骤 5 单击【开始】按钮，在弹出的菜单中选择 admini 账户，在弹出的下拉菜单中可以看到已经启用的 Administrator 账户，如图 4-5 所示。

步骤 6 选择 Administrator 账户登录系统，登录完成后，再单击【开始】按钮，在弹出的面板中可以看到当前登录的账户就是 Administrator 账户，如图 4-6 所示。

图 4-5　选择用户账户　　　　　　　　　　图 4-6　以 Administrator 账户登录

4.2.2　创建新用户账户

在 Windows 10 操作系统中，除本地 Administrator 账户外，还可以添加新用户账户，具体操作步骤如下。

步骤 1 打开【计算机管理】窗口，选择【本地用户和组】下方的【用户】选项，展开本地用户列表，如图 4-7 所示。

步骤 2 在用户列表窗格的空白处右击，在弹出的快捷菜单中选择【新用户】命令，如图 4-8 所示。

图 4-7　【计算机管理】窗口　　　　　　　图 4-8　选择【新用户】命令

步骤 3 打开【新用户】对话框，在【用户名】和【全名】等文本框中输入新用户名称等信息，如图 4-9 所示。

步骤 4 输入完毕后，单击【创建】按钮，返回到【计算机管理】窗口中，可以看到已经创建的新用户，如图 4-10 所示。

图 4-9 【新用户】对话框

图 4-10 创建一个新用户

4.2.3 更改账户类型

Windows 10 操作系统的账户类型包括标准和管理员两种类型，用户可以根据需要对账户的类型进行更改，具体操作步骤如下。

步骤 1 单击【开始】按钮，在打开的面板中选择【控制面板】选项，打开【控制面板】窗口，如图 4-11 所示。

步骤 2 单击【更改帐户类型】超链接，打开【管理帐户】窗口，在其中选择要更改类型的账户，这里选择【admini 本地帐户】，如图 4-12 所示。

图 4-11 【控制面板】窗口

图 4-12 选择要更改类型的账户

步骤 3 打开【更改帐户】窗口，单击左侧的【更改帐户类型】超链接，如图 4-13 所示。

步骤 4 打开【更改帐户类型】对话框，在其中选中【标准】单选按钮，即可为该账户选择新的账户类型，最后单击【更改帐户类型】按钮即可完成账户类型的更改操作，如图 4-14 所示。

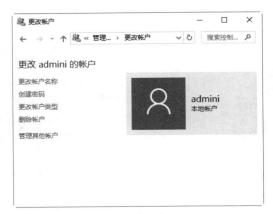

图 4-13 【更改帐户】窗口

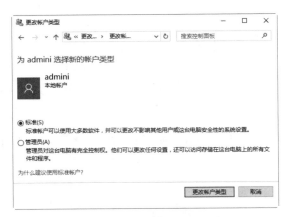

图 4-14 【更改帐户类型】窗口

4.2.4 设置账户密码

对于添加的账户，用户可以为其创建密码，并对创建的密码进行更改，如果不需要密码了，还可以删除账户密码。下面介绍两种创建、更改或删除密码的方法。

1. 通过控制面板来创建、更改或删除密码

具体操作步骤如下。

步骤 1 打开【控制面板】窗口，打开【更改帐户】窗口，在其中单击【创建密码】超链接，如图 4-15 所示。

图 4-16 输入密码和密码提示信息

图 4-15 单击【创建密码】超链接

步骤 2 打开【创建密码】对话框，在其中输入密码和密码提示信息，如图 4-16 所示。

步骤 3 单击【创建密码】按钮，返回到【更改帐户】窗口，在其中可以看到该账户已经添加了密码保护，如图 4-17 所示。

图 4-17 【更改帐户】窗口

步骤 4 如果想要更改密码，则需要在【更改帐户】窗口中单击【更改密码】超链接，打开【更改密码】对话框，在其中输入新的密码与密码提示信息，最后单击【更改密码】按钮即可，如图 4-18 所示。

图 4-20 所示。

图 4-19　【更改密码】对话框

图 4-18　更改密码

步骤 5 如果想要删除密码，则需要在【更改帐户】窗口中单击【更改密码】超链接，打开【更改密码】对话框，在其中设置密码为空，如图 4-19 所示。

步骤 6 单击【更改密码】按钮，返回到【更改帐户】窗口，可以看到账户的"密码保护"字样取消，说明已经将账户密码删除了，如

图 4-20　用户密码删除

2. 在电脑设置中创建、更改或删除密码

具体操作步骤如下。

步骤 1 单击【开始】按钮，在弹出的面板中选择【设置】命令，如图 4-21 所示。

图 4-21　选择【设置】命令

步骤 2 打开【设置】窗口，如图 4-22 所示。

图 4-22　【设置】窗口

步骤 3 单击【帐户】超链接，进入【设置】窗口的【帐户】设置界面，如图 4-23 所示。

图 4-23　【帐户】设置界面

步骤 4 选择【登录选项】选项，进入【登录选项】设置窗格，如图 4-24 所示。

图 4-24　选择【登录选项】选项

步骤 5 单击【密码】区域下方的【添加】按钮，打开【创建密码】对话框，在其中输入密码与密码提示信息，如图 4-25 所示。

图 4-25　【创建密码】对话框

步骤 6 单击【下一步】按钮，进入如图 4-26 所示的界面，在其中提示用户下次登录时，请使用新的密码，最后单击【完成】按钮，即可完成密码的创建。

图 4-26　完成密码的创建

步骤 7 如果想要更改密码，则需要选择【设置】窗口中的【登录选项】选项，进入【登录选项】设置窗格，如图 4-27 所示。

图 4-27　【登录选项】设置窗格

步骤 8 单击【密码】区域下方的【更改】按钮，打开【更改密码】对话框，在其中输入当前密码，如图 4-28 所示。

步骤 9 单击【下一步】按钮，打开如图 4-29 所示的对话框，在其中输入新密码和密码提示信息。

步骤 10 单击【下一步】按钮，即可完成本地账户密码的更改操作，最后单击【完成】按钮，如图 4-30 所示。

图 4-28　【更改密码】对话框

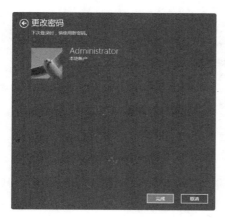

图 4-29　输入新密码和密码提示

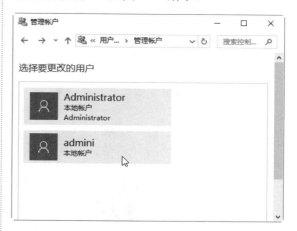

图 4-30　完成密码的更改

步骤 11 如果想要删除密码，则需要在【更改密码】对话框中将密码与密码提示设置为空，然后单击【下一步】按钮，完成删除密码的操作。

4.2.5　设置账户名称

对于添加的本地账户，用户可以根据需要设置账户的名称，具体操作步骤如下。

步骤 1 打开【管理帐户】窗口，选择要更改名称的账户，如图 4-31 所示。

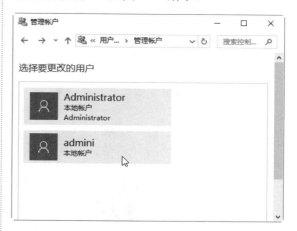

图 4-31　选择要更改名称的账户

步骤 2 打开【更改帐户】窗口，单击窗口左侧的【更改帐户名称】超链接，如图 4-32 所示。

图 4-32　单击【更改帐户名称】超链接

步骤 3 打开【重命名帐户】对话框，在其中输入账户的新名称，如图 4-33 所示。

步骤 4 单击【更改名称】按钮，即可完成账户名称的设置，如图 4-34 所示。

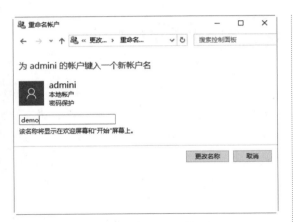

图 4-33 【重命名帐户】对话框

图 4-34 更改账户的名称

4.2.6 设置账户头像

不管是本地账户还是 Microsoft 账户，对于账户的头像，用户都可以自行设置，而且操作方法一样。设置账户头像的具体操作步骤如下。

步骤 1 打开【设置】窗口，在【帐户】设置界面中选择【你的电子邮件和帐户】选项，在打开的窗格中单击【你的头像】下方的【浏览】按钮，如图 4-35 所示。

步骤 2 弹出【打开】对话框，在其中选择想要作为头像的图片，如图 4-36 所示。

图 4-35 设置账户头像

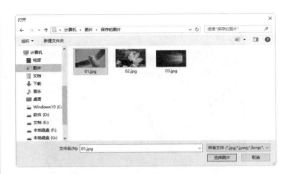

图 4-36 【打开】对话框

步骤 3 单击【选择图片】按钮，返回到【设置】窗口当中，可以看到设置头像后的效果，如图 4-37 所示。

图 4-37 设置头像的显示效果

4.2.7 删除用户账户

对于不需要的本地账户，用户可以将其删除，具体操作步骤如下。

步骤 1 打开【管理帐户】窗口，在其中选择要删除的账户，如图 4-38 所示。

图 4-38　选择要删除的账户

步骤 2 打开【更改帐户】窗口，在其中单击左侧的【删除帐户】超链接，如图 4-39 所示。

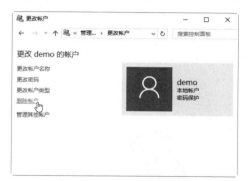

图 4-39　单击【删除帐户】超链接

步骤 3 打开【删除帐户】对话框，询问用户是否保存账户的文件，如图 4-40 所示。

图 4-40　【删除帐户】对话框

步骤 4 单击【删除文件】按钮，打开【确认删除】对话框，询问用户是否确实要删除

demo 账户，如图 4-41 所示。

图 4-41　【确认删除】对话框

步骤 5 单击【删除帐户】按钮，即可删除选择的账户，并返回到【管理帐户】窗口，在其中可以看到要删除的账户已经不存在了，如图 4-42 所示。

图 4-42　账户已经删除

> **提示**　对于当前正在登录的账户，Windows 是无法删除的。因此，在删除账户的过程中，会弹出【用户帐户控制面板】对话框，来提示用户，如图 4-43 所示。
>
> 用户帐户控制面板　　　　×
>
> Windows 无法删除当前登录的帐户。
>
> 确定

图 4-43　【用户帐户控制面板】对话框

4.3 Microsoft账户的设置与应用

Microsoft 账户是用于登录 Windows 的电子邮件地址和密码，本节来介绍 Microsoft 账户的设置与应用。

4.3.1 注册并登录 Microsoft 账户

要想使用 Microsoft 账户管理此设备，首先需要做的就是在此设备上注册并登录 Microsoft 账户。注册并登录 Microsoft 账户的具体操作步骤如下。

步骤 1 单击【开始】按钮，在弹出的【开始】屏幕中单击登录用户，在弹出的下拉列表中选择【更改帐户设置】选项，如图 4-44 所示。

步骤 2 打开【设置】窗口，在【帐户】设置界面中选择【你的电子邮件和帐户】选项，如图 4-45 所示。

图 4-44 选择【更改帐户设置】选项

图 4-45 选择【你的电子邮件和帐户】选项

步骤 3 单击【电子邮件、日历和联系人】下方的【添加帐户】超链接，如图 4-46 所示。

步骤 4 弹出【选择帐户】对话框，在其中选择 Outlook.com 选项，如图 4-47 所示。

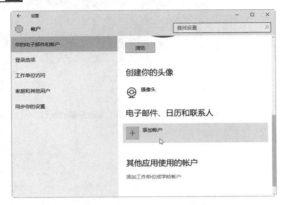

图 4-46 单击【添加帐户】超链接

图 4-47 【选择帐户】对话框

步骤 5 打开【添加你的 Microsoft 帐户】对话框，在其中可以输入 Microsoft 账户的电子邮件或手机以及密码，如图4-48 所示。

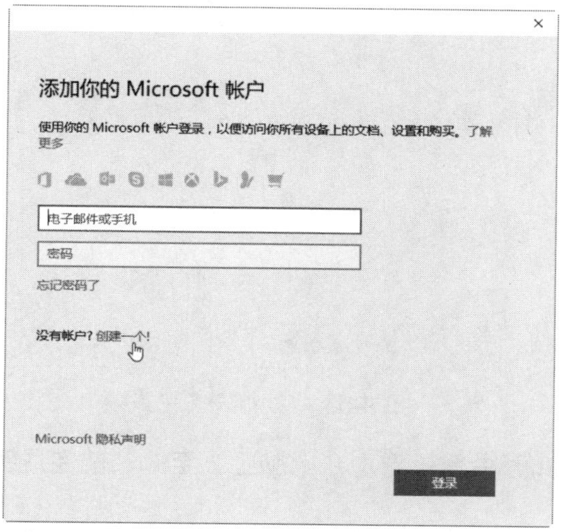

图 4-48 【添加你的 Microsoft 帐户】窗口

步骤 6 如果没有 Microsoft 账户，则需要单击【创建一个！】超链接，打开【让我们来创建你的帐户】对话框，在其中输入账户信息，如图4-49 所示。

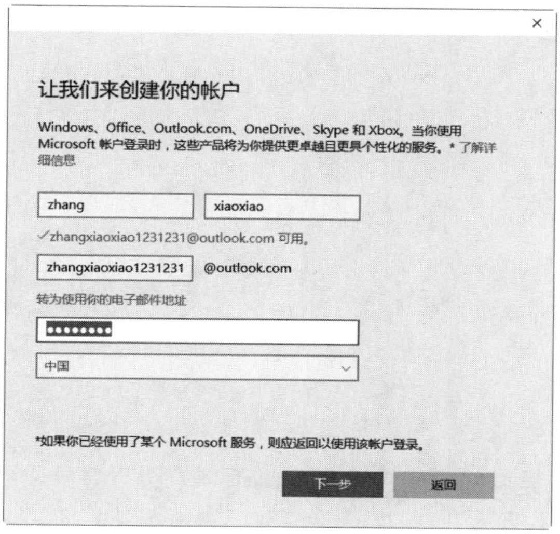

图 4-49 输入创建的账户信息

步骤 7 单击【下一步】按钮，打开【添加安全信息】对话框，在其中输入手机号码，如图4-50 所示。

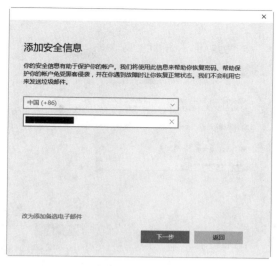

图 4-50 【添加安全信息】对话框

步骤 8 单击【下一步】按钮，打开【查看与你相关度最高的内容】对话框，在其中查看相关说明信息，如图4-51 所示。

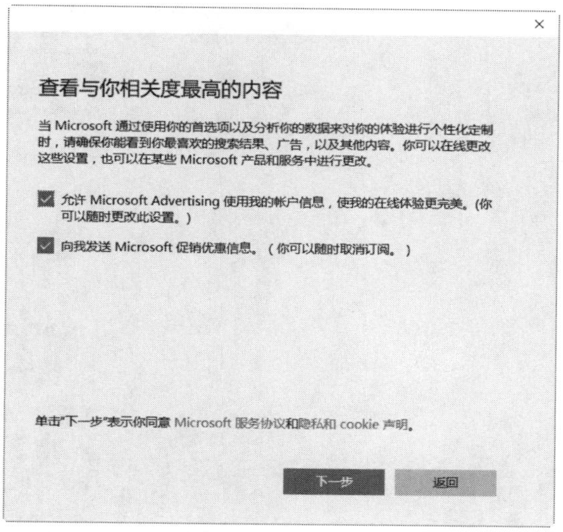

图 4-51 查看内容

步骤 9 单击【下一步】按钮，打开【是否使用 Microsoft 账户登录此设备？】对话框，在其中输入你的 Windows 密码，如图4-52 所示。

步骤 10 单击【下一步】按钮，打开【全部完成】对话框，提示用户你的账户已经成功设置，如图4-53 所示。

图 4-52　输入密码

图 4-53　全部设置完成

步骤 11 单击【完成】按钮，即可使用 Microsoft 账户登录到本台电脑上。至此，就完成了 Microsoft 账户的注册与登录操作，如图 4-54 所示。

图 4-54　完成账户的注册与登录

4.3.2　设置账户登录密码

为账户设置登录密码，可以在一定程度上保护电脑的安全。为 Microsoft 账户设置登录密码的具体操作步骤如下。

步骤 1 以 Microsoft 账户类型登录本台设备，然后选择【设置】窗口的【帐户】设置界面中的【登录选项】选项，打开【登录选项】设置窗格，如图 4-55 所示。

步骤 2 单击【密码】区域下方的【更改】按钮，打开【更改你的 Microsoft 帐户密码】对话框，在其中输入当前密码和新密码，如图 4-56 所示。

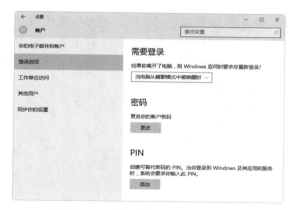

图 4-55　选择【登录选项】选项

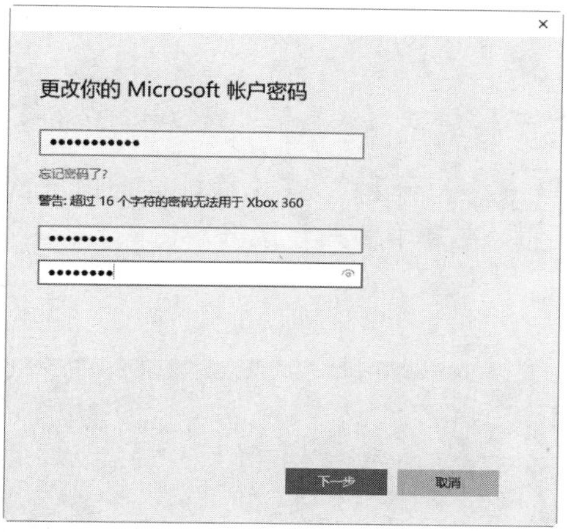

图 4-56　输入更改后的密码

步骤 3 单击【下一步】按钮，即可完成 Microsoft 账户登录密码的更改操作，最后单击【完成】按钮，如图 4-57 所示。

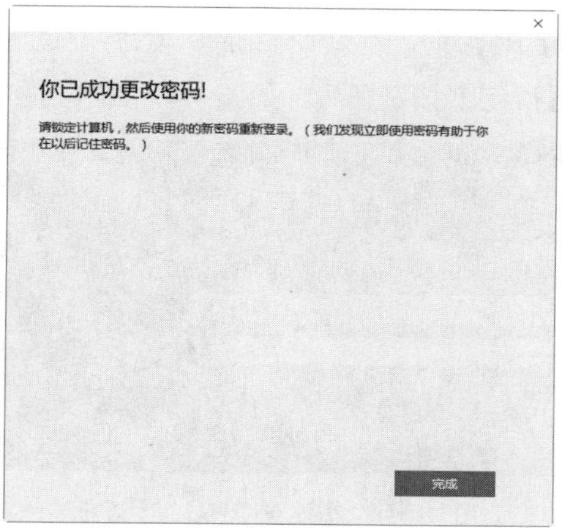

图 4-57　密码更改成功

4.3.3 设置 PIN 密码

PIN 是可以替代登录密码的一组数据。当用户登录到 Windows 及其应用和服务时，系统会要求用户输入 PIN。设置 PIN 的具体操作步骤如下。

步骤 1 在【设置】窗口中选择【登录选项】选项，在右侧可以看到用于设置 PIN 的区域，如图 4-58 所示。

图 4-58　PIN 设置界面

步骤 2 单击 PIN 区域下方的【添加】按钮，打开【请重新输入密码】对话框，在其中输入账户的登录密码，如图 4-59 所示。

图 4-59　请重新输入密码

步骤 3 单击【登录】按钮，打开【设置 PIN】对话框，在其中输入 PIN，如图 4-60 所示。

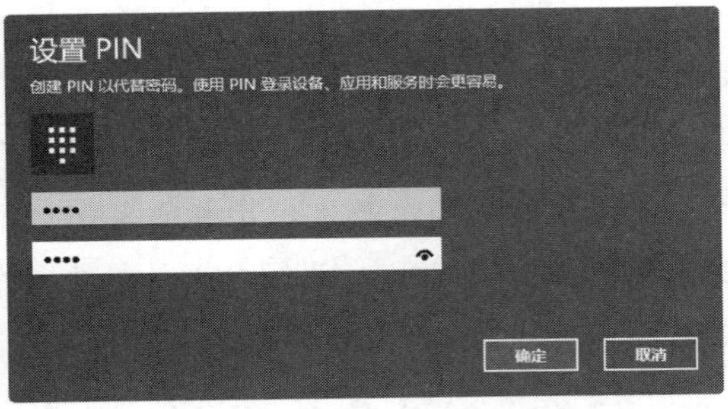

图 4-60 【设置 PIN】对话框

步骤 4 单击【确定】按钮，即可完成 PIN 的添加操作，并返回到【登录选项】设置窗格中，如图 4-61 所示。

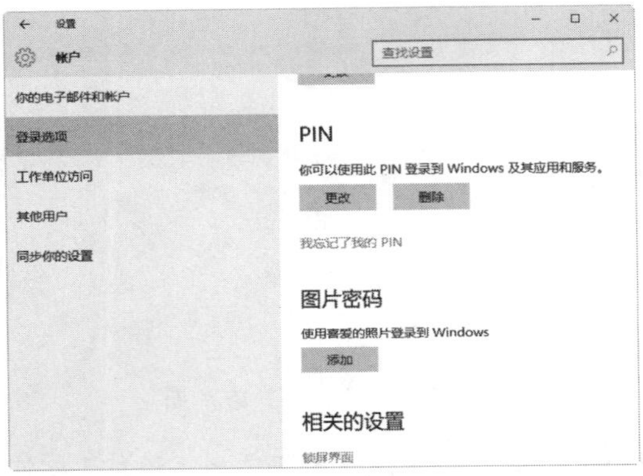

图 4-61 完成 PIN 的设置

步骤 5 如果想要更改 PIN，则可以单击 PIN 区域下方的【更改】按钮，打开【更改 PIN】对话框，在其中输入更改后的 PIN，然后单击【确定】按钮即可，如图 4-62 所示。

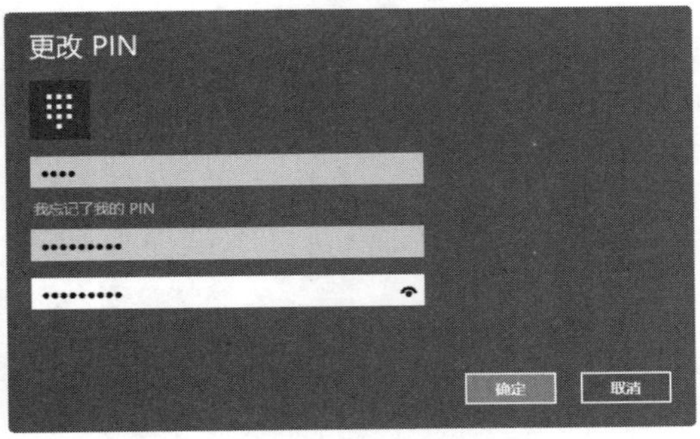

图 4-62 【更改 PIN】对话框

步骤 6 如果忘记了 PIN，则可以在【登录选项】设置窗格中单击 PIN 区域下方的【我忘记了我的 PIN】超链接，如图 4-63 所示。

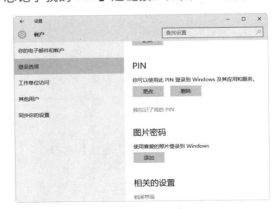

图 4-63 单击【我忘记了我的 PIN】超链接

步骤 7 打开【首先，请验证你的帐户密码】对话框，在其中输入登录账户密码，如图 4-64 所示。

图 4-64 【首先，请验证你的帐户密码】对话框

步骤 8 单击【确定】按钮，打开【设置 PIN】对话框，在其中重新输入 PIN，最后单击【确定】按钮即可，如图 4-65 所示。

图 4-65 【设置 PIN】对话框

步骤 9 如果想要删除 PIN，则可以在【登录选项】设置窗格中单击 PIN 设置区域下方的【删除】按钮，如图 4-66 所示。

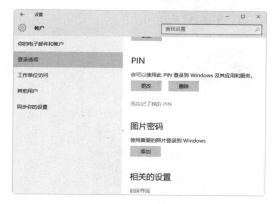

图 4-66 单击【删除】按钮

步骤 10 随即在 PIN 区域显示出提示确实要删除 PIN 的信息，如图 4-67 所示。

图 4-67 确认删除 PIN

步骤 11 单击【删除】按钮，打开【首先，请验证你的帐户密码】对话框，在其中输入登录密码，如图 4-68 所示。

图 4-68 输入账户密码

步骤 12 单击【确定】按钮，即可删除PIN，并返回到【登录选项】设置窗格中，可以看到 PIN 设置区域只剩下【添加】按钮，说明删除成功，如图 4-69 所示。

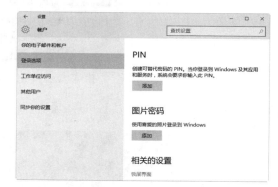

图 4-69 成功删除 PIN

4.3.4 使用图片密码

图片密码是一种帮助用户保护触屏电脑的全新方法。要想使用图片密码，用户需要选择图片并在图片上画出各种手势，以此来创建独一无二的图片密码。

创建图片密码的具体操作步骤如下。

步骤 1 在【登录选项】设置窗格中单击【图片密码】下方的【添加】按钮，如图 4-70 所示。

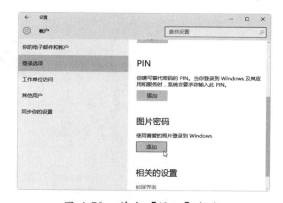

图 4-70 单击【添加】按钮

步骤 2 打开【创建图片密码】对话框，在其中输入账户登录密码，如图 4-71 所示。

图 4-71 【创建图片密码】对话框

步骤 3 单击【确定】按钮，进入【欢迎使用图片密码】对话框，如图 4-72 所示。

图 4-72 【欢迎使用图片密码】对话框

步骤 4 单击【选择图片】按钮，打开【打开】对话框，在其中选择用于创建图片密码的图片，如图 4-73 所示。

图 4-73 【打开】对话框

步骤 5 单击【打开】按钮，打开【这张图片怎么样】对话框，在其中可以看到添加的图片，如图 4-74 所示。

图 4-74 添加的图片

步骤 6 单击【使用此图片】按钮，进入【设置你的手势】对话框，在其中通过拖曳鼠标绘制手势，如图 4-75 所示。

图 4-75 设置你的手势

步骤 7 手势绘制完毕后，进入如图 4-76 所示的对话框，在其中确认上一步绘制的手势。

图 4-76 确认你的手势

步骤 **8** 手势确认完毕后，进入【恭喜】对话框，提示用户图片密码创建完成，如图 4-77 所示。

图 4-77　图片密码创建成功

步骤 **9** 单击【完成】按钮，返回到【帐户】设置界面，【添加】按钮已经不存在，说明图片密码添加完成，如图 4-78 所示。

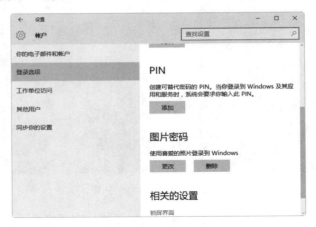

图 4-78　【帐户】设置界面

> ▶ **提示**　　如果想要更改图片密码，可以通过单击【更改】按钮来操作；如果想要删除图片密码，则单击【删除】按钮即可。

4.3.5　使用 Microsoft 账户同步电脑设置

使用 Microsoft 账户可以同步电脑的设置。开启同步设置的操作很简单，在【设置】窗口的【帐户】设置界面中选择【同步你的设置】选项，在打开的工作界面中将【同步设置】的状态设置为【开】，然后根据自己的实际需要将【同步内容】下方的相关内容设置为【开】状态即可，如图 4-79 所示。

图 4-79　同步账户设置

　　启用同步后，Windows 会跟踪用户所关心的设置，并在用户的所有 Windows 10 设备上为用户进行同步设置，常用的同步内容包括 Web 浏览器设置、密码、颜色和主题等内容。如果启用了【其他 Windows 设置】的同步状态，Windows 会同步某些设备的设置，如打印机、鼠标、文件资源管理器、通知首选项等。

4.4　本地账户和Microsoft账户的切换

　　本地账户和 Microsoft 账户的切换包括两种情况，分别是本地账户切换到 Microsoft 账户和 Microsoft 账户切换到本地账户。

4.4.1　本地账户切换到 Microsoft 账户

　　将本地账户切换到 Microsoft 账户可以轻松获取用户所有设备的所有内容，具体操作步骤如下。

步骤 1 在【设置】窗口的【帐户】设置界面中选择【你的电子邮件和帐户】选项，打开【你的电子邮件和帐户】设置窗格，如图 4-80 所示。

步骤 2 单击【改用 Microsoft 帐户登录】超链接，打开【个性化设置】对话框，在其中输入 Microsoft 账户的电子邮件账户与密码，如图 4-81 所示。

步骤 3 单击【登录】按钮，打开【使用你的 Microsoft 帐户登录此设备】对话框，在其中输入 Windows 登录密码，如图 4-82 所示。

图 4-80　【帐户】设置界面

图 4-81　【个性化设置】对话框

图 4-82　输入登录密码

步骤 4 单击【下一步】按钮，即可从本地账户切换到 Microsoft 账户来登录此设备，如图 4-83 所示。

图 4-83　以 Microsoft 账户登录

4.4.2　Microsoft 账户切换到本地账户

本地账户是系统默认的账户，使用本地账户可以轻松管理电脑的本地用户与组。将 Microsoft 账户切换到本地账户的具体操作步骤如下。

步骤 1 以 Microsoft 账户登录此设备后，选择【帐户】设置界面中的【你的电子邮件和帐户】选项，在打开的设置窗格中单击【改用本地帐户登录】超链接，如图 4-84 所示。

步骤 2 打开【切换到本地帐户】对话框，在其中输入 Microsoft 账户的登录密码，如图 4-85 所示。

图 4-84　单击【改用本地帐户登录】超链接

图 4-85　【切换到本地帐户】对话框

步骤 3 单击【下一步】按钮，打开【切换到本地帐户】对话框，在其中输入本地账户的用户名、密码和密码提示信息，如图 4-86 所示。

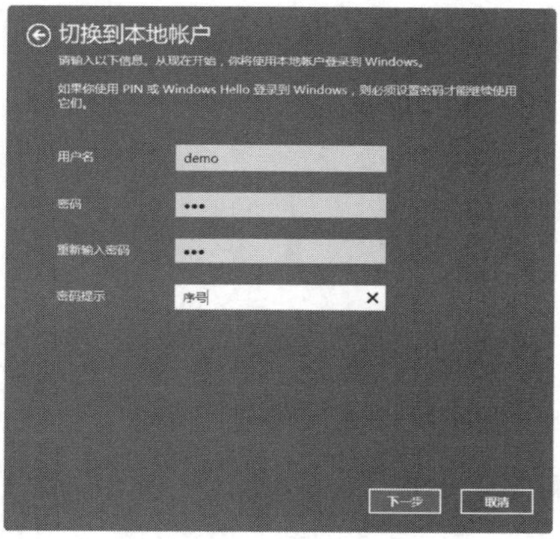

图 4-86　输入账户密码

步骤 4 单击【下一步】按钮，打开如图 4-87 所示的对话框，提示用户所有的操作即将完成。

图 4-87　提示所有的操作即将完成

步骤 5 单击【注销并完成】按钮，即可将 Microsoft 账户切换到本地账户中，如图 4-88 所示。

图 4-88　以本地账户登录

4.5　添加家庭成员和其他用户

在 Windows 10 操作系统中，除了管理员账户外，还可以利用管理员权限添加家庭成员和其他用户，而且这些账户互不干扰，让每个账户都有自己的登录信息和桌面。

4.5.1　添加儿童家庭成员

如果添加儿童账户，家长可以对儿童账户进行权限设置，从而确保孩子的上网安全。添加儿童家庭成员的具体操作步骤如下。

步骤 1 打开【设置】窗口，在【帐户】设置界面中选择【家庭和其他用户】选项，进入【家庭和其他用户】设置窗格，如图 4-89 所示。

图 4-89 【家庭和其他用户】设置窗格

步骤 2 单击【添加家庭成员】超链接，打开【是否添加儿童或成人】对话框，在其中选中【添加儿童】单选按钮，如图 4-90 所示。

图 4-90 选中【添加儿童】单选按钮

步骤 3 如果已经存在儿童账户，则可以在下面的文本框中输入电子邮件地址；如果没有，则需要单击【我想要添加的人员没有电子邮件地址】超链接，打开【让我们创建一个帐户】对话框，在其中输入相关信息，如图 4-91 所示。

步骤 4 单击【下一步】按钮，打开【帮助我们保护你孩子的信息】对话框，在其中输入手机号码，如图 4-92 所示。

图 4-91 【让我们创建一个帐户】对话框

帮助我们保护你孩子的信息

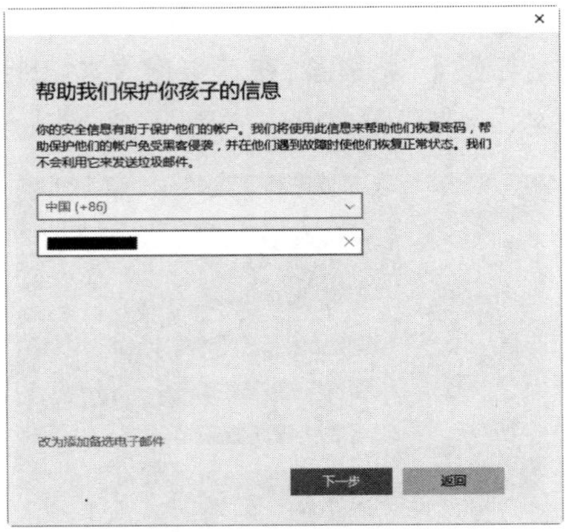

图 4-92 输入手机号码

步骤 5 单击【下一步】按钮，打开【查看与其相关度最高的内容】对话框，在其中根据自己的需要选中相关复选框，如图 4-93 所示。

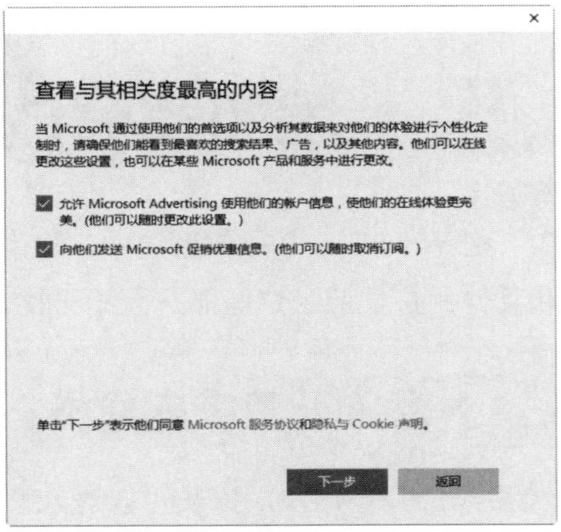

查看与其相关度最高的内容

图 4-93 【查看与其相关度最高的内容】对话框

步骤 6 单击【下一步】按钮，打开【准备好了】对话框，提示用户已经将儿童账户添加到家庭成员中，如图 4-94 所示。

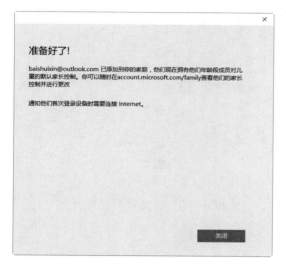

图 4-94 【准备好了】对话框

步骤 7 单击【关闭】按钮，返回到【帐户】设置界面，在其中可以看到添加的儿童家庭成员，如图 4-95 所示。

图 4-95 已添加儿童家庭成员

步骤 8 单击添加的儿童账户电子邮件地址，弹出相关的设置选项，包括【更改帐户类型】按钮和【阻止】按钮，如图 4-96 所示。

步骤 9 单击【更改帐户类型】按钮，打开【更改帐户类型】对话框，在其中可以设置账户的类型，这里选择【标准用户】选项，如图 4-97所示。

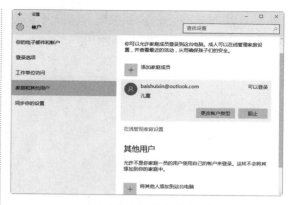

图 4-96 更改账户类型

图 4-97 选择账户类型

4.5.2 添加其他用户

在电脑设置中可以添加其他用户，具体操作步骤如下。

步骤 1 在【设置】窗口中，打开【家庭和其他用户】设置窗格，单击【将其他人添加到这台电脑】超链接，打开【此人将如何登录】对话框，在其中输入此人的电子邮件地址，如图 4-98 所示。

图 4-98 输入电子邮件地址

步骤 2 单击【下一步】按钮，打开【准备好了】对话框，即可完成其他用户的添加，如图 4-99 所示。

步骤 3 单击【完成】按钮，返回到【帐户】设置界面，在其中可以看到添加的儿童家庭账户和其他用户，如图 4-100 所示。

图 4-99　提示即将完成添加

图 4-100　完成添加其他用户

4.6 高效办公技能实战

4.6.1 高效办公技能 1——解决遗忘 Windows 登录密码的问题

在电脑的使用过程中，忘记电脑开机登录密码是常有的，而 Windows 10 系统的登录密码是无法强行破解的，需要登录微软的一个找回密码的网站，重置密码，才能登录进入系统桌面，具体操作步骤如下。

步骤 1 打开一台可以上网的电脑，在 IE 地址栏中输入找回密码网站的网址 "account.live.com"，按 Enter 键，进入其登录界面，如图 4-101 所示。

图 4-101　账户登录界面

步骤 2 单击【无法访问你的帐户】超链接，打开【为何无法登录】对话框，在其中选中【我忘记了密码】单选按钮，如图 4-102 所示。

图 4-102　选择无法登录的原因

步骤 3 单击【下一步】按钮，打开【恢复你的帐户】对话框，在其中输入要恢复的 Microsoft 账户和你看到的字符，如图 4-103 所示。

步骤 4 单击【下一步】按钮，打开【我们需要验证你的身份】对话框，在其中选中【短信至 *******81】单选按钮，并在下方的文本框中输入手机号码的后四位,如图 4-104 所示。

图 4-103　输入要恢复的账户

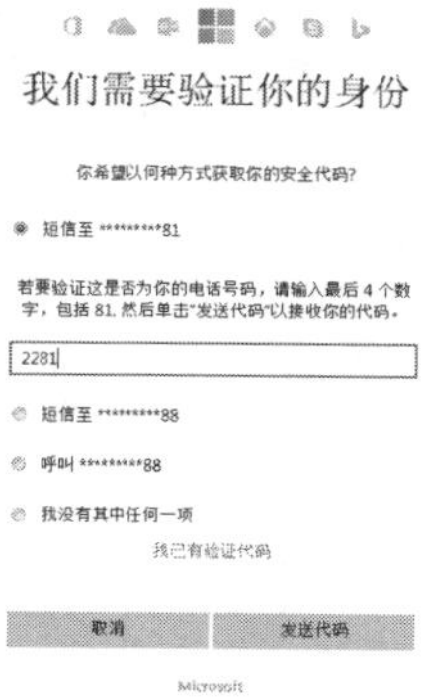

图 4-104　输入手机号码后四位

步骤 5 单击【发送代码】按钮,即可往手机中发送安全代码,并打开【输入你的安全代码】对话框,在其中输入接收到的安全代码,如图 4-105 所示。

步骤 6 单击【下一步】按钮,打开【重新设置密码】对话框,在其中输入新的密码,并确认再次输入新的密码,如图 4-106 所示。

图 4-105　输入安全代码

图 4-106　重新设置密码

步骤 7 单击【下一步】按钮,打开【你的帐户已恢复】对话框,在其中提示用户可以使用新的安全信息登录到你的账户了,如图 4-107 所示。

图 4-107　完成账户的恢复

4.6.2 高效办公技能 2——无须输入密码自动登录操作系统

在安装 Windows 10 操作系统中,需要用户事先创建好登录账户与密码才能完成系统的安装,那么如何才能无须输入密码就能自动登录操作系统呢?

具体操作步骤如下。

步骤 1 单击【开始】按钮,在弹出的【开始】屏幕中选择【所有应用】→【Windows 系统】→【运行】菜单命令,如图 4-108 所示。

步骤 2 打开【运行】对话框,在【打开】下拉列表框中输入 control userpasswords2,如图 4-109 所示。

图 4-108　选择【运行】命令

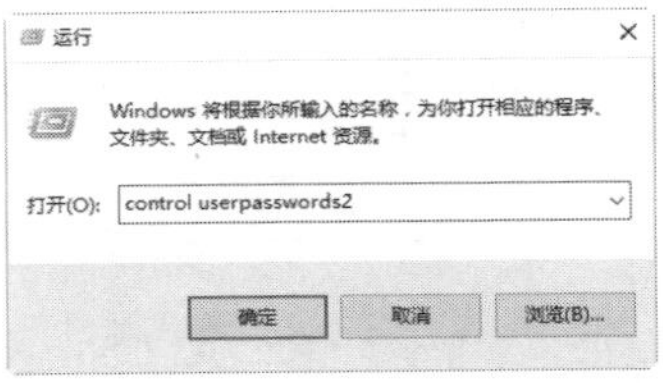

图 4-110　【用户帐户】对话框

图 4-109　输入代码

图 4-111　【自动登录】对话框

步骤 3 单击【确定】按钮，打开【用户帐户】对话框，在其中取消【要使用本计算机，用户必须输入用户名和密码】复选框的选中状态，如图 4-110 所示。

步骤 4 单击【确定】按钮，打开【自动登录】对话框，在其中输入本台计算机的用户名、密码信息，如图 4-111 所示。

步骤 5 单击【确定】按钮，这样重新启动本台计算机后，系统就会不用输入密码而自动登录到操作系统中了。

4.7 疑难问题解答

问题 1： 在登录 Windows 10 操作系统时，为什么使用标准用户账户而不是管理员账户？

解答： 标准账户可防止用户做出会对该电脑的所有用户造成影响的更改 (如删除电脑工作所需要的文件)，从而帮助用户保护电脑，建议为每个用户创建一个标准账户。

当用户使用标准账户登录到 Windows 时，可以执行管理员账户下的几乎所有操作，但是如果要执行影响该电脑其他用户的操作 (如安装软件或更改安全设置)，则 Windows 可能要求用户提供管理员账户的密码。

问题 2： 在删除某个本地用户账户时，为什么不能将其删除？

解答： 如果要删除的本地用户账户是目前登录的账户，Windows 是无法删除的。如果确实需要将该账户删除，首先需要将该账户注销，然后进行删除操作。

第 **5** 章

附件管理——轻松使用 Windows 10 附件

● **本章导读**

　　在 Windows 10 操作系统中自带了一些附件小程序，如画图程序、截屏工具、计算器、便利贴等，非常实用。本章将为读者介绍这些小程序的调用方法以及如何使用这些小程序实现大用途。

● **学习目标**

◎ 掌握画图工具的使用方法
◎ 掌握计算器工具的使用方法
◎ 掌握截图工具的使用方法
◎ 掌握便利贴工具的使用方法

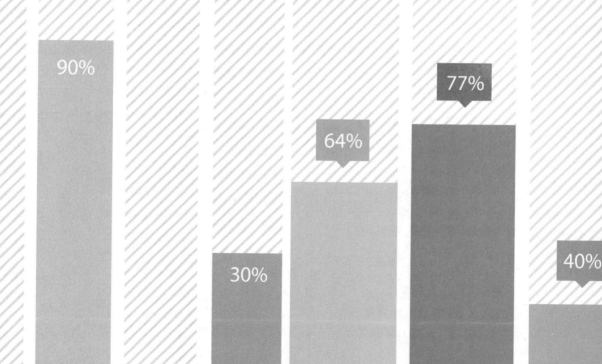

5.1 画图工具

画图是 Windows 10 中的一项功能，使用该功能可以绘制图片、编辑图片、任意涂鸦、为图片着色等。

5.1.1 认识【画图】窗口

单击【开始】按钮，从弹出的菜单中选择【所有应用】→【Windows 附件】→【画图】命令，如图 5-1 所示，即可启动画图程序。【画图】窗口由 4 个部分组成，包括【文件】下拉菜单、快速访问工具栏、功能区和绘图区域，如图 5-2 所示。

图 5-1　选择【画图】命令

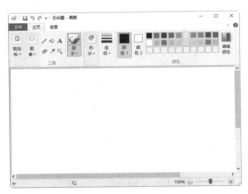

图 5-2　【画图】窗口

1. 【文件】选项卡

单击【文件】按钮，从弹出的下拉菜单中可以进行新建、打开、保存、另存为、打印图片等基本操作，也可以在电子邮件中发送图片、将图片设为背景等其他操作，如图 5-3 所示。

图 5-3　【文件】下拉菜单

2. 快速访问工具栏

快速访问工具栏位于主界面左上方，单击存放在其中的按钮，可以快速地执行相应的命令。单击【自定义快速访问工具栏】按钮，从弹出的下拉菜单中可以设置快速访问工具栏中显示的按钮，如图 5-4 所示。

图 5-4　【快速访问工具栏】下拉菜单

3. 功能区

功能区主要包括【主页】和【查看】两个选项卡。

(1)【主页】选项卡：主要用于各种图片的绘制、着色、编辑图片等操作。包括【剪贴板】、【图像】、【工具】、【刷子】、【形状】、【粗细】、【颜色 1】、【颜色 2】、【颜色】和【编辑颜色】等功能选项，如图 5-5 所示。

(2)【查看】选项卡：主要用于对图片进行放大、缩小，以及全屏查看、在绘图区设置标尺和网格线等操作，包括【缩放】、【显示或隐藏】和【显示】3 个功能选区，如图 5-6 所示。

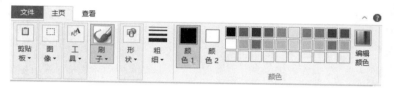

图 5-5 【主页】选项卡

图 5-6 【查看】选项卡

5.1.2 绘制基本图形

画图工具的操作，比较简单，主要用于绘制简单的几何图形，包括直线、曲线、形状等。

1. 绘制直线

使用画图工具绘制直线的具体操作步骤如下。

步骤 1 启动画图工具，单击【形状】组中的【直线】按钮，如图 5-7 所示。

步骤 2 单击【粗细】按钮，在弹出的下拉菜单中选择直线的粗细，如图 5-8 所示。

步骤 3 在【颜色】组中选择【红色】作为直线的颜色，如图 5-9 所示。

图 5-7 单击【直线】按钮　图 5-8 设置线条粗细　　　　图 5-9 【颜色】组

步骤 4 单击【轮廓】按钮，在弹出的下拉菜单中选择【水彩】命令，如图 5-10 所示。

步骤 5 将鼠标指针移动到绘图区域，此时指针变成十字形状，单击鼠标确定直线的第一点，然后拖曳鼠标至合适的位置单击确定直线的第二点即可绘制直线，如图 5-11 所示。

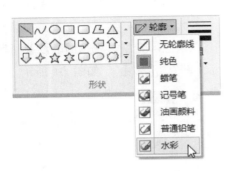

图 5-10　选择【水彩】命令

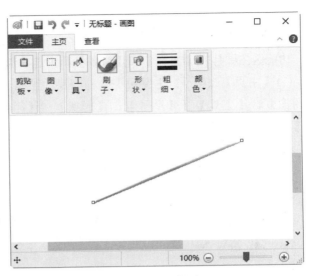

图 5-11　绘制直线

> **提示** 绘制直线时，按下 Shift 键可以绘制与平面成 0°、45° 和 90° 角的直线。

2. 绘制曲线

绘制曲线的方法和绘制直线大致相似，只是使用的工具不同。具体操作步骤如下。

步骤 1 单击【形状】组中的【曲线】按钮，如图 5-12 所示。

步骤 2 单击【轮廓】按钮，在弹出的下拉菜单中选择【油画颜料】命令，如图 5-13 所示。

步骤 3 单击【粗细】按钮，在弹出的下拉菜单中选择曲线的粗细，如图 5-14 所示。

图 5-12　单击【曲线】按钮

图 5-13　选择【油画颜料】命令　　图 5-14　设置曲线粗细

步骤 4 在【颜色】组中选择【绿色】作为曲线的颜色，如图 5-15 所示。

步骤 5 将鼠标指针移动到绘图区域，绘制一条直线，在直线上的任意一点单击，并按住鼠标拖曳到合适的位置后单击，即可完成曲线的绘制，如图 5-16 所示。

图 5-15 设置曲线颜色

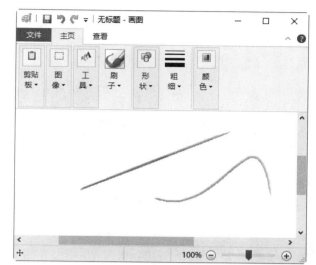

图 5-16 绘制曲线

3. 绘制形状

使用绘图工具，用户可以轻松地绘制各种形状。下面以绘制三角形为例进行讲解，具体操作步骤如下。

步骤 1 单击【形状】组中的【三角形】按钮，如图 5-17 所示。

步骤 2 单击【轮廓】按钮，在弹出的下拉菜单中选择【油画颜料】命令，如图 5-18 所示。

步骤 3 单击【粗细】按钮，在弹出的下拉菜单中选择三角形边线的粗细，如图 5-19 所示。

图 5-17 单击【三角形】按钮

图 5-18 选择【油画颜料】命令

图 5-19 设置线条粗细

步骤 4 在【颜色】组中选择【绿色】作为三角形边线的颜色，如图 5-20 所示。

步骤 5 将鼠标指针移动到绘图区域，按住鼠标并拖曳即可绘制一个三角形，如图 5-21 所示。

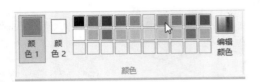

图 5-20　设置三角形边线颜色

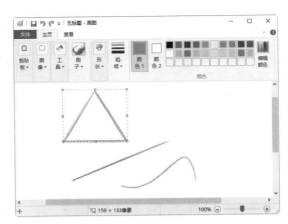

图 5-21　绘制三角形

5.1.3　编辑图片

　　画图工具具有编辑图片的功能，包括调整对象大小、移动或复制对象、旋转对象或裁剪图片使其只显示选定的项等。

1. 打开图片

　　打开图片的具体操作步骤如下。

步骤 1　启动画图软件，单击【文件】按钮，在弹出的下拉菜单中选择【打开】命令，弹出【打开】对话框，选中需要打开的图片，如图 5-22 所示。

步骤 2　单击【打开】按钮，即可在【画图】窗口中打开图片，如图 5-23 所示。

图 5-22　【打开】对话框

图 5-23　在【画图】窗口中打开图片

2. 编辑图片

　　编辑图片之前，需要使用选择工具选择图片中需要编辑的内容，然后进行编辑图片的操作，具体操作步骤如下。

步骤 1 单击【图像】按钮，在弹出的下拉菜单中单击【选择】按钮，在弹出的子菜单中选择【矩形选择】命令，如图 5-24 所示。

步骤 2 在图片上单击并拖曳绘制一个矩形框，如图 5-25 所示。

图 5-24 选择【矩形选择】命令

图 5-25 绘制矩形框

步骤 3 选择完成之后，释放鼠标，然后按住鼠标左键不放，拖曳鼠标，即可移动选择的区域，如图 5-26 所示。

步骤 4 单击【图像】下拉菜单中的【重新调整大小】按钮，弹出【调整大小和扭曲】对话框，在【重新调整大小】区域设置【水平】为"90"、【垂直】为"90"，在【倾斜（角度）】区域设置【水平】为"45"，如图 5-27 所示。

图 5-26 移动选择的区域

图 5-27 【调整大小和扭曲】对话框

步骤 5 单击【确定】按钮，返回到【画图】窗口，可以看到设置后的显示效果，如图 5-28 所示。

步骤 6 单击【图像】下拉菜单中的【旋转】按钮，在弹出的子菜单中选择【水平翻转】命令，图像将进行水平翻转，效果如图 5-29 所示。

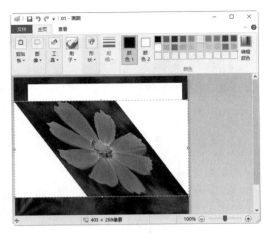

图 5-28　调整图片后的效果　　　　　　图 5-29　水平翻转图片

步骤 7 单击【工具】按钮，在弹出的下拉菜单中单击【文本】按钮，在【画图】窗口中拖曳一个文本框，设置字体大小并输入文字，如图 5-30 所示。

步骤 8 在【颜色】组中选择一种颜色，设置文字的颜色，如图 5-31 所示。

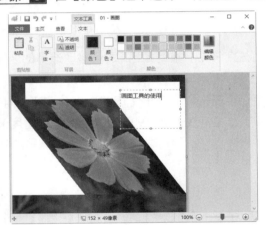

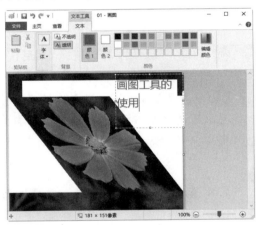

图 5-30　绘制文本框并输入文字　　　　　图 5-31　设置文字颜色

5.1.4　保存图片

　　图片编辑完成后，即可保存到电脑上，常见的保存图片的方法有使用命令保存和使用快捷键保存两种方法。

1. 使用命令保存

　　使用【另存为】命令保存图片时，画图工具会将其保存为一张新编辑的图片，而不会对原图进行替换。保存图片的具体操作步骤如下。

步骤 1 单击【文件】按钮，从弹出的下拉菜单中选择【保存】命令，用户也可以选择【另存为】命令，如图 5-32 所示。

步骤 2 弹出【保存为】对话框，在左侧的列表框中选择图片保存的位置，在【文件名】下拉列表框中输入保存图片的名称，再单击【保存】按钮，如图 5-33 所示。

图 5-32　选择【另存为】命令

图 5-33　【保存为】对话框

2. 使用快捷键保存

使用快捷键保存图片时，会替换编辑之前的原图，按 Ctrl+S 组合键，即可进行保存操作。

5.2 计算器工具

Windows 10 自带的计算器程序不仅具有标准计算器功能，而且集成了编程计算器、科学型计算器和统计信息计算器的高级功能，通过使用计算器，可以计算日常数据。

5.2.1 启动计算器

启动计算器的具体操作步骤如下。

步骤 1 单击【开始】按钮，从弹出的菜单中选择【所有应用】→【计算器】命令，如图 5-34 所示。

图 5-34　选择【计算器】命令

步骤 2 弹出【计算器】窗口，如图 5-35 所示。

图 5-35　【计算器】窗口

 5.2.2 设置计算器类型

计算器从类型上可分为标准型、科学型、程序员型、日期计算型、体积型等。单击计算器左上方的图标按钮 ▤，可以切换到其他计算器类型，如图 5-36 所示。

1. 标准型

默认情况下，软件打开时是标准型界面，包括加、减、乘、除等常规运算，如图 5-37 所示。

2. 科学型

使用科学型计算器主要进行复杂的运算，包括平方、立方、三角函数运算等。单击左侧图标按钮 ▤，从弹出的下拉菜单中选择【科学】命令，即可打开科学型计算器界面，如图 5-38 所示。

图 5-36　计算器类型列表

图 5-37　标准型计算器

图 5-38　科学型计算器

3. 程序员型

使用程序员型计算器不仅可以实现进制之间的转换，还可以进行"与""或""非"等逻辑运算。单击左侧图标按钮 ▤，从弹出的下拉菜单中选择【程序员】命令，即可打开程序员型计算器界面，如图 5-39 所示。

4. 日期计算型

使用日期计算型计算器可以进行日期之间差异的运算。单击左侧图标按钮 ▤，从弹出的下拉菜单中选择【日期计算】命令，即可打开日期计算型计算器界面，如图 5-40 所示。

5. 体积型

使用体积型计算器可以进行体积运算。单击左侧图标按钮 ▤，从弹出的下拉菜单中选择【体积】命令，即可打开体积型计算器界面，如图 5-41 所示。

图 5-39　程序员型计算器

图 5-40　日期计算型计算器

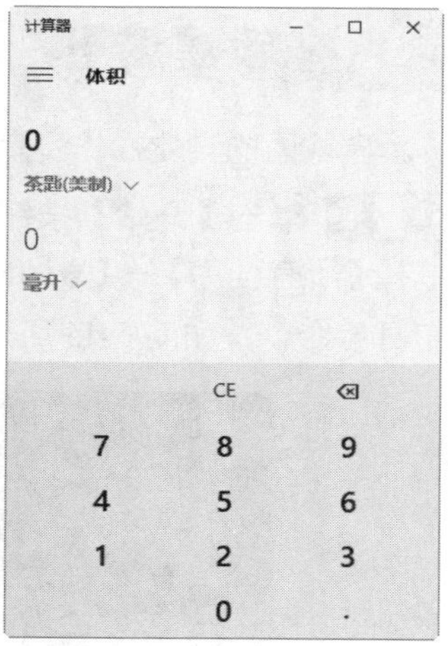

图 5-41　体积型计算器

5.2.3　计算器的运算

下面以平方运算为例，讲解如何使用计算器运算，本实例计算 5^2 的值，具体操作步骤如下。

步骤 1　启动计算器，进入科学型计算器界面，如图 5-42 所示。

步骤 2　单击软键盘上的数字 5，如图 5-43 所示。

步骤 3　单击 X^2 按钮，即可得到运算的结果，如图 5-44 所示。

图 5-42　科学型计算器

图 5-43　输入数字

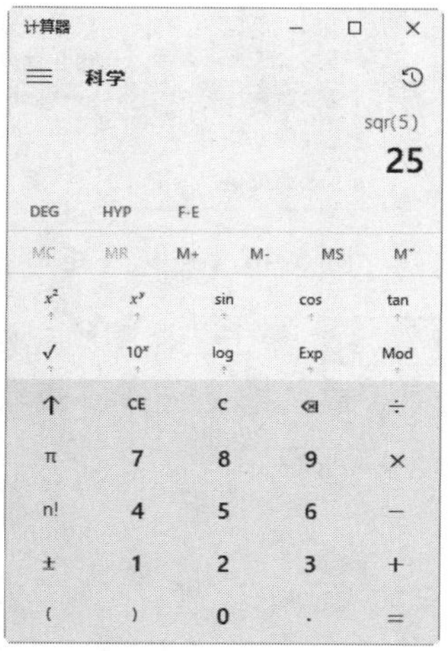

图 5-44　运算结果

5.3 截图工具

Windows 10 自带的截图工具可以帮助用户截取屏幕上的图像，并且可以编辑图片。

5.3.1 新建截图

新建截图的具体操作步骤如下。

步骤 1 单击【开始】按钮，从弹出的菜单中选择【所有程序】→【Windows 附件】→【截图工具】命令，如图 5-45 所示。

图 5-45 选择【截图工具】命令

步骤 2 弹出【截图工具】窗口，单击【新建】按钮右侧的下拉箭头，从弹出的下拉菜单中选择【矩形截图】命令，如图 5-46 所示。

图 5-46 选择【矩形截图】命令

步骤 3 单击要截图的起始位置，然后按住鼠标不放，拖曳选择要截取的图像区域，如图 5-47 所示。

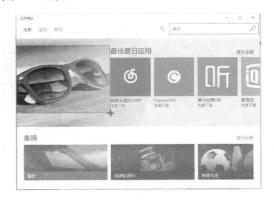

图 5-47 选择截取的图像区域

步骤 4 释放鼠标即可完成截图，在【截图工具】窗口中会显示截取的图像，如图 5-48 所示。

图 5-48 完成图像的截取

5.3.2 编辑截图

使用截图工具可以简单地编辑截图，包括输入文字和复制等操作，具体操作步骤如下。

步骤 1 在【截图工具】窗口中单击【笔】按钮，从弹出的下拉菜单中选择【自定义笔】命令，如图 5-49 所示。

图 5-49 选择【自定义笔】命令

步骤 2 弹出【自定义笔】对话框，在【颜色】下拉列表框中，选择【红色】作为笔触的颜色，用户还可以设置【粗细】和【笔尖】的属性，设置完成后单击【确定】按钮，如图 5-50 所示。

步骤 3 返回到【截图工具】窗口，按住鼠标不放在图像上可以书写文字或绘制图形，如图 5-51 所示。

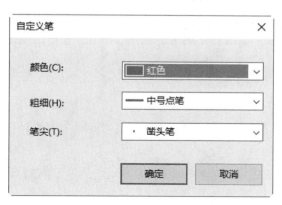

图 5-50 【自定义笔】对话框

图 5-51 绘制图形

步骤 4 如果感觉书写的不满意，可以单击【橡皮擦】按钮，然后在笔画上单击鼠标，即可擦除文字的笔画，如图 5-52 所示。

存】按钮，如图 5-54 所示。

图 5-52 擦除图形

图 5-53 选择【另存为】命令

5.3.3 保存截图

保存截图的具体操作步骤如下。

步骤 1 选择【文件】→【另存为】菜单命令，如图 5-53 所示。

步骤 2 弹出【另存为】对话框，在左侧的列表框中选择图片保存的位置，在【文件名】下拉列表框中输入保存图片的名称，单击【保

图 5-54 【另存为】对话框

5.4 便利贴工具

使用 Windows 10 自带的便利贴软件，可以记录需要注意的备忘录。

5.4.1 新建便利贴

新建便利贴的具体操作步骤如下。

步骤 1 单击【开始】按钮，在弹出的【开始】屏幕中选择【所有应用】→【Windows 附件】→【便利贴】命令，如图 5-55 所示。

步骤 2 弹出【便利贴】窗口，用户可以直接输入备忘录的内容，如图 5-56 所示。另外，单击【新建便利贴】按钮，也可以新增一个便利贴，如图 5-57 所示。

  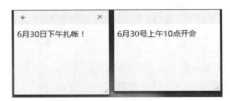

图 5-55 选择【便利贴】命令　图 5-56 输入便利贴内容　　图 5-57 新建便利贴

5.4.2 编辑便利贴

在便利贴中，选中便利贴的内容，可以对该内容进行剪切、复制、粘贴、删除等操作，如图 5-58 所示，还可以更改便利贴窗口的颜色，在窗口空白处右击，在弹出的快捷菜单中选择【粉红】命令，如图 5-59 所示。窗口界面被修改为粉红色，如图 5-60 所示。

图 5-58 编辑便利贴的命令　图 5-59 选择【粉红】命令　图 5-60 窗口颜色已修改

5.4.3　删除便利贴

如果要删除便利贴，可以单击【删除便利贴】按钮，弹出【便利贴】对话框，单击【是】按钮，即可删除便利贴，如图 5-61 所示。

图 5-61　【便利贴】对话框

5.5　高效办公技能实战

5.5.1　高效办公技能 1——使用写字板书写一份通知

写字板是 Windows 10 自带的附件之一，使用写字板可以创建与编辑简单的文档，并设置文档格式。这里以书写一份通知为例，来介绍写字板的使用方法，具体操作步骤如下。

步骤 1 单击【开始】按钮，在弹出的【开始】屏幕中选择【所有应用】→【Windows 附件】→【写字板】命令，打开写字板软件，即可创建一个新的空白文档，如图 5-62 所示。

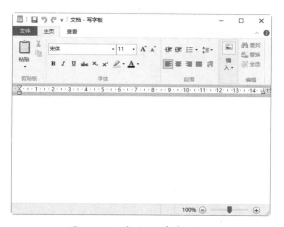

图 5-62　空白写字板文档

步骤 2 输入通知的标题。利用键盘输入"tongzhi"，即可输入汉字"通知"，并居中显示在写字板中，如图 5-63 所示。

步骤 3 输入通知的称呼，然后按"Shift+；"

组合键，输入冒号"："，如图 5-64 所示。

图 5-63　输入通知标题

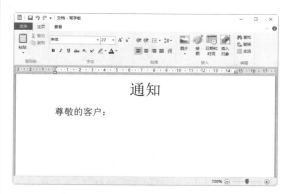

图 5-64　输入通知称呼信息

步骤 4 按 Enter 键换行，然后直接输入信件的正文。输入正文时汉字直接按相应的拼音，数字可直接按小键盘中的数字键，如图 5-65 所示。

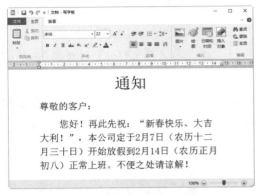

图 5-65　输入通知正文

步骤 5 将鼠标指针定位于文档的最后一个段落标记前，直接用键盘输入"R"和"Q"，即可在候选字中看到当前的日期，直接按 Enter 键，即可完成当前日期的输入，如图 5-66 所示。

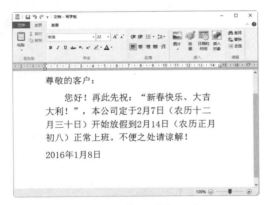

图 5-66　输入通知日期

步骤 6 将光标定位于文档日期下面的段落标记前，在搜狗拼音状态栏中单击【打开工具箱】按钮，在弹出的下拉菜单中单击【符号大全】按钮，弹出【符号大全】对话框，选择并单击要插入的符号，如图 5-67 所示。

步骤 7 即可将选择的符号插入通知中光标所在的位置，如图 5-68 所示。

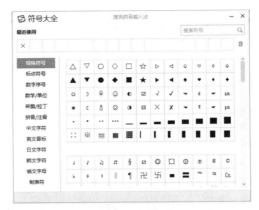

图 5-67　【符号大全】对话框

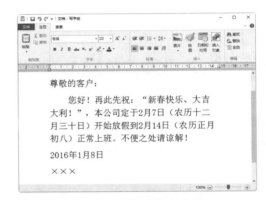

图 5-68　输入特殊符号

步骤 8 将光标定位在最后一个符号后，然后输入公司后面的文字，如这里输入"shangmaoyouxiangongsi"，然后按 Enter 键确认输入，如图 5-69 所示。

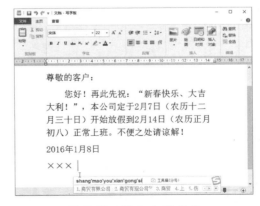

图 5-69　输入公司名称

步骤 9 根据需要设置通知内容的格式，最终效果如图 5-70 所示。

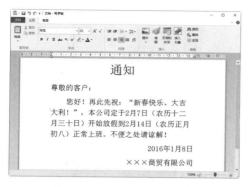

图 5-70 设置通知的格式

步骤 10 单击快速访问工具栏中的【保存】按钮，打开【保存为】对话框，在其中输入名称，并设置文件保存类型，最后单击【保存】按钮，即可将这份通知保存到电脑磁盘之中，如图 5-71 所示。

图 5-71 【保存为】对话框

提示 在写字板中设置字体、段落样式的操作与在 Word 中相似，这里不再赘述。

5.5.2 高效办公技能 2——使用步骤记录器记录步骤

Windows 10 系统中新增步骤记录器功能，它可以自动记录所有的操作内容，并自动生成图片及操作说明，并可以保存下来，方便以后查看使用。使用步骤记录器的具体操作步骤如下。

步骤 1 单击【开始】按钮，在弹出的【开始】屏幕中选择【所有应用】→【Windows 附件】→【步骤记录器】命令，如图 5-72 所示。

图 5-72 选择【步骤记录器】命令

步骤 2 弹出【步骤记录器】窗口，单击【开始记录】按钮，如图 5-73 所示。

图 5-73 【步骤记录器】窗口

步骤 3 即可开始记录每一步的操作，这时候可以开始操作要记录的内容，操作完成后，单击【停止记录】按钮，即可停止步骤记录器，

如图 5-74 所示。

图 5-74 正在记录步骤

步骤 4 停止记录后，即可在【步骤记录器】窗口中显示步骤记录。步骤记录包括步骤截图以及操作说明，如图 5-75 所示。

图 5-75 【步骤记录器】窗口

步骤 5 如果要保存记录，单击左上方的【保存】按钮，将会弹出【另存为】对话框，选

择存储的位置，并在【文件名】下拉列表框中输入文件名称，然后单击【保存】按钮即可把步骤记录保存在电脑中，如图 5-76 所示。

图 5-76　【另存为】对话框

图 5-77　解压文件

步骤 6 保存到电脑中之后，我们可以找到保存的位置，把保存的压缩文件解压到文件夹中，如图 5-77 所示。

步骤 7 双击打开解压后的步骤记录器文件，把文件从 Word 中打开，即可查看记录的操作步骤并对步骤进行编辑，如图 5-78 所示。

图 5-78　在 Word 中编辑记录的步骤

5.6 疑难问题解答

问题 1：Windows 10 操作系统中的写字板能打开所有格式的文件吗？

解答：Windows 10 操作系统的写字板可以用来打开和保存文本文档 (.txt)、多格式文本文件 (.rtf)、Word 文档 (.docx) 和 OpenDocument Text (.odt) 文档，其他格式的文档会作为纯文本文档打开，但可能无法按预期显示。

问题 2：为什么系统中的有些内置程序（如邮件、联系人等程序）不能使用？

解答：用户在进入设置、邮件、联系人等程序时，有时出现"无法使用内置管理员账户打开 ××"的信息提示，这是因为 Windows 10 系统不允许使用内置的 Administrator 用户来访问内置程序以及设置选项。解决这个问题有以下两种方法。

方法 1：使用微软账户登录系统。

方法 2：更改权限，具体的操作为按下 Win+R 组合键，打开【运行】对话框，输入"gpedit.msc"，单击【确定】按钮，打开【本地组策略编辑器】窗口，在左侧依次展开【计算机配置】→【Windows 设置】→【安全设置】→【本地策略】→【安全选项】选项，再双击【用户账户控制：用于内置管理员账户的管理员批准模式】选项，在打开的对话框中，将其改为启用，最后重启电脑，即可正常使用内置程序。

第 **6** 章

文件管理——
管理电脑中的
文件资源

● **本章导读**

　　电脑中的文件资源是 Windows 10 操作系统资源的重要组成部分，只有管理好电脑中的文件资源，才能很好地运用操作系统完成工作和学习。本章将为读者介绍如何管理电脑中的文件资源。

● **学习目标**

◎ 认识文件和文件夹
◎ 掌握文件资源管理器的使用方法
◎ 掌握文件和文件夹的操作方法
◎ 掌握搜索文件和文件夹的方法
◎ 掌握文件和文件夹的高级操作方法

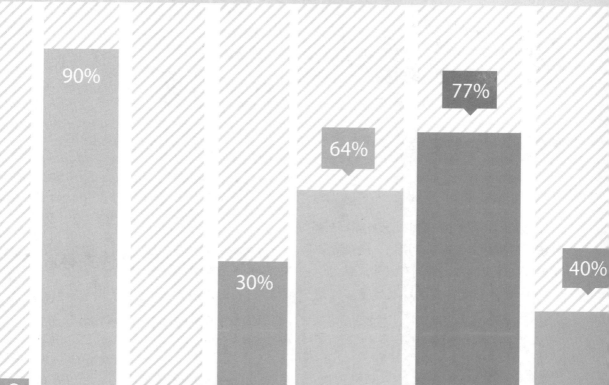

6.1 认识文件和文件夹

在 Windows 10 操作系统中，文件是最小的数据组织单位，文件中可以存放文本、图像、数值数据等信息。为了便于管理文件，还可以把文件组织到目录和子目录中去，这些目录被认为是文件夹，而子目录则被认为是文件夹的文件或子文件夹。

6.1.1 文件

文件是 Windows 存取磁盘信息的基本单位，一个文件是磁盘上存储的信息的一个集合，可以是文字、图片、影片和一个应用程序等。每个文件都有自己唯一的名称，Windows 10 正是通过文件的名称来对文件进行管理的。如图 6-1 所示为一个图片文件。

图 6-1　图片文件

6.1.2 文件夹

文件夹是从 Windows 95 开始提出的一种名称，其主要用来存放文件，是存放文件的容器。在操作系统中，文件和文件夹都有名称，系统都是根据其名称来存取的。一般情况下，文件和文件夹的命名规则有以下几点。

(1) 文件和文件夹名称长度最多可达 256 个字符，1 个汉字相当于两个字符。

(2) 文件、文件夹名中不能出现这些字符：斜线 (\、/)、竖线 (|)、小于号 (<)、大于号 (>)、冒号 (：)、引号 ("")、问号 (？)、星号 (*)。

(3) 文件和文件夹不区分大小写字母。如 "abc" 和 "ABC" 是同一个文件名。

(4) 通常一个文件都有扩展名（一般为 3 个字符），用来表示文件的类型。文件夹通常没有扩展名。

(5) 同一个文件夹中的文件、文件夹不能同名。

如图 6-2 所示为 Windows 10 操作系统的 "保存的图片" 文件夹，双击这个文件夹将其打开，可以看到文件夹中存放的文件。

图 6-2　"保存的图片" 文件夹

6.1.3 文件和文件夹存放位置

电脑中的文件或文件夹一般存放在本台电脑的磁盘或 Administrator 文件夹中。

1. 电脑磁盘

理论上来说，文件可以被存放在电脑磁盘的任意位置，但是为了便于管理，文件的存放有以下常见的原则，如图6-3所示。

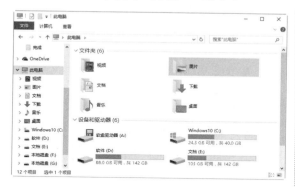

图 6-3 "此电脑"文件夹中的内容

通常情况下，电脑的硬盘最少也需要划分为三个分区：C、D 和 E 盘。三个盘的功能分别如下。

C 盘主要是用来存放系统文件。所谓系统文件，是指操作系统和应用软件中的系统操作部分。一般系统默认情况下都会被安装在 C 盘，包括常用的程序。

D 盘主要用来存放应用软件文件。比如 Office、Photoshop 或 3ds Max 等程序，常常被安装在 D 盘。对于软件的安装，有以下常见的原则。

(1) 一般小的软件，如 RAR 压缩软件等可以安装在 C 盘。

(2) 对于大的软件，如 3ds Max 等，需要安装在 D 盘，这样可以少占用 C 盘的空间，从而提高系统运行的速度。

(3) 几乎所有的软件默认的安装路径都在 C 盘中，电脑用得越久，C 盘被占用的空间越多。随着时间的增加，系统反应会越来越慢。所以安装软件时，需要根据具体情况改变安装路径。

E 盘用来存放用户自己的文件。比如用户自己的电影、图片、Word 资料文件等。如果硬盘还有多余空间，则可以添加更多分区。

2. Administrator 文件夹

Administrator 文件夹是 Windows 10 中的一个系统文件夹。系统为每个用户建立的文件夹，主要用于保存文档、图形，当然也可以保存其他任何文件。对于常用的文件，用户可以将其存放在 Administrator 文件夹中，以便于及时调用，如图6-4所示。

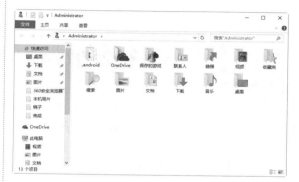

图 6-4 Administrator 文件夹中的内容

6.1.4 文件和文件夹的路径

文件和文件夹的路径表示文件或文件夹所在的位置，路径在表示的时候有两种方法：绝对路径和相对路径。

绝对路径是从根文件夹开始的表示方法，根通常用 "\" 来表示（区别于网络路径），比如：C:\Windows\System32 表示 C 盘中 Windows 文件夹下面的 System32 文件夹。根据文件或文件夹提供的路径，用户可以在电脑上找到该文件或文件夹的存放位置。如图6-5所示为 C 盘中 Windows 文件夹下面的 System32 文件夹。

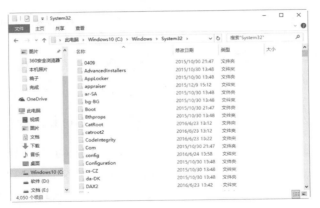

图 6-5　System32 文件夹中的内容

相对路径是从当前文件夹开始的表示方法，比如当前文件夹为 C:\Windows，如果要表示它下面的 System32 中的 ebd 文件夹，则可以表示为 System32\ebd，而用绝对路径应写为 C:\Windows\System32\ebd。

6.2　文件资源管理器

在 Windows 10 操作系统中，用户打开文件资源管理器默认显示的是快速访问界面。在快速访问界面中用户可以看到常用的文件夹、最近使用的文件等信息。

6.2.1　常用文件夹

【文件资源管理器】窗口中的常用文件夹默认显示为 8 个，包括桌面、下载、文档和图片 4 个固定的文件夹，另外 4 个文件夹是用户最近常用的文件夹。通过常用文件夹，用户可以打开文件夹来查看其中的文件。

具体操作步骤如下。

步骤 1 单击【开始】按钮，在打开的【开始】屏幕中选择【文件资源管理器】命令，如图 6-6 所示。

其中可以看到【常用文件夹】区域包含的文件夹列表，如图 6-7 所示。

图 6-6　选择【文件资源管理器】命令

步骤 2 打开【文件资源管理器】窗口，在

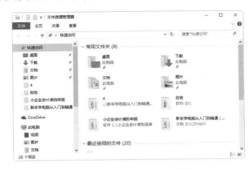

图 6-7　【文件资源管理器】窗口

步骤 3 双击【图片】文件夹，在其中可以看到该文件夹包含的图片信息，如图 6-8 所示。

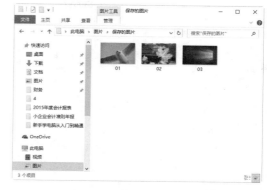

图 6-8　【图片】文件夹

6.2.2　最近使用的文件

文件资源管理器提供了最近使用的文件列表，默认显示为 20 个，用户可以通过最近使用的文件列表来快速打开文件。

具体操作步骤如下。

步骤 1 打开【文件资源管理器】窗口，在其中可以看到【最近使用的文件】列表区，如图 6-9 所示。

步骤 2 双击需要打开的文件，即可打开该文件，如这里双击"通知"Word 文档文件，即可打开该文件的工作界面，如图 6-10 所示。

图 6-9　【最近使用的文件】列表

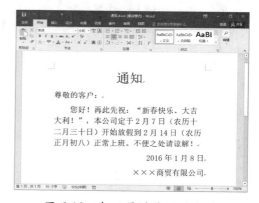

图 6-10　打开最近使用的文件

6.2.3　将文件夹固定在【快速访问】列表中

对于常用的文件夹，用户可以将其固定在【快速访问】列表中，具体操作步骤如下。

步骤 1 选中需要固定在【快速访问】列表中的文件夹并右击，在弹出的快捷菜单中选择【固定到"快速访问"】命令，如图 6-11 所示。

步骤 2 返回到【文件资源管理器】窗口，可以看到选中的文件固定到【快速访问】列表中，在其后面显示一个固定图标 📌，如图 6-12 所示。

图 6-11　选择【固定到"快速访问"】命令

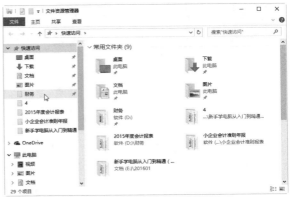

图 6-12　完成文件的固定操作

6.2.4　快速打开文件／文件夹

在【快速访问】功能列表中可以快速打开文件或文件夹，而不需要通过电脑磁盘查找之后再进行打开。通过【快速访问】列表快速打开文件或文件夹的具体操作步骤如下。

步骤 **1** 打开【文件资源管理器】窗口，在其中可以看到窗口左侧显示的【快速访问】功能列表，如图 6-13 所示。

图 6-13　【快速访问】列表

步骤 **2** 选择需要打开的文件夹，如这里选择【文档】文件夹，即可在右侧的窗格中显示【文档】文件夹中的内容，如图 6-14 所示。

步骤 **3** 双击文件夹中的文件，如这里选择 ipmsg 记事本文件，即可打开该文件，在打开的界面中查看内容，如图 6-15 所示。

图 6-14　【文档】窗口

图 6-15　打开文件查看内容

6.3　文件和文件夹的基本操作

用户要想管理电脑中的数据，首先要熟练掌握文件或文件夹的基本操作。文件或文件夹的基本操作包括创建文件或文件夹、打开和关闭文件或文件夹、复制和移动文件或文件夹、删除文件或文件夹、重命名文件或文件夹等。

6.3.1　查看文件／文件夹

系统当中的文件或文件夹可以通过【查看】右键菜单命令和【查看】选项卡两种方式进行查看。查看文件或文件夹的具体操作步骤如下。

步骤 1 在文件夹窗口的空白处右击，在弹出的快捷菜单中选择【查看】→【大图标】命令，如图 6-16 所示。

图 6-16　选择【大图标】命令

步骤 2 随即文件夹中的文件和子文件夹都以大图标的方式显示，如图 6-17 所示。

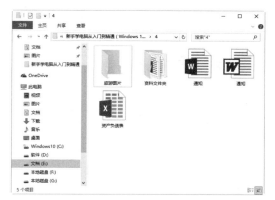

图 6-17　以大图标显示文件／文件夹

步骤 3 在文件夹窗口中切换到【查看】选项卡，在【布局】组中可以看到当前文件或文件夹的布局方式为【大图标】，如图 6-18 所示。

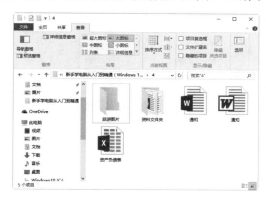

图 6-18　【查看】选项卡

步骤 4 单击【窗格】组中的【预览窗格】按钮，可以以预览的方式查看文件或文件夹，如图 6-19 所示。

图 6-19　以预览方式查看

119

步骤 5 单击【窗格】组中的【详细信息窗格】按钮，即可以详细信息的方式查看文件或文件夹，如图 6-20 所示。

图 6-20　以详细信息方式查看文件 / 文件夹

步骤 6 选择【布局】组中的【内容】选项，即可以内容布局方式显示文件或文件夹，如图 6-21 所示。

图 6-21　以内容布局方式查看文件 / 文件夹

步骤 7 单击【当前视图】组中的【排序方式】按钮，在弹出的下拉菜单中可以选择文件或文件夹的排序方式，如图 6-22 所示。

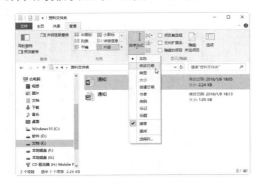

图 6-22　选择文件或文件夹的排序方式

步骤 8 如果想要恢复系统默认视图方式，则可以单击【查看】选项卡下的【选项】按钮，打开【文件夹选项】对话框，切换到【查看】选项卡，如图 6-23 所示。

图 6-23　【文件夹选项】对话框

步骤 9 单击【重置文件夹】按钮，打开【文件夹视图】对话框，提示用户是否将这个类型的所有文件夹都重置为默认视图设置，如图 6-24 所示。

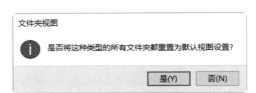

图 6-24　【文件夹视图】对话框

步骤 10 单击【是】按钮，即可完成重置操作，返回到文件夹窗口中，可以查看到文件或文件夹都以默认的视图方式显示，如图 6-25 所示。

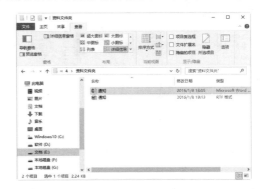

图 6-25　以默认视图方式显示文件 / 文件夹

创建文件／文件夹

创建文件或文件夹是文本和文件夹最基本的操作，其中创建文件有两种方法，分别是使用应用软件自行创建和使用【新建】命令进行创建；创建文件夹最常用的方法是使用【新建】命令进行创建。

1. 通过应用软件创建文件

这里以创建一个 Excel 文件为例，来介绍使用应用软件创建文件的方法，具体操作步骤如下。

步骤 1 启动 Excel 2016 后，在打开的界面右侧单击【空白工作簿】图标，如图 6-26 所示。

如图 6-28 所示。

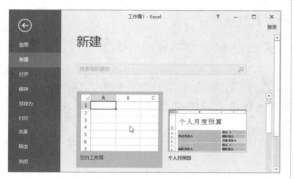

图 6-26　单击【空白工作簿】图标

步骤 2 系统会自动创建一个名称为"工作簿 1"的工作簿，如图 6-27 所示。

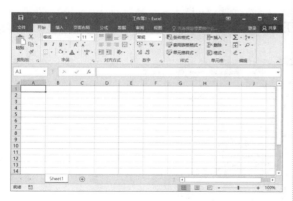

图 6-27　创建一个空白工作簿

步骤 3 单击【文件】按钮，在弹出的下拉菜单中选择【保存】命令，或按 Ctrl+S 组合键，也可以单击快速访问工具栏中的【保存】按钮，

图 6-28　选择【保存】命令

步骤 4 在右侧窗口中会弹出另存为显示信息，单击【浏览】按钮，如图 6-29 所示。

图 6-29　单击【浏览】按钮

步骤 5 弹出【另存为】对话框，在【保存位置】下拉列表框中选择工作簿的保存位置，在【文件名】下拉列表框中输入工作簿的保存名称，在【保存类型】下拉列表框中选择文件保存的类型，如图 6-30 所示。

图 6-30　【另存为】对话框

步骤 6 设置完毕后，单击【保存】按钮，即可完成 Excel 文件的创建操作。

> **提示**　　在 Excel 工作界面中按 Ctrl+N 组合键，即可快速创建一个名称为 "工作簿 2" 的空白工作簿。工作簿创建完毕之后，就要将其进行保存以备今后查看和使用，在初次保存工作簿时需要指定工作簿的保存路径和保存名称。

2. 通过【新建】命令创建文件

通过【新建】命令创建文件的具体操作步骤如下。

步骤 1 在文件夹窗口的空白处右击，在弹出的快捷菜单中选择【新建】→【Microsoft Excel 工作表】命令，如图 6-31 所示。

步骤 2 即可在文件夹窗口中新建一个 Excel 工作表，如图 6-32 所示。

图 6-31　选择【Microsoft Excel 工作表】命令　　　图 6-32　新建一个 Excel 工作表文件

步骤 3 给新建的 Excel 文件重命名为 "资产负债表"，如图 6-33 所示。

步骤 4 双击新建的文件，即可打开该文件，如图 6-34 所示。

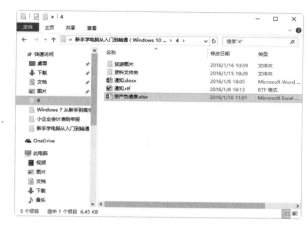

图 6-33 重命名文件

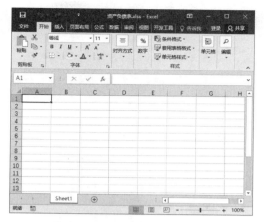

图 6-34 打开新建的文件

创建文件夹

创建文件夹的具体操作步骤如下。

步骤 1 在文件夹窗口的空白处右击，在弹出的快捷菜单中选择【新建】→【文件夹】命令，即可在文件夹窗口中新建一个文件夹，如图 6-35 所示。

步骤 2 重命名文件夹的名称为"旅游图片"，即可完成文件夹的创建操作，如图 6-36 所示。

图 6-35 创建文件夹

图 6-36 重命名文件夹

6.3.3 重命名文件／文件夹

新建文件或文件夹后，都是以一个默认的名称作为文件名或文件夹的名称，其实用户可以在文件资源管理器或任意一个文件夹窗口中，给新建的或已有的文件或文件夹重新命名。

文件的重命名

（1） 常见的更改文件名称的具体操作步骤如下。

步骤 1 在文件资源管理器的任意一个驱动器中，选定要重命名的文件并右击，在弹出的快捷菜单中选择【重命名】命令，如图 6-37 所示。

图 6-37　选择【重命名】命令

步骤 2 文件的名称以蓝色背景显示，如图 6-38 所示。

图 6-38　文字以蓝色背景显示

步骤 3 用户可以直接输入文件的名称，按 Enter 键，即可完成对文件名称的更改，如图 6-39 所示。

图 6-39　重命名文件

提示 在重命名文件时，不能改变已有文件的扩展名，否则当要打开该文件时，系统不能确认要使用哪种程序打开该文件，如图 6-40 所示。

图 6-40　【重命名】对话框

如果更换的文件名与原有的文件名重复，系统则会给出如图 6-41 所示的提示，单击【是】按钮，则会以文件名后面加上序号来命名，如果单击【否】按钮，则需要重新输入文件名。

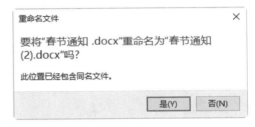

图 6-41　【重命名文件】对话框

(2) 用户可以选择需要更改名称的文件，按 F2 功能键，从而快速地更改文件的名称。

(3) 选择需要更名的文件，用鼠标分两次单击（不是双击）要重命名的文件，此时选中的文件名显示为可写状态，在其中输入名称，按 Enter 键即可重命名文件。

2. 文件夹的重命名

(1) 常见的更改文件夹名称的具体操作步骤如下。

步骤 1 在文件资源管理器的任意一个驱动器中，选定要重命名的文件夹，右击，在弹出的快捷菜单中选择【重命名】命令，如图 6-42 所示。

图 6-42　选择【重命名】命令

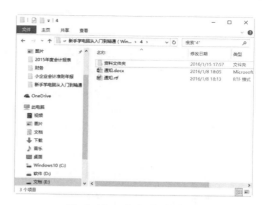

图 6-44　重命名文件夹

步骤 2　文件夹的名称以蓝色背景显示，如图 6-43 所示。

图 6-43　文字以蓝色背景显示

步骤 3　用户可以直接输入文件的名称，按 Enter 键，即可完成对文件夹名称的更改，如图 6-44 所示。

如果更换的文件夹名与原有的文件夹名重复，系统则会给出【确认文件夹替换】对话框，单击【是】按钮，则会替换原来的文件夹，如果单击【否】按钮，则需要重新输入文件夹的名称，如图 6-45 所示。

图 6-45　【确认文件夹替换】对话框

(2) 用户可以选择需要更改名称的文件夹，按 F2 功能键，从而快速地更改文件夹的名称。

(3) 选择需要更改名称的文件夹，用鼠标单击要重命名的文件夹名称，此时选中的文件夹名显示为可写状态，在其中输入名称，按 Enter 键即可重命名文件夹。

6.3.4　打开和关闭文件／文件夹

打开文件或文件夹共用的方法有以下两种。

(1) 选择需要打开的文件或文件夹，双击即可打开文件或文件夹。

(2) 选择需要打开的文件或文件夹，右击，在弹出的快捷菜单中选择【打开】命令，如图 6-46 所示。

图 6-46　选择【打开】命令

对于文件，用户还可以利用【打开方式】命令将其打开，具体操作步骤如下。

步骤 1 选择需要打开的文件并右击，在弹出的快捷菜单中选择【打开方式】命令，如图 6-47 所示。

图 6-47　选择【打开方式】命令

步骤 2 打开【你要如何打开这个文件】对话框，在其中选择打开文件的应用程序，本实例选择【写字板】选项，如图 6-48 所示。

图 6-48　选择要打开文件的应用程序

步骤 3 单击【确定】按钮，写字板软件将

自动打开选择的文件，如图 6-49 所示。

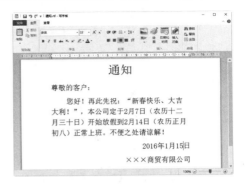

图 6-49　用写字板打开文件

关闭文件或文件夹的常见方法如下。

（1）一般文件的打开都和相应的软件有关，在软件的右上角都有一个关闭按钮，如以写字板为例，单击写字板工作界面右上角的【关闭】按钮，可以直接关闭文件，如图 6-50 所示。

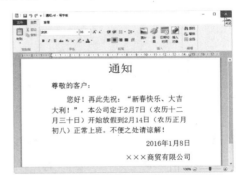

图 6-50　单击【关闭】按钮

（2）关闭文件夹的操作很简单，只需要在打开的文件夹窗口中单击右上角的【关闭】按钮即可，如图 6-51 所示。

图 6-51　关闭文件夹

第 6 章　文件管理——管理电脑中的文件资源

（3）在文件夹窗口中单击【文件】按钮，在弹出的下拉菜单中选择【关闭】命令，也可以关闭文件夹，如图 6-52 所示。

（4）按 Alt+F4 组合键，可以快速地关闭当前被打开的文件或文件夹。

图 6-52　【文件】下拉菜单

6.3.5　复制和移动文件／文件夹

在日常生活中，经常需要对一些文件进行备份，也就是创建文件的副本，这里就需要用到【复制】命令进行操作。

1. 复制文件和文件夹

复制文件或文件夹的方法有以下几种。

（1）选择要复制的文件或文件夹，按住 Ctrl 键拖动到目标位置。

（2）选择要复制的文件或文件夹，右击，在弹出的快捷菜单中选择【复制到当前位置】命令，如图 6-53 所示。

（3）选择要复制的文件或文件夹，按 Ctrl+C 组合键，再按 Ctrl+V 组合键即可。

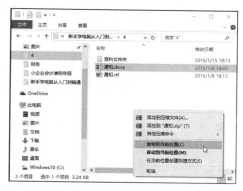

图 6-53　选择【复制到当前位置】命令

提示　文件或文件夹除了直接复制和发送以外，还有一种更为简单的复制方法，就是在打开的文件夹窗口中，选取要进行复制的文件或文件夹，然后在选中的文件中按住鼠标左键，并拖动鼠标指针到要粘贴的地方，可以是磁盘、文件夹或者是桌面上，释放鼠标，就可以把文件或文件夹复制到指定的地方了。

2. 移动文件或文件夹

移动文件或文件夹的具体操作步骤如下。

步骤 1　选择需要移动的文件或文件夹，右击并在弹出的快捷菜单中选择【剪切】命令，如图 6-54 所示。

127

步骤 2 选定目的文件夹并打开它，右击并在弹出的快捷菜单中选择【粘贴】命令，如图 6-55 所示。

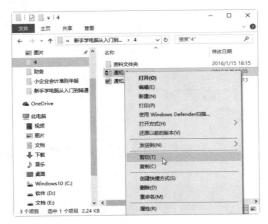

图 6-54　选择【剪切】命令

图 6-55　选择【粘贴】命令

步骤 3 这样选定的文件或文件夹就被移动到当前文件夹，如图 6-56 所示。

提示　用户除了可以使用上述方法移动文件或文件夹外，还可以使用 Ctrl+X 组合键实现剪切功能，再使用 Ctrl+V 组合键实现粘贴功能。

当然，用户也可以用鼠标直接拖动时完成复制操作，方法是先选中要拖动的文件或文件夹，然后在按住 Shift 键的同时按住鼠标左键，再把它拖到需要的文件夹中，并使文件夹反蓝显示，再释放左键，选中的文件或文件夹就移动到指定的文件夹下了，如图 6-57 所示。

图 6-56　完成文件或文件夹的移动

图 6-57　使用鼠标移动文件或文件夹

6.3.6　删除文件／文件夹

删除文件或文件夹的常见方法有以下几种。

(1) 选择要删除的文件或文件夹，按 Delete 键。

（2）选择要删除的文件或文件夹，单击【主页】选项卡【组织】组中的【删除】按钮，如图 6-58 所示。

（3）选择要删除的文件或文件夹，右击并在弹出的快捷菜单中选择【删除】命令，如图 6-59 所示。

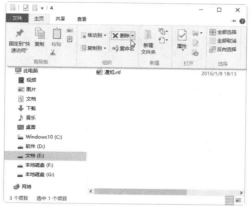

图 6-58　单击【删除】按钮

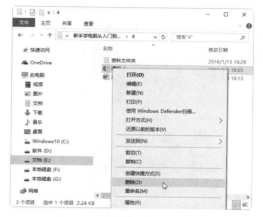

图 6-59　选择【删除】命令

（4）选择要删除的文件，直接拖动到回收站中。

> **提示**　删除命令只是将文件或文件夹移入回收站中，并没有从磁盘上清除，如果还需要使用该文件或文件夹，可以从回收站中恢复。

另外，如果要彻底删除文件或文件夹，则可以先选择要删除的文件或文件夹，然后在按住 Shift 键的同时，再按 Delete 键，将会弹出【删除文件】（见图 6-60）或【删除文件夹】对话框（见图 6-61），提示用户是否确实要永久性地删除此文件或文件夹，单击【是】按钮，即可将其彻底删除。

图 6-60　【删除文件】对话框

图 6-61　【删除文件夹】对话框

6.4　搜索文件和文件夹

当用户忘记了文件或文件夹的位置，只是知道该文件或文件夹的名称时，就可以通过搜索功能来搜索需要的文件或文件夹了。

6.4.1 简单搜索

　　根据搜索参数的不同，在搜索文件或文件夹的过程中，可以分为简单搜索和高级搜索。下面介绍简单搜索的方法。这里以搜索一份通知为例，简单搜索的具体操作步骤如下。

步骤 1 打开【文件资源管理器】窗口，如图 6-62 所示。

图 6-62　【文件资源管理器】窗口

步骤 2 单击左侧窗格中的【此电脑】选项，将搜索的范围设置为【此电脑】，如图 6-63 所示。

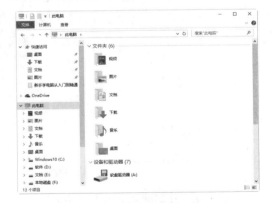

图 6-63　【此电脑】窗口

步骤 3 在【搜索】文本框中输入搜索的关键字，这里输入"通知"，此时系统开始搜索本台电脑中的"通知"文件，如图 6-64 所示。

步骤 4 搜索完毕后，将在下方的窗格中显示搜索的结果，在其中可以查找自己需要的文件，如图 6-65 所示。

图 6-64　开始搜索文件

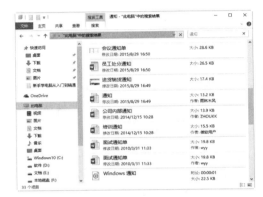

图 6-65　搜索结果

6.4.2 高级搜索

　　使用简单搜索得出的结果比较多，用户在查找自己需要的文档过程中比较麻烦，这时就可以使用系统提供的搜索工具进行高级搜索了。这里以搜索"通知"文件为例，高级搜索的具体操作步骤如下。

步骤 1 在简单搜索结果的窗口中切换到【搜索】选项卡，进入【搜索】功能区域，如图 6-66 所示。

步骤 2 单击【优化】组中的【修改日期】按钮，在弹出的下拉菜单中选择文档修改的日期范围，如图 6-67 所示。

步骤 3 如果选择【本月】选项，则在搜索结果中只显示本月的"通知"文件，如图 6-68 所示。

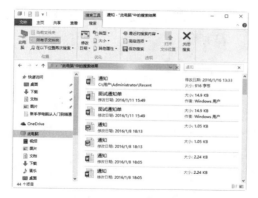

图 6-66 【搜索】功能区域

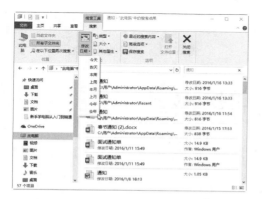

图 6-67 选择文档修改的日期范围

图 6-68 显示搜索结果

步骤 4 单击【优化】组中的【类型】按钮，在弹出的下拉菜单中可以选择搜索文件的类型，如图 6-69 所示。

步骤 5 单击【优化】组中的【大小】按钮，在弹出的下拉菜单中可以选择搜索文件的大小范围，如图 6-70 所示。

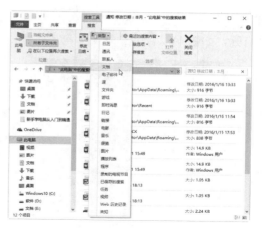

图 6-69 选择文件的类型

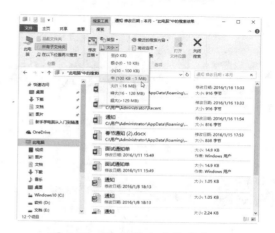

图 6-70 选择搜索文件的大小

步骤 6 当所有的搜索参数设置完毕后，系统开始自动根据用户设置的条件进行高级搜索，并将搜索结果放置在下方的窗格中，如图 6-71 所示。

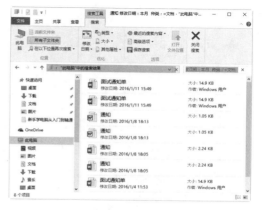

图 6-71 搜索结果

步骤 7 双击自己需要的文件，即可将该文件打开，如图 6-72 所示。

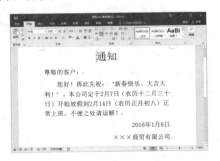

图 6-72　打开文件

步骤 8 如果想要关闭搜索工具，则可以单击【搜索】功能区域中的【关闭搜索】按钮，

将搜索功能关闭，并进入【此电脑】窗口，如图 6-73 所示。

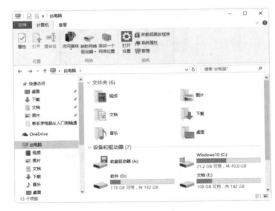

图 6-73　关闭搜索功能

6.5　文件和文件夹的高级操作

文件和文件夹的高级操作主要包括隐藏与显示文件或文件夹、压缩与解压缩文件或文件夹、加密与解密文件或文件夹等。

6.5.1　隐藏文件／文件夹

隐藏文件或文件夹可以增强文件的安全性，同时可以防止误操作导致的文件丢失现象。

1. 隐藏文件

隐藏文件的具体操作步骤如下。

步骤 1 选择需要隐藏的文件，如 "员工基本资料"，右击并在弹出的快捷菜单中选择【属性】命令，如图 6-74 所示。

图 6-74　选择【属性】命令

步骤 2 弹出【员工基本资料 属性】对话框，切换到【常规】选项卡，然后选中【隐藏】复选框，单击【确定】按钮，选择的文件被成功隐藏，如图 6-75 所示。

图 6-75　选中【隐藏】复选框

2. 隐藏文件夹

步骤 1 选择需要隐藏的文件夹，如"资料文件夹"，右击并在弹出的快捷菜单中选择【属性】命令，如图 6-76 所示。

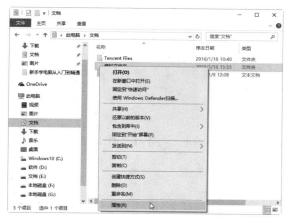

图 6-76　选择【属性】命令

步骤 2 弹出【资料文件夹 属性】对话框，切换到【常规】选项卡，然后选中【隐藏】复选框，单击【确定】按钮，如图 6-77 所示。

图 6-77　选中【隐藏】复选框

步骤 3 单击【确定】按钮，弹出【确认属性更改】对话框，在其中选择相关的选项，如图 6-78 所示。

步骤 4 单击【确定】按钮，选择的文件夹

被成功隐藏，如图 6-79 所示。

图 6-78　【确认属性更改】对话框

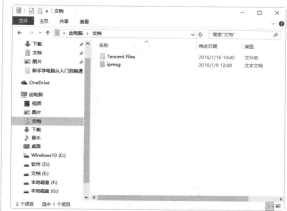

图 6-79　隐藏文件夹

6.5.2 显示文件/文件夹

　　文件或文件夹被隐藏后，用户要想调出隐藏文件，需要显示文件。具体操作步骤如下。

步骤 1 在文件夹窗口中，切换到【查看】选项卡，在打开的功能区域中单击【选项】按钮，如图 6-80 所示。

步骤 2 打开【文件夹选项】对话框，在其中切换到【查看】选项卡，在【高级设置】列表框中选中【显示隐藏的文件、文件夹和驱动器】单选按钮，单击【确定】按钮，如图 6-81 所示。

步骤 3 返回到文件夹窗口中，可以看到隐藏的文件或文件夹显示出来了，如图 6-82 所示。

步骤 4 选择隐藏的文件或文件夹，右击并

在弹出的快捷菜单中选择【属性】命令，如图 6-83 所示。

取消选中【隐藏】复选框，如图 6-84 所示。

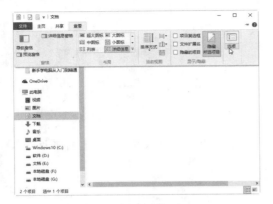

图 6-80 【查看】选项卡

图 6-83 选择【属性】命令

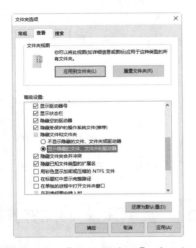

图 6-81 【文件夹选项】对话框

图 6-84 取消选中【隐藏】复选框

步骤 6 单击【确定】按钮，成功显示隐藏的文件，如图 6-85 所示。

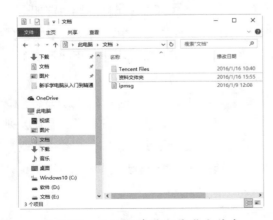

图 6-82 显示隐藏的文件或文件夹

步骤 5 弹出【资料文件夹 属性】对话框，

图 6-85 显示隐藏的文件或文件夹

> **提示**　完成显示文件的操作后，用户可以在【文件夹选项】对话框中取消选中【显示隐藏的文件、文件夹和驱动器】单选按钮，从而避免对隐藏文件的误操作。

6.5.3　压缩文件 / 文件夹

对于特别大的文件夹，用户可以进行压缩操作，经过压缩的文件将占用很少的磁盘空间，并有利于更快速地相互传输到其他计算机上，以实现网络上的共享功能。

压缩文件或文件夹的具体操作步骤如下。

步骤 1　选择需要压缩的文件或文件夹，右击并在弹出的快捷菜单中选择【发送到】→【压缩 (zipped) 文件夹】命令，如图 6-86 所示。

步骤 2　弹出【正在压缩】对话框，并显示压缩的进度，如图 6-87 所示。

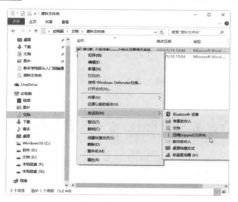

图 6-86　选择【压缩 (zipped) 文件夹】命令

图 6-87　正在压缩文件

步骤 3　完成压缩后系统自动关闭【正在压缩】对话框，返回到文件夹窗口中，可以看到压缩后的文件或文件夹，如图 6-88 所示。

> **提示**　如果压缩的是文件夹，用户可以在窗口中发现多了一个和文件夹名称一样的压缩文件，如图 6-89 所示。

图 6-88　完成文件的压缩

图 6-89　【资料文件夹】窗口

6.5.4 解压文件 / 文件夹

压缩之后的文件或文件夹，如果需要打开，还可以将文件或文件夹进行解压缩操作，具体操作步骤如下。

步骤 1 选中需要解压的文件或文件夹，右击并在弹出的快捷菜单中选择【全部解压缩】命令，如图 6-90 所示。

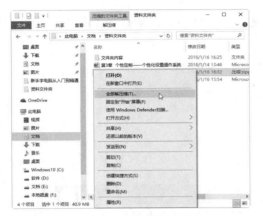

图 6-90 选择【全部解压缩】命令

步骤 2 弹出【提取压缩 (Zipped) 文件夹】对话框，在其中选择一个目标并提取文件，如图 6-91 所示。

图 6-91 【提取压缩 (Zipped) 文件夹】对话框

步骤 3 单击【提取】按钮，弹出提取文件的进度对话框，如图 6-92 所示。

步骤 4 提取完成后，返回到文件夹窗口中，在其中显示解压后的文件，如图 6-93 所示。

图 6-92 提取文件的进度

图 6-93 解压后的文件

6.5.5 加密文件 / 文件夹

加密文件或文件夹的具体操作步骤如下。

步骤 1 选择需要加密的文件或文件夹并右击，从弹出的快捷菜单中选择【属性】命令，如图 6-94 所示。

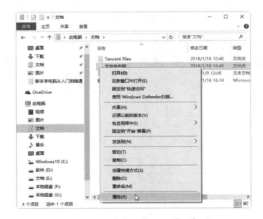

图 6-94 选择【属性】命令

步骤 2 弹出【文件夹内容 属性】对话框，切换到【常规】选项卡，单击【高级】按钮，如图 6-95 所示。

图 6-95　【文件夹内容 属性】对话框

步骤 **3** 弹出【高级属性】对话框，选中【加密内容以便保护数据】复选框，单击【确定】按钮，如图 6-96 所示。

图 6-96　【高级属性】对话框

步骤 **4** 返回到【文件夹内容 属性】对话框，单击【应用】按钮，弹出【确认属性更改】对话框，选中【将更改应用于此文件夹、子文件夹和文件】单选按钮，单击【确定】按钮，如图 6-97 所示。

步骤 **5** 返回到【文件夹内容 属性】对话框，单击【确定】按钮，弹出【应用属性】对话框，系统开始自动对所选的文件夹进行加密操作，

如图 6-98 所示。

步骤 **6** 加密完成后，可以看到被加密的文件夹出现锁图标，表示加密成功，如图 6-99 所示。

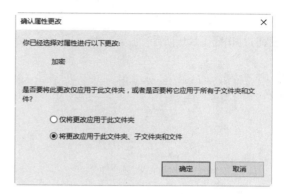

图 6-97　【确认属性更改】对话框

图 6-98　【应用属性】对话框

图 6-99　加密文件夹

6.5.6 解密文件／文件夹

如果用户想解除文件或文件夹的加密操

作，可以取消文件或文件夹的加密。具体操作步骤如下。

步骤 1 选择被加密的文件或文件夹，右击并在弹出的快捷菜单中选择【属性】命令，弹出【文件夹内容 属性】对话框，单击【高级】按钮，如图 6-100 所示。

图 6-100　【文件夹内容 属性】对话框

步骤 2 弹出【高级属性】对话框，在【压缩或加密属性】选项组中取消选中【加密内容以便保护数据】复选框，并单击【确定】按钮，如图 6-101 所示。

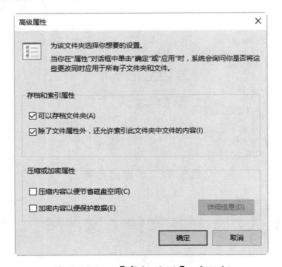

图 6-101　【高级属性】对话框

步骤 3 返回到【文件夹内容 属性】对话框，单击【应用】按钮，如图 6-102 所示。

图 6-102　单击【应用】按钮

步骤 4 弹出【确认属性更改】对话框，选中【将更改应用于此文件夹、子文件夹和文件】单选按钮，单击【确定】按钮，如图 6-103 所示。

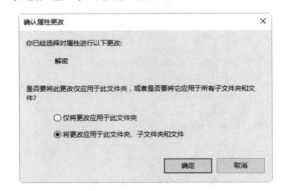

图 6-103　【确认属性更改】对话框

步骤 5 返回到【文件夹内容 属性】对话框，单击【确定】按钮，弹出【应用属性】对话框，系统开始对文件夹进行解密操作，如图 6-104 所示。

步骤 6 解密完成后，系统自动关闭【应用属性】对话框，返回到文件夹窗口，可以看到文件夹上的锁图标取消了，表示解密成功，如图 6-105 所示。

图 6-104 正在进行解密

图 6-105 解密后的文件夹

6.6 高效办公技能实战

6.6.1 高效办公技能 1——复制文件的路径

有时我们需要快速确定某个文件的位置，比如编程时需要引用某个文件的位置，这时可以快速复制文件 / 文件夹的路径到剪贴板。

具体的操作步骤如下。

步骤 1 打开文件资源管理器，在其中找到要复制路径的文件或文件夹，在其上按住 Shift 键再右击，会比直接右击弹出的快捷菜单里多出一项【复制为路径】命令，如图 6-106 所示。

步骤 2 选择【复制为路径】命令，则可以将其路径复制到剪贴板中，新建一个记事本文件，按 Ctrl+V 组合键，就可以复制路径到记事本中，如图 6-107 所示。

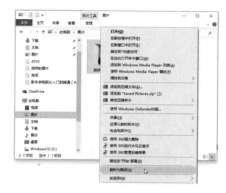

图 6-106 选择【复制为路径】命令

图 6-107 【记事本】窗口

6.6.2 高效办公技能 2——显示文件的扩展名

Windows 10 系统默认情况下并不显示文件的扩展名，用户可以通过设置显示文件的扩展名。具体操作步骤如下。

步骤 1 在【文件资源管理器】窗口中切换到【查看】选项卡，在打开的功能区域中选中【显示/隐藏】组中的【文件扩展名】复选框，如图 6-108 所示。

步骤 2 此时打开一个文件夹，用户便可以查看到文件的扩展名，如图 6-109 所示。

图 6-108 【查看】选项卡

图 6-109 显示文件的扩展名

6.7 疑难问题解答

问题 1：为什么将文件夹中的文件隐藏了，还可以看到该文件。

解答：如果在文件夹选项中设置了显示隐藏文件，那么隐藏的文件将会以半透明状态显示。此时还可以看到文件夹，这就不能起到保护的作用，所以要在文件夹选项中设置不显示隐藏文件。

问题 2：在网络中传输文件之前，需要将文件或文件夹进行压缩，这是为什么？

解答：因为经过压缩的文件有效地减少了文件的字节数，从而可以节省上传和下载的传输时间。

第 7 章

程序管理——
软件的安装与管理

● **本章导读**

　　一台完整的电脑包括硬件和软件，其中软件也被称为应用程序，用户可以借助应用程序来完成各项工作。在安装完操作系统后，用户首先要考虑的就是安装与管理应用程序，通过安装各种需要的应用程序，可以大大提高电脑的性能。本章将为读者介绍安装与管理应用程序的基本操作方法。

● **学习目标**

◎　认识常用的软件
◎　掌握获取并安装软件包的方法
◎　掌握查找安装软件的方法
◎　掌握应用商店的应用方法
◎　掌握更新和升级软件的方法
◎　掌握卸载软件的方法

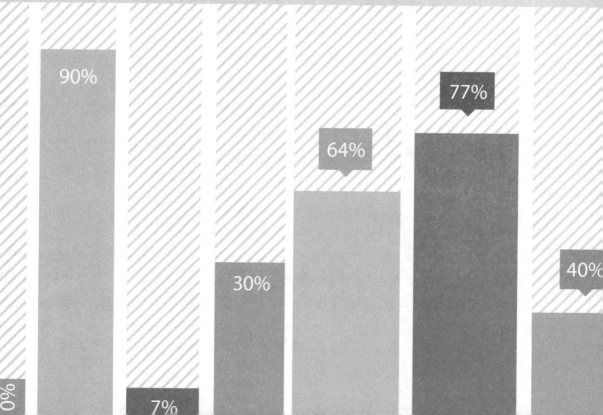

7.1 认识常用的软件

电脑的操作系统安装完毕后，还需要在电脑中安装软件，才能使电脑更好地为自己服务。常用的软件包括浏览器软件、聊天社交软件、影音娱乐软件、办公应用软件、图像处理软件等。

7.1.1 浏览器软件

浏览器软件是指可以显示网页服务器或者文件系统的 HTML 文件内容，并让用户与这些文件交互的一种软件，一台电脑只有安装了浏览器软件，才能进行网上冲浪。

IE 浏览器是微软新版本的 Windows 操作系统的一个组成部分，在 Windows 操作系统安装时默认安装，双击桌面上的 IE 快捷方式图标，即可打开 IE 浏览器窗口，如图 7-1 所示。

除 IE 浏览器软件外，360 浏览器软件是互联网上好用且安全的新一代浏览器软件，与 360 安全卫士、360 杀毒软件等产品一同成为 360 安全中心的系列产品。该浏览器软件采用恶意网址拦截技术，可自动拦截挂马、欺诈、网银仿冒等恶意网址，其独创沙箱技术，在隔离模式即使访问木马也不会感染，360 安全浏览器窗口，如图 7-2 所示。

图 7-1　IE 浏览器窗口

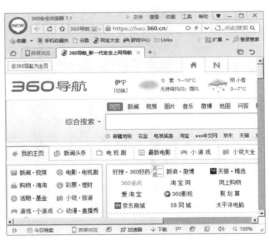

图 7-2　360 安全浏览器窗口

7.1.2 聊天社交软件

目前网络上存在的聊天社交软件有很多，比较常用的有腾讯 QQ、微信等。腾讯 QQ 是一款即时寻呼聊天软件，支持显示朋友在线信息、即时传送信息、即时交谈、即时传输文件。另外，QQ 还具有发送离线文件、超级文件、共享文件、QQ 邮箱、游戏等功能。如图 7-3 所示为

QQ 聊天软件的聊天窗口。

　　微信，是一款移动通信聊天软件，目前主要应用在智能手机上，支持发送语音短信、视频、图片和文字，可以进行群聊。微信除了手机客户端版外，还有网页版微信，使用网页版微信可以在电脑上进行聊天。微信网页版的聊天窗口如图 7-4 所示。

图 7-3　QQ 聊天窗口　　　　　　　　　　　　　图 7-4　微信网页版聊天窗口

7.1.3　影音娱乐软件

　　目前，影音娱乐软件有很多，常见的有暴风影音、爱奇艺 PPS 影音等。暴风影音是一款视频播放器，该播放器兼容大多数的视频和音频格式。暴风影音播放的文件清晰，且具有稳定高效、智能渲染等特点，被很多用户视为经典播放器，如图 7-5 所示。

　　爱奇艺 PPS 影音是一家集 P2P 直播点播于一身的网络视频软件。爱奇艺 PPS 影音能够在线收看电影、电视剧、体育直播、游戏竞技、动漫、综艺、新闻等，该软件播放流畅、完全免费，是网民喜爱的装机必备软件，如图 7-6 所示。

图 7-5　暴风影音窗口　　　　　　　　　　　　　图 7-6　爱奇艺 PPS 影音窗口

7.1.4 办公应用软件

目前，常用的办公应用软件为 Office 办公组件，该组件主要包括 Word、Excel、PowerPoint、Outlook 等。通过 Office 办公组件，可以实现文档的编辑、排版和审阅，表格的设计、排序、筛选和计算，演示文稿的设计和制作，以及电子邮件收发等功能。

Word 2016 是市面上最新版本的文字处理软件，使用 Word 2016，可以实现文本的编辑、排版、审阅、打印等功能，如图 7-7 所示。

Excel 2016 是微软公司最新推出的 Office 2016 办公系列软件的一个重要组成部分，主要用于电子表格处理，可以高效地完成各种表格和图片的设计，进行复杂的数据计算和分析，如图 7-8 所示。

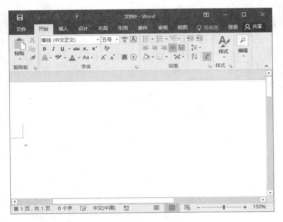
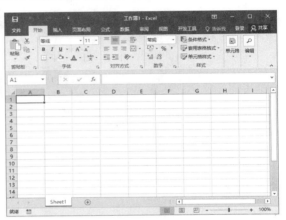

图 7-7　Word 2016 窗口　　　　　　　　图 7-8　Excel 2016 窗口

7.1.5 图像处理软件

Photoshop CC 是专业的图形图像处理软件，是优秀设计师的必备工具之一。Photoshop CC 不仅为图形图像设计提供了一个更加广阔的发展空间，而且在图像处理中还有化腐朽为神奇的功能，如图 7-9 所示为 Photoshop CC 的启动界面。

图 7-9　Photoshop CC 启动界面

7.2　获取并安装软件包

获取安装软件包的方法主要有 3 种，分别是从软件的官网上下载、从应用商店中下载和从软件管家中下载，获取之后，用户可以将其安装到电脑之中。

7.2.1　官网下载

官网，即官方网站，它是公开团体主办者体现其意志想法，团体信息公开，并带有专用、权威、公开性质的一种网站，从官网上下载安装软件包是最常用的方法。

从官网上下载安装软件包的具体操作步骤如下。

步骤 1 打开 IE 浏览器，在地址栏中输入软件的官网网址，如这里以下载 QQ 安装软件包为例，就需要在 IE 浏览器的地址栏中输入 http://im.qq.com/pcqq/，按 Enter 键，即可打开 QQ 软件安装包的下载界面，如图 7-10 所示。

图 7-10　QQ 软件安装包的下载界面

步骤 2 单击【立即下载】按钮，即可开始下载 QQ 软件安装包，并在下方显示下载的进度与剩余的时间，如图 7-11 所示。

步骤 3 下载完毕后，会在 IE 浏览器窗口显示下载完成的信息提示，如图 7-12 所示。

步骤 4 单击【查看下载】按钮，即可打开【下载】文件夹，在其中查看下载的软件安装包，如图 7-13 所示。

图 7-11　开始下载软件

图 7-12　完成下载

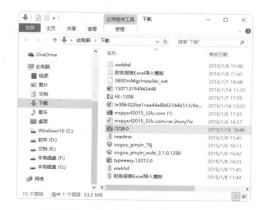

图 7-13　查看下载的软件安装包

7.2.2 应用商店

Windows 10 操作系统中添加了【应用商店】功能，用户可以在【应用商店】获取安装软件包，具体操作步骤如下。

步骤 1 单击【开始】按钮，在弹出的【开始】屏幕中选择【所有应用】选项，再在打开的所有应用列表中选择【应用商店】选项，如图 7-14 所示。

步骤 2 随即打开【应用商店】窗口，在其中可以看到应用商店提供的应用，如图 7-15 所示。

图 7-14 【应用商店】选项

图 7-15 【应用商店】窗口

步骤 3 在应用商店中找到需要下载的软件，如这里想要下载【酷我音乐】软件，如图 7-16 所示。

步骤 4 单击【酷我音乐】图标下方的【免费下载】按钮，进入【酷我音乐】的下载页面，如图 7-17 所示。

图 7-16 选择要下载的软件

图 7-17 软件下载页面

步骤 5 单击【免费下载】按钮，打开【选择帐户】对话框，在其中选择 Microsoft 账户，如图 7-18 所示。

步骤 6 选择完毕后，打开【请重新输入应用商店的密码】对话框，在其中输入 Microsoft 账户的登录密码，如图 7-19 所示。

步骤 **7** 单击【登录】按钮，进入【是否使用 Microsoft 帐户登录此设备】对话框，在其中输入 Windows 登录密码，如图 7-20 所示。

图 7-18　选择账户

图 7-19　输入应用商店密码

图 7-20　输入登录密码

步骤 **8** 单击【下一步】按钮，进入【应用商店】窗口，开始下载酷我音乐程序，如图 7-21 所示。

步骤 **9** 下载完毕后，提示用户已经拥有此产品，并给出【安装】按钮。至此，就完成了在应用商店中获取安装软件包的操作，如图 7-22 所示。

图 7-21　开始下载软件

图 7-22　软件下载完成

7.2.3 软件管家

软件管家是一款一站式下载安装软件、管理软件的平台。软件管家每天提供最新最快的中文免费软件、游戏、主题下载，让用户大大节省寻找和下载资源的时间。这里以在 360 软件管家中下载音乐软件为例，来介绍从软件管家中下载软件的方法。

从软件管家中下载安装软件包的具体操作步骤如下。

步骤 **1** 打开 360 软件管家，在其主界面中选择【音乐软件】选项，进入音乐软件的【全部软件】工作界面，单击需要下载的音乐软件后面的【一键安装】按钮，在弹出的下拉列表中选择【普通下载】选项，如图 7-23 所示。

步骤 2 即可开始下载软件，单击【下载管理】按钮，打开【下载管理】界面，在其中可以查看下载的进度，如图 7-24 所示。

图 7-23　选择【普通下载】选项　　　　　　　图 7-24　查看下载进度

7.2.4　安装软件

当下载好软件之后，下面就可以将该软件安装到电脑中了。这里以安装暴风影音为例，来介绍安装软件的一般步骤和方法。

安装暴风影音软件的具体操作步骤如下。

步骤 1 双击下载的暴风影音安装程序，打开【开始安装】对话框，提示用户如果单击【开始安装】按钮，则表示接受许可协议中的条款，如图 7-25 所示。

步骤 2 单击【开始安装】按钮，打开【自定义安装设置】对话框，在其中可以设置软件的安装路径，并选择相应的安装选项，如图 7-26 所示。

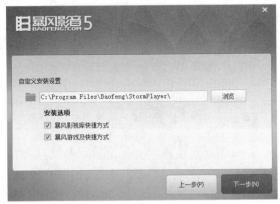

图 7-25　【开始安装】对话框　　　　　　　图 7-26　【自定义安装设置】对话框

步骤 3 单击【下一步】按钮，打开【暴风影音为您推荐的优秀软件】对话框，在其中可以根据自己的需要选择需要安装的软件，如图 7-27 所示。

步骤 4 单击【下一步】按钮，开始安装暴风影音软件，并显示安装的进度，如图 7-28 所示。

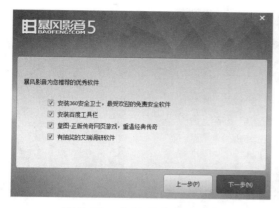

图 7-27　选择需要安装的软件

图 7-28　开始安装软件

步骤 5 安装完毕后，暴风影音软件的安装界面右下角的【正在安装】按钮变换为【立即体验】按钮，如图 7-29 所示。

步骤 6 单击【立即体验】按钮，打开【暴风影音】工作界面，如图 7-30 所示。

图 7-29　完成软件的安装

图 7-30　【暴风影音】工作界面

7.3　查找安装的软件

软件安装完毕后，用户可以在此电脑中查找安装的软件，包括查看所有程序列表、按照程序首字母和数字查找软件等。

7.3.1　查看所有程序列表

在 Windows 10 操作系统中，用户可以很简单地查看所有程序列表，具体操作步骤如下。

步骤 1 单击【开始】按钮，进入【开始】屏幕工作界面，如图 7-31 所示。

步骤 2 在【开始】屏幕的左侧可以查看最常用的程序列表，选择【所有应用】选项，即可在打开的界面中查看所有程序列表，如图 7-32 所示。

图 7-31　【开始】屏幕

图 7-32　所有程序列表

7.3.2　按程序首字母查找软件

在程序所有列表中可以看到很多款软件，在找某款软件时，比较麻烦。如果知道程序的首字母，则可以利用首字母来查找软件，具体操作步骤如下。

步骤 1 在所有程序列表中选择最上面的数字 **0～9** 选项，即可进入程序的搜索界面，如图 7-33 所示。

步骤 2 单击程序首字母，例如需要查看首字母为 W 的程序，则单击【搜索】界面中的 W 按钮，如图 7-34 所示。

步骤 3 返回程序列表中，可以看到首先显示的就是以 W 开头的程序列表，如图 7-35 所示。

图 7-33　程序搜索界面

图 7-34　单击搜索界面中的字母

图 7-35　显示搜索结果

7.3.3　按数字查找软件

在查找软件时，除了使用程序首字母外，还可以使用数字查找软件，具体操作步骤如下。

步骤 1　在程序的搜索界面中单击 0－9 按钮，如图 7-36 所示。

步骤 2　返回到程序列表中，可以看到首先显示的就是以数字开头的程序列表，如图 7-37 所示。

步骤 3　单击程序列表右侧的下三角按钮，可以看到其子程序列表也以数字开头显示，如图 7-38 所示。

图 7-36　单击数字

图 7-37　以数字开头的应用软件

图 7-38　应用软件子列表

7.4　应用商店的应用

应用商店其实是一个很通俗的说法，其本质上是一个平台，用以展示、下载电脑或手机适用的应用软件，在 Windows 10 操作系统中，用户可以使用应用商店来搜索应用程序、安装免费应用、购买收费应用以及打开应用。

7.4.1　搜索应用程序

在应用商店中存在有很多应用，用户可以根据自己的需要搜索应用程序，具体操作步骤如下。

步骤 1　单击任务栏中的【应用商店】图标，打开【应用商店】窗口，单击窗口右上角的【搜索】按钮，在打开的【搜索】文本框中输入应用程序名称，例如输入"酷我音乐"，如图 7-39 所示。

图 7-39　输入软件的名称

步骤 2 单击【搜索】按钮，在打开的界面中显示与【酷我音乐】相匹配的搜索结果，可以快速地找到需要的应用程序，如图 7-40 所示。

图 7-40　显示搜索结果

7.4.2　安装免费应用

在应用商店中，可以安装免费的应用，具体操作步骤如下。

步骤 1 下载好需要安装的应用软件后，会在下方显示【安装】按钮，以"酷我音乐"为例，如图 7-41 所示。

步骤 2 单击"酷我音乐"图标下方的【安装】按钮，开始安装此免费应用，如图 7-42 所示。

图 7-41　软件安装界面

图 7-42　开始安装软件

步骤 3 安装完毕后，会在下方显示【打开】按钮，如图 7-43 所示。

图 7-43　完成软件的安装

步骤 4 单击【打开】按钮，即可打开"酷我音乐"的工作界面，如图 7-44 所示。

图 7-44　"酷我音乐"工作界面

图 7-46　【8 Zip】的购买界面

7.4.3　购买收费应用

在应用商店中，除免费的应用软件外，还提供有多种收费应用软件，用户可以进行购买，具体操作步骤如下。

步骤 1　单击任务栏中的【应用商店】图标，打开【应用商店】窗口，在【热门付费应用】区域中可以看到多种收费的应用，如图 7-45 所示。

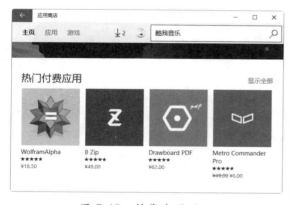

图 7-45　付费应用界面

步骤 2　单击付费应用的图标，如这里单击【8 Zip】图标，即可进入该应用的购买页面，单击价位按钮，即可进行购买操作，如图 7-46 所示。

7.4.4　打开应用

当下载并安装好应用之后，用户可以在【应用商店】窗口中打开应用，具体操作步骤如下。

步骤 1　单击任务栏中的【应用商店】图标，打开【应用商店】窗口，单击【应用】按钮，进入【应用商店】的应用操作界面，如图 7-47 所示。

图 7-47　【应用商店】的应用操作界面

步骤 2　在右上角的搜索文本框中输入想要搜索的应用，这里输入 Window，单击【搜索】按钮，即可搜索出与 Window 匹配的应用，如

图 7-48 所示。

图 7-48　显示搜索结果

图 7-49　【Windows 计算器】窗口

步骤 3 单击已经安装的应用图片，如单击【Windows 计算器】应用，即可打开【Windows 计算器】窗口，如图 7-49 所示。

步骤 4 单击【打开】按钮，即可在【应用商店】中打开【Windows 计算器】工作界面，如图 7-50 所示。

图 7-50　【计算器】工作界面

7.5　更新和升级软件

软件不是一成不变的，而是一直处于升级和更新状态，特别是杀毒软件的病毒库，一直在升级。下面将分别讲述更新和升级的具体方法。

7.5.1　QQ 软件的更新

所谓软件的更新，是指软件版本的更新。软件的更新一般分为自动更新和手动更新两种。下面以更新 QQ 软件为例，来讲述软件更新的一般步骤。

步骤 1 启动 QQ 程序，单击界面左下角【主菜单】按钮，在弹出的子菜单中选择【软件升级】命令，如图 7-51 所示。

步骤 2 打开【QQ 更新】对话框，在其中提示用户有最新 QQ 版本可以更新，如图 7-52 所示。

图 7-51　选择【软件升级】命令

图 7-52　【QQ 更新】对话框

步骤 3 单击【更新到最新版本】按钮，打开【正在准备升级数据】对话框，在其中显示了软件升级数据下载的进度，如图 7-53 所示。

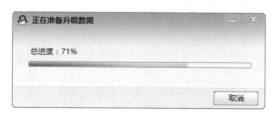

图 7-53　下载更新进度

步骤 4 升级数据下载完毕后，在 QQ 工作界面下方显示【QQ 更新】信息提示框，提示用户更新下载完成，需要启动 QQ 后安装更新，如图 7-54 所示。

图 7-54　【QQ 更新】对话框

步骤 5 单击【立即重启】按钮，打开【正在安装更新】对话框，显示更新安装的进度，并提示用户不要中止安装，否则 QQ 将无法正常启动，如图 7-55 所示。

图 7-55　正在安装更新的进度

步骤 6 更新安装完成后，自动弹出 QQ 的登录界面，在其中输入 QQ 号码与登录密码，如图 7-56 所示。

图 7-56　QQ 登录界面

步骤 7 单击【登录】按钮，即可登录到 QQ 的工作界面，并自动弹出【QQ 更新完成】对话框，如图 7-57 所示。

步骤 8 在 QQ 工作界面中单击【主菜单】按钮，打开子菜单，在其中选择【软件升级】选项，将打开【QQ 更新】对话框，在其中可以看到"恭喜！您的 QQ 已是最新版本！"的提示信息，说明软件的更新完成，如图 7-58 所示。

图 7-57　【QQ 更新完成】对话框

图 7-58　更新完成

7.5.2 病毒库的升级

　　所谓软件的升级，是指软件的数据库增加的过程，对于常见的杀毒软件，常常需要升级病毒库。升级软件分为自动升级和手动升级两种。下面升级 360 杀毒软件为例，来讲述软件这两种升级的方法。

1. 手动升级病毒库

　　升级"360 杀毒"病毒库的具体操作步骤如下。

步骤 1　在【360 杀毒】软件工作界面中单击【检查更新】超链接，如图 7-59 所示。

步骤 2　即可检测网络中的最新病毒库，并显示病毒库升级的进度，如图 7-60 所示。

图 7-59　【360 杀毒】软件工作界面

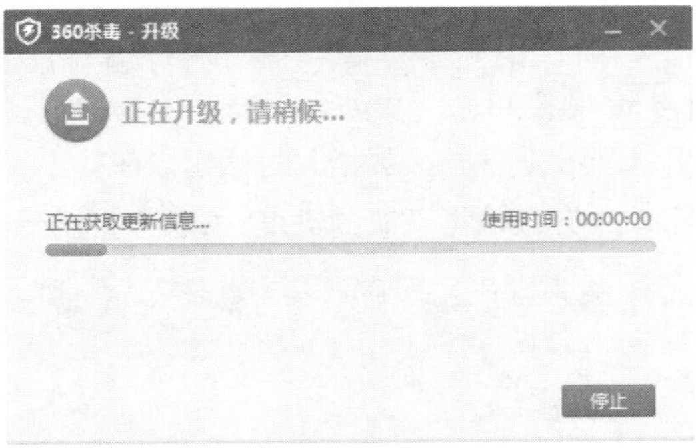

图 7-60　显示升级进度

步骤 3　完成病毒库更新后，提示用户病毒库升级已经完成，如图 7-61 所示。

步骤 4　单击【关闭】按钮关闭【360 杀毒 - 升级】对话框，单击【查看升级日志】超链接，打开【360 杀毒 - 日志】对话框，在其中可以查看病毒升级的相关日志信息，如图 7-62 所示。

图 7-61　升级完成

图 7-62　查看升级日志

2. 自动升级病毒库

为了减少用户担心病毒库更新的麻烦，可以给杀毒软件制订一个病毒库自动更新的计划。其具体操作步骤如下。

步骤 1 打开 360 杀毒的主界面，单击右上角的【设置】超链接，弹出【360 杀毒 - 设置】对话框，用户可以通过选择【常规设置】、【病毒扫描设置】、【实时防护设置】、【升级设置】、【文件白名单】和【免打扰设置】等选项，详细地设置杀毒软件的参数，如图 7-63 所示。

步骤 2 选择【升级设置】选项，在弹出的对话框中用户可以进行自动升级设置和代理服务器设置，设置完成后单击【确定】按钮，如图 7-64 所示。

图 7-63　【360 杀毒 - 设置】对话框

图 7-64　【升级设置】界面

7.6　卸载软件

当安装的软件不再需要时，就可以将其卸载以便腾出更多的空间来安装需要的软件。在 Windows 操作中，用户可以通过【所有应用】列表、【开始】屏幕、【程序和功能】窗口等方法卸载软件。

7.6.1 在"所有应用"列表中卸载软件

当软件安装完成后，会自动添加在【所有应用】列表之中。如果需要卸载软件，可以在【所有应用】列表中查找是否有自带的卸载程序。下面以卸载腾讯 QQ 为例进行讲解，具体操作步骤如下。

步骤 1 单击【开始】按钮，在弹出的菜单中选择【所有应用】→【腾讯软件】→【卸载腾讯 QQ】命令，如图 7-65 所示。

图 7-65　选择【卸载腾讯 QQ】命令

步骤 2 弹出 Windows Installer 对话框，提示用户是否确定要卸载此产品，如图 7-66 所示。

图 7-66　Windows Installer 对话框

步骤 3 单击【是】按钮，弹出【腾讯 QQ】对话框，显示配置腾讯 QQ 的进度，如图 7-67 所示。

图 7-67　显示卸载进度

步骤 4 配置完毕后，弹出【腾讯 QQ 卸载】对话框，提示用户腾讯 QQ 已成功地从您的计算机中移除，表示软件卸载成功，如图 7-68 所示。

图 7-68　【腾讯 QQ 卸载】对话框

7.6.2 在【开始】屏幕中卸载应用

"开始"是 Windows 10 操作系统的亮点，用户可以在【开始】屏幕中卸载应用。这里以卸载"千千静听"应用为例，介绍在【开始】屏幕中卸载应用的方法。

具体操作步骤如下。

步骤 1 单击【开始】按钮，在弹出的【开始】屏幕中右击需要卸载的应用，在弹出的快捷菜单中选择【卸载】命令，如图 7-69 所示。

步骤 2 弹出【程序和功能】窗口，选中需要卸载的应用并右击，在弹出的快捷菜单中选择【卸载／更改】命令，如图 7-70 所示。

图 7-69　【开始】屏幕

图 7-70　选择【卸载 / 更改】命令

步骤 3 弹出【千千静听（百度音乐版）卸载向导】对话框，在其中根据需要选中相应的复选框，如图 7-71 所示。

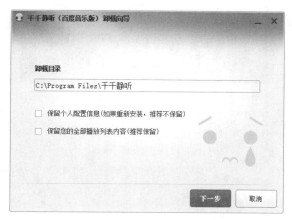

图 7-71　【千千静听（百度音乐版）卸载向导】对话框

步骤 4 单击【下一步】按钮，开始卸载应用，卸载完毕后，弹出卸载完成对话框，单击【完成】按钮，即可完成应用的卸载操作，如图 7-72 所示。

图 7-72　卸载完成

7.6.3 在【程序和功能】中卸载软件

当电脑系统中的软件版本过早，或者不需要某个软件了，除使用软件自带的卸载功能将其卸载外，还可以在【程序和功能】中将其卸载，具体操作步骤如下。

步骤 1 右击【开始】按钮，在弹出的快捷菜单中选择【控制面板】命令，如图 7-73 所示。

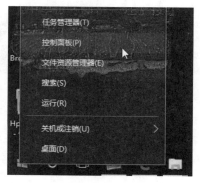

图 7-73　选择【控制面板】命令

步骤 2 弹出【控制面板】窗口，单击【卸载程序】选项，如图 7-74 所示。

图 7-74　【控制面板】窗口

步骤 3 弹出【程序和功能】窗口，在需要卸载的程序上右击，然后在弹出的快捷菜单中选择【卸载/更改】命令，如图 7-75 所示。

图 7-75　选择【卸载/更改】命令

步骤 4 弹出暴风影音 5 卸载对话框，在其中选中【直接卸载】单选按钮，如图 7-76 所示。

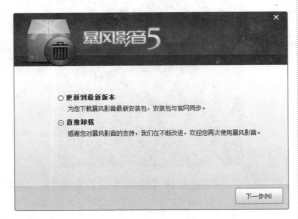

图 7-76　暴风影音 5 卸载对话框

步骤 5 单击【下一步】按钮，打开【暴风影音卸载提示】对话框，提示用户是否保存电影皮肤、播放列表、在线视频数据文件等信息，如图 7-77 所示。

图 7-77　信息提示框

步骤 6 单击【否】按钮，打开【正在卸载，请稍候...】对话框，在其中显示了软件卸载的进度，如图 7-78 所示。

图 7-78　开始卸载软件

步骤 7 卸载完毕后，打开【卸载原因】对话框，在其中选择卸载的相关原因，单击【完成】按钮，即可完成软件的卸载操作，如图 7-79 所示。

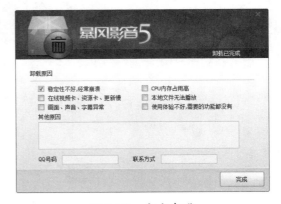

图 7-79　完成卸载

7.6.4 在【应用和功能】中卸载软件

在【应用和功能】中卸载软件的操作步骤如下。

步骤 1 单击【开始】按钮,在弹出的【开始】屏幕中选择【设置】命令,如图 7-80 所示。

图 7-80 选择【设置】命令

步骤 2 打开【设置】窗口,选择【显示】选项,进入【自定义显示器】界面,如图 7-81 所示。

图 7-81 【自定义显示器】界面

步骤 3 选择【应用和功能】选项,进入【应用和功能】界面中,在左侧窗口中可以查看本台电脑安装的应用和功能列表,如图 7-82 所示。

图 7-82 【应用和功能】界面

步骤 4 选择需要下载的应用或功能,如这里选择【酷我音乐】选项,在下方将显示出【卸载】按钮,如图 7-83 所示。

图 7-83 选择要卸载的软件

步骤 5 单击【卸载】按钮,弹出一个信息提示框,提示用户此应用及其相关的信息将被卸载,如图 7-84 所示。

图 7-84 信息提示框

步骤 6 再次单击【卸载】按钮,弹出【酷我音乐】卸载界面,如图 7-85 所示。

步骤 7 单击【彻底卸载】按钮,在打开的界面中可以对应用进行卸载设置,如图 7-86 所示。

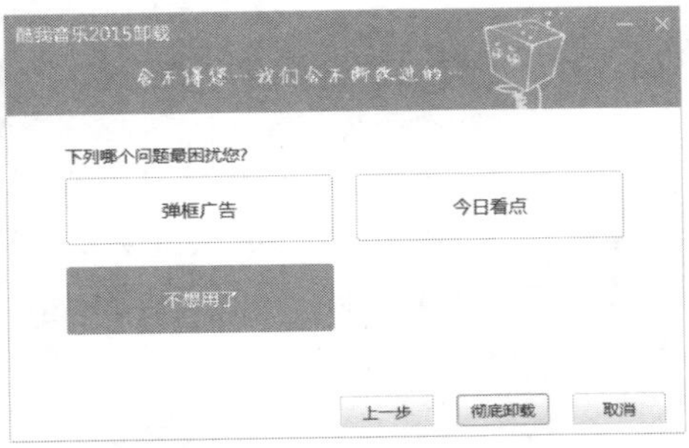

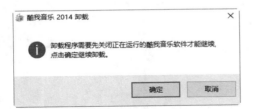

图 7-85　卸载界面

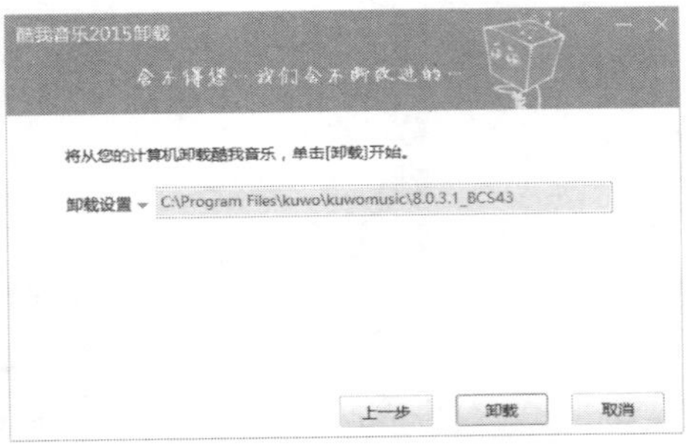

图 7-86　卸载设置

步骤 8 单击【卸载】按钮，弹出一个信息提示框，提示用户关闭正在运行的酷我音乐软件，如图 7-87 所示。

图 7-87　信息提示框

步骤 9 单击【确定】按钮，即可开始卸载酷我音乐软件，并显示卸载的进度，如图 7-88 所示。

图 7-88　卸载进度

步骤 10 卸载完毕后，返回到【应用和功能】界面中，可以看到选中的应用被卸载完成，如图 7-89 所示。

图 7-89　卸载完成

7.7　高效办公技能实战

7.7.1　高效办公技能 1——设置默认应用程序

现在，电脑的功能越来越强大，应用软件的种类也越来越多，往往一个功能用户会在电脑上安装多个软件，这时该怎么设置其中一个为默认的应用呢？最常用的方法是在【控制面板】

窗口中进行设置。

　　具体操作步骤如下。

步骤 **1** 单击【开始】按钮，在弹出的【开始】屏幕中选择【控制面板】选项，打开【控制面板】窗口，如图 7-90 所示。

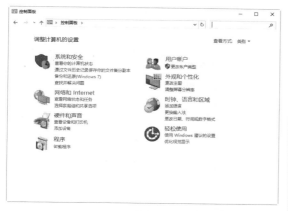

图 7-90 【控制面板】窗口

步骤 **2** 单击查看方式右侧的【类别】按钮，在弹出的快捷列表中选择【大图标】选项，如图 7-91 所示。

图 7-91 设置查看类型

步骤 **3** 这样控制面板中的选项以大图标的方式显示，如图 7-92 所示。

步骤 **4** 单击【默认程序】按钮，打开【默认程序】窗口，如图 7-93 所示。

步骤 **5** 单击【设置默认程序】超链接，

即可开始加载系统中的应用程序，如图 7-94 所示。

图 7-92 以大图标方式显示

图 7-93 【默认程序】窗口

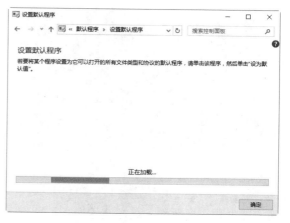

图 7-94 加载系统应用程序

步骤 6 加载完毕后，在【设置默认程序】窗口的左侧显示出程序列表。选中需要设置为默认程序的应用，单击【将此程序设置为默认值】按钮，即可完成设置默认应用的操作，如图 7-95 所示。

图 7-95　设置默认应用程序

7.7.2　高效办公技能 2——使用电脑为手机安装软件

使用电脑可以为手机安装软件，不过要想完成安装软件的操作，需要借助第三方软件。这里以 360 手机助手为例，具体操作步骤如下。

步骤 1 使用数据线将电脑与手机相连，进入 360 手机助手的工作界面，并弹出【360 手机助手 - 连接我的手机】对话框，如图 7-96 所示。

图 7-96　【360 手机助手 - 连接我的手机】对话框

步骤 2 单击【开始连接我的手机】按钮，进入【发现 1 台手机，点击开始连接】界面，如图 7-97 所示。

步骤 3 单击【连接】按钮，开始通过 360

手机助手将手机与电脑连接起来，如图 7-98 所示。

图 7-97　【发现 1 台手机，点击开始连接】界面

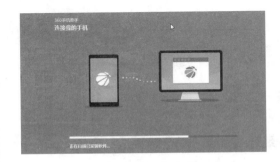

图 7-98　正在连接

步骤 4 连接完成后，将弹出一个手机连接成功的信息提示对话框，如图 7-99 所示。

图 7-99　手机连接成功

步骤 5　在 360 手机助手工作界面右上角的【搜索】文本框中输入要安装到手机上的软件名称，这里输入"UC 浏览器"，如图 7-100 所示。

步骤 6　随即在下方的窗格中显示有关 UC 浏览器的搜索结果，如图 7-101 所示。

图 7-100　输入搜索名称

图 7-101　显示搜索结果

步骤 7　单击想要安装的软件后面的【一键安装】按钮，即可将该软件安装到手机上，如图 7-102 所示。

步骤 8　安装完毕后，选择【我的手机】选项，进入【我的手机】工作界面，在其中可以查看手机中的应用，如图 7-103 所示。

图 7-102　开始安装软件

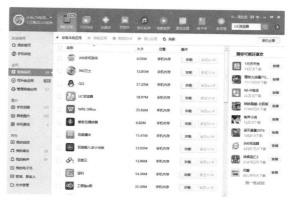

图 7-103　【我的手机】工作界面

7.8 疑难问题解答

问题 1：卸载软件时，用户易犯的错误是什么？

解答：在开始学习卸载软件时，很多用户容易犯的错误是直接在磁盘窗口中将某个软件的安装目录文件夹删除掉，认为就完成了对软件的删除操作，这种认识是错误的。当程序被安装后，该软件的注册信息会自动添加到系统的注册表中，如果按照上面的方法删除安装目录文件夹，是不能将注册表中的信息删除的，这样不能达到彻底卸载软件的目的。

问题 2：什么是驱动程序？如何安装驱动程序？

解答：驱动程序是一种允许电脑与硬件或设备之间进行通信的软件，如果没有驱动程序，连接到电脑的硬件（例如，视频卡或打印机）将无法正常工作。大多数情况下，Windows 会附带驱动程序，也可以通过转到控制面板中的 Windows Update 并检查是否有更新来查找驱动程序。

第2篇

Word 高效办公

Word 2013 是 Office 2013 办公组件中的一个，是编辑文字文档的主要工具。本篇学习编辑文档、美化文档、审阅与打印文档等知识。

△ 第 8 章　办公基础——Word 2013 的基本操作

△ 第 9 章　图文并茂——文档格式的设置与美化

△ 第 10 章　文档排版——Word 2013 的高级应用

△ 第 11 章　文档输出——文档的审核与打印

第 8 章

办公基础——Word 2013 的基本操作

● **本章导读**

　　Word 2013 是 Office 2013 办公组件中的一个，是编辑文字文档的主要工具。本章为读者介绍 Word 2013 的工作界面和基本操作，包括新建文档、保存文档、输入文本内容、编辑文本内容等。

● **学习目标**

◎ 掌握 Word 2013 的基本操作

◎ 掌握文本的输入方法

◎ 掌握编辑文本的方法

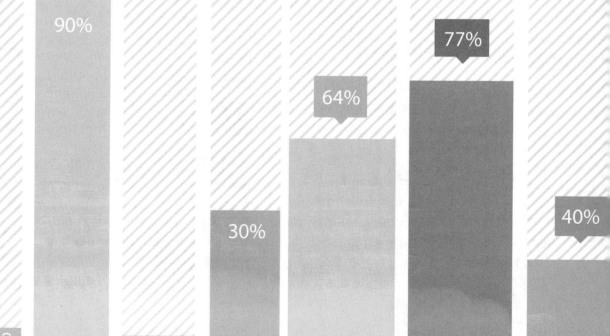

8.1 文档的基本操作

文档的基本操作主要包括新建文档、保存文档、打开文档、关闭文档等，用户可以通过多种方法来完成这些基本操作。

8.1.1 新建文档

新建 Word 文档是编辑文档的前提，默认情况下，每一次新建的文档都是空白文档，用户对文档可以进行各种编辑操作。

1. 新建空白 Word 文档

步骤 1 在 Word 2013 中，选择【文件】选项卡，在【文件】界面中选择【新建】选项，然后选择【可用模板】设置区域中的【空白文档】选项，如图 8-1 所示。

步骤 2 随即创建一个空白文档，如图 8-2 所示。

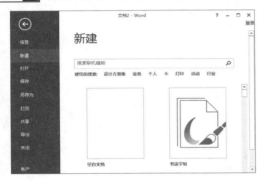

图 8-1 选择【空白文档】选项

图 8-2 新建空白文档

2. 使用模板新建文档

使用模板可以创建新文档。文档模板分为两种类型：一是系统自带的模板；二是专业联机模板。使用这两种方法创建文档的步骤大致相同，下面以使用系统自带的模板为例进行讲解，具体操作步骤如下。

步骤 1 在 Word 2013 中，选择【文件】选项卡，在打开的【文件】界面中选择【新建】选项，在打开的可用模板设置区域中选择【报表设计（空白）】选项，如图 8-3 所示。

步骤 2 随即弹出【报表设计（空白）】对话框，如图 8-4 所示。

图 8-3 选择【报表设计（空白）】选项

步骤　3　单击【创建】按钮，即可创建一个以报表设计为模板的文档，在其中根据实际情况可以输入文字，如图 8-5 所示。

图 8-4　【报表设计（空白）】对话框

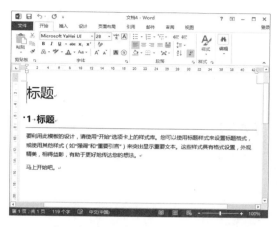

图 8-5　以模板方式创建文档

8.1.2　保存文档

要想永久地保留编辑的文档，就需要将文档进行保存。保存文档的具体操作步骤如下。

步骤　1　选择【文件】选项卡，在打开的【文件】界面中选择【保存】或【另存为】命令，也可以进入【另存为】界面中，如图 8-6 所示。

步骤　2　选择文件保存的位置，这里选择【计算机】，然后单击【浏览】按钮，打开【另存为】对话框，在【文件名】下拉列表框中输入文件的名称，在【保存类型】下拉列表框中选择文档的保存类型，最后单击【保存】按钮即可，如图 8-7 所示。

图 8-6　【另存为】界面

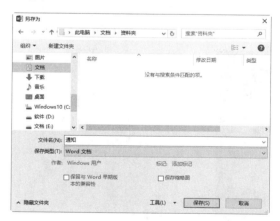

图 8-7　【另存为】对话框

8.1.3　打开文档

要想查看编辑过的文档，首先需要打开文档，具体操作步骤如下。

步骤 1 选择【文件】选项卡，在打开的界面中选择【打开】选项，然后选择【计算机】选项，如图 8-8 所示。

步骤 2 单击【浏览】按钮，打开【打开】对话框，定位到要打开的文档的路径下，然后选择要打开的文档，如图 8-9 所示。

图 8-8　【打开】界面

图 8-9　【打开】对话框

步骤 3 单击【打开】按钮，即可打开需要查看的文档。

> **提示**　另外，用户也可以双击 Word 文档，从而快速打开文档。

8.1.4　关闭文档

Word 文档编辑保存之后就可以将其关闭，这个关闭的方法比较多，可以选择【文件】选项卡，在打开的界面中选择【关闭】选项，如图 8-10 所示，从而关闭 Word 文档，也可以单击文档右上角的【关闭】按钮关闭 Word 文档，如图 8-11 所示

图 8-10　选择【关闭】选项

图 8-11　单击【关闭】按钮

8.1.5 将文档保存为其他格式

在 Word 2013 中，用户可以自定义文档的保存格式。下面以保存为网页格式为例进行讲解，具体操作步骤如下。

步骤 1 选择【文件】选项卡，在打开的界面中选择【另存为】选项，然后选择【计算机】选项，如图 8-12 所示。

步骤 2 单击【浏览】按钮，打开【另存为】对话框，如图 8-13 所示。

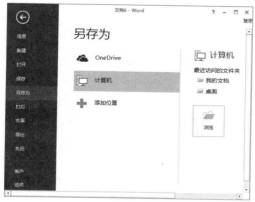

图 8-12 【另存为】界面

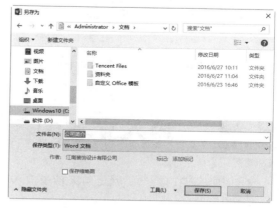

图 8-13 【另存为】对话框

步骤 3 单击【保存类型】右侧的下拉按钮，在弹出的下拉列表中选择【网页】选项，如图 8-14 所示。

步骤 4 选中【保存缩略图】复选框，然后单击【更改标题】按钮，弹出【输入文字】对话框，在【页标题】文本框中输入"公司简介"，如图 8-15 所示。

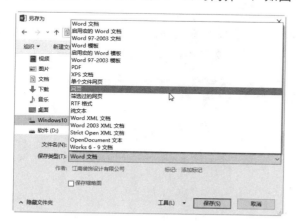

图 8-14 选择保存类型

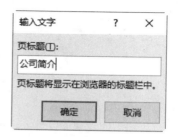

图 8-15 【输入文字】对话框

步骤 5 单击【确定】按钮，返回到【另存为】对话框，在其中可以看到设置参数之后的效果，如图 8-16 所示。

步骤 6 单击【保存】按钮，找到文件保存的位置，可以看到文件保存之后的效果，如图 8-17 所示。

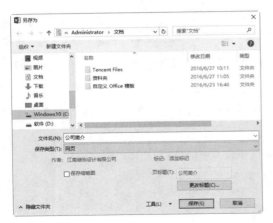

图 8-16　【另存为】对话框

图 8-17　保存为网页文件

8.2　输入文本内容

编辑文档的第一步就是向文档中输入文本内容，这个文本内容主要包括中英文内容、各类符号等。

8.2.1　输入中英文内容

输入中英文内容的方法很简单，具体操作步骤如下。

步骤 1　启动 Word 2013，新建一个 Word 文档，并在文档中显示一个闪烁的光标，如果要输入英文内容，则直接输入即可，如图 8-18 所示。

步骤 2　按 Enter 键将从新的一行输入文本内容，按 Ctrl+Shift 组合键切换到中文输入法状态，即可在光标处显示所输入的内容，且光标显示在最后一个文字的右侧，如图 8-19 所示。

图 8-18　输入英文字母

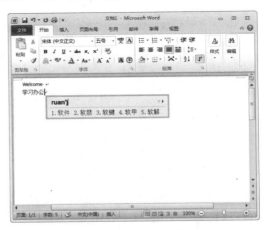

图 8-19　输入中文

> **提示** 如果系统中安装了多个中文输入法，则需要按 Ctrl+Shift 组合键切换到需要的输入法。按 Shift 键，即可直接在文档中输入英文，输入完毕后再次按 Shift 键返回中文输入状态。

8.2.2 输入各类符号

常见的字符在键盘上都有显示，但是遇到一些特殊符号类型的文本，就需要使用 Word 2013 自带的符号库来输入，具体操作步骤如下。

步骤 1 把光标定位到需要输入符号的位置，然后选择【插入】选项卡，单击【符号】选项组中的【符号】按钮，从弹出的下拉列表中选择【其他符号】命令，如图 8-20 所示。

图 8-20　选择【其他符号】命令

步骤 2 打开【符号】对话框，在【字体】下拉列表框中选择需要的字体选项，并在下方选择要插入的符号，然后单击【插入】按钮。重复操作，即可输入多个符号，如图 8-21 所示。

步骤 3 插入符号完成后，单击【关闭】按钮，返回到 Word 2013 文档界面，完成符号的插入，如图 8-22 所示。

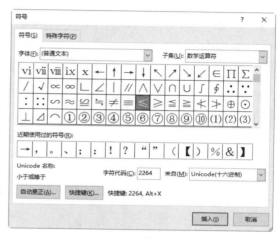

图 8-21　【符号】对话框

图 8-22　插入的符号

8.3 编辑文本内容

文档创建完毕后，还需要对文档中的文本内容进行编辑，以满足用户的需要，对文本进行编辑的操作主要有选择文本、复制文本、移动文本、查找与替换文本等。

选择、复制与移动文本

选择、复制与移动文本是文本编辑中不可或缺的操作，只有选中了文本，才能对文本进行复制与移动操作。

1. 快速选择文本

选择文本是进行文本编辑的基础，所有的文本只有被选择后才能实现各种编辑操作，不同的文本范围，其选择的方法也不尽相同，下面分别进行介绍。

如果要选择一个词组，则需要单击要选择词组的第 1 个字左侧，双击即可选择该词组，如图 8-23 所示。

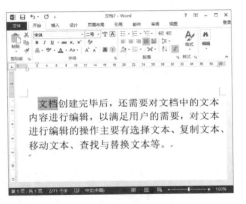

图 8-23　选择词组

如果要选择一个整句，则需要按 Ctrl 键的同时，单击需要选择句子中的位置，即可选择该句，如图 8-24 所示。

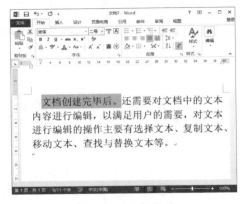

图 8-24　选择整句

如果要选择一行文本，则需要将光标移动到要选择行的左侧，当光标变成 ⁄ 时单击，即可选择光标右侧的行，如图 8-25 所示。

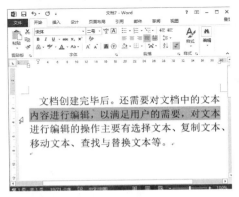

图 8-25　选择一行

如果要选择一段文本，则需要将光标移动到要选择行的左侧，当光标变成 ⁄ 时双击，即可选择光标右侧的整段内容，如图 8-26 所示。

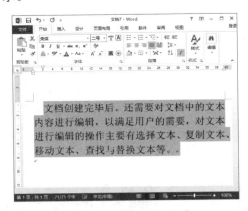

图 8-26　选择一段文字

如果要选择的文本是任意的，则只需单击要选择文本的起始位置或结束位置，然后按住鼠标左键向结束位置或是起始位置拖动，即可选择鼠标经过的文本内容，如图 8-27 所示。

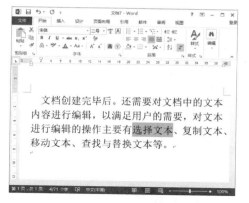

图 8-27　选择任意文本

如果选择的文本是纵向的，则只需按住 Alt 键，然后从起始位置拖动鼠标到终点位置，即可纵向选择鼠标拖动所经过的内容，如图 8-28 所示。

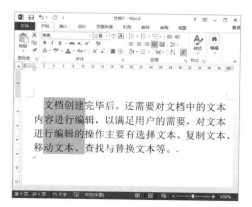

图 8-28　纵向选择文字

如果要选择文档中的整个文本，则需要将光标移动到要选择行的左侧，当光标变成 时三击，即可选择全部内容，如图 8-29 所示。另外，选择【开始】选项卡，单击【编辑】组中的【选择】按钮，在弹出的下拉列表中选择【全选】选项，也可以选择文档中的全部内容，如图 8-30 所示。

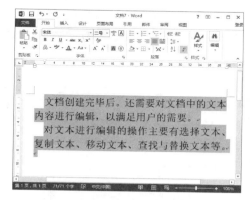

图 8-29　选择全部文字

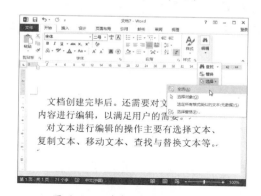

图 8-30　选择【全选】选项

2. 复制文本

在文本编辑过程中，有些文本内容需要重复使用，这时候利用 Word 2013 的复制移动功能即可实现操作，不必一次次地重复输入，具体操作步骤如下。

步骤 1 选择要复制的文本内容，选择【开始】选项卡，在【剪贴板】分组中单击【复制】按钮，如图 8-31 所示。

步骤 2 将光标定位到文本要复制到的位置，然后单击【开始】选项卡中的【粘贴】按钮，即可将选择的文本复制到指定的位置，如图 8-32 所示。

图 8-31　选择要复制的文本

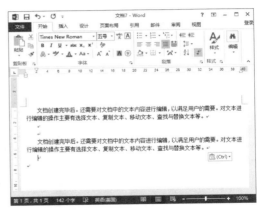

图 8-32　粘贴文本

> **提示**　使用组合键也可以复制和粘贴文本，其中 Ctrl+C 为复制文本组合键，Ctrl+V 为粘贴组合键。

3. 移动文本

使用剪切方式可以移动文本，具体操作步骤如下。

步骤 1 选中需要剪切的文字，按 Ctrl+X 组合键，剪切被选中的文字，如图 8-33 所示。

步骤 2 移动光标到第一段的末尾，然后按 Ctrl+V 组合键粘贴剪切的内容，如图 8-34 所示。

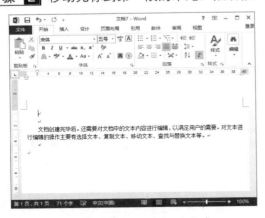

图 8-33　选择要剪切的文本

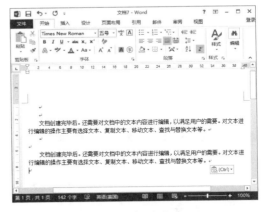

图 8-34　粘贴文本

> **提示**　使用鼠标也可以移动文本，首先选中需要移动的文字，单击并拖曳鼠标至目标位置，然后释放鼠标左键，文本即被移动。

8.3.2　查找与替换文本

在编辑文档的过程中，如果需要修改文档中多个相同的内容，而这个文档的内容又比较冗长的时候，就需要借助于 Word 2013 的查找与替换功能来实现，具体操作步骤如下。

步骤 1 打开文档，并将光标定位到文档的起始处，然后单击【开始】选项卡中的【查找】按钮，打开【导航】窗口，输入要查找的内容，如输入"文档"，即可看到所有要查找的文本以黄色底纹显示，如图 8-35 所示。

步骤 2 单击【开始】选项卡中的【替换】按钮，弹出【查找和替换】对话框，并在【查找内容】下拉列表框中输入查找的内容，在【替换为】下拉列表框中输入要替换的内容，如图 8-36 所示。

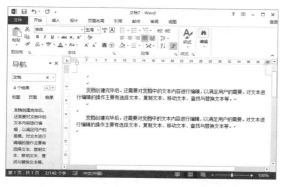

图 8-35 定位文本

图 8-36 【查找和替换】对话框

步骤 3 如果只希望替换当前光标的下一个"Word 文档"文字，则单击【替换】按钮，如果希望替换 Word 文档中的所有"Word 文档"，则单击【全部替换】按钮，替换完毕后会弹出一个替换数量提示，如图 8-37 所示。

步骤 4 单击【确定】按钮关闭提示信息，返回到【查找和替换】对话框，然后单击【关闭】按钮，即可在 Word 文档中看到替换后的效果，如图 8-38 所示。

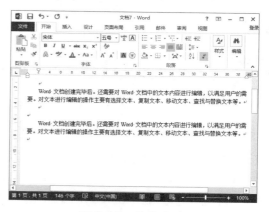

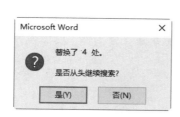

图 8-37 信息提示框

图 8-38 替换文本

步骤 5 另外，用户如果需要查找不同格式的文本，只需在【查找和替换】对话框中单击【更多】按钮，展开对话框，在其中设置 Word 文档中查找的方向和其他选项，例如单击【格式】按钮，从弹出的列表中选择【字体】选项，如图 8-39 所示。

步骤 6 弹出【查找字体】对话框，选择需要查找文字的格式，单击【确定】按钮即可，如图 8-40 所示。

图 8-39　选择【字体】选项　　　　　图 8-40　【查找字体】对话框

8.3.3　删除输入的文本内容

删除文本的内容就是将指定的内容从 Word 文档中删除出去，常见的方法有以下 3 种。

(1) 将光标定位到要删除的文本内容右侧，然后按 Backspace 键即可删除左侧的文本。

(2) 将光标定位到要删除的文本内容左侧，按 Delete 键即可删除右侧的文本。

(3) 选择要删除的内容，然后单击【开始】选项卡中的【剪切】按钮，即可将所选内容删除掉。

8.4　高效办公技能实战

8.4.1　高效办公技能 1——将现有文档的内容添加到 Word 中

将现有文档的内容添加到 Word 中，可以节省创建 Word 文档的时间，在 Word 中插入的文档包括 Word 文件、网页文件和记事本文件。下面以插入记事本文件为例，具体操作步骤如下。

步骤 1 打开需要插入文件的 Word 文档，将光标定位在插入点的位置。单击【插入】选项卡下【文字】组中的【对象】按钮，在弹出的下拉列表中选择【文件中的文字】选项。在打开的【插入文件】对话框中选择要插入的文件，如图 8-41 所示。

步骤 2 单击【插入】按钮，打开【文件转换 - 画 .txt】对话框，在其中选择文件的编码，如图 8-42 所示。

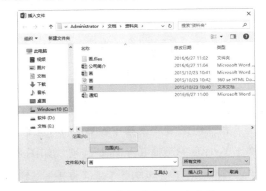

图 8-41　选择要插入的文件

步骤 3 单击【确定】按钮，即可在光标显示的位置插入选择的记事本文件，如图 8-43 所示。

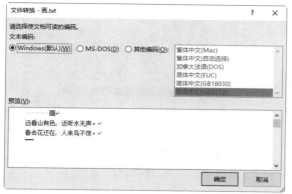

图 8-42　【文件转换 - 画 .txt】对话框

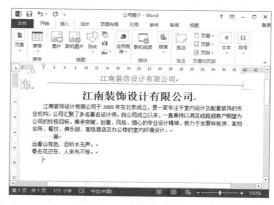

图 8-43　插入记事本文件

8.4.2 高效办公技能 2——使用模板创建上班日历表

有时候对于一些重要事情的安排，可能会被用户遗忘。为此，用户可以建立上班日历表，然后放在办公桌前，这样可以提醒用户未来一段时间的安排计划，建立上班日历表的具体操作步骤如下。

步骤 1 选择【文件】选项卡，在弹出的界面中选择【新建】选项，进入【新建】界面，如图 8-44 所示。

步骤 2 在【搜索联机模板】文本框中输入文字"日历"，然后单击【开始搜索】按钮 🔍，搜索日历模板，如图 8-45 所示。

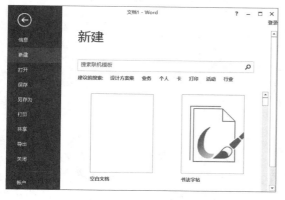

图 8-44　【新建】界面

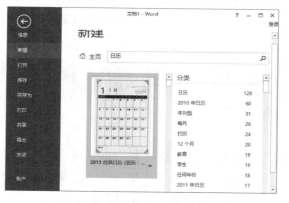

图 8-45　搜索日历模板

步骤 3 在搜索出来的模板中，根据实际需要选择一个模板，即可弹出该模板的创建界面，如图 8-46 所示。

步骤 4 单击【创建】按钮，即可下载该模板，下载完毕后，返回到 Word 文档窗口，在其中可以看到创建的日历，如图 8-47 所示。

图 8-46 选择要创建的模板

图 8-47 创建的日历文件

步骤 5 拖动右侧滑块，即可查看各个月份的日历表，如图 8-48 所示。

步骤 6 用户可以根据需要修改文字部分，如这里可以在月份的下方输入这个月的重要事情，这里输入"总部后勤部领导检查卫生"，如图 8-49 所示。

图 8-48 查看各个月份的日历信息

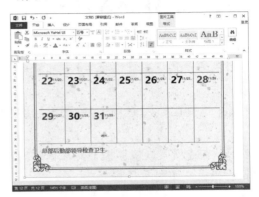

图 8-49 输入提示性文字

8.5 疑难问题解答

问题 1：用户在利用 Word 的查找和替换功能时，发现不能连续查找文本，是什么原因？

解答：检查一下在第一次查找文本时是否设置了查找格式，如果设置了查找格式，在下一次查找文本时，如果不需要再查找格式，就必须删除上次设置的查找格式，然后进行查找工作。

问题 2：在 Word 中要粘贴网页中的文字，如何自动除去图形和板式？

解答：有两种方法，分别如下。

方法 1：选中需要的网页内容并按 Ctrl+C 组合键复制，打开 Word，选择菜单【编辑】→【选择性粘贴】命令，在打开的对话框中选择【无格式文本】。

方法 2：选中需要的网页内容并按 Ctrl+C 组合键复制，打开记事本等纯文本编辑工具，按 Ctrl+V 组合键将内容粘贴到这些文本编辑器中，然后再复制并粘贴到 Word 中。

第9章

图文并茂——文档格式的设置与美化

● **本章导读**

　　在 Word 文档中通过设置字体样式、段落样式和添加各种艺术字、图片、图形等元素的方式，可以达到美化文档的能力，本章为读者介绍各种美化文档的方法。

● **学习目标**

◎ 掌握设置字体样式的方法
◎ 掌握设置段落样式的方法
◎ 掌握使用艺术字美化文档的方法
◎ 掌握使用图片为文档美化的方法
◎ 掌握使用表格美化文档的方法
◎ 掌握使用图表美化文档的方法

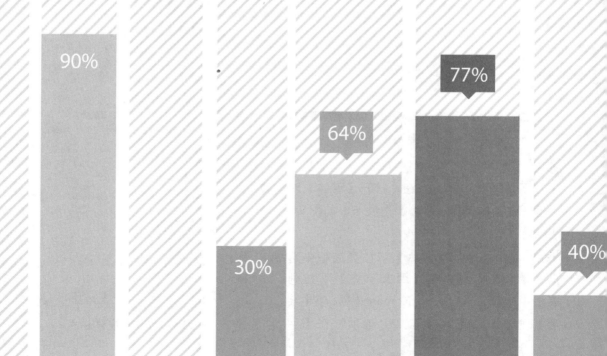

9.1 设置字体样式

字体样式主要包括字体基本格式、边框、底纹、间距、突出显示等方面。下面开始学习如何设置字体的这些样式。

9.1.1 设置字体基本格式与效果

在 Word 2013 文档中，选择【开始】选项卡，在该面板中有【字体】选项组，在该选项组中即可根据实际需要设置字体的基本格式，运用这些按钮可以设置文档中文字的一些特殊效果，具体操作步骤如下。

步骤 1 新建一个 Word 文档，在其中输入相关文字，并选中需要设置的文字，如图 9-1 所示。

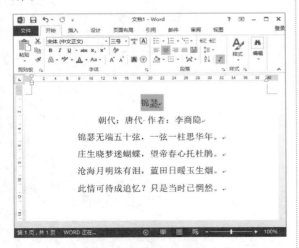

图 9-1 选择需要设置的文字

步骤 2 单击【开始】选项卡下【字体】组中右下角的【字体】按钮，打开【字体】对话框，在其中选择【字体】选项卡，如图 9-2 所示。

步骤 3 在【中文字体】下拉列表框中选择【黑体】选项，在【西文字体】下拉列表框中选择 Times New Roman 选项，在【字形】列表框中选择【常规】选项，在【字号】列表框中选择【二号】选项，如图 9-3 所示。

图 9-2 【字体】对话框

图 9-3 设置字体样式

步骤 **4** 在【所有文字】选项组中可以对文本的颜色、下划线以及着重号等进行设置。单击【字体颜色】下拉列表框右侧的下拉按钮，在打开的颜色列表中选择【红色】选项，使用同样的方法可以选择下划线类型和着重号，如图9-4所示。

图 9-4　设置字体颜色

步骤 **5** 在【效果】选项组中可以选择文本的显示效果，包括删除线、双删除线、上标和下标等，如图9-5所示。

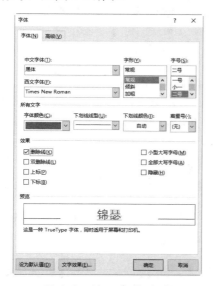

图 9-5　添加字体效果

步骤 **6** 单击【确定】按钮，返回到 Word 的工作界面，在其中可以看到设置之后的文字效果，如图9-6所示。

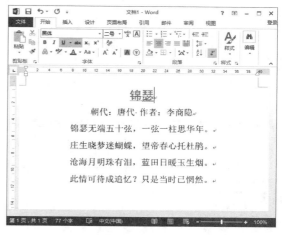

图 9-6　最终显示效果

提示 对于字体效果的设置，除了使用【字体】对话框外，还可以在【开始】选项卡下的【字体】组中进行快速设置，如图9-7所示。

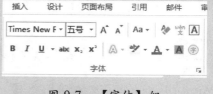

图 9-7　【字体】组

9.1.2 设置字体底纹和边框

为了更好地美化输入的文字，还可以为文本设置底纹和边框，具体操作步骤如下。

步骤 **1** 选择要设置边框和底纹的文本，选择【开始】选项卡，在【字体】选项组中单击【字符底纹】按钮，即可为文本添加底纹效果，如图9-8所示。

步骤 **2** 单击【字符边框】按钮，即可为选择的文本添加边框，如图9-9所示。

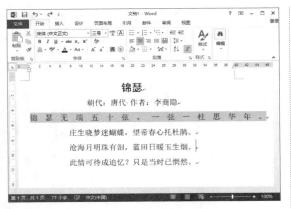

图 9-8　设置字体底纹效果

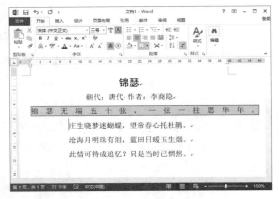

图 9-9　设置字体边框

9.1.3　设置文字的文本效果

Word 2013 提供了文本效果设置功能，用户可以通过【开始】选项卡中的【文本效果与版本】按钮 A·进行设置，具体操作步骤如下。

步骤 1　新建一个 Word 文档，在其中输入文字，然后选中需要添加文本效果的文字，如图 9-10 所示。

步骤 2　在【字体】组中单击【字体颜色】按钮，在弹出的下拉列表中选择更换字体的颜色。这里以选择红色为例，如图 9-11 所示。

步骤 3　再次选中需要添加文本效果的文字，单击【开始】选项卡的【字体】组中的【文本效果】按钮，在弹出的下拉列表中选择需

要添加的艺术效果，如图 9-12 所示。

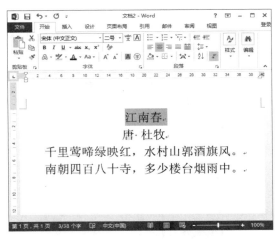

图 9-10　选择需要设置的文字

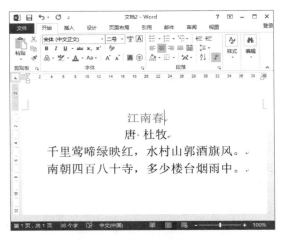

图 9-11　更换字体颜色

图 9-12　为文本添加艺术字效果

步骤 4 返回到 Word 2013 的工作界面中，可以看到文字应用文本效果后的显示方式，如图 9-13 所示。

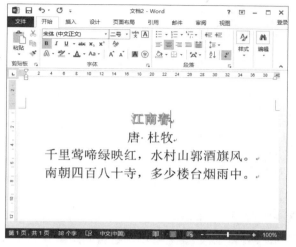

图 9-13　艺术字效果

步骤 5 通过【文本效果】按钮的下拉列表中的【轮廓】、【阴影】、【映像】或【发光】选项，可以更详细地设置文字的艺术效果，如图 9-14 所示。

图 9-14　文本效果设置界面

9.2 设置段落样式

段落样式包括段落对齐、段落缩进、段落间距、段落行距、边框和底纹、符号、编号以及制表位等，合理地设置段落样式可以美化文档。

9.2.1 设置段落对齐与缩进方式

整齐的排版效果可以使文本更为美观。对齐方式就是段落中文本的排列方式。Word 2013 提供有常用的 5 种对齐方式，如图 9-15 所示。

图 9-15 段落对齐方式

各个按钮的含义如下。

(1) ≣：使文字左对齐。

(2) ≣：使文字居中对齐。

(3) ≣：使文字右对齐。

(4) ≣：将文字两端同时对齐，并根据需要增加字间距。

(5) ≣：使段落两端同时对齐，并根据需要增加字符间距。

用户可以根据需要，在【开始】选项卡的【段落】组中单击相应的按钮，各个对齐方式的效果如图 9-16 所示。

如果用户希望文档内容层次分明，结构合理，就需要设置段落的缩进方式。选择需要设置样式的段落，单击【开始】选项卡下【段落】选项组中的【段落】按钮，打开【段落】对话框，选择【缩进和间距】选项卡，在【缩进】选项组中可以设置缩进量，如图 9-17 所示。

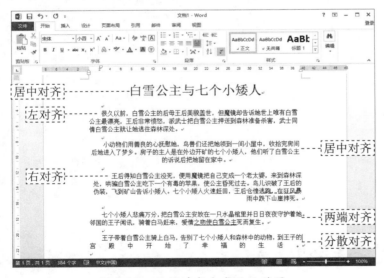

图 9-16 段落对齐方式显示效果

图 9-17 【段落】对话框

1. 左缩进

在【缩进】选项组中的【左侧】微调框中输入"15 字符"，如图 9-18 所示。单击【确定】按钮，即可对光标所在行左侧缩进 15 个字符，如图 9-19 所示。

图 9-18 设置左缩进参数

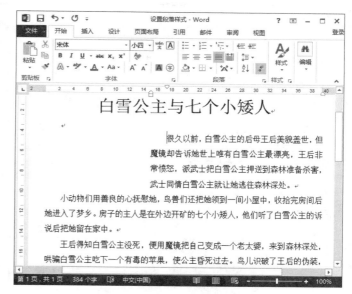

图 9-19 段落显示效果

2. 右缩进

在【缩进】选项组中的【右侧】微调框中输入"15 字符",如图 9-20 所示。单击【确定】按钮,即可实现对光标所在行右侧缩进 15 个字符,如图 9-21 所示。

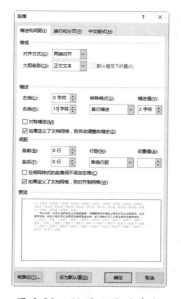

图 9-20 设置右缩进参数

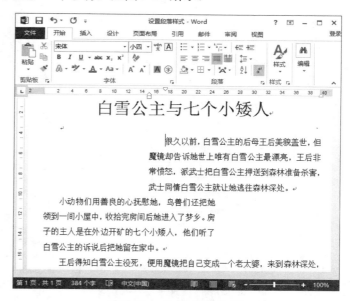

图 9-21 段落显示效果

3. 首行缩进

在【缩进】选项组中的【特殊格式】下拉列表框中选择【首行缩进】选项,在右侧的【缩进值】微调框中输入"4 字符",如图 9-22 所示,单击【确定】按钮,即可实现段落首行缩进 4 字符,如图 9-23 所示。

图 9-22　设置首行缩进参数

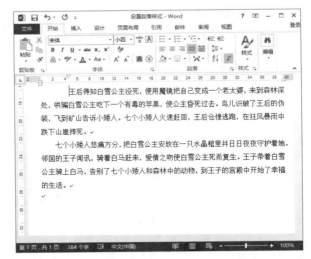

图 9-23　段落显示效果

4. 悬挂缩进

在【缩进】选项组中的【特殊格式】下拉列表框中选择【悬挂缩进】选项，然后在右侧的【缩进值】微调框中输入"4 字符"，如图 9-24 所示。单击【确定】按钮，即可实现本段落除首行外其他各行缩进 4 字符，如图 9-25 所示。

图 9-24　设置悬挂缩进参数

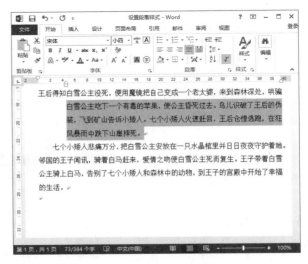

图 9-25　段落显示效果

另外，还可以单击【段落】选项组中的【减少缩进量】按钮 和【增加缩进量】按钮 减少或增加段落的左缩进位置，同时还可以选择【页面布局】选项卡，在【段落】选项组中可以设置段落缩进的距离，如图9-26所示。

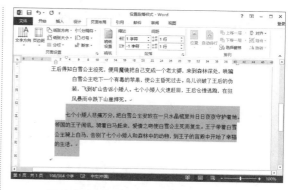

图9-26 在段落组中设置段落样式

9.2.2 设置段间距与行间距

在设置段落时，如果希望增大或是减小各段之间的距离，就可以设置段间距，具体操作步骤如下。

步骤 1 选择要设置段间距的段落，然后选择【开始】选项卡，在【段落】选项组中单击【行和段落间距】按钮 ，从弹出的菜单中选择【增加段前间距】或【增加段后间距】命令，即可为选择的段落设置段前间距或是段后间距，如图9-27所示。

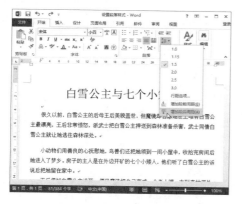

图9-27 设置段落间距

步骤 2 设置行间距的方法与设置段间距的方法相似，只需选中需要设置行间距的多个段落，然后单击【行和段落间距】按钮 ，从弹出的菜单中选择段落设置的行距即可完成。例如选择"2.0"的数值，如图9-28所示。

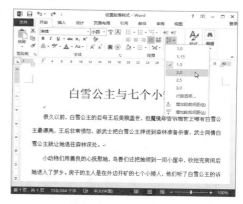

图9-28 设置行间距

步骤 3 即可看到选择的段落将会改变行距，如图9-29所示。

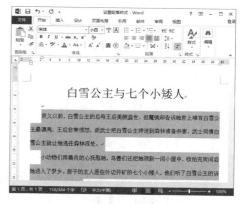

图9-29 增加行距显示效果

步骤 4 用户还可以自定义行距的大小。单击【行和段落间距】按钮，从弹出的菜单中选择【行距选项】命令，如图 9-30 所示。

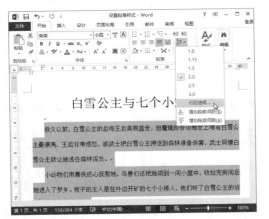

图 9-30　选择【行距选项】命令

步骤 5 弹出【段落】对话框，单击【行距】文本框右侧的下拉按钮，在弹出的下拉列表中选择【固定值】选项，然后输入行距设置值为"40 磅"，单击【确定】按钮，如图 9-31 所示。

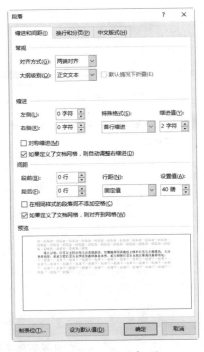

图 9-31　设置行距

步骤 6 即可设置段落的行距为 40 磅的效果，如图 9-32 所示。

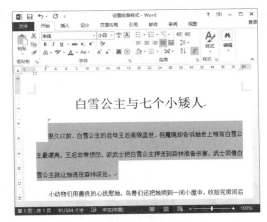

图 9-32　设置行距后的效果

9.2.3　设置段落边框和底纹

除可以为字体添加边框和底纹外，还可以为段落添加边框和底纹，具体操作步骤如下。

步骤 1 选中要设置边框的段落，单击【开始】选项卡下【段落】选项组中的【下框线】按钮，在弹出的下拉列表中选择边框线的类型，这里选择【外侧框线】选项，如图 9-33 所示。

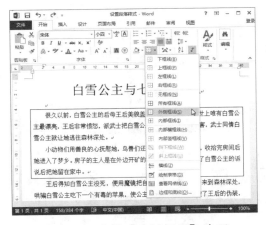

图 9-33　选择【外侧框线】选项

步骤 2 即可为该段落添加下边框，效果如图 9-34 所示。

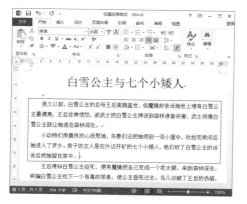

图 9-34　添加外侧框线的效果

提示　　在选择段落时如果没有把段落标记选择在内的话，则表示为文字添加边框，具体效果如图 9-35 所示。另外，如果要清除设置的边框，则需要选择设置的边框内容，然后单击相应的边框按钮即可完成，如图 9-36 所示。

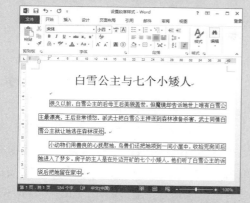

图 9-35　为文字添加边框

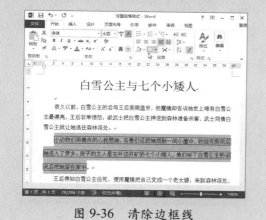

图 9-36　清除边框线

步骤 3　选中需要设置底纹的段落，单击【开始】选项卡下【段落】选项组中的【底纹】按钮，在弹出的面板中选择底纹的颜色即可，例如本实例选择【灰色】选项，如图 9-37 所示。

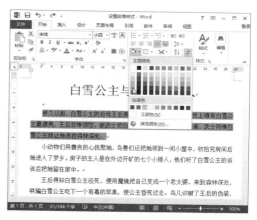

图 9-37　设置文字底纹颜色

步骤 4　如果想自定义边框和底纹的样式，可以在【段落】选项组中单击【下框线】按钮右侧的下三角按钮，在弹出的下拉列表中选择【边框和底纹】选项，如图 9-38 所示。

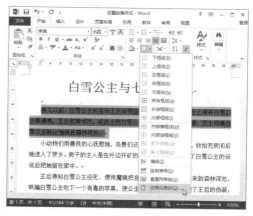

图 9-38　选择【边框与底纹】选项

步骤 5　弹出【边框和底纹】对话框，用户可以设置边框的样式、颜色、宽度等参数，如图 9-39 所示。

步骤 6　选择【底纹】选项卡，选择填充的颜色、图案的样式和颜色等参数，如图 9-40 所示。

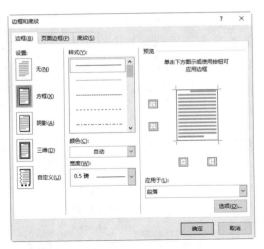

图 9-39　【边框和底纹】对话框

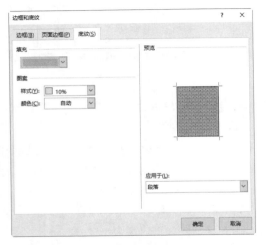

图 9-40　设置底纹颜色与图案

步骤 7 设置完成后，单击【确定】按钮，即可自定义段落的边框和底纹，如图 9-41 所示。

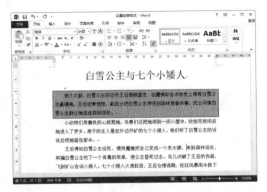

图 9-41　自定义段落的边框和底纹

9.2.4　设置项目符号和编号

如果要设置项目符号，只需选择要添加项目符号的多个段落，然后选择【开始】选项卡，在【段落】选项组中单击【项目符号】按钮 ≡·，从弹出的菜单中选择项目符号库中的符号，当光标置于某个项目符号上时，可在文档窗口中预览设置结果，如图 9-42 所示。

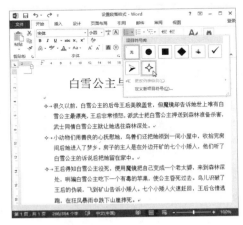

图 9-42　添加段落项目符号

在设置段落的过程中，有时候使用编号比使用项目符号更清晰，这时就需要设置这个编号。只用选中要添加编号的多个段落，然后选择【开始】选项卡，在【段落】选项组中单击 ≡· 按钮，从弹出的列表中选择需要的编号类型，即可完成设置操作，如图 9-43 所示。

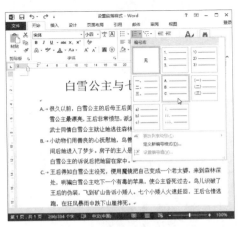

图 9-43　添加段落项目编号

9.3 使用艺术字美化文档

艺术字可以使文字更加醒目，并且艺术字的特殊效果会使文档更加美观、生动，所以学习艺术字也是美化文档不可缺少的知识点。

9.3.1 插入艺术字

艺术字可以有各种颜色和各种字体，可以带阴影、可以倾斜、旋转和延伸，还可以变成特殊的形状。在文档中插入艺术字的具体操作步骤如下。

步骤 1 打开 Word 2013，将光标定位到需要插入艺术字的位置，然后选择【插入】选项卡，在【文本】选项组中单击【艺术字】按钮，并在弹出的艺术字面板中选择需要的样式，如图 9-44 所示。

步骤 2 在文档中将会出现一个带有"请在此放置您的文字"字样的文本框，如图 9-45 所示。

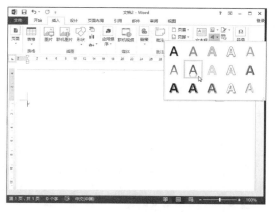

图 9-44　选择艺术字效果

图 9-45　添加艺术字文本框

步骤 3 在文本框中输入需要的内容，如输入"美丽的秋季，收获的季节"，此时在文档中就插入了艺术字，如图 9-46 所示。

图 9-46　输入艺术字

9.3.2 编辑艺术字

在文档中插入艺术字后，用户还可以根据需要修改艺术字的风格，如修改艺术字的样式、格式、形状、旋转等。编辑艺术字的具体操作步骤如下。

步骤 1 新建文档，在文档中输入文字，选中要改变的艺术字，如图 9-47 所示。

步骤 2 单击【格式】选项卡【艺术字样式】选项组中的【文字效果】按钮，在弹出的下拉列表中可以对艺术字添加阴影、映像、发光、棱台、三维旋转等文字效果，如图 9-48 所示。

图 9-47 选择艺术字

图 9-48 艺术字效果

步骤 3 单击【格式】选项卡【艺术字样式】选项组中的【文字填充】按钮，在弹出的下拉面板中可以对艺术字的文字填充效果进行设置，如这里选择绿色色块，则艺术字的填充效果为绿色，如图 9-49 所示。

步骤 4 单击【艺术字样式】选项组中的【文字轮廓】按钮，在弹出的下拉面板中可以对艺术字的文字轮廓进行设置，如这里选择橘黄色色块，则艺术字的轮廓显示为橘黄色，如图 9-50 所示。

图 9-49 选择艺术字填充颜色

图 9-50 选择艺术字文字轮廓显示颜色

步骤 5 如果想要快速设置艺术字的整体样式，可以单击【形状样式】组中的【其他】按钮，在弹出的样式面板中选择形状样式，如图 9-51 所示。

步骤 6 选择完毕后，返回到 Word 文档中，可以看到应用形状样式后的艺术字效果，如图 9-52 所示。

图 9-51　选择艺术字形状样式

图 9-52　最终的艺术字显示效果

9.4 使用图片图形美化文档

在文档中插入一些图片可以使文档更加生动形象，从而起到美化文档的操作，插入的图片可以是本地图片，也可以是联机图片。另外，Word 2013 还提供了图形功能，用户可以插入基本图形，也可以绘制 SmartArt 图形。

9.4.1　添加本地图片

通过在文档中添加图片，可以达到图文并茂的效果，添加图片的具体操作步骤如下。

步骤 1 新建一个 Word 文档，将光标定位至需要插入图片的位置，然后单击【插入】选项卡【插图】选项组中的【图片】按钮，如图 9-53 所示。

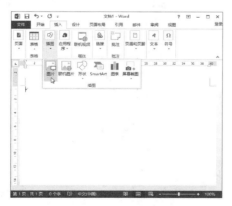

图 9-53　单击【图片】按钮

步骤 2 在弹出的【插入图片】对话框中选择需要插入的图片，单击【插入】按钮，即可插入该图片，如图 9-54 所示。

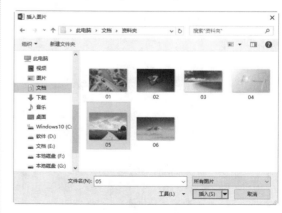

图 9-54　【插入图片】对话框

> **提示**
>
> 直接在文件窗口中双击图片，可以快速插入图片。

步骤 3 即可将所需要的图片插入文档中，如图 9-55 所示。

步骤 4 将光标放置在图片的周围，可以扩大或缩小图片，如图 9-56 所示。

图 9-55　插入的图片

图 9-56　调整图片的大小

9.4.2　绘制基本图形

Word 2013 提供的基本图形有很多，包括线条、矩形、箭头、流程图、标注等，绘制基本图形的具体操作步骤如下。

步骤 1 新建一个 Word 文档，将光标定位至需要插入图片的位置，选择【插入】选项卡，在【插图】选项组中单击【形状】按钮，在弹出的菜单中选择【基本形状】组中的【笑脸】图标，如图 9-57 所示。

步骤 2 此时鼠标变成黑色十字形，单击确定形状插入的位置，然后拖曳鼠标确定形状的大小，大小满意后单击鼠标，即可绘制基本图形，如图 9-58 所示。

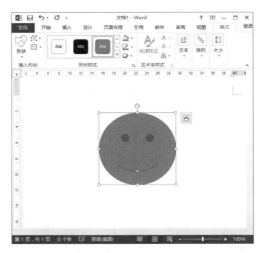

图 9-58　插入形状

图 9-57　选择形状样式

步骤 3 如果对绘制图形的样式不满意，可以进行修改。选择绘制的基本图形,选择【格式】选项卡,在【形状样式】选项组中单击【形状填充】按钮,在弹出的列表中选择填充颜色为黄色,如图 9-59 所示。

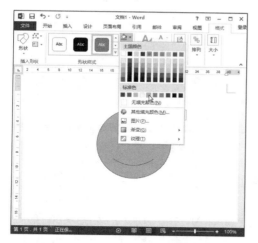

图 9-59　设置形状填充颜色

步骤 4 单击【形状轮廓】按钮,在弹出的列表中选择轮廓的颜色为红色,如图 9-60 所示。

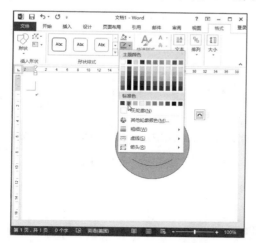

图 9-60　设置形状填充轮廓

步骤 5 单击【形状效果】按钮,在弹出的列表中可以设置各种形状效果,包括预设、阴影、映像、发光、柔化边沿、棱台、三维旋转等效果。本实例选择【发光】组中的【橙色、18pt 发光、着色 2】样例,如图 9-61 所示。

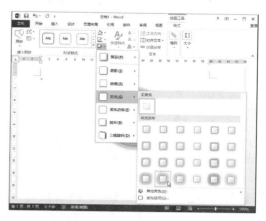

图 9-61　设置形状发光效果

步骤 6 设置完成后,效果如图 9-62 所示。

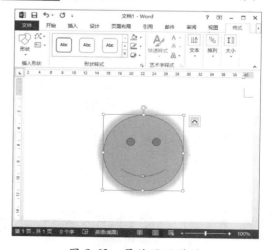

图 9-62　最终显示效果

9.4.3 绘制 SmartArt 图形

　　SmartArt 图形也被称为组织结构图,主要用于显示组织中的分层信息或上下级关系,在 Word 文档中绘制 SmartArt 图形的具体操作步骤如下。

步骤 1 新建文档，将光标定位至需要插入组织结构图的位置，然后单击【插入】选项卡【插图】组中的 SmartArt 按钮，弹出【选择 SmartArt 图形】对话框，如图 9-63 所示。

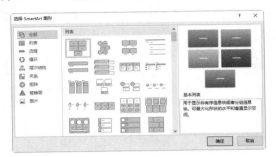

图 9-63 【选择 SmartArt 图形】对话框

步骤 2 在【选择 SmartArt 图形】对话框的左侧列表中选择【层次结构】标签，然后选择【组织结构图】图形，如图 9-64 所示。

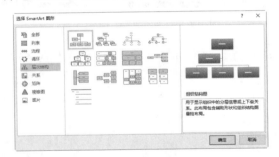

图 9-64 选择插入的图形样式

步骤 3 单击【确定】按钮即可将图形插入到文档，如图 9-65 所示。

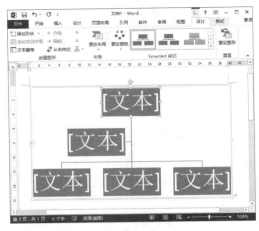

图 9-65 插入组织结构图

步骤 4 在组织结构图中输入相对应的文字，输入完成后单击 SmartArt 图形以外的任意位置，完成 SmartArt 图形的编辑，如图 9-66 所示。

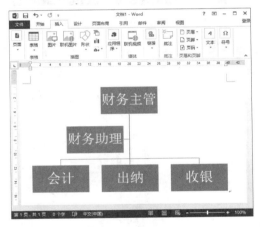

图 9-66 编辑 SmartArt 图形

9.5 使用表格美化文档

表格由多个行或列的单元格组成，在 Word 2013 中插入表格的方法比较多，常用的方法有使用表格菜单插入表格、使用【插入表格】对话框插入表格和快速插入表格。

9.5.1 插入表格

在 Word 文档中可以插入表格，常用的方法有使用表格菜单插入表格、使用【插入表格】对话框插入表格和使用内置表格模型插入表格。

1. 使用表格菜单插入表格

使用表格菜单插入表格的方法适合创建规则的、行数和列数较少的表格,具体操作步骤如下。

步骤 1 将光标定位至需要插入表格的位置,选择【插入】选项卡,在【表格】组中单击【表格】按钮,在插入表格区域内选择要插入表格的列数和行数,即可在指定的位置插入表格。选中的单元格将以橙色显示,本实例选择 6 列 5 行的表格,如图 9-67 所示。

图 9-67　表格面板

步骤 2 选择完成后,单击鼠标左键,即可在文档中插入一个 6 列 5 行的表格,如图 9-68 所示。

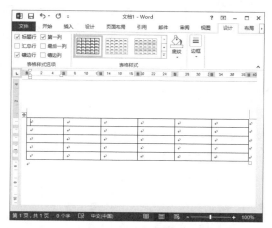

图 9-68　插入的表格

提示 此方法最多可以创建 8 行 10 列的表格。

2. 使用【插入表格】对话框插入表格

使用【插入表格】对话框插入表格功能比较强大,可自定义插入表格的行数和列数,并可以对表格的宽度进行调整,具体操作步骤如下。

步骤 1 将光标定位至需要插入表格的位置,选择【插入】选项卡,在【表格】组中单击【表格】按钮,在其下拉菜单中选择【插入表格】命令,弹出【插入表格】对话框。输入插入表格的列数和行数,并设置自动调整操作的具体参数,如图 9-69 所示。

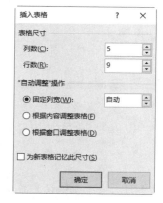

图 9-69　【插入表格】对话框

步骤 2 单击【确定】按钮,即可在文档中插入一个 5 列 9 行的表格,如图 9-70 所示。

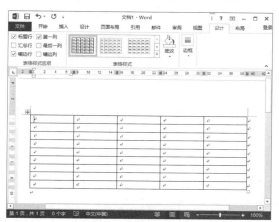

图 9-70　插入的表格

3. 使用内置表格模型插入表格

可以利用 Word 2013 提供的内置表格模型来快速创建表格，但提供的表格类型有限，只适用于建立特定格式的表格。

步骤 1 新建一个空白文档，将光标定位至需要插入表格的位置，然后选择【插入】选项卡，在【表格】组中单击【表格】按钮，在弹出的下拉菜单中选择【快速表格】命令，然后在弹出的子菜单中选择理想的表格类型即可。例如选择【带副标题 2】选项，如图 9-71 所示。

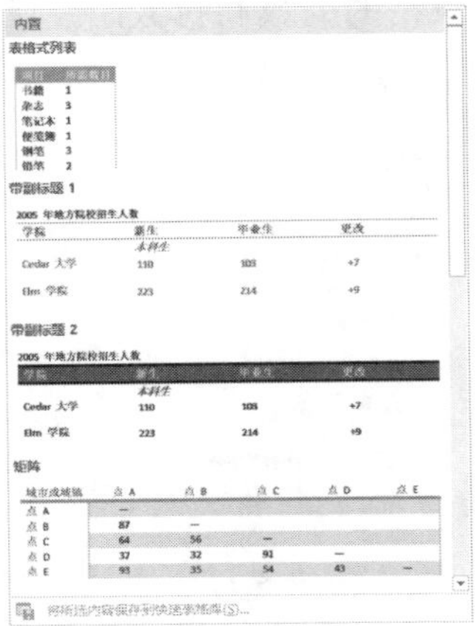

图 9-71　快速表格设置界面

步骤 2 自动按照带副标题 2 的模板创建表格，用户只需要添加相应的数据即可，如图 9-72 所示。

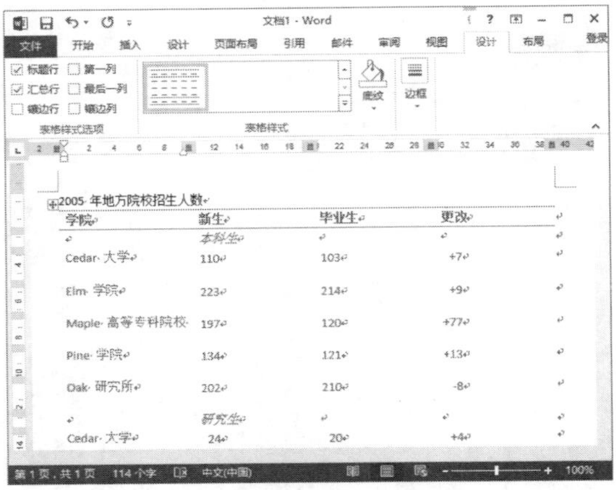

图 9-72　快速插入的表格

9.5.2　绘制表格

当用户需要创建不规则的表格时，以上的方法可能就不适用了。此时可以使用表格绘制工具来创建表格，例如在表格中添加斜线等，具体操作步骤如下。

步骤 1 单击【插入】选项卡，在【表格】组中选择【表格】下拉菜单中的【绘制表格】命令，鼠标指针变为铅笔形状 ✎。在需要绘制表格的位置单击并拖曳鼠标绘制出表格的外边界，形状为矩形，如图 9-73 所示。

图 9-73　绘制矩形

步骤 2 在该矩形中绘制行线、列线或斜线，绘制完成后按 Esc 键退出，如图 9-74 所示。

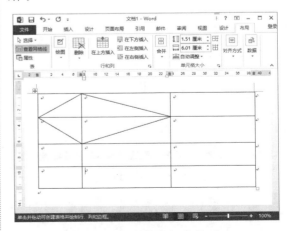

图 9-74　绘制其他表格线

步骤 3 在建立表格的过程中，可能不需要部分行线或列线，此时单击【设计】选项卡【绘图边框】组中的【擦除】按钮，鼠标指针变为橡皮擦形状，如图 9-75 所示。

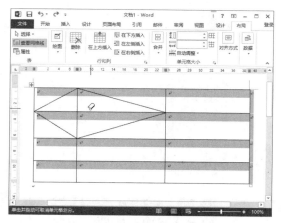

图 9-75 单击【擦除】按钮

步骤 4 在需要修改的表格内不需要的行线或列线处涂抹，即可将多余的行线或列线擦掉，如图 9-76 所示。

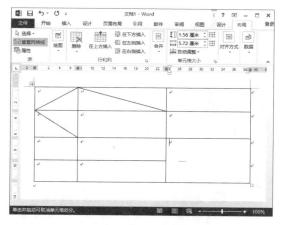

图 9-76 擦除表格边线

9.5.3 设置表格样式

为了增强表格的美观效果，可以对表格设置漂亮的边框和底纹，从而美化表格，具体操作步骤如下。

步骤 1 选择需要美化的表格，单击【设计】

选项卡，打开【设计】选项卡的各个功能组。在【表格样式】组中选择相应的样式即可，或者单击【其他】按钮 ，在弹出的下拉菜单中选择所需要的样式，如图 9-77 所示。

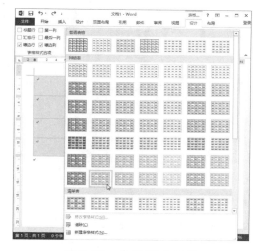

图 9-77 表格样式面板

步骤 2 选择完表格样式的效果如图 9-78 所示。

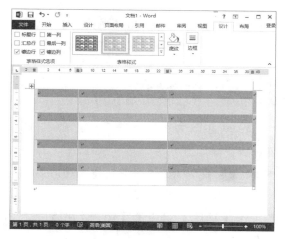

图 9-78 应用表格样式

步骤 3 如果用户对系统自带的表格样式不满意，可以修改表格样式。在【表格样式】组中单击【其他】按钮，在弹出的下拉菜单中选择【修改表格样式】命令。弹出【修改样式】对话框，用户即可设置表格样式的属性、格式、字体、大小、颜色等参数，如图 9-79 所示。

步骤 4 设置完成后单击【确定】按钮，然后输入数据，即可看到修改后的样式，如图9-80所示。

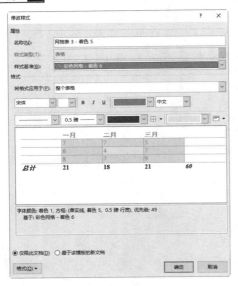

图 9-79 【修改样式】对话框

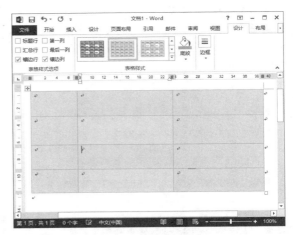

图 9-80 修改表格样式后的显示效果

9.6 使用图表美化文档

通过使用Word 2013强大的图表功能，可以使表格中原本单调的数据信息变得生动起来，便于用户查看数据的差异和预测数据的趋势。

9.6.1 创建图表

Word 2013 为用户提供了大量预设好的图表，使用这些预设图表可以快速地创建图表，具体操作步骤如下。

步骤 1 在 Word 文档中新建表格和数据，将光标定位至插入图表的位置，单击【插入】选项卡【插图】组中的【图表】按钮，如图9-81所示。

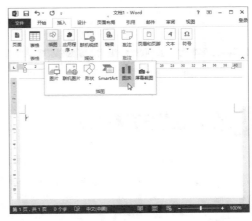

图 9-81 单击【图表】按钮

步骤 2 打开【插入图表】对话框，在左侧的【图表类型】列表框中选择【柱形图】选项，在右侧的【图表样式】中选择图表样式的图例。本实例选择【三维簇状柱形图】图例，单击【确定】按钮，如图 9-82 所示。

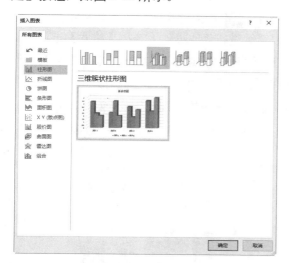

图 9-82　【插入图表】对话框

步骤 3 弹出标题为【Microsoft Word 中的图表】的 Excel 2013 窗口，表中显示的是示例数据。如果要调整图表数据区域的大小，可以拖曳区域的右下角，如图 9-83 所示。

▲	A	B	C	D	E
1		系列 1	系列 2	系列 3	
2	类别 1	4.3	2.4	2	
3	类别 2	2.5	4.4	2	
4	类别 3	3.5	1.8	3	
5	类别 4	4.5	2.8	5	
6					
7					
8					

图 9-83　【Microsoft Word 中的图表】窗口

步骤 4 在 Excel 表中选择全部示例数据，然后按 Delete 键删除。将 Word 文档表格中的数据全部复制粘贴至 Excel 表中的蓝色方框内，并拖动蓝色方框的右下角，使之和数据范围一致，单击 Excel 2013 的【关闭】按钮，如图 9-84 所示。

▲	A	B	C	D	E
1		冰箱	洗衣机	电视机	
2	一月份	150	600	580	
3	二月份	160	650	480	
4	三月份	300	350	650	
5	四月份	260	562	420	
6					
7					
8					

图 9-84　输入图表数据

步骤 5 返回到 Word 2013 中，即可查看创建的图表，如图 9-85 所示。

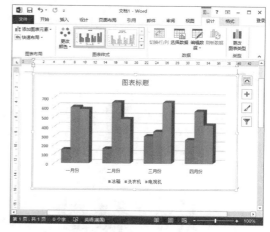

图 9-85　创建完成的图表

步骤 6 在图表中的图表标题文本框中输入图表的标题信息，如这里输入"2015 年第一季度大家电销售情况一览表"，如图 9-86 所示。

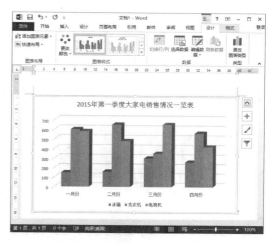

图 9-86　输入图表标题

9.6.2 设置图表样式

图表创建完成，可以根据需要修改图表的样式，包括布局、图表标题、坐标轴标题、图例、数据标签、数据表、坐标轴、网格线等，通过设置图标的样式，可以使图表更直观、更漂亮，具体操作步骤如下。

步骤 1 打开需要设置图表样式的文档，单击选中需要更改样式的图表，单击【设计】选项卡【图表样式】组中的图表样式即可，或者单击【其他】按钮，便会弹出更多的图表布局，在其中选择相应的样式即可，如图9-87所示。

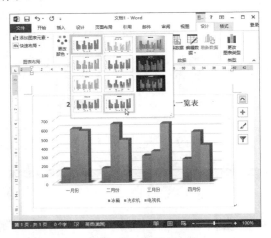

图 9-87　图表样式面板

步骤 2 选择的样式会自动应用到图表中，效果如图9-88所示。

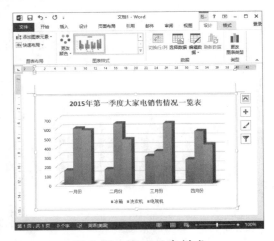

图 9-88　应用图表样式

步骤 3 如果对系统自带的效果不满意，可以继续进行修改操作。选择【格式】选项卡，在【形状样式】选项组中单击【形状轮廓】图标，在弹出的列表中设置轮廓的颜色为红色。并可以设置线条的粗细和样式，如图9-89所示。

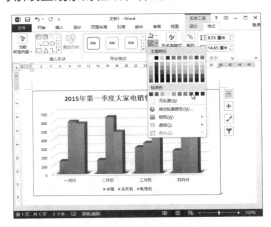

图 9-89　设置图表的填充轮廓

步骤 4 在【形状样式】选项组中单击【形状效果】图标，在弹出的列表中可以对形状添加阴影、发光、柔化边缘等效果，如图9-90所示。

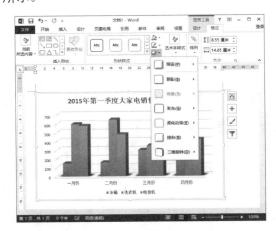

图 9-90　设置图表的形状效果

步骤 5 在【格式】选项卡中，单击【形状样式】组中的【其他】按钮，在弹出的面板中选择任意一个形状样式，如图 9-91 所示。

步骤 6 返回到 Word 文档窗口中，可以看到添加形状样式后的图表效果，如图 9-92 所示。

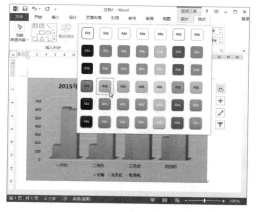

图 9-91　更改图表形状样式

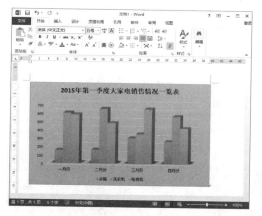

图 9-92　最终显示的图表效果

9.7　高效办公技能实战

9.7.1　高效办公技能 1——使用 Word 制作宣传海报

实现文档内容的图文混排确实给单调的文档增添不少色彩，这样用户就可以运用所学的知识制作出各种各样的图文混排文档。下面介绍使用 Word 制作公司宣传海报，具体操作步骤如下。

步骤 1 新建一个空白文档，在【设计】选项卡中单击【页面颜色】按钮，在弹出的菜单中选择【填充效果】命令，如图 9-93 所示。

步骤 2 弹出【填充效果】对话框，在【颜色】组中选中【双色】单选按钮，并将【颜色 1】设为浅蓝色、【颜色 2】设为深蓝色，然后将【底纹样式】设为【水平】，如图 9-94 所示。

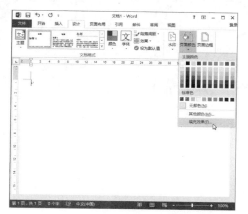

图 9-93　选择页面填充效果

图 9-94　【填充效果】对话框

步骤 3 单击【确定】按钮，页面颜色的填充效果，如图 9-95 所示。

步骤 4 在【插入】选项卡中单击【图片】按钮，打开【插入图片】对话框，选择需要插入的图片，然后单击【插入】按钮，如图 9-96 所示。

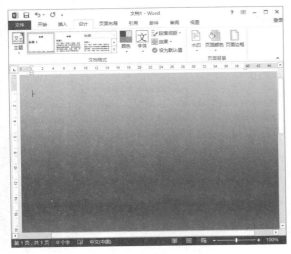

图 9-95　填充页面

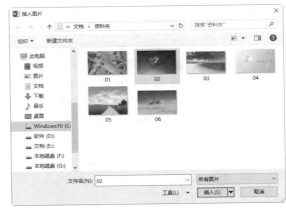

图 9-96　【插入图片】对话框

步骤 5 将选择的图片插入文档后，右击插入的图片，在弹出的快捷菜单中选择【自动换行】→【衬于文字下方】命令，如图 9-97 所示。

步骤 6 调整图片大小，使图片在水平方向上和文档大小一致，如图 9-98 所示。

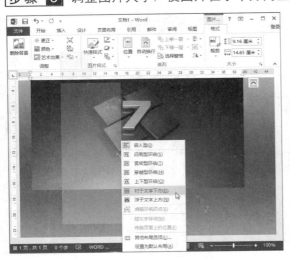

图 9-97　选择【衬于文字下方】命令

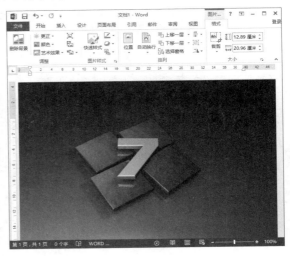

图 9-98　调整图片的大小

步骤 7 选择插入的图片，单击【格式】选项卡【调整】组中的【颜色】按钮，在弹出的菜单中选择一种颜色的样式，如图 9-99 所示。

步骤 8 选择【插入】选项卡，然后单击【形状】按钮，在弹出的菜单中选择【星与旗帜】中的【波型】形状，如图 9-100 所示。

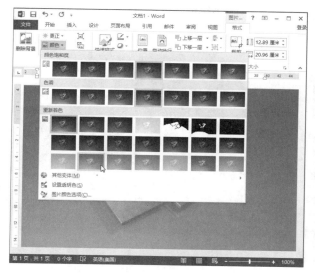

图 9-99　调整图片的颜色

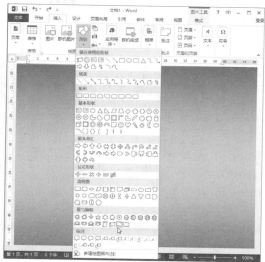

图 9-100　选择要插入的形状

步骤 9 按下鼠标左键在页面上拖动画出图形，然后根据需要调整图形至合适的位置，如图 9-101 所示。

步骤 10 选中绘制的图形，然后在【格式】选项卡中单击【形状填充】按钮，在弹出的下拉列表中选择深蓝色，如图 9-102 所示。

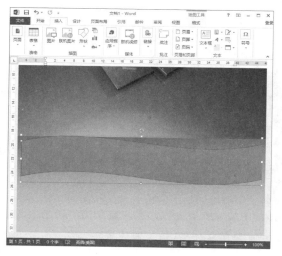

图 9-101　绘制形状

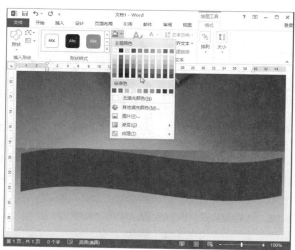

图 9-102　单击【形状填充】按钮

步骤 11 选中绘制的形状并右击，然后在弹出的快捷菜单中选择【添加文字】命令，如图 9-103 所示。

步骤 12 选择【插入】选项卡，单击【艺术字】按钮，然后在弹出的下拉列表中选择艺术字的样式，如图 9-104 所示。

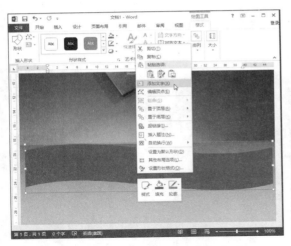

图 9-103　选择【添加文字】命令

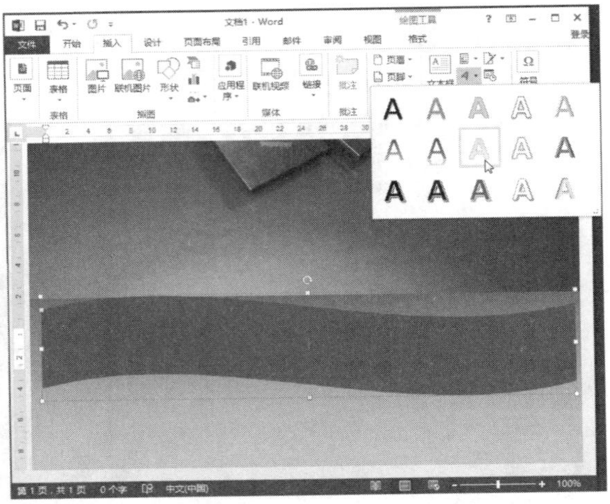

图 9-104　设置文字的艺术字样式

步骤 13 选择完样式后输入文字，并调整文字的排列和角度，效果如图 9-105 所示。

步骤 14 拖动窗口右侧的滑块向下滑动，选择【插入】选项卡，单击【艺术字】按钮，然后在弹出来的下拉列表中选择艺术字的样式，根据提示输入相应的宣传内容，并调整到合适的位置，如图 9-106 所示。

图 9-105　输入文字

图 9-106　输入其他文字信息

9.7.2　高效办公技能 2——使用 Word 制作工资报表

工资报表是单位核发工资的依据，也是单位财务部门需要重点保存的档案之一，一般的工资表格包括姓名、职务以及工资等内容。设计工资报表的具体操作步骤如下。

步骤 1 新建一个空白文档，选择【页面布局】选项卡，在【页面设置】选项组中单击【页面设置】按钮，如图 9-107 所示。

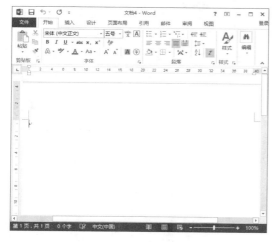

图 9-107 新建空白文档

步骤 2 弹出【页面设置】对话框。选择【页边距】选项卡，在【纸张方向】选项组中选择【纵向】图标；在【页边距】选项组中分别设置【上】为"2 厘米"，【下】为"2 厘米"，【左】为"3 厘米"，【右】为"3 厘米"。然后单击【确定】按钮，即可完成页面的设置，如图 9-108 所示。

图 9-108 【页面设置】对话框

步骤 3 在文档的第 1 行输入"××× 有限公司"，在第 2 行输入"工资报表"。选中第 1 行文本，在格式工具栏中的字体下拉列表中选择【黑体】，在字号下拉列表中选择【小初】，

然后单击【加粗】按钮和【居中】按钮完成对该行字体的设置。使用同样的方法，设置第 2 行的文本，效果如图 9-109 所示。

图 9-109 输入文字

步骤 4 移动光标到要插入表格的位置，然后选择【插入】选项卡，单击【表格】按钮，在弹出的菜单中选择【插入表格】命令，如图 9-110 所示。

图 9-110 选择【插入表格】命令

步骤 5 弹出【插入表格】对话框，在【表格尺寸】选项组中设置【列数】为"12"，【行数】为"12"，如图 9-111 所示。

步骤 6 单击【确定】按钮，即可按照设置在文档中插入表格，如图 9-112 所示。

图 9-111　【插入表格】对话框

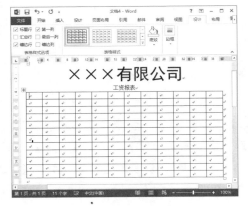

图 9-112　插入表格

步骤 7 选中第 1 列的第 1 行和第 2 行单元格并右击，然后在弹出的快捷菜单中选择【合并单元格】命令，即可将这两个单元格合并为一个单元格，如图 9-113 所示。

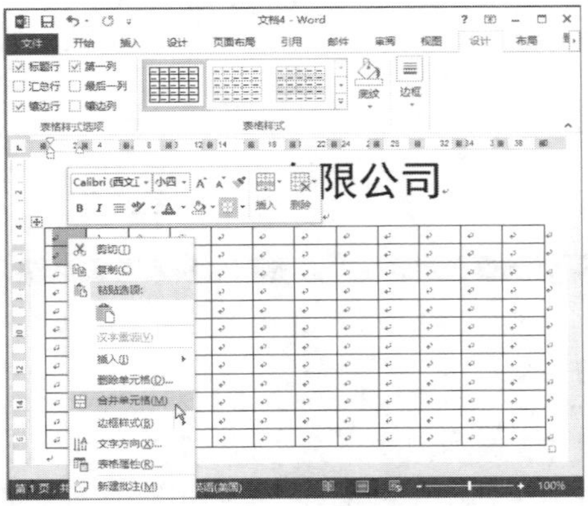

图 9-113　选择【合并单元格】命令

步骤 8 使用同样的方法，分别合并第 2 列

的第 1 行和第 2 行单元格，第 3 列的第 1 行和第 2 行单元格，第 1 行的第 4 列到第 6 列单元格，第 1 行的第 7 列到第 10 列单元格，第 11 列的第 1 行和第 2 行单元格，以及第 12 列的第 1 行和第 2 行单元格，如图 9-114 所示。

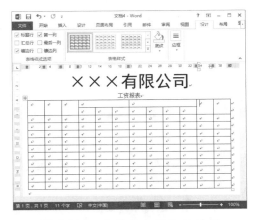

图 9-114　合并单元格后的效果

步骤 9 在第 1 行表格中分别输入：序号，发款日期，姓名，应发的部分（包括基本工资、奖金以及全勤奖），应扣的部分（包括房屋补贴、三险、扣款以及个人所得税），实发工资以及签字；然后从第 1 列的第 3 行到第 12 行分别输入从 1 到 10 的数字，如图 9-115 所示。

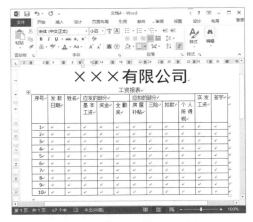

图 9-115　在表格中输入内容

步骤 10 右击选中的第 1 行第 1 列的文本"序号"，然后在弹出的快捷菜单中选择【文字方向】命令，如图 9-116 所示。

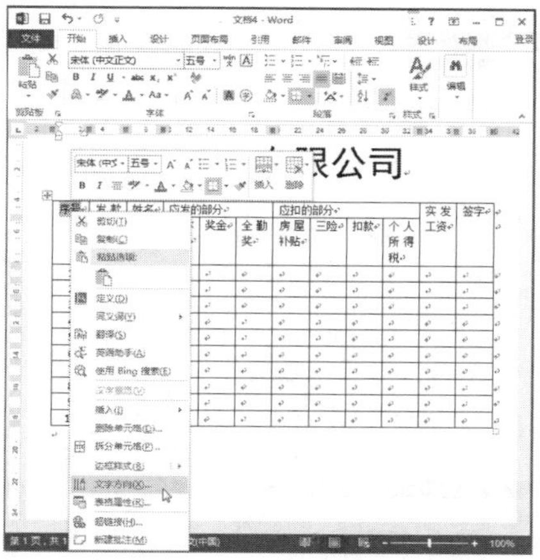

图 9-116　选择【文字方向】命令

步骤 11 弹出【文字方向 - 主文档】对话框，在【方向】选项组中选择正中间的方向类型，如图 9-117 所示。

图 9-117　【文字方向 - 主文档】对话框

步骤 12 单击【确定】按钮，即可在文档中看到设置的结果，如图 9-118 所示。

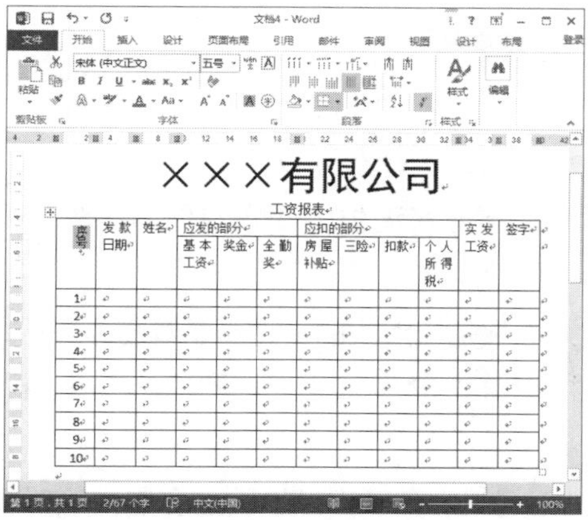

图 9-118　更改文字方向后的效果

步骤 13 右击选中整个表格，在弹出的快捷菜单中选择【表格属性】命令，如图 9-119 所示。

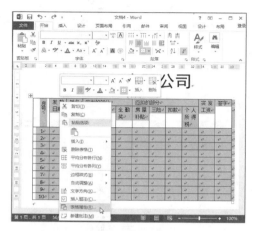

图 9-119　选择【表格属性】命令

步骤 14 打开【表格属性】对话框，在其中选择【单元格】选项卡，在其中选择【居中】对齐方式，如图 9-120 所示。

图 9-120　【表格属性】对话框

步骤 15 单击【确定】按钮，返回到 Word 文档中，完成表格中文本对齐方式的设置，然后拖曳鼠标调节单元格的宽度，如图 9-121 所示。

步骤 16 选中第 1 列单元格，单击【设计】选项卡【表格样式】选项组中的【底纹】按钮，在弹出的面板中选择一个颜色添加底纹，如图 9-122 所示。

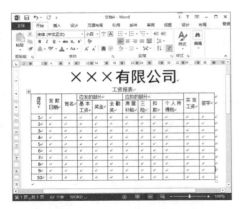

图 9-121　调整文本对齐方式

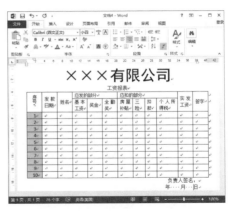

图 9-123　输入其他文字信息

步骤 18 设置完成，单击【自定义快速访问工具栏】中的【保存】按钮，在【文件名】下拉列表框中输入文档的名称为"工资报表"，单击【保存】按钮，即可将文档保存到指定的位置，如图 9-124 所示。

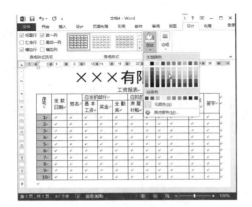

图 9-122　添加表格底纹

步骤 17 在表格下方的第 1 行输入"负责人签名"，在第 2 行输入"年　　月　　日"。选中输入的文本，然后调整输入文字的位置如图 9-123 所示。

图 9-124　保存文档

9.8　疑难问题解答

问题 1： 在文档中插入了多个图片，发现插入的图片不能移动位置和实现组合操作，原因是什么？

解答： 检查一下插入的图片的环绕格式，插入的图片如果是嵌入式的，将不能对图片进行组合及移动位置，需要将图片的环绕方式更改为"浮于文字上方"格式才能实现图片的移动和组合操作。

问题 2： 如何让 Word 中的表格快速一分为二？

解答： 将光标定位在两个要分开表格的下方表格上，按 Ctrl+Shift+Enter 组合键，这时就会发现表格中间自动插入了空行，这样就达到了将一个表格一分为二的目的。

第 **10** 章

文档排版——Word 2013 的高级应用

● **本章导读**

　　使用 Word 2013 不仅可以制作简单的文档，还可以制作更复杂的文档，如使用 Word 2013 分栏排版文档、定义文档页面效果、创建文档目录索引等。本章将为读者介绍 Word 2013 的高级应用。

● **学习目标**

◎ 掌握页面排版设置的方法
◎ 掌握分栏排版文档的方法
◎ 掌握文档页面设置的方法
◎ 掌握创建目录和索引的方法

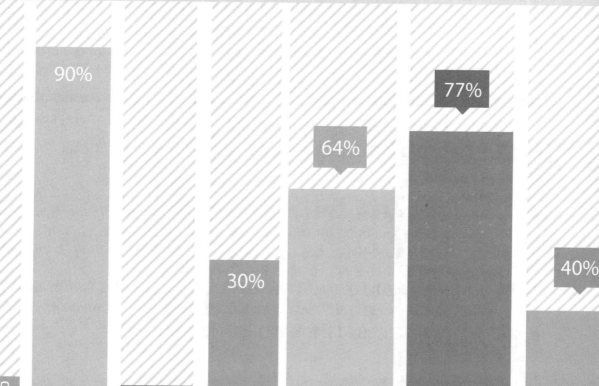

10.1 页面排版设置

通过对文档进行排版设计，可以使文本便于阅读，而且版面会显得更生动活泼，文档的页面排版设置包括纸张大小、页边距、文档网格、版面等。

10.1.1 设置文档的页边距

设置页边距，包括调整上、下、左、右边距以及页眉和页脚距页边界的距离，使用这种方法设置页边距十分精确。具体操作步骤如下。

步骤 1 打开随书光盘中的"素材 \ch10\ 童话故事 .docx"文档，然后单击【页面布局】选项卡的【页面设置】组中的【页边距】按钮，如图 10-1 所示。

步骤 2 单击【页边距】按钮后，在弹出的下拉列表中拖动鼠标选择需要调整的页边距的大小， 找到合适的页边距，单击即可完成文档页边距的调整，如图 10-2 所示。

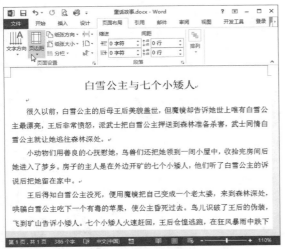

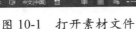

图 10-1 打开素材文件

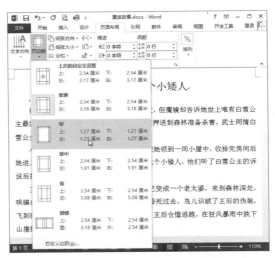

图 10-2 选择【页边距】下拉列表中的选项

步骤 3 单击【页边距】选项中的【自定义边距】选项，可以重新设定页边距，如图 10-3 所示。

> **注意** 页边距太窄会影响文档的装订，而太宽不仅影响美观还浪费纸张。一般情况下，如果使用 A4 纸，可以采用 Word 提供的默认值；如果使用 B5 或 16 开纸，上、下边距为 2.4 厘米左右为宜，左、右边距一般在 2 厘米左右为宜。

步骤 4 单击【自定义边距】按钮后弹出【页面设置】对话框。在【页码范围】选项组的【多页】下拉列表框中可以选择一种处理多页的方式。例如选择【普通】视图，这是 Word 的默认设置，一般情况下都选择此选项。这里以【对称页边距】选项为例，如图 10-4 所示。

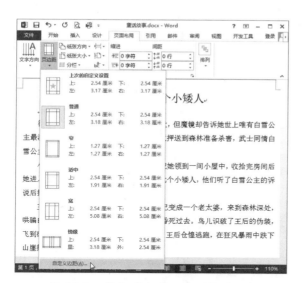

图 10-3 单击【自定义边距】选项

图 10-4 【页面设置】对话框

步骤 5 在【预览】选项组【应用于】下拉列表中可以选择页面设置后的应用范围，这里以选择【整篇文档】选项为例，如图 10-5 所示。

> **提示** 选择【整篇文档】选项，表示设置的效果将作用于整篇文档；选择【插入点之后】选项，表示设置后将在当前光标所在位置插入一个分节符，并将当前设置应用在分节符之后的内容中。

步骤 6 单击【确定】按钮，完成页边距的设置，如图 10-6 所示。

图 10-5 选择【整篇文档】选项

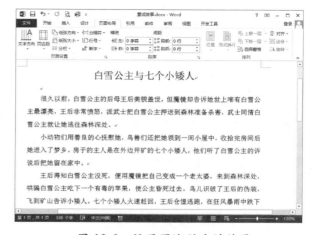

图 10-6 设置页边距后的效果

10.1.2 设置纸张方向

默认情况下，Word 创建的文档是纵向排列的，用户可以根据需要调整纸张的大小和方向。具体操作步骤如下。

步骤 1 打开随书光盘中的"素材 \ch10\ 童话故事 .docx"文档，然后单击【页面布局】选项卡【页面设置】组中的【纸张方向】按钮，在【纸张方向】下拉列表中选择【横向】选项，如图 10-7 所示。

步骤 2 随即可以看到页面以横向方式显示，如图 10-8 所示。

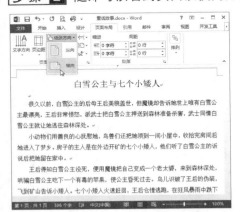

图 10-7 选择【横向】选项　　　　　　图 10-8 页面横向显示效果

> **提示**　选择【纵向】选项，Word 可将文本行排版为平行于纸张短边的形式；选择【横向】选项，Word 可将文本行排版为平行于纸张长边的形式，一般系统默认为纵向排列。

10.1.3 设置页面版式

版式即版面格式，具体指的是开本、版心和周围空白的尺寸等项的排法，设置页面版式的具体操作步骤如下。

步骤 1 打开随书光盘中的"素材 \ch10\ 童话故事 .docx"文档，然后单击【页面布局】选项卡【页面设置】组中的【页面设置】按钮，如图 10-9 所示。

步骤 2 在弹出的【页面设置】对话框中选择【版式】选项卡，在【节】选项组【节的起始位置】下拉列表框中选择【新建页】选项，在【页眉和页脚】选项组中选中【奇偶页不同】复选框，在【页面】选项组【垂直对齐方式】下拉列表框中选择【居中】选项，如图 10-10 所示。

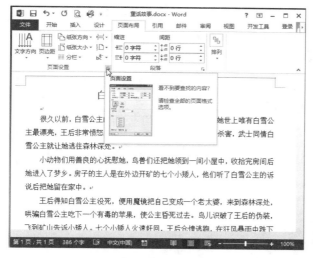

图 10-9　单击【页面设置】按钮　　　　　图 10-10　【页面设置】对话框

步骤 3 单击【行号】按钮打开【行号】对话框，选中【添加行号】复选框，设置【起始编号】为 1、【距正文】为【自动】、【行号间隔】为 1，在【编号】选项组中选中【每页重新编号】单选按钮，如图 10-11 所示。

步骤 4 单击【确定】按钮返回【页面设置】对话框，用户可以在【预览】选项组中查看设置的效果。单击【确定】按钮即可完成对文档版式的设置，如图 10-12 所示。

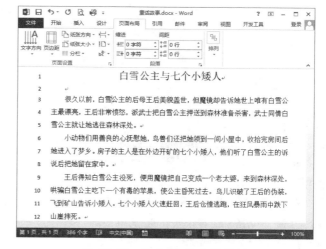

图 10-11　【行号】对话框　　　　　图 10-12　添加行号后的效果

10.1.4　添加文档网格

在页面上设置网格，可以给用户一种在方格纸上写字的感觉，同时还可以利用网格对齐文档。具体操作步骤如下。

步骤 1 打开随书光盘中的"素材 \ch10\ 童话故事 .docx"文档，单击【页面布局】选项卡【页面设置】组中的【页面设置】按钮 ，弹出【页面设置】对话框，选择【文档网格】选项卡，如图 10-13 所示。

步骤 2 单击【绘图网格】按钮，弹出【网格线和参考线】对话框，在【显示网格】选项组中选中【在屏幕上显示网格线】复选框，然后选中【垂直间隔】复选框，在其微调框中设置垂直显示的网格线的间距，如设置值为"4"，如图 10-14 所示。

步骤 3 单击【确定】按钮返回【页面设置】对话框，然后单击【确定】按钮即可完成对文档网格的设置，如图 10-15 所示。

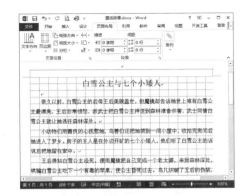

图 10-13 【文档网格】 图 10-14 【网格线和参考线】 图 10-15 应用网格后的效果
选项卡 对话框

10.2 分栏排版文档

Word 的分栏排版功能，可以使文本便于阅读，而且版面会显得更生动活泼。在分栏的外观设置上 Word 具有很大的灵活性，可以控制栏数、栏宽以及栏间距，还可以很方便地设置分栏长度。

10.2.1 创建分栏版式

设置分栏，就是将某一页、某一部分的文档或者整篇文档分成具有相同栏宽或者不同栏宽的多个分栏，具体操作步骤如下。

步骤 1 打开随书光盘中的"素材 \ch10\ 招聘流程 .docx"文档，单击【页面布局】选项卡【页面设置】组中的【分栏】按钮，在弹出的下拉列表中可以选择预设好的【一栏】、【两栏】、

【三栏】、【偏左】和【偏右】，也可以选择【更多分栏】选项，如图 10-16 所示。

步骤 2 选择【更多分栏】选项，弹出【分栏】对话框，在【预设】选项组中选择【两栏】选项，再分别选中【栏宽相等】和【分隔线】两个复选框，其他各选项使用默认设置即可，如图 10-17 所示。

步骤 3 单击【确定】按钮即可将整篇文档分为两栏，如图 10-18 所示。

图 10-16　选择分栏

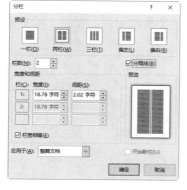

图 10-17　【分栏】对话框

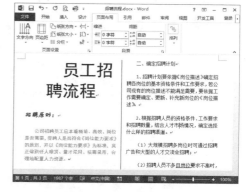

图 10-18　分栏显示效果

> **提示**　要设置不等宽的分栏版式时，应先取消选中【分栏】对话框中的【栏宽相等】复选框，然后在【宽度和间距】选项组中逐栏输入栏宽和间距即可。

10.2.2　调整栏宽和栏数

用户设置好分栏版式后，如果对栏宽和栏数不满意，则可通过拖曳鼠标调整栏宽，也可以通过设置【分栏】对话框调整栏宽和栏数。

 拖曳鼠标调整栏宽

移动鼠标指针到标尺上要改变栏宽的栏的左边界或右边界处，待鼠标指针变成一个水平的黑箭头形状时按下鼠标左键，然后拖曳栏的边界即可调整栏宽，如图 10-19 所示。

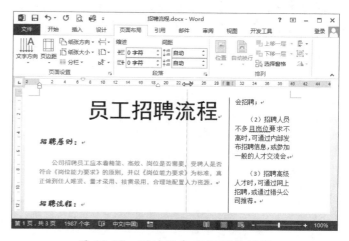

图 10-19　通过拖曳鼠标调整栏宽

2. 精准调整栏宽

拖曳鼠标调整栏宽的方法虽然简单，但是不够精确，精确地调整栏宽的方法如下。

步骤 1 单击【页面布局】选项卡【页面设置】组中的【分栏】按钮，在弹出的下拉列表中选择【更多分栏】选项，弹出【分栏】对话框，在【宽度和间距】选项组中设置所需的栏宽，如图 10-20 所示。

步骤 2 单击【确定】按钮即可完成对分栏宽度的设置，如图 10-21 所示。

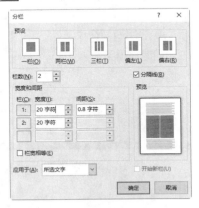

图 10-20　精确设置栏宽

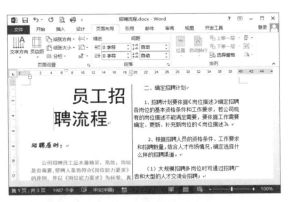

图 10-21　调整分栏宽度后的效果

3. 调整栏数

需要调整分栏的栏数时，只需要在【分栏】对话框【栏数】微调框中输入栏数值即可。另外，还可以使用工具栏按钮来调整栏数，具体操作步骤如下。

步骤 1 打开随书光盘中的"素材 \ch10\ 招聘流程 .docx"文档，然后单击【页面布局】选项卡【页面设置】组中的【分栏】按钮，在弹出的下拉列表中选择【三栏】选项。此时文档就被分为三栏，如图 10-22 所示。

步骤 2 选定需要调整栏数的文本，然后单击【分栏】按钮，在弹出的下拉列表中选择【两栏】选项，如图 10-23 所示。

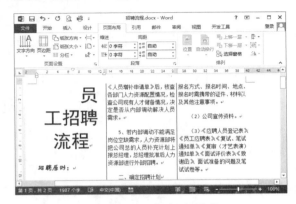

图 10-22　三栏版本样式

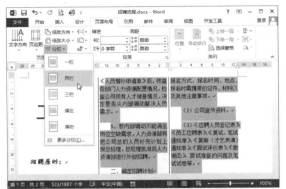

图 10-23　两栏版本方式

步骤 3 单击鼠标即可将选中的文本分为两栏，而未选中的文本还是以三栏显示，如图 10-24 所示。

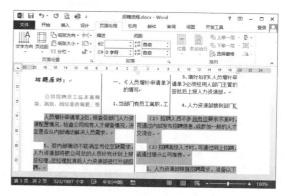

图 10-24　混合排版样式

10.2.3　设置分栏的位置

有时用户可能需要将文档中的段落分排在不同的栏中，这时就需要控制栏中断的位置。控制栏中断的方法有两种，分别介绍如下。

1. 通过【段落】对话框控制栏中断

当一个标题段落正好排在某一栏中的最底部，而需要将其放置到下一栏的开始位置时，可以通过菜单命令对其进行设置。具体操作步骤如下。

步骤 1 打开随书光盘中的"素材 \ch10\ 童话故事 .docx"文档，将光标定位在需要设置栏中断的标题段落前，如图 10-25 所示。

步骤 2 单击【开始】选项卡【段落】组中的【段落】按钮，弹出【段落】对话框，如图 10-26 所示。

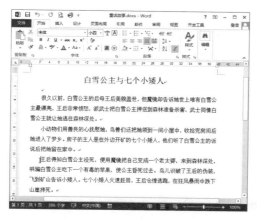

图 10-25　打开素材文件

图 10-26　【段落】对话框

步骤 3 在【段落】对话框中选择【换行和分页】选项卡，然后在【分页】选项组中选中【与下段同页】复选框，如图 10-27 所示。

步骤 4 单击【确定】按钮即可完成控制栏中断的操作，如图 10-28 所示。

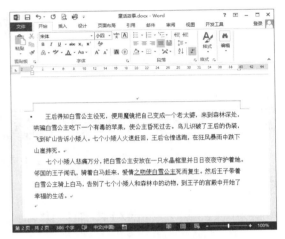

图 10-27 【换行和分页】选项卡　　　　图 10-28 控制栏中断后的显示效果

2. 通过插入分栏符控制栏中断

采用这种方法可对选定的段落或者文本强制分栏。具体操作步骤如下。

步骤 1 打开随书光盘中的"素材 \ch10\ 童话故事 .docx"文档，将光标定位在需要插入栏中断的文本处。单击【页面布局】选项卡【页面设置】组中的【分隔符】按钮，在弹出的下拉列表中选择【分栏符】选项，如图 10-29 所示。

步骤 2 此时可以看到分栏符后面的文字将从下一栏开始，如图 10-30 所示。

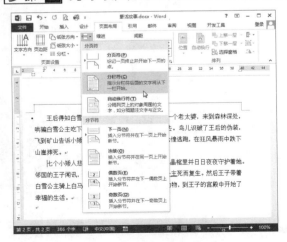

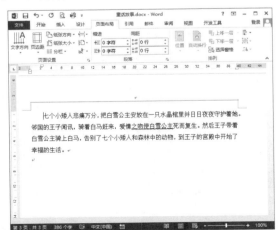

图 10-29 选择【分栏符】选项　　　　图 10-30 插入分栏符后的显示效果

10.2.4　单栏、多栏混合排版

混合排版就是对文档的一部分进行多栏排版，另一部分进行单栏排版。进行混合排版时，需要进行多栏排版的文本应单独选定，然后单击【分栏】按钮，设置选中文本的分栏栏数即可，如图 10-31 所示。

从根本上说，混合排版只不过是在进行多栏排版的文本前后分别插入一个分节符，然后对它们进行单独处理。

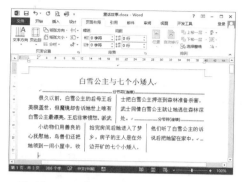

图 10-31　单栏、多栏混合排版样式

10.3　文档页面效果

通过对文档页面效果的设置，可以进一步完善和美化文档。文档页面效果的设置主要包括添加文档页面水印、设置页面背景颜色、添加页面的边框等。

10.3.1　添加水印背景

在 Word 2013 中，水印是一种特殊的背景，可以设置在页面中的任何位置。图片和文字均可设置为水印。在文档中设置水印效果的具体操作步骤如下。

步骤 1　新建一个空白文档，在其中输入文字，然后单击【设计】选项卡【页面背景】组中的【水印】按钮，如图 10-32 所示。

步骤 2　在弹出的下拉列表中拖动鼠标选择需要添加的水印样式，单击选中的水印样式，即可在文档中显示添加水印后的效果，如图 10-33 所示。

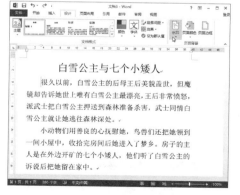

图 10-32　单击【水印】按钮

图 10-33　【水印】设置面板

步骤 3 在【水印】按钮的下拉列表中单击
【自定义水印】按钮，弹出【水印】对话框，
如图 10-34 所示。

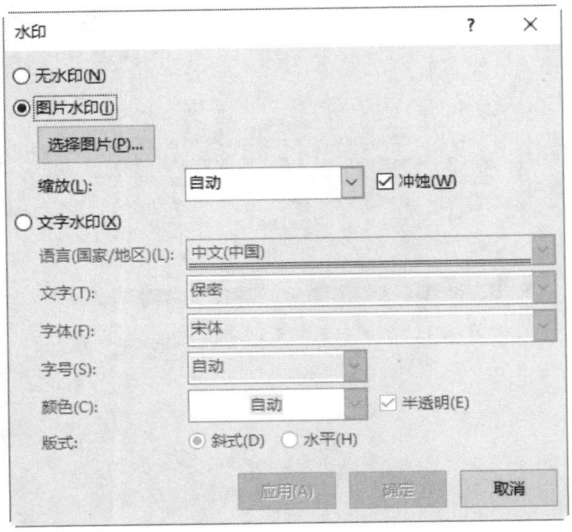

图 10-34 【水印】对话框

步骤 4 选中【图片水印】单选按钮，其相
关内容会高亮显示，单击【选择图片】按钮，
打开【插入图片】对话框，如图 10-35 所示。

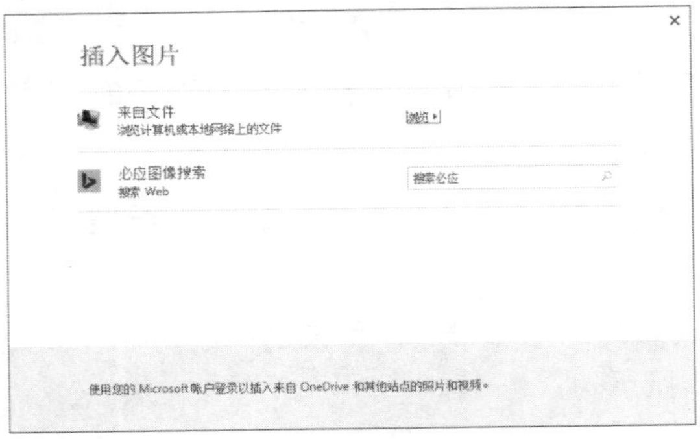

图 10-35 【插入图片】对话框

步骤 5 单击【浏览】按钮，打开【插入图
片】对话框，在其中选择要插入的图片，如
图 10-36 所示。

步骤 6 单击【插入】按钮，返回到【水印】
对话框中，这时【图片水印】选项组中显示
插入图片的路径和缩放比例。单击【缩放】
下拉列表框右边的下拉按钮，调整图片的显
示比例，如图 10-37 所示。

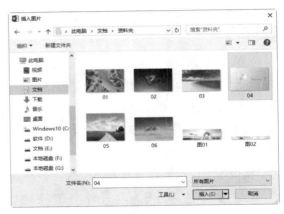

图 10-36 【插入图片】对话框

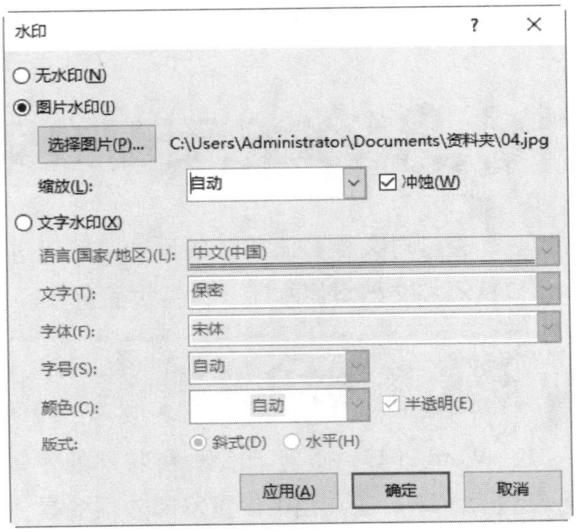

图 10-37 调整图片的显示比例

步骤 7 单击【确定】按钮，所选图片以水
印样式插入文档中，如图 10-38 所示。

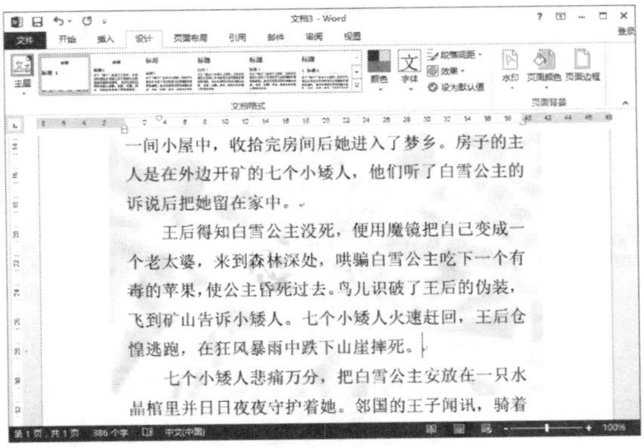

图 10-38 添加水印后的效果

10.3.2　设置背景颜色

为文档添加背景颜色可以增强文档的视觉效果。在文档中设置背景颜色的具体操作步骤如下。

步骤 1 打开随书光盘中的"素材 \ch10\童话故事 .docx"文档，单击【设计】选项卡【页面背景】组中的【页面颜色】按钮，在弹出的颜色列表中选择适当的背景颜色，如图 10-39 所示。

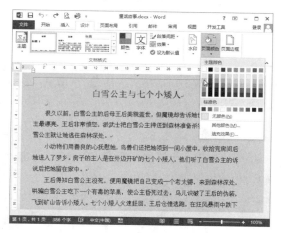

图 10-39　为页面添加颜色

步骤 2 这样 Word 2013 就会自动地将选择的颜色作为背景应用到文档的所有页面上，如图 10-40 所示。

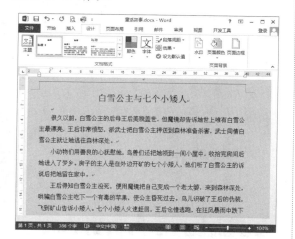

图 10-40　添加页面颜色后的显示效果

如果列表中没有需要的颜色，则可选择【其他颜色】选项，弹出【颜色】对话框，在【标准】选项卡【颜色】选项组中选择合适的颜色，如图 10-41 所示。另外，用户还可以通过【自定义】选项卡设置颜色模式，即 RGB 和 HSL 颜色模式。例如选择"RGB"模式，然后拖曳三角滑块◀调节颜色的色相、亮度和饱和度，调节的颜色可以在【新增】预览框中进行预览，如图 10-42 所示。

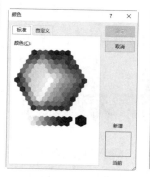　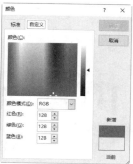

图 10-41　选择标准　　图 10-42　选择自定义
　　　　颜色　　　　　　　　　颜色

10.3.3　设置页面边框

设置页面边框可以为打印出的文档增强美观的效果，特别是要设置一篇精美的文档时，添加页面边框是一个很好的办法。

步骤 1 单击【设计】选项卡【页面背景】组中的【页面边框】按钮，打开【边框和底纹】对话框，在【页面边框】选项卡【设置】选项组中选择边框的类型，在【样式】列表框中选择边框的线型，在【应用于】下拉列表框中选择【整篇文档】选项，如图 10-43所示。

步骤 2 单击【确定】按钮完成设置，为了方便查看页面边框的效果，可以在页面视图下修改页面的显示比例，本例中将显示比例改为 50%，如图 10-44 所示。

图 10-43　【边框和底纹】对话框

图 10-44　添加页面边框后的效果

10.4　目录和索引

　　编制文档的目录和索引可以帮助用户方便、快捷地查阅有关的内容。编制目录就是列出文档中各级标题以及每个标题所在的页码。编制索引实际上就是根据某种需要，将文档中的一些单词、词组或者短语单词列出来并标明它们所在的页码。

10.4.1　创建文档目录

　　使用 Word 预定义标题样式可以创建目录，具体操作步骤如下。

步骤 1 将光标定位到文章的开始位置，然后单击【引用】选项卡【目录】选项组中的【目录】按钮，即可弹出【目录】下拉菜单，如图 10-45 所示。

步骤 2 从菜单中选择需要的一种目录样式，即可将生成的目录以选择的样式插入，如图 10-46 所示。

图 10-45　【目录】下拉菜单

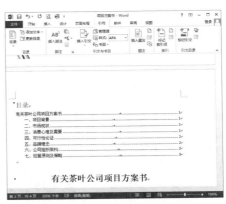

图 10-46　创建目录

提示　目录中的页码是由 Word 自动确定的。而且在建立目录后，还可以利用目录快速地查找文档中的内容。将鼠标指针移动到目录的页码上，如图 10-47 所示，按 Ctrl 键鼠标指针就会变为形状。单击鼠标即可跳转到文档中的相应标题处，如图 10-48 所示。

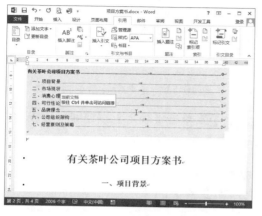

图 10-47　将鼠标指针移到目录上

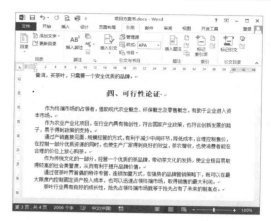

图 10-48　跳转到相应的标题

10.4.2　修改文档目录

如果用户对 Word 提供的目录样式不满意，则还可以自定义目录样式，具体操作步骤如下。

步骤 1　将光标定位到目录中，单击【引用】选项卡【目录】选项组中的【目录】按钮，从弹出的菜单中选择【自定义目录】选项，打开【目录】对话框，在其中设置相关的目录参数，如图 10-49 所示。

步骤 2　单击【确定】按钮，即可弹出是否替换所选目录提示对话框，如图 10-50 所示，然后单击【是】按钮，即可应用新目录。

图 10-49　【目录】对话框

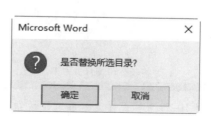

图 10-50　信息提示对话框

10.4.3 更新文档目录

编制目录后，如果在文档中进行了增加或删除文本的操作而使页码发生了变化，或者在文档中标记了新的目录项，则需要对编制的目录进行更新。具体操作步骤如下。

步骤 1 打开随书光盘中的"素材 \ch10\ 项目方案书 .docx"文档，然后在文档中添加内容，如图 10-51 所示。

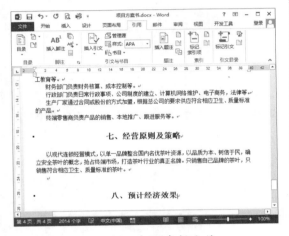

图 10-51 打开素材文件

步骤 2 右击选中的目录，在弹出的快捷菜单中选择【更新域】命令，或单击目录左上角的【更新目录】按钮，如图 10-52 所示。

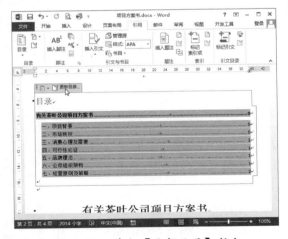

图 10-52 单击【更新目录】按钮

步骤 3 弹出【更新目录】对话框，在其中选中【更新整个目录】单选按钮，如图 10-53 所示。

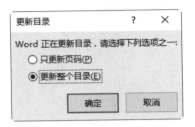

图 10-53 【更新目录】对话框

步骤 4 单击【确定】按钮即可完成对文档目录的更新，如图 10-54 所示。

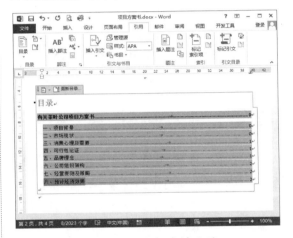

图 10-54 更新后的目录

10.4.4 标记索引项

编制索引首先要标记索引项，索引项可以来自文档中的文本，也可以只与文档中的文本有特定的关系。标记索引项的具体操作步骤如下。

步骤 1 打开随书光盘中的"素材 \ch10\ 项目方案书 .docx"文档，移动光标到要添加索引的位置，单击【引用】选项卡【索引】组中的【标记索引项】按钮，如图 10-55 所示。

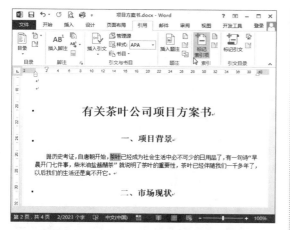

图 10-55　单击【标记索引项】按钮

步骤 2 弹出【标记索引项】对话框，在【索引】选项组中的【主索引项】文本框中输入要作为索引的内容，如输入"茶叶"，然后根据实际需要设置其他参数，如图 10-56 所示。

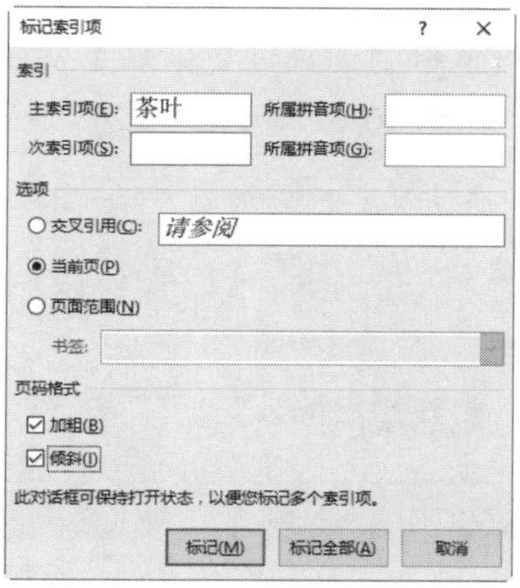

图 10-56　【标记索引项】对话框

步骤 3 单击【标记】按钮即可在文档中选定的位置插入一个索引区域"{XE}"，如图 10-57 所示。

步骤 4 移动光标到文档中插入索引的位置" { XE " 茶叶 " \b } "，然后直接修改索引区域中的文字为" { XE" 从茶叶到茶叶制品 " \b } "，这样即修改了插入的索引项，如图 10-58 所示。

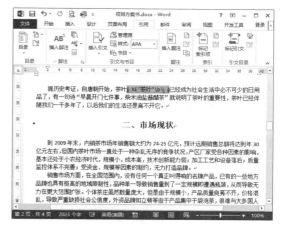

图 10-57　插入索引项

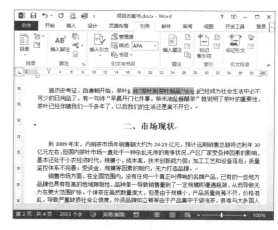

图 10-58　修改索引项

> **提示**　如果想要删除索引项，则可以选中整个" { X" 从百草园到三味书屋 " \b }"区域，然后按 Delete 键或者 Backspace 键。

10.4.5　创建文档索引

通常情况下，索引项中可以包含各章的主题、文档中的标题或子标题、专用术语、缩写和简称、同义词及相关短语等，在标记了索引项后就可以创建索引目录了，创建索引目录的具体步骤如下。

步骤 1 打开随书光盘中的"素材\ch10\项目方案书.docx"文档，移动光标到文档中要插入索引的位置。这里选择在文档的末尾，单击【引用】选项卡【索引】组中的【插入索引】按钮，如图10-59所示。

图 10-59　单击【插入索引】按钮

步骤 2 弹出【索引】对话框，在其中根据自己的实际需要设置相关参数，如图10-60所示。

图 10-60　【索引】对话框

步骤 3 单击【确定】按钮即可在文档中插入设置的索引，如图10-61所示。

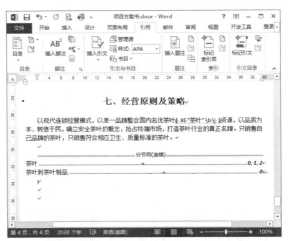

图 10-61　在文档的最后插入索引

步骤 4 编制索引完成后，如果在文档中又标记了新的索引项，或者由于在文档中增加或删除了文本，使分页的情况发生了改变，就必须更新索引。移动光标到索引中的任意位置，单击选中整个索引，然后右击并在弹出的快捷菜单中选择【更新域】命令即可更新索引，如图10-62所示。

图 10-62　选择【更新域】命令

提示 选中整个索引后，用户还可以直接按F9键更新索引。

10.5　高效办公技能实战

10.5.1　高效办公技能 1——统计文档字数与页数

在创建了一篇文档并输入完文本内容以后常常需要统计字数，Word 2013 中文版提供了方便的字数统计功能，使用选项卡实现统计字数的具体操作步骤如下。

步骤 1　打开需要统计字数的文档，单击【审阅】选项卡【校对】组中的【字数统计】按钮，即可弹出【字数统计】对话框，如图 10-63 所示。

步骤 2　对话框中将显示"页数""字数""字符数（不计空格）""字符数（计空格）""段落数""行数""非中文单词"和"中文字符和朝鲜语单词"等统计信息，另外还有【包括文本框、脚注和尾注】复选框。用户可以根据不同的统计信息来统计字数，如图 10-64 所示。

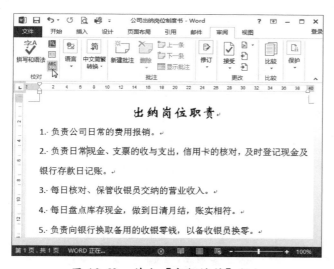

图 10-63　单击【字数统计】按钮

图 10-64　【字数统计】对话框

10.5.2　高效办公技能 2——为 Word 文档添加页眉页脚

对于一些公司 Word 文档，可以在页眉和页脚处添加公司标识，本实例介绍如何使用内置的模板插入页眉和页脚，具体操作步骤如下。

步骤 1　新建 Word 2013 文档，命名为"公司简介"，并输入需要的 Word 文档内容，如图 10-65 所示。

步骤 2 单击【插入】选项卡【页眉和页脚】组中的【页眉】按钮，在弹出的【页眉】下拉列表中选择需要的页眉模板，本例中选择【平面（偶数页）】选项，如图 10-66 所示。

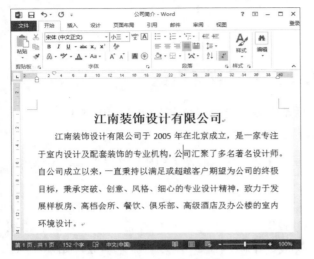

图 10-65　创建"公司简介"文件　　　　图 10-66　选择页眉类型

步骤 3 在 Word 文档每一页的顶部插入页眉，并显示两个文本域，如图 10-67 所示。

步骤 4 在页眉的位置输入公司名称，如图 10-68 所示。

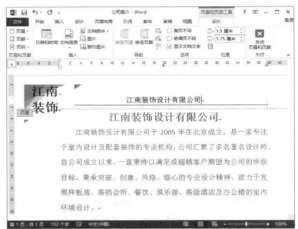

图 10-67　插入页眉　　　　　　　　图 10-68　输入公司名称

步骤 5 在【设计】选项卡中单击【页眉和页脚】组中的【页脚】按钮，弹出【页脚】下拉列表中选择需要的页脚模板，本例中选择【怀旧】选项，如图 10-69 所示。

步骤 6 在 Word 文档每一页的底部插入页脚，显示当前页的页码，在页脚文本框中输入显示文字即可。单击【关闭页眉和页脚】按钮，完成页眉和页脚的编辑。这样在文档中就添加了公司的名称，如图 10-70 所示。

图 10-69 选择页脚类型

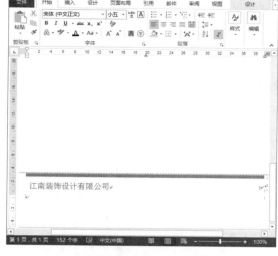

图 10-70 输入页脚内容

10.6 疑难问题解答

问题 1：在文档中添加页眉时，如果希望文档中的奇数页和偶数页的页眉不同，该如何插入？

解答：首先在奇数页插入需要的页眉，然后在【选项组】组中选中【奇偶页不同】复选框，最后在偶数页添加需要的页眉，这样奇偶的页眉就是不同的了。

问题 2：用户在文档中插入了一个文本框，如何去掉插入文本框的边框线？

解答：选中绘制的文本框，并单击【格式】选项卡，进入【格式】界面，然后单击【形状样式】选项组中的【形状轮廓】按钮，从弹出的下拉菜单中选择【无轮廓】命令，即可取消文本框的边框线。

第11章

文档输出——
文档的审核与打印

● **本章导读**

　　Word 2013 具有检查拼写、校对语法、修订等功能。"查找"功能在较大的文档内搜索文本非常实用；修订功能主要用于检查别人的文档。本章将为读者介绍如何检查并修订文档，以及如何将正确无误的文档打印出来。

● **学习目标**

◎ 掌握如何使用格式刷
◎ 掌握批注文档的方法
◎ 掌握修订文档的方法
◎ 掌握处理错误文档的方法
◎ 掌握打印文档的方法

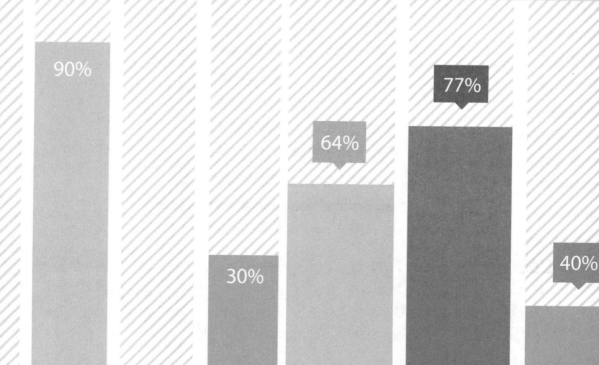

11.1 使用格式刷

使用格式刷可以快速地将指定段落或文本的格式沿用到其他段落或文本上，具体操作步骤如下。

步骤 1 打开一个 Word 文档，选中要引用格式的文本，单击【开始】选项卡【剪贴板】组中的【格式刷】按钮，如图 11-1 所示。

步骤 2 当鼠标指针变为 形状时，单击或者选择需要应用新格式的文本或段落，如图 11-2 所示。

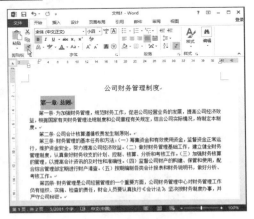

图 11-1　单击【格式刷】按钮

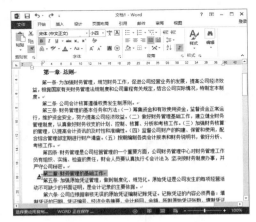

图 11-2　选择要应用新格式的文本或段落

步骤 3 选择的文字将被应用新的格式，如图 11-3 所示。

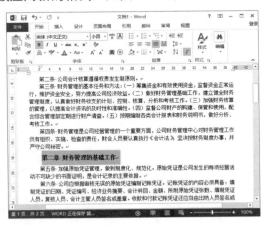

图 11-3　应用新格式之后的显示效果

> ▶ **提示**
>
> 当需要多次应用同一个格式的时候，可以双击格式刷，然后单击或者拖选需要应用新格式的文本或段落即可。使用完毕再次单击【格式刷】按钮 或按 Esc 键，即可恢复编辑状态。用户还可以选中复制格式原文后，按 Ctrl+Shift+C 组合键复制格式，然后选择需要应用新格式的文本，按 Ctrl+Shift+V 组合键应用新格式）。

11.2 批注文档

当需要对文档中的内容添加某些注释或修改意见时，就需要添加一些批注。批注不影响文档的内容，而且文字是隐藏的，同时，系统还会为批注自动赋予不重复的编号和名称。

11.2.1 插入批注

对批注的操作主要有插入、查看、快速查看、修改批注格式与批注者以及删除文档中的批注等。下面介绍如何在文档中插入批注，具体操作步骤如下。

步骤 1 打开一个需要审阅的文档，选中需要添加批注的文本，选择【审阅】选项卡，在【批注】选项组中单击【新建批注】按钮，如图 11-4 所示。

步骤 2 选中的文本上会添加一个批注的编辑框，如图 11-5 所示。

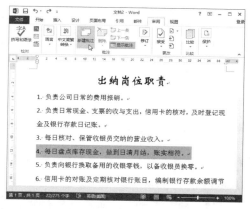

图 11-4　单击【新建批注】按钮

图 11-5　添加的批注编辑框

步骤 3 在编辑框中可以输入需要批注的内容，如图 11-6 所示。

步骤 4 若要继续修订其他内容，只需在【批注】选项组中单击【新建批注】按钮即可。接下来按照相同的方法对文档中的其他内容添加批注，如图 11-7 所示。

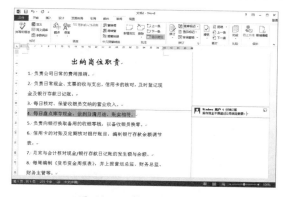

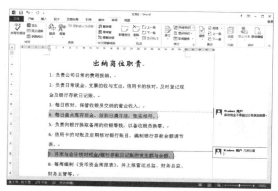

图 11-6　输入批注内容

图 11-7　添加其他批注内容

11.2.2 隐藏批注

插入 Word 批注如果不需要显示，可以隐藏批注，具体操作步骤如下。

步骤 1 打开任意一篇插入批注的文档。选择【审阅】选项卡，在【修订】项目组中单击【显示标记】下拉按钮，在弹出的下拉列表中选择【批注】选项，如图 11-8 所示。

图 11-8　选择【批注】选项

步骤 2 文档中的批注即可被隐藏，如果想显示批注，重新选择【批注】菜单项即可，如图 11-9 所示。

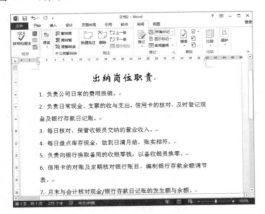

图 11-9　隐藏批注

11.2.3 修改批注格式和批注者

除了可以在文档中添加批注外，用户还可以对批注框、批注连接线以及被选中文本的突显颜色等进行自行设置，具体操作步骤如下。

步骤 1 如果要修改批注格式，则需要单击【修订】选项组中的【修订选项】按钮，如图 11-10 所示。

图 11-10　【修订选项】按钮

步骤 2 打开【修订选项】对话框，在其中单击【高级选项】按钮，如图 11-11 所示。

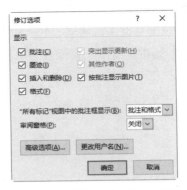

图 11-11　【修订选项】对话框

步骤 3 打开【高级修订选项】对话框，在【标记】设置区域中可以对批注的颜色进行设置，在【批注】下拉列表中选择批注的颜色，这里选择"蓝色"，如图 11-12 所示。

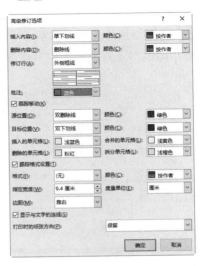

图 11-12　【高级修订选项】对话框

步骤 4 单击【确定】按钮，返回到【修订选项】对话框中，再次单击【确定】按钮，返回到 Word 文档中，即可看到设置的批注颜色效果，如图 11-13 所示。

步骤 5 如果想要修改批注者名称，则需要单击【修订选项】对话框中的【更改用户名】按钮，打开【Word 选项】对话框，在【用户名】文本框中输入用户名称，单击【确定】按钮，即可更改批注者的名称，如图 11-14 所示。

图 11-13　设置批注颜色后的效果

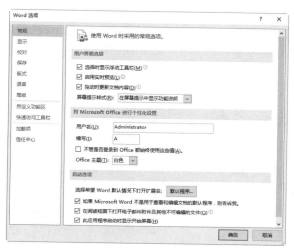

图 11-14　更改批注者的名称

11.2.4　删除文档中的批注

对文档中的内容修改完毕后，有些批注内容可以将其删除，具体操作步骤如下。

步骤 1 打开一个插入有批注的文档，选择需要删除的批注，然后右击并在弹出的快捷菜单中选择【删除批注】命令，如图 11-15 所示。

步骤 2 即可删除选择的批注，如图 11-16 所示。

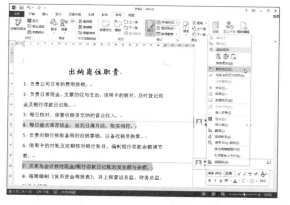

图 11-15　选择【删除批注】命令

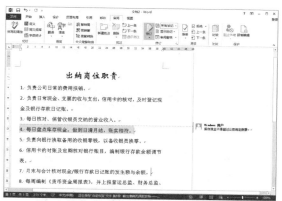

图 11-16　删除批注

11.3 修订文档

修订能够让作者跟踪多位审阅者对文档所做的修改，这样作者可以一个接一个地复审这些修改，并用约定的原则来接受或者拒绝所做的修订。

11.3.1 使用修订标记

使用修订标记，即是对文档进行插入、删除、替换、移动等编辑操作时，使用一种特殊的标记来记录所做的修改，以便于其他用户或者原作者知道文档所做的修改，这样作者还可以根据实际情况决定是否接受这些修订。使用修订标记修订文档的具体操作步骤如下。

步骤 1 打开一个需要修订的文档，选择【审阅】选项卡，在【修订】选项组中单击【修订】按钮，如图 11-17 所示。

步骤 2 在文档中开始修订文档，文档会自动将修订的过程显示出来，如图 11-18 所示。

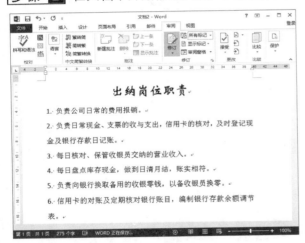

图 11-17　单击【修订】按钮

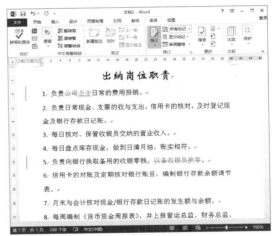

图 11-18　显示修订的内容

11.3.2 接受或者拒绝修订

对文档进行修订后，用户可以决定是否接受这些修订，具体操作步骤如下。

步骤 1 选择需要接受修订的地方，然后右击并在弹出的快捷菜单中选择【接受插入】命令，如图 11-19 所示。

步骤 2 如果拒绝修订，选择需要拒绝的修订，然后右击并在弹出的快捷菜单中选择【拒绝插入】命令，如图 11-20 所示。

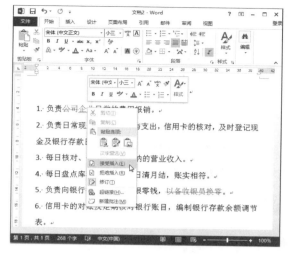

图 11-19　选择【接受插入】命令　　　　　图 11-20　选择【拒绝插入】命令

步骤 3 如果要接受文档中所有的修订，则可单击【接受】按钮，在弹出的菜单中选择【接受所有修订】命令，如图 11-21 所示。

步骤 4 如果要删除当前的修订，则可单击【拒绝】按钮，在弹出的菜单中选择【拒绝所有修订】命令，如图 11-22 所示。

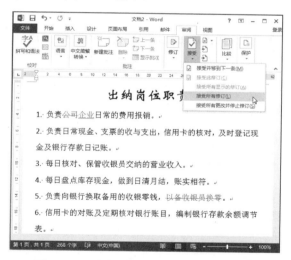

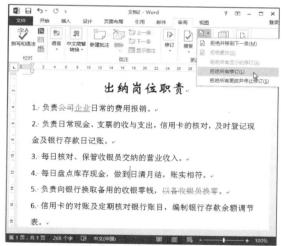

图 11-21　选择【接受所有修订】命令　　　　图 11-22　选择【拒绝所有修订】命令

11.4 文档的错误处理

Word 2013 中提供有处理错误的功能，用于发现文档中的错误并给予修正，Word 2013 提供的错误处理功能包括拼写语法检查、自动更正错误，下面分别进行介绍。

11.4.1 拼写和语法检查

在输入文本时，如果无意中输入了错误的或者不可识别的单词，Word 2013 就会在该单词下用红色波浪线进行标记；如果是语法错误，在出现错误的部分就会用绿色波浪线进行标记。

设置自动拼写与语法检查的具体操作步骤如下。

步骤 1 新建一个文档，在文档中输入一些语法不正确的和拼写不正确的内容，选择【审阅】选项卡，单击【校对】选项组中的【拼写和语法】按钮，如图 11-23 所示。

步骤 2 打开【拼写检查】窗格，在其中显示了检查的结果，如图 11-24 所示。

图 11-23　单击【拼写和语法】按钮

图 11-24　【拼写检查】窗格

步骤 3 在检查结果中用户可以选择正确的输入语句，然后单击【更改】按钮，对输入错误的语句进行更改，更改完毕后，会弹出一个信息提示框，提示用户拼写和语法检查完成，如图 11-25 所示。

步骤 4 单击【确定】按钮，返回到 Word 文档之中，可以看到文档中的红色线消失，表示拼写更改完成，如图 11-26 所示。

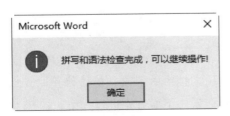

图 11-25　信息提示框

图 11-26　更改拼写

如果输入了一段有语法错误的文字，在出错的单词下面就会出现红色波浪线，选中出错的单词，然后右击并在弹出的快捷菜单中选择【全部忽略】命令，如图 11-27 所示。Word 2013 就会忽略这个错误，此时错误语句下方的红色波浪线就会消失，如图 11-28 所示。

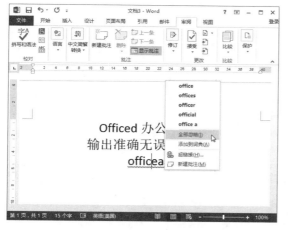

图 11-27　选择【全部忽略】命令

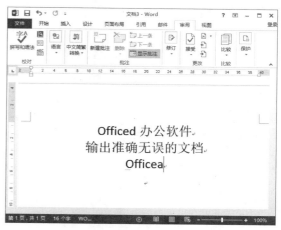

图 11-28　忽略之后的显示效果

11.4.2　使用自动更正功能

在 Word 2013 中，除了使用拼写和语法检查功能之外，还可以使用自动更正功能来检查和更正错误的输入。例如输入 seh 和一个空格，则会自动更正为 she。使用自动更正功能的具体操作步骤如下。

步骤 1 在 Word 文档窗口中选择【文件】选项卡，在打开的界面中选择【选项】选项，如图 11-29 所示。

步骤 2 弹出【Word 选项】对话框，在左侧的列表中选择【校对】选项，然后在右侧的窗口中单击【自动更正选项】按钮，如图 11-30 所示。

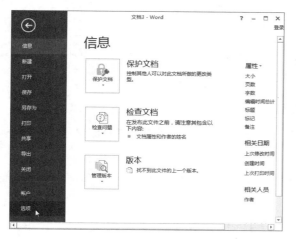

图 11-29　选择【选项】选项

图 11-30　【Word 选项】对话框

步骤 3 弹出【自动更正】对话框，在【替换】文本框中输入 Officea，在【替换为】文本框中输入 Office，如图 11-31 所示。

步骤 4 单击【确定】按钮，返回文档编辑模式，以后再编辑时，就会按照用户所设置的内容自动更正错误，如图 11-32 所示。

图 11-31 【自动更正】对话框

图 11-32 自动更正后的显示效果

11.5 打印文档

文档创建后常需要打印出来，以便能够进行保存或传阅，本节就来介绍如何打印文档。

11.5.1 选择打印机

在进行文件打印时，如果用户的计算机中连接了多个打印机，则需要在打印文档之前进行打印机的选择。

步骤 1 打开需要打印的文档，选择【文件】选项卡，在打开的界面中选择【打印】选项，显示出【打印】界面，如图 11-33 所示。

步骤 2 在【打印机】区域的下方单击【打印机】按钮，在弹出的下拉列表中选择相关的打印机即可，如图 11-34 所示。

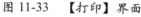

图 11-33　【打印】界面

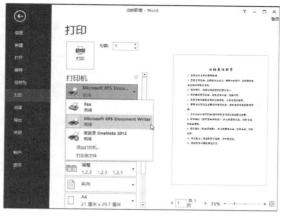

图 11-34　选择打印机

11.5.2　预览文档

在进行文档打印之前，最好先使用打印预览功能来查看即将打印文档的效果，避免出现错误，造成纸张的浪费。进行打印预览的具体操作步骤如下。

步骤 1 单击快速访问工具栏右侧的箭头，在弹出的【自定义快速访问工具栏】下拉列表中选择【打印预览和打印】选项，如图 11-35 所示。

步骤 2 即可将【打印预览和打印】按钮添加到快速访问工具栏中，如图 11-36 所示。

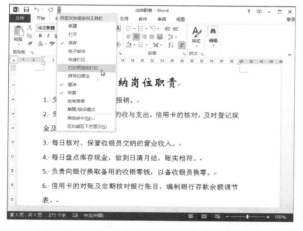

图 11-35　选择【打印预览和打印】选项

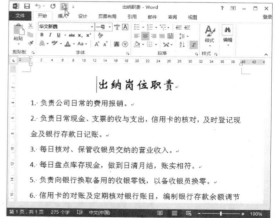

图 11-36　添加【打印预览和打印】按钮

步骤 3 在快速访问工具栏中直接单击【打印预览和打印】按钮，显示出【打印】界面，如图 11-37 所示。

步骤 4 根据需要单击缩小按钮或放大按钮，可对文档预览窗口进行调整查看。当用户需要关闭打印预览时，只需单击其他选项卡即可返回文档编辑模式，如图 11-38 所示。

图 11-37　【打印】界面

图 11-38　打印预览

11.5.3　打印文档

当用户在打印预览中对所打印文档的效果感到满意时，就可以对文档进行打印。其方法很简单，只要单击快速访问工具栏中的【快速打印】按钮即可，如图 11-39 所示。

如果快速访问工具栏中没有【快速打印】按钮，可以单击快速访问工具栏右侧的箭头，在弹出的【自定义快速访问工具栏】下拉列表中选择【快速打印】选项，即可将【快速打印】按钮添加到快速访问工具栏中，如图 11-40 所示。

图 11-39　单击【快速打印】按钮

图 11-40　选择【快速打印】选项

11.6　高效办公技能实战

11.6.1　高效办公技能 1——批阅公司的年度报告

年度报告是公司在年末总结本年公司运营情况时而出示的报告。下面介绍如何批阅公司的年度报告，具体操作步骤如下。

步骤 **1** 新建 Word 文档，输入公司年度报告内容，如图 11-41 所示。

步骤 **2** 选择第 1 行的文本内容，在【字体】选择组中设置字体的格式为"华文新魏，小一和加粗"。选择第 2 行的文本内容，设置格式为"加粗和四号"，如图 11-42 所示。

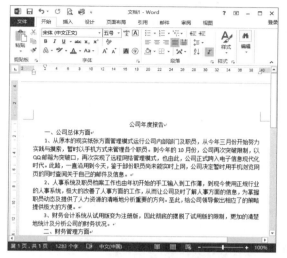

图 11-41　输入公司年度报告内容

图 11-42　设置字体格式

步骤 **3** 设置第 2 行格式后，使用格式刷引用第 2 行的格式进行复制格式操作，效果如图 11-43 所示。

步骤 **4** 选中需要添加批注的文本，选择【审阅】选项卡，在【批注】选项组中单击【新建批注】按钮，选中的文本上会添加一个批注的编辑框，在编辑框中可以输入需要批注的内容，如图 11-44 所示。

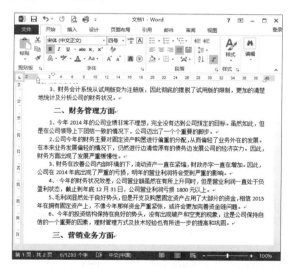

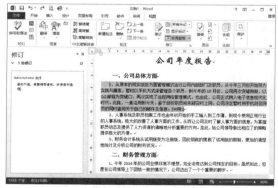

图 11-43　使用格式刷复制格式

图 11-44　选中要添加批注的文本

步骤 **5** 在【修订】选项组中单击【修订】按钮，在文档中开始修订文档，文档将自动将修订的过程显示出来，如图 11-45 所示。

步骤 6 单击快速访问工具栏中的【保存】按钮，打开【另存为】对话框，在其中选择文件保存的位置并输入保存的名称，最后单击【保存】按钮即可，如图 11-46 所示。

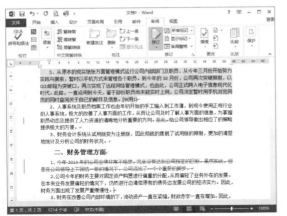

图 11-45　修订其他内容

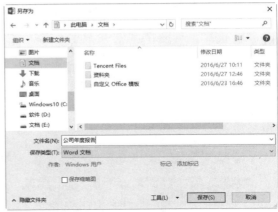

图 11-46　保存文档

11.6.2 高效办公技能 2——打印公司岗位责任说明书

岗位职责说明书在现代商务办公中经常使用，每一个岗位都有它自己的职责。因此，制作一份规范的岗位职责说明书对于公司办公非常重要，具体操作步骤如下。

步骤 1 启动 Word 2013，进入程序主界面，选择【文件】选项卡，在打开的界面中选择【新建】选项，然后单击【空白文档】选项，如图 11-47 所示。

步骤 2 随即新建一个空白文档，并在工作区内输入有关公司岗位的文本，如图 11-48 所示。

图 11-47　【新建】界面

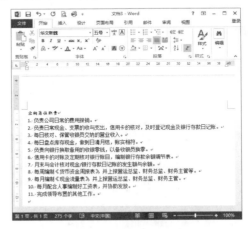

图 11-48　输入文字

步骤 3 选中第 1 行文字，单击【字体】选项组和【段落】选项组中的相关按钮，分别设置文字的格式为"二号、加粗和居中对齐"，使第 1 行文字加粗并居中，如图 11-49 所示。

步骤 4 选中第 2 行到最后一行文字，在【字体】选项组中设置段落的字号为"四号"，如图 11-50 所示。

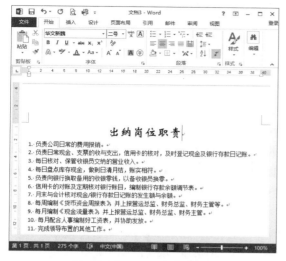

图 11-49　设置字体格式

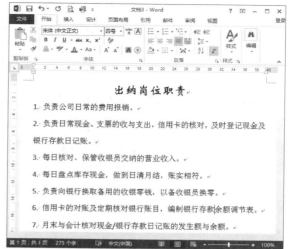

图 11-50　设置文字大小

步骤 5　单击快速访问工具栏中的【保存】按钮，在弹出的【另存为】对话框中设置【文件名】为"公司出纳岗位制度书"，然后单击【保存】按钮保存文件，如图 11-51 所示。

步骤 6　选择【文件】选项卡，在打开的界面中选择【打印】选项，进行打印前的预览，并设置打印的份数为 5 份，方向为【纵向】、纸张大小为 A4，设置完成后再次查看效果，如果满意，可以单击【打印】按钮即可打印公司出纳岗位制度书，如图 11-52 所示。

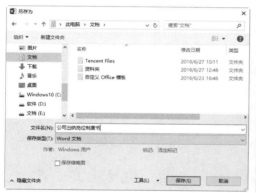

图 11-51　【另存为】对话框

图 11-52　打印预览

11.7 疑难问题解答

问题 1：如何去掉标示拼写和语法错误的波浪线？

解答：在【Word 选项】对话框中单击【例外项】后的下拉列表，可以选择要隐藏拼写错误和语法错误的文档。在其下方分别选中【隐藏此文档中的拼写错误】和【隐藏此文档中的语法错误】两个复选框，那么在对文档进行拼写和语法检查后，标示拼写和语法错误的波浪线就不会显示。

问题 2：如何查看原文档和批注后文档的区别？

解答：单击【审阅】选项卡【比较】组中的【比较】按钮，在弹出的下拉列表中选择【合并】选项，弹出【合并】对话框，然后单击【原文档】文本框右侧的【打开】按钮，选择要打开的原文档，再单击【修订的文档】文本框右侧的【打开】按钮，选择要打开的修订的文档。然后单击【确定】按钮，将会打开名称为"合并结果 1"的文档，此时就可以查看原文档和批注后文档的区别了。

第 **3** 篇

Excel 高效办公

Excel 2013 具有强大的电子表格制作与数据处理功能，它能够快速计算和分析数据信息，提高工作效率和准确率，是目前使用最为广泛的软件之一。本篇学习 Excel 2013 对表格的编辑和美化、管理数据、使用宏、公式和函数等知识。

△ 第 12 章　制表基础——Excel 2013 的基本操作

△ 第 13 章　制作报表——工作表数据的输入与编辑

△ 第 14 章　美化报表——工作表格式的设置与美化

△ 第 15 章　分析报表——工作表数据的管理与分析

△ 第 16 章　自动计算——使用公式与函数计算数据

第 12 章

制表基础——
Excel 2013 的
基本操作

● **本章导读**

　　Excel 2013 是微软公司推出的 Office 2013 办公系列软件的一个重要组成部分，主要用于电子表格处理，可以高效地完成各种表格和图的设计，进行复杂的数据计算和分析。本章将为读者介绍 Excel 2013 的工作界面、工作簿、工作表、单元格的基本操作等。

● **学习目标**

◎ 认识 Excel 2013 的工作界面
◎ 掌握 Excel 工作簿的基本操作
◎ 掌握 Excel 工作表的基本操作
◎ 掌握单元格的基本操作

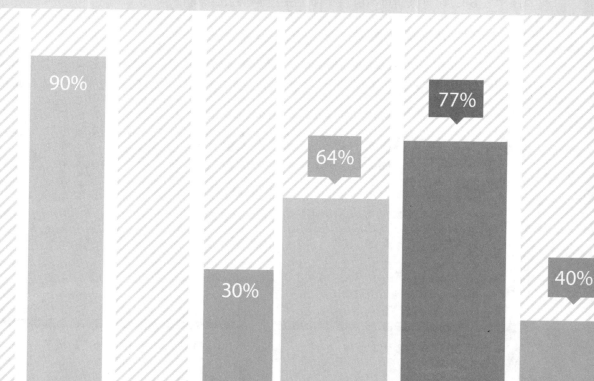

12.1 工作簿的基本操作

　　工作簿是 Excel 2013 中处理和存储数据的文件，它是 Excel 2013 存储在磁盘上的最小单位。工作簿由工作表组成。在 Excel 2013 中，工作簿中能够包括的工作表个数不再受限制，在内存足够的前提下，可以添加任意多个工作表，如图 12-1 所示。Excel 2013 对工作簿的操作主要有新建、保存、打开、切换、关闭等。

图 12-1　工作簿与工作表

12.1.1　创建空白工作簿

　　使用 Excel 工作，首先要创建一个工作簿，创建空白工作簿的方法有以下几种。

1.　启动自动创建

　　启动 Excel 后，它会自动创建一个名称为"工作簿 1"的工作簿，如图 12-2 所示。如果已经启动了 Excel，还可以通过下面的 3 种方法创建新的工作簿。

2.　使用快速访问工具栏

　　单击快速访问工具栏右侧的下拉按钮，在弹出的下拉列表中选择【新建】选项，即可将【新建】按钮添加到快速访问工具栏中，然后单击快速访问工具栏中的【新建】按钮，即可新建一个工作簿，如图 12-3 所示。

图 12-2　空白工作簿

图 12-3　选择【新建】选项

3. 使用【文件】选项卡

步骤 1 选择【文件】选项卡，在打开的界面中选择【新建】选项，在右侧窗口中选择【空白工作簿】选项，如图 12-4 所示。

步骤 2 随即创建一个新的空白工作簿，如图 12-5 所示。

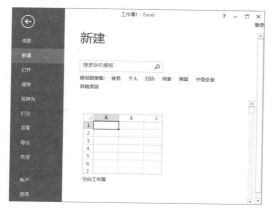

图 12-4　【新建】界面

图 12-5　空白工作簿

4. 使用快捷键

按 Ctrl+N 组合键即可新建一个工作簿。

12.1.2　使用模板创建工作簿

Excel 2013 提供有很多默认的工作簿模板，使用模板可以快速地创建同类别的工作簿，具体操作步骤如下。

步骤 1 选择【文件】选项卡，在打开的界面中选择【新建】选项，进入【新建】界面，在打开的界面中单击【资产负债表】选项，随即打开【资产负债表】对话框，如图 12-6 所示。

步骤 2 单击【创建】按钮，即可根据选择的模板新建一个工作簿，如图 12-7 所示。

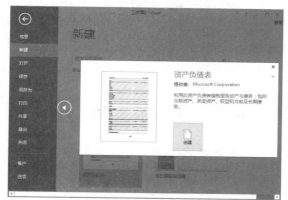

图 12-6　【资产负债表】对话框

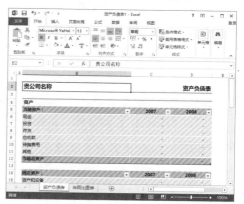

图 12-7　使用模板创建工作簿

12.1.3 保存工作簿

保存工作簿的方法有多种，常见的有初次保存工作簿和保存已经存在的工作簿两种，下面分别进行介绍。

1. 初次保存工作簿

工作簿创建完毕之后，就要将其进行保存以备今后查看和使用，在初次保存工作簿时需要指定工作簿的保存路径和保存名称，具体操作步骤如下。

步骤 1 在新创建的 Excel 工作界面中，选择【文件】选项卡，在打开的界面中选择【保存】选项，或按 Ctrl+S 组合键，也可以单击快速访问工具栏中的【保存】按钮，如图 12-8 所示。

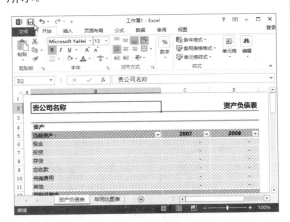

图 12-8 单击【保存】按钮

步骤 2 进入【另存为】界面，在其中选择工作簿保存的位置，这里选择【计算机】选项，如图 12-9 所示。

步骤 3 单击【浏览】按钮，打开【另存为】对话框，在【文件名】下拉列表框中输入工作簿的保存名称，在【保存类型】下拉列表框中选择文件保存的类型，设置完毕后，单击【保存】按钮即可，如图 12-10 所示。

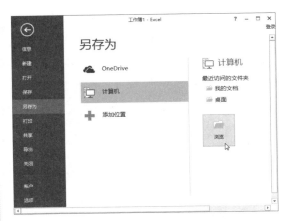

图 12-9 【另存为】界面

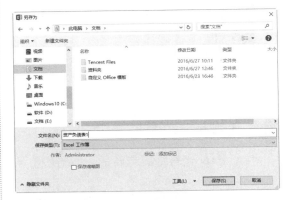

图 12-10 【另存为】对话框

2. 保存已有的工作簿

对于已有的工作簿，当打开并修改完毕后，只需单击【常用】工具栏上的【保存】按钮，就可以保存已经修改的内容，还可以选择【文件】选项卡，在打开的界面中选择【另存为】选项，然后选择【计算机】保存位置，最后单击【浏览】按钮，打开【另存为】对话框，以其他名称保存或保存到其他位置。

12.1.4 打开和关闭工作簿

当需要使用 Excel 文件时，用户需要打开工作簿，而当用户不需要时，则需要关闭工作簿。

1. 打开工作簿

打开工作簿的方法如下。

(1) 在文件上双击，如图 12-11 所示，即可使用 Excel 2013 打开此文件，如图 12-12 所示。

图 12-11　工作簿图标

图 12-12　打开 Excel 工作簿

(2) 在 Excel 2013 操作界面中选择【文件】选项卡，在打开的界面中选择【打开】选项，选择【计算机】选项，如图 12-13 所示。单击【浏览】按钮，打开【打开】对话框，在其中找到文件保存的位置，并选中要打开的文件，如图 12-14 所示。

图 12-13　【打开】界面

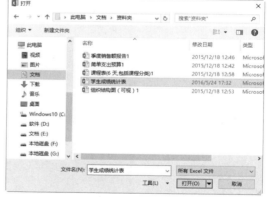

图 12-14　【打开】对话框

单击【打开】按钮，即可打开 Excel 工作簿，如图 12-15 所示。

> **提示**　也可以使用 Ctrl+O 组合键，打开【打开】界面，或者单击快速访问工具栏中的下三角按钮，在打开的下拉列表中选择【打开】选项，将【打开】按钮添加到快速访问工具栏中，单击快速访问工具栏中的【打开】按钮，打开【打开】界面，然后选择文件保存的位置，一般选择【计算机】选项，再单击【浏览】按钮，打开【打开】对话框，在其中选择要打开的文件，进而打开需要的工作簿，如图 12-16 所示。

图 12-15　打开工作簿

图 12-16　选择【打开】选项

2. 关闭工作簿

可以使用以下两种方式关闭工作簿。

(1) 单击窗口右上角的【关闭】按钮，如图 12-17 所示。

(2) 选择【文件】选项卡，在打开的界面中选择【关闭】选项，如图 12-18 所示。

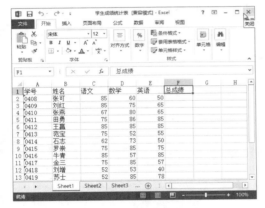

图 12-17　单击【关闭】按钮

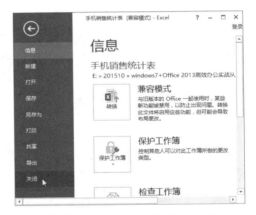

图 12-18　选择【关闭】选项

在关闭 Excel 2013 文件之前，如果所编辑的表格没有保存，系统会弹出信息提示框，如图 12-19 所示。

单击【保存】按钮，将保存对表格所做的修改，并关闭 Excel 2013 文件；单击【不保存】按钮，则不保存表格的修改，并关闭 Excel 2013 文件；单击【取消】按钮，不关闭 Excel 2013 文件，返回 Excel 2013 界面继续编辑表格。

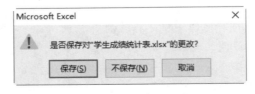

图 12-19　信息提示框

12.2　工作表的基本操作

　　工作表是工作簿的组成部分，默认情况下，新创建的工作簿只包含有 1 个工作表，名称为 Sheet1，使用工作表可以组织和分析数据，用户可以对工作表进行重命名、插入、删除、显示、隐藏等操作。

12.2.1　插入工作表

　　在 Excel 2013 中，新建的工作簿中只有一个工作表，如果该工作簿需要保存多个不同类型的工作表，就需要在工作簿中插入新的工作表，具体操作步骤如下。

步骤 1 打开需要插入工作簿的文件，在文档窗口中单击工作表 Sheet1 的标签，然后单击【开始】选项卡【单元格】选项组中的【插入】按钮，在弹出的下拉列表中选择【插入工作表】选项，如图 12-20 所示。

图 12-20　选择【插入工作表】选项

步骤 2 即可插入新的工作表，如图 12-21 所示。

图 12-21　插入一个工作表

步骤 3 用户也可以使用快捷菜单插入工作表，在工作表 Sheet1 的标签上右击并在弹出的快捷菜单中选择【插入】命令，如图 12-22 所示。

图 12-22　选择【插入】命令

步骤 4 在弹出的【插入】对话框中选择【常用】选项卡中的【工作表】图标，如图 12-23 所示。单击【确定】按钮，也可以插入新的工作表。

图 12-23　【插入】对话框

Windows 10+Office 2013 高效办公实战从入门到精通（视频教学版）

12.2.2 选择工作表

在操作 Excel 工作表之前必须先选择它，每一个工作簿中的工作表的默认名称是 Sheet1。默认状态下，当前工作表为 Sheet1。

1. 选定单个 Excel 表格

用鼠标选定 Excel 工作表是最常用、最快速的方法，只需在 Excel 工作表最下方的工作表标签上单击即可，不过，这样只能选定单个工作表，如图 12-24 所示。

图 12-24 选定单个工作表

2. 选定不连续的多个工作表

要选定不连续的多个 Excel 工作表，按住 Ctrl 键的同时选择相应的 Excel 工作表即可，如图 12-25 所示。

图 12-25 选定不连续的多个工作表

3. 选定连续的多个 Excel 表格

步骤 1 在 Excel 工作表下方的第 1 个工作表标签上单击，选定该 Excel 工作表，如图 12-26 所示。

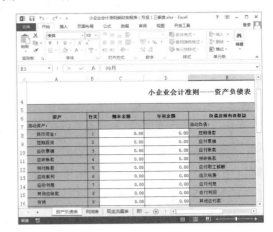

图 12-26 选定第一个工作表

步骤 2 按住 Shift 键的同时选定最后一个工作表的标签，即可选定连续的多个 Excel 工作表，如图 12-27 所示。

图 12-27 选定连续的多个工作表

12.2.3 移动工作表

移动工作表最简单的方法是使用鼠标操作，在同一个工作簿中移动工作表的方法有以下两种。

1. 直接拖曳法

步骤 1 选择要移动的工作表的标签，按住鼠标左键不放，拖曳鼠标让指针到工作表的新位置，黑色倒三角会随鼠标指针移动，如图 12-28 所示。

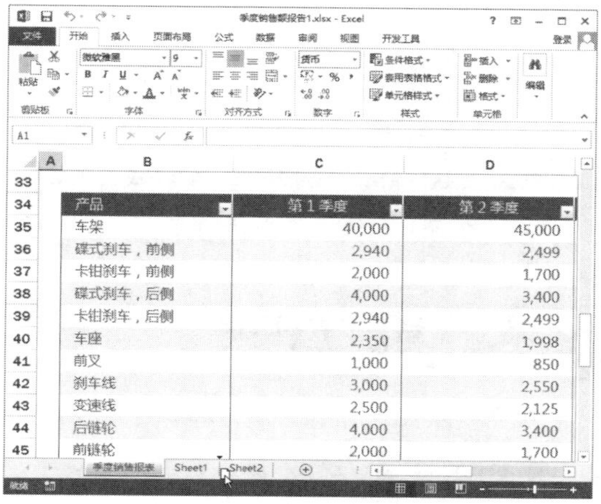

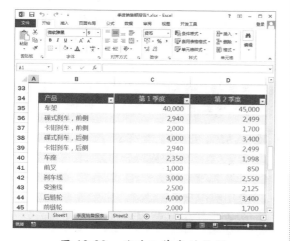

图 12-28　拖曳鼠标指针

步骤 2 释放鼠标左键，工作表即被移动到新的位置，如图 12-29 所示。

图 12-29　移动工作表的位置

2. 使用快捷菜单法

步骤 1 在要移动的工作表标签上右击，在弹出的快捷菜单中选择【移动或复制】命令，如图 12-30 所示。

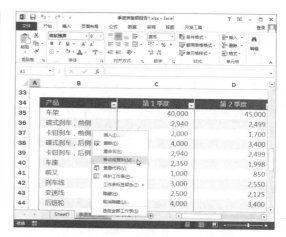

图 12-30　选择【移动或复制】命令

步骤 2 在弹出的【移动或复制工作表】对话框中选择要插入的位置，如图 12-31 所示。

图 12-31　【移动或复制工作表】对话框

步骤 3 单击【确定】按钮，即可将当前工作表移动到指定的位置，如图 12-32 所示。

图 12-32　移动工作表的位置

另外，不但可以在同一个 Excel 工作簿中移动工作表，还可以在不同的工作簿中移动。若要在不同的工作簿中移动工作表，则要求这些工作簿必须是打开的。具体操作步骤如下。

步骤 1 在要移动的工作表标签上右击，在弹出的快捷菜单中选择【移动或复制】命令，如图 12-33 所示。

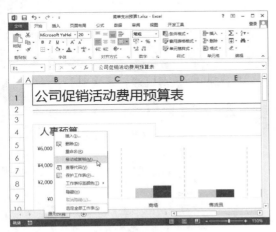

图 12-33　选择【移动或复制】命令

步骤 2 弹出【移动或复制工作表】对话框，在【将选定工作表移至工作簿】下拉列表框中选择要移动的目标位置，在【下列选定工作表之前】列表框中选择要插入的位置，如图 12-34 所示。

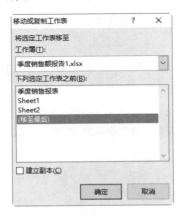

图 12-34　【移动或复制工作表】对话框

步骤 3 单击【确定】按钮，即可将当前工作表移动到指定的位置，如图 12-35 所示。

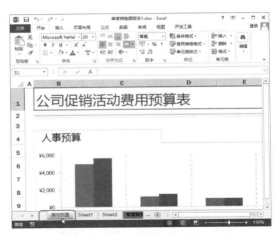

图 12-35　移动工作表

12.2.4　复制工作表

用户可以在一个或多个 Excel 工作簿中复制工作表，有以下两种方法。

1. 使用鼠标复制

用鼠标复制工作表的步骤与移动工作表的步骤相似，只是在拖动鼠标的同时按住 Ctrl 键即可。具体方法为：选择要复制的工作表，按住 Ctrl 键的同时单击该工作表，然后拖曳鼠标让指针到工作表的新位置，黑色倒三角会随鼠标指针移动，释放鼠标左键，工作表即被复制到新的位置，如图 12-36 所示。

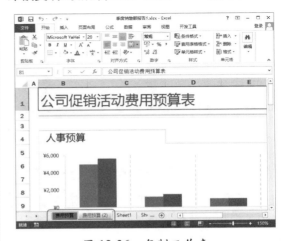

图 12-36　复制工作表

2. 使用快捷菜单复制

步骤 1 选择要复制的工作表，在工作表标签上右击，在弹出的快捷菜单中选择【移动或复制】命令，如图 12-37 所示。

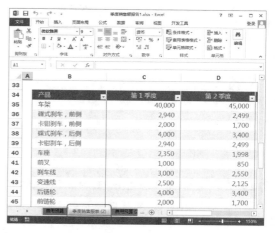

图 12-37　选择【移动或复制】命令

步骤 2 在弹出的【移动或复制工作表】对话框中选择要复制的目标工作簿和插入的位置，然后选中【建立副本】复选框，如图 12-38 所示。

图 12-38　【移动或复制工作表】对话框

步骤 3 单击【确定】按钮，即可完成复制工作表的操作，如图 12-39 所示。

图 12-39　复制工作表

12.2.5　删除工作表

为了便于管理 Excel 表格，应当将无用的 Excel 表格删除，以节省存储空间。删除 Excel 表格的方法有以下两种。

（1）选择要删除的工作表，然后单击【开始】选项卡【单元格】选项组中的【删除】按钮，在弹出的下拉列表中选择【删除工作表】选项，即可将选择的工作表删除，如图 12-40 所示。

图 12-40　选择【删除工作表】选项

（2）在要删除的工作表的标签上右击并在弹出的快捷菜单中选择【删除】命令，也可以将工作表删除，该删除操作不能撤销，即工作表被永久删除，如图 12-41 所示。

图 12-41　选择【删除】命令

图 12-42　进入编辑状态

12.2.6　重命名工作表

每个工作表都有自己的名称，默认情况下以 Sheet1、Sheet2、Sheet3……命名工作表。这种命名方式不便于管理工作表，为此用户可以对工作表进行重命名操作，以便更好地管理工作表，重命名工作表的具体操作步骤如下。

步骤 1 新建一个工作簿，双击要重命名的工作表的标签 Sheet1（此时该标签以高亮显示），进入可编辑状态，如图 12-42 所示。

步骤 2 输入新的标签名，即可完成对该工作表标签进行的重命名操作，如图 12-43 所示。

图 12-43　重命名工作表

> **提示**　另外，用户还可以在要重命名的工作表标签上，右击并在弹出的快捷菜单中选择【重命名】命令，进入重命名编辑状态，进行重命名操作。

12.3　单元格的基本操作

单元格是工作表中行列交汇处的区域，它可以保存数值、文字、声音等数据。在 Excel 中，单元格是编辑数据的基本元素。因此，要学习好 Excel，就必须掌握正确的操作单元格的方法。

12.3.1　选定单元格

要对单元格进行编辑操作，必须先选定单元格或单元格区域，启动 Excel 并创建新的工作簿时，单元格 A1 处于自动选定状态。

1. 选定一个单元格

选定一个单元格的最常用方法是用鼠标选定，在工作表格区内，鼠标指针会呈白色✛形状，如图 12-44 所示。单击单元格即被选定，变为活动单元格，其边框以深绿色粗线标识，如图 12-45 所示。

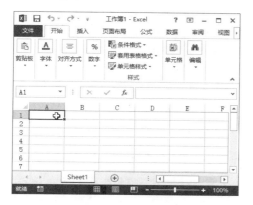

图 12-44　鼠标指针呈✛形状

图 12-45　选定单元格

2. 选定单元格区域

在 Excel 工作表中，若要对多个单元格进行相同的操作，可以先选定单元格区域，下面以选择 A2、D6 为对角点的矩形区域 A2:D6 为例进行介绍。

将鼠标指针移到该区域左上角的单元格 A2 上，按住鼠标左键不放，向该区域右下角的单元格 D6 拖曳，即可将单元格区域 A2:D6 选定，如图 12-46 所示。

图 12-46　选定单元格区域

如果要选定多个不连续的单元格区域，需要在选定第一个单元格区域后，按住 Ctrl 键不放，拖曳鼠标选择第 2 个单元格区域（例如单元格区域 C6:E8），如图 12-47 所示。

图 12-47　选定多个单元格区域

3. 选择定整行或整列

要对整行或整列的单元格进行操作，必须先选定整行或整列的单元格。

(1) 选定一行：将鼠标指针移动到要选定的行号上，当指针变成➡形状后单击，该行即被选定，如图 12-48 所示。

(2) 选定一列：移动鼠标指针到要选定的列标上，当指针变成⬇形状后单击，该列即被选定，如图 12-49 所示。

图 12-48　选定一行

图 12-49　选定一列

4. 选定多行或多列

步骤 **1** 单击连续行区域的第 1 行的行号，如图 12-50 所示。

图 12-50　选定第一行

步骤 **2** 按住 Shift 键的同时单击该区域的

最后一行的行号，即可选定连续的多行，如图 12-51 所示。

图 12-51　选定最后一行

若要选定不连续的多行，按住 Ctrl 键，然后依次选定需要的行即可，如图 12-52 所示。

图 12-52　选定不连续的多行

若要选定不连续的多列，按住 Ctrl 键，然后依次选定需要的列即可，如图 12-53 所示。

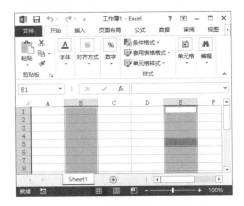

图 12-53　选定不连续的多列

5. 选定所有单元格

选定所有单元格，即选定整个工作表，方法有以下两种。

(1) 单击工作表左上角行号与列标相交处的【选定全部】按钮 ◢，即可选定整个工作表，如图 12-54 所示。

图 12-54　单击【选定全部】按钮

(2) 按 Ctrl+A 组合键也可以选定整个表格，如图 12-55 所示。

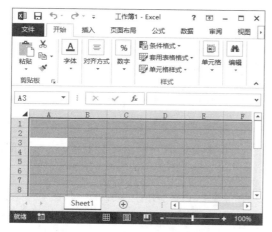

图 12-55　按 Ctrl+A 组合键

12.3.2　插入单元格

在 Excel 工作表中，可以在活动单元格的上方或左侧插入空白单元格，同时将同一列中的其他单元格下移或将同一行中的其他单元格右移。具体操作步骤如下。

步骤 1　打开随书光盘中的"素材\ch12\学院人员统计表.xlsx"文件，选择要插入空白单元格的单元格区域 A4:C4，如图 12-56 所示。

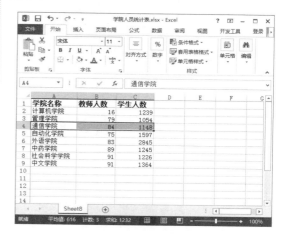

图 12-56　选择单元格区域

步骤 2　在【开始】选项卡中，单击【单元格】选项组中的【插入】按钮下方的下拉按钮，在弹出的下拉菜单中选择【插入单元格】选项，如图 12-57 所示。

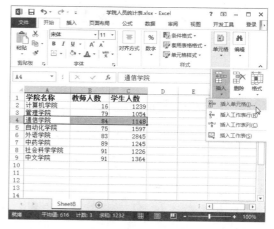

图 12-57　选择【插入单元格】选项

步骤 3　弹出【插入】对话框，选中【活动单元格右移】单选按钮，单击【确定】按钮，如图 12-58 所示。

图 12-58　【插入】对话框

步骤 4 即可在当前位置插入空白单元格区域，原位置数据则右移，如图 12-59 所示。

图 12-59　右移数据

12.3.3 合并与拆分单元格

合并与拆分单元格是最常用的调整单元格的方法。

1. 合并单元格

合并单元格是指在 Excel 工作表中，将两个或多个选定的相邻单元格合并成一个单元格，方法有以下两种。

（1）用【对齐方式】选项组进行设置，具体操作步骤如下。

步骤 1 打开随书光盘中的"素材 \ch12\ 办公用品采购清单 .xlsx"文件，选择单元格区域 A1:F1，在【开始】选项卡中，单击【对齐

方式】选项组中 合并居中 图标右侧的下拉按钮，在弹出的菜单中选择【合并后居中】命令，如图 12-60 所示。

图 12-60　选择【合并后居中】命令

步骤 2 该表格标题行即合并且居中，如图 12-61 所示。

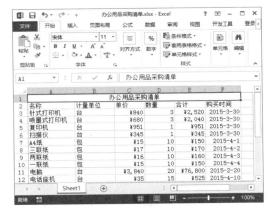

图 12-61　合并后居中

（2）用【设置单元格格式】对话框进行设置，具体操作步骤如下。

步骤 1 选择单元格区域 A1:E1，在【开始】选项卡中，单击【对齐方式】选项组右下角的 图标，弹出【设置单元格格式】对话框，选择【对齐】选项卡，在【文本对齐方式】区域的【水平对齐】下拉列表框中选择【居中】选项，在【文本控制】区域选中【合并单元格】复选框，然后单击【确定】按钮，如图 12-62 所示。

图 12-62　【对齐】选项卡

步骤 2 该表格标题行即合并且居中，结果如图 12-63 所示。

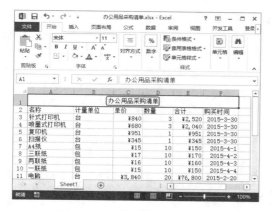

图 12-63　合并后居中显示

2. 拆分单元格

在 Excel 工作表中，拆分单元格就是将一个单元格拆分成多个单元格，方法有以下两种。

(1) 用【对齐方式】选项组进行设置，具体操作步骤如下。

步骤 1 选择合并后的单元格，在【开始】选项卡中，单击【对齐方式】组中 合并后居中 ▾ 图标右侧的下拉箭头，在弹出的菜单中选择【取

消单元格合并】选项，如图 12-64 所示。

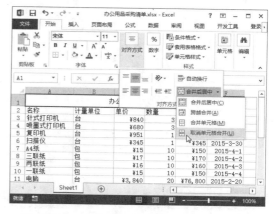

图 12-64　选择【取消单元格合并】选项

步骤 2 该表格标题行标题即被取消合并，恢复成合并前的单元格，如图 12-65 所示。

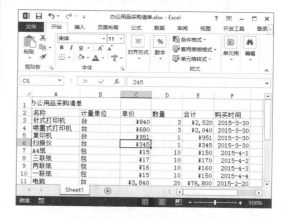

图 12-65　取消单元格合并

(2) 用【设置单元格格式】对话框进行设置，具体操作步骤如下。

步骤 1 右击合并后的单元格，在弹出的快捷菜单中选择【设置单元格格式】命令，弹出【设置单元格格式】对话框，如图 12-66 所示。

步骤 2 在【对齐】选项卡中取消【合并单元格】复选框的选中状态，然后单击【确定】按钮，即可取消单元格的合并状态，如图 12-67 所示。

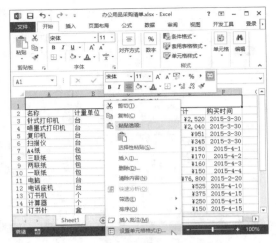

图 12-66　选择【设置单元格格式】命令

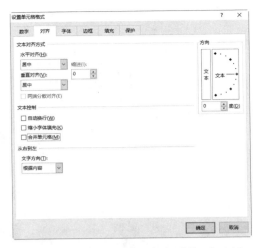

图 12-67　【设置单元格格式】对话框

12.3.4　调整单元格的行高与列宽

通常，单元格的大小是 Excel 默认设置的，根据需要可以对单元格的行高与列宽进行调整，以使所有单元格的内容都显示出来。

 调整行高

步骤 1 在工作表中，选择需要调整高度的第 3 行、第 4 行和第 5 行，如图 12-68 所示。

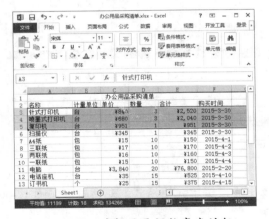

图 12-68　选择需要调整高度的行

步骤 2 在行号上右击，在弹出的快捷菜单中选择【行高】命令，如图 12-69 所示。

步骤 3 在弹出的【行高】对话框的【行高】文本框中输入"25"，然后单击【确定】按钮，如图 12-70 所示。

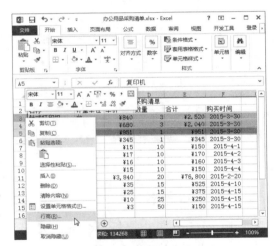

图 12-69　选择【行高】命令

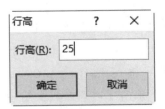

图 12-70　【行高】对话框

步骤 4 可以看到第 3 行、第 4 行和第 5 行的行高均被设置为"25"了，如图 12-71 所示。

图 12-71 调整行高

2. 调整列宽

在 Excel 工作表中，如果单元格的宽度不足以使数据显示完整，数据在单元格里则会以科学计数法表示或被填充成"######"的形式，当列被加宽后，数据就会显示出来，使用鼠标拖曳方式可以轻松调整列宽。

步骤 1 将光标移动到两列的列标之间，当指针变成 ✛ 形状时，按住鼠标左键向左拖动可以使列变窄，向右拖动则可使列变宽，如图 12-72 所示。

图 12-72 拖动列宽

步骤 2 拖动时将显示出以点和像素为单位的宽度工具提示，拖动完成后，释放鼠标，即可显示出全部数据，如图 12-73 所示。

图 12-73 正常显示数据

12.3.5 复制与移动单元格区域

在编辑 Excel 工作表时，若数据输错了位置，不必重新输入，可将其移动到正确的单元格区域；若单元格区域数据与其他区域数据相同，为了避免重复输入，提高效率，可采用复制的方法来编辑工作表。

步骤 1 打开随书光盘中的"素材 \ch12\ 学院人员统计表 .xlsx"文件，选择单元格区域 A3:C3，并按 Ctrl+C 组合键进行复制，如图 12-74 所示。

图 12-74 复制单元格区域

步骤 2 选择目标位置（如选定目标区域的第 1 个单元格 A11），按 Ctrl+V（粘贴）组合键，单元格区域即被复制到单元格区域 A11:C11 中，如图 12-75 所示。

移动单元格区域的方法是先选定单元格区域，按 Ctrl+X 组合键将此区域剪切到剪贴板中，然后通过粘贴（按 Ctrl+V 组合键）的方式移动到目标区域，如图 12-76 所示。

图 12-75　粘贴单元格区域

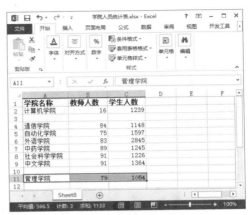

图 12-76　移动单元格区域

12.4　高效办公技能实战

12.4.1　高效办公技能 1——修复被损坏的工作簿

如果工作簿损坏了不能打开，可以使用 Excel 2013 自带的修复功能修复。具体操作步骤如下。

步骤 1 启动 Excel 2013，选择【文件】选项卡，进入【文件】设置界面，在左侧列表中选择【打开】选项，在右侧选择【计算机】选项，如图 12-77 所示。

步骤 2 单击【浏览】按钮，打开【打开】对话框，从中选择要打开的工作簿文件，如图 12-78 所示。

图 12-78　【打开】对话框

图 12-77　选择【计算机】选项

步骤 3 单击【打开】按钮右侧的下三角按

钮，在弹出的下拉菜单中选择【打开并修复】命令，如图 12-79 所示。

图 12-79 选择【打开并修复】命令

步骤 4 弹出如图 12-80 所示的对话框，单击【修复】按钮，Excel 将修复工作簿并打开；如果修复不能完成，则可单击【提取数据】按钮，只将工作簿中的数据提取出来。

图 12-80 信息提示框

步骤 5 单击【修复】按钮，即可开始修复工作簿，修复完毕后，弹出如图 12-81 所示的对话框，提示用户 Excel 已经完成文件

的修复。

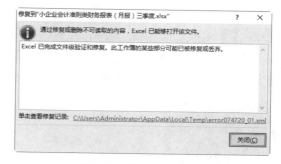

图 12-81 修复信息提示框

步骤 6 单击【关闭】按钮，返回到 Excel 的工作界面中，可以看到修复后的工作簿已经打开，并在标题行的最后显示"修复的"信息提示，如图 12-82 所示。

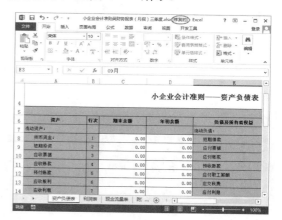

图 12-82 修复完成

12.4.2 高效办公技能 2——使用模板快速创建销售报表

Excel 2013 内置有多种样式的模板，使用这些模板可以快速创建工作表，这里以创建一个销售报表为例，来介绍使用模板创建报表的方法。

具体操作步骤如下。

步骤 1 单击【开始】按钮，在弹出的【开始】菜单中选择【所有应用】→ Microsoft Office 2013 → Excel 2013 命令，如图 12-83 所示。

图 12-83 选择 Excel 2013 命令

步骤 2 启动 Excel 2013，打开如图 12-84 所示的工作界面，在其中可以看到 Excel 2013 提供的模板类型。

步骤 3 在模板类型中选择需要的模板，如果预设的模板类型中没有自己需要的模板，则可以在【搜索联机模板】文本框中输入想要搜索的模板类型，如这里输入"销售"，然后单击【搜索】按钮，即可搜索与销售有关的 Excel 模板，如图 12-85 所示。

图 12-84　启动 Excel 工作界面

图 12-85　输入模板类型

步骤 4 单击自己需要的销售类型，如这里单击【日常销售报表】模板类型，则打开【日常销售报表】对话框，如图 12-86 所示。

步骤 5 单击【创建】按钮，即可开始下载所需要的模板，如图 12-87 所示。

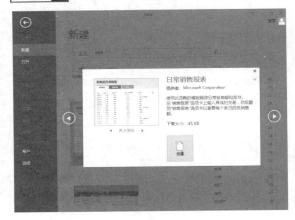

图 12-86　【日常销售报表】对话框

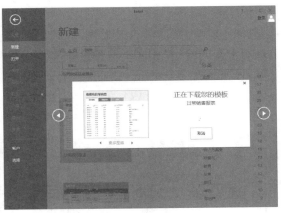

图 12-87　下载所需模板

步骤 6 下载完毕后，即可完成使用模板创建销售报表的操作，并进入销售报表编辑界面，如图 12-88 所示。

步骤 7 选择【文件】选项卡，进入【文件】设置界面，在左侧的列表中选择【另存为】选项，并在右侧选择【计算机】选项，如图 12-89 所示。

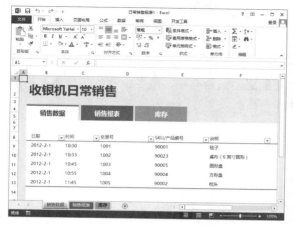

图 12-88 销售报表编辑界面

图 12-89 选择【计算机】选项

步骤 8 单击【浏览】按钮，打开【另存为】对话框，在【保存位置】下拉列表框中选择要保存文件的路径和文件夹，在【文件名】下拉列表框中输入"销售报表"，在【保存类型】下拉列表框中选择文件的保存类型，单击【保存】按钮，将创建的销售报表保存到计算机的磁盘中，如图 12-90 所示。

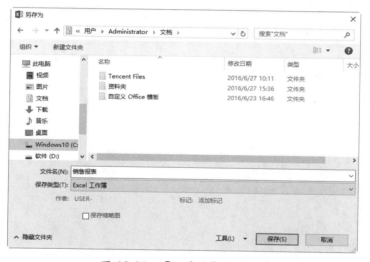

图 12-90 【另存为】对话框

12.5 疑难问题解答

问题 1： 在删除工作表时，为什么总弹出"此操作将关闭工作簿并且不保存……"的提示信息？

解答： 出现这种情况，请检查要删除的工作表是否是该工作簿中唯一的工作表，如果是，则会弹出删除工作表时的错误提示信息。所以，若要避免该情况的出现，则删除后要保证工作簿中至少保留一个工作表。

问题 2：在将工作表另存为工作簿时，为什么总提示"运行时错误 1004"的提示信息？

解答：出现这种情况时，请先检查文件要另存的路径是否存在，或要保存的工作簿与当前打开的工作簿是否同名，如果是请更改保存路径或文件名称。

第13章

制作报表——工作表数据的输入与编辑

● 本章导读

　　在 Excel 工作表中的单元格内可以输入各种类型的数据，包括文本、数字、日期、时间等，同时，用户还可以对输入的数据进行修改或编辑等操作。本章将为读者介绍在工作表中的单元格中输入与编辑数据的方法与技巧。

● 学习目标

◎ 掌握在单元格中输入数据的方法

◎ 掌握快速填充单元格数据的方法

◎ 掌握修改与编辑单元格数据的方法

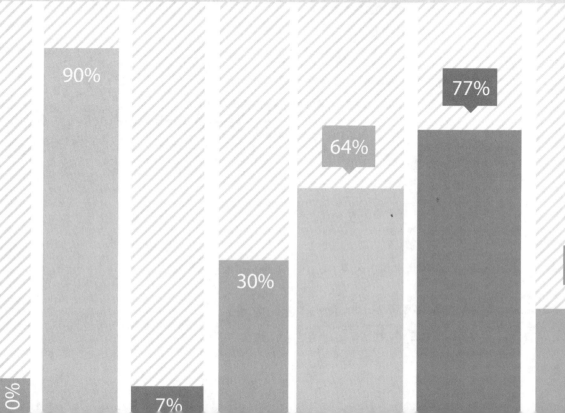

13.1 在单元格中输入数据

在单元格中输入的数据主要包括 4 种，分别是文本、数字、逻辑值和出错值。下面分别介绍输入的方法。

13.1.1 输入文本

单元格中的文本包括任何字母、汉字、数字、空格、符号等，每个单元格最多可包含 32000 个字符。文本是 Excel 工作表中常见的数据类型之一。当在单元格中输入文本时，既可以直接在单元格中输入，也可以在编辑栏中输入，具体操作步骤如下。

步骤 1 启动 Excel 2013，新建一个工作簿。单击选中单元格 A1，输入所需的文本。例如，输入"春眠不觉晓"，此时编辑栏中将会自动显示输入的内容，如图 13-1 所示。

图 13-1 直接在单元格中输入文本

步骤 2 单击选中单元格 A2，在编辑栏中输入文本"处处闻啼鸟"，此时单元格中也会显示输入的内容，然后按 Enter 键，即可确定输入，如图 13-2 所示。

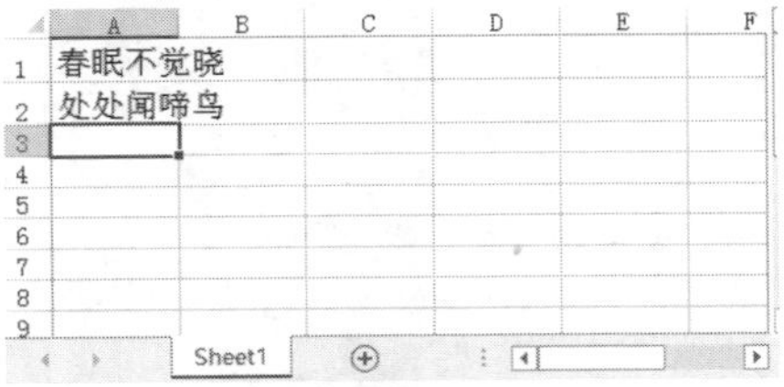

图 13-2 在编辑栏中输入文本

> **提示** 在默认情况下，Excel 会将输入文本的对齐方式设置为"左对齐"。

在输入文本时，若文本的长度大于单元格的列宽，文本会自动占用相邻的单元格，若相邻的单元格中已存在数据，则会截断显示，如图 13-3 所示。被截断显示的文本依然存在，只需增加单元格的列宽即可显示。

图 13-3 文本截断显示

> **提示** 如果想在一个单元格中输入多行数据，在换行处按 Alt+Enter 组合键即可换行，如图 13-4 所示。

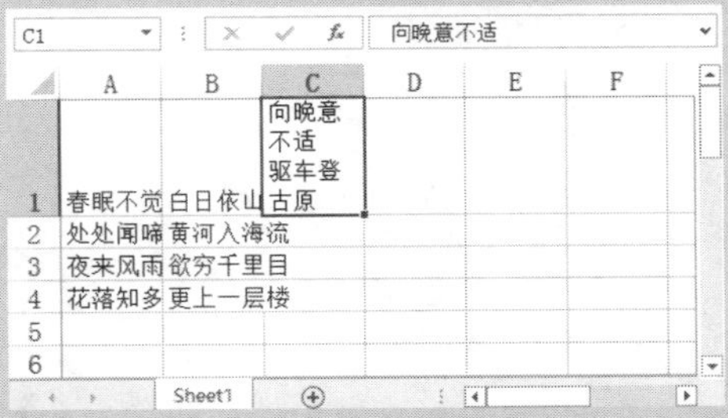

图 13-4 多行显示数据

以上只是输入一些普通的文本,若需要输入一长串全部由数字组成的文本数据时,如手机号、身份证号等。如果直接输入,系统会自动将其按数字类型的数据进行存储。例如,输入任意身份证号码,按 Enter 键后,可以看到,此时系统将其作为数字处理,并以科学计数法显示,如图 13-5 所示。

图 13-5　按数字类型的数据处理

针对该问题,在输入数字时,在数字前面添加一个英文状态下的单引号“'”即可解决,如图 13-6 所示。

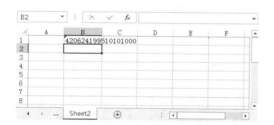

图 13-6　在数字前面添加一个单引号

添加单引号后,虽然能够以数字形式显示完整的文本,但单元格左上角会显示一个绿色的倒三角标记,提示存在错误。单击选中该单元格,其前面会显示一个错误图标◈,单击图标右侧的下拉按钮,在弹出的下拉列

表中选择【错误检查选项】选项,如图 13-7 所示。弹出【Excel 选项】对话框,在【错误检查规则】中取消选中【文本格式的数字或者前面有撇号的数字】复选框,单击【确定】按钮,如图 13-8 所示。经过以上设置以后,系统将不再对此类错误进行检查,即不会显示绿色的倒三角标记。

图 13-7　选择【错误检查选项】选项

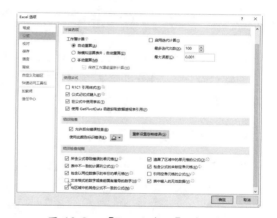

图 13-8　【Excel 选项】对话框

▶ 提示　　若只是想隐藏当前单元格的错误标记,在图 13-7 中,选择【忽略错误】选项即可。

13.1.2　输入数值

在 Excel 中输入数值是最常见不过的操作了,数值型数据可以是整数、小数、分数或科学计数等,它是 Excel 中使用得最多的数据类型。输入数值型数据与输入文本的方法相同,这里不再赘述。

与输入文本不同的是，在单元格中输入数值型数据时，在默认情况下，Excel 会将其对齐方式设置为"右对齐"，如图 13-9 所示。

另外，若要在单元格中输入分数，如果直接输入，系统会自动将其显示为日期。因此，在输入分数时，为了与日期型数据区分，需要在其前面加一个零和一个空格。例如，若输入"1/3"，则显示为日期形式"1 月 3 日"，若输入"0　1/3"，才会显示为分数"1/3"，如图 13-10 所示。

图 13-9　输入数值并右对齐显示

图 13-10　输入分数

13.1.3　输入日期和时间

日期和时间也是 Excel 工作表中常见的数据类型之一。在单元格中输入日期和时间型数据时，在默认情况下，Excel 会将其对齐方式设置为"右对齐"。若要在单元格中输入日期和时间，需要遵循特定的规则。

1. 输入日期

在单元格中输入日期型数据时，请使用斜线"/"或者连字符"-"分隔日期的年、月、日。例如，可以输入"2015/11/11"或者"2015-11-11"来表示日期，但按 Enter 键后，单元格中显示的日期格式均为"2015/11/11"，如果要获取系统当前的日期，按 Ctrl+;组合键即可，如图 13-11 所示。

> ▶ 提示　在默认情况下，输入的日期以类似"2015/11/11"的格式来显示，用户还可以设置单元格的格式来改变其显示的形式，具体操作步骤将在后面详细介绍。

图 13-11　输入日期

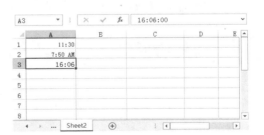

图 13-12　输入时间

2. 输入时间

在单元格中输入时间型数据时，请使用冒号 ":" 分隔时间的小时、分、秒。若要按 12 小时制表示时间，在时间后面添加一个空格，然后需要输入 am（上午）或 pm（下午）。如果要获取系统当前的时间，按 Ctrl+Shift+; 组合键即可，如图 13-12 所示。

> **提示** 如果 Excel 不能识别输入的日期或时间，则视其为文本进行处理，并在单元格中靠左对齐。如图 13-13 所示。

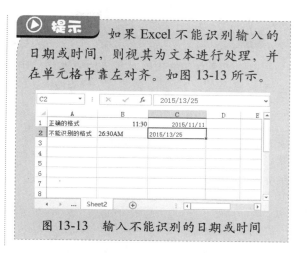

图 13-13　输入不能识别的日期或时间

13.1.4　输入特殊符号

在 Excel 工作表中的单元格内可以输入特殊符号，具体操作步骤如下。

步骤 1 选中需要插入特殊符号的单元格，如这里选定单元格 A1，然后单击【插入】选项卡【符号】组中的【符号】按钮，即可打开【符号】对话框，选择【符号】选项卡，在【子集】下拉列表框中选择【数学运算符】选项，从弹出的列表框中选择 "√"，如图 13-14 所示。

步骤 2 单击【插入】按钮，再单击【关闭】按钮，即可完成特殊符号的插入操作，如图 13-15 所示。

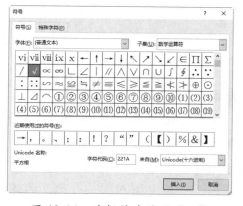

图 13-14　选择特殊符号 "√"

图 13-15　插入特殊符号 "√"

13.2　快速填充单元格数据

为了提高向工作表中输入数据的效率，降低输入错误率，Excel 提供了快速输入数据的功能，快速填充表格数据的方法包括使用填充柄填充、使用填充命令填充等。

13.2.1 使用填充柄

填充柄是位于单元格右下角的方块，使用它可以有规律地快速填充单元格，具体操作步骤如下。

步骤 1 启动 Excel 2013，新建一个空白文档，输入相关数据内容。然后将光标定位在单元格 B2 右下角的方块上，如图 13-16 所示。

图 13-16　定位光标的位置

步骤 2 当光标变为＋形状时，向下拖动鼠标到 B5，即可快速填充选定的单元格。可以看到，填充后的单元格与 B2 的内容相同，如图 13-17 所示。

图 13-17　快速填充数据

填充后，右下角有一个【自动填充选项】图标，单击图标右侧的下拉按钮，在弹出的下拉列表中可设置填充的内容，如图 13-18 所示。

在默认情况下，系统以【复制单元格】的形式进行填充。若选择【填充序列】选项，B3:B5 中的值将以"1"为步长进行递增，如图 13-19 所示。若选择【仅填充格式】选项，B3:B5 的格式将与 B2 的格式一致，但并不填充内容。若选择【不带格式填充】选项，B3:B5

的值将与 B1 一致，但并不应用 B2 的格式。

图 13-18　设置填充内容

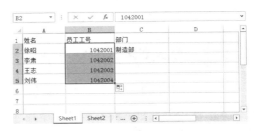

图 13-19　以序列方式填充数据

> **提示** 对于数值序列，在使用填充柄的同时按住 Ctrl 键，单元格会默认以递增的形式填充，类似于选择【填充序列】选项。

13.2.2 使用填充命令

除了使用填充柄进行填充外，还可以使用填充命令快速填充，具体操作步骤如下。

步骤 1 启动 Excel 2013，新建一个空白工作簿，在其中输入相关数据，选择区域 C2:C5，如图 13-20 所示。

图 13-20　选择单元格区域

步骤 2 在【开始】选项卡的【编辑】组中，单击【填充】右侧的下拉按钮，在弹出的下拉菜单中选择【向下】命令，如图 13-21 所示。

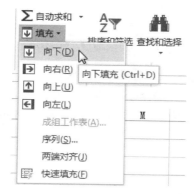

图 13-21　选择【向下】命令

步骤 3 此时系统默认以复制的形式填充 C3:C5，如图 13-22 所示。

图 13-22　向下填充内容

提示　在步骤 2 中若选择【向右】、【向上】等选项，可实现不同方向的快速填充。如图 13-23 所示为向右填充的显示效果。

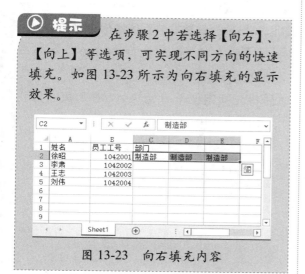

图 13-23　向右填充内容

13.2.3　数值序列填充

对于数值型数据，不仅能以复制、递增的形式快速填充，还能以等差、等比的形式快速填充。使用填充柄是以复制和递增的形式快速填充。下面介绍如何以等差的形式快速填充，具体操作步骤如下。

步骤 1 启动 Excel 2013，新建一个空白文档，在单元格 A1 和单元格 A2 中分别输入"1"和"3"，然后选择区域 A1:A2，将光标定位于单元格 A2 右下角的方块上，如图 13-24 所示。

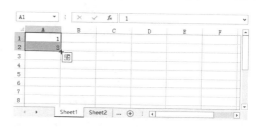

图 13-24　定位光标的位置

步骤 2 当光标变为➕形状时，向下拖动鼠标到 A6，然后释放鼠标，可以看到，单元格按照步长值为"2"的等差数列的形式进行填充，如图 13-25 所示。

图 13-25　以序列方式填充数据

如果想要以等比序列方法填充数据，则可以按照如下操作步骤进行。

步骤 1 在单元格中输入有等比序列的前两个数据，如这里分别在单元格 A1 和 A2 中输入"2"和"4"，然后选中这两个单元格，将光标定位于单元格 A2 右下角的方块上，此时光标变成➕形状，按住鼠标右键向下拖动至该序列的最后一个单元格，释放鼠标，从弹出的下拉菜单中选择【等比序列】命令，如图 13-26 所示。

图 13-26　选择【等比序列】命令

步骤 2 即可将该序列的后续数据依次填充到相应的单元格中，如图 13-27 所示。

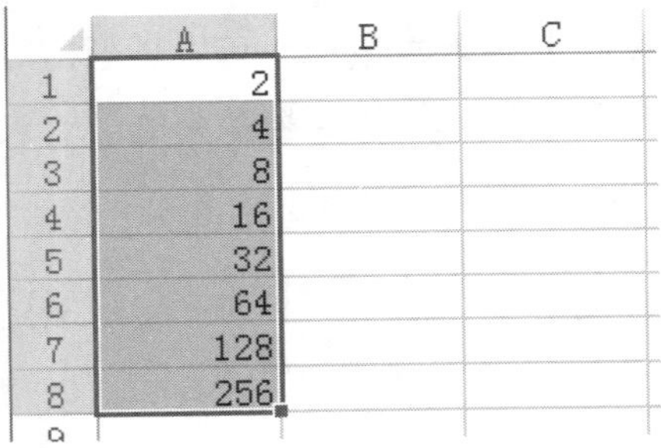

图 13-27　快速填充等比序列

13.2.4　文本序列填充

使用填充命令可以进行文本序列的填充。除此之外，用户还可使用填充柄来填充文本序列，具体操作步骤如下。

步骤 1 启动 Excel 2013，新建一个空白文档，在单元格 A1 中输入文本"床前明月光"，然后将光标定位于单元格 A1 右下角的方块上，如图 13-28 所示。

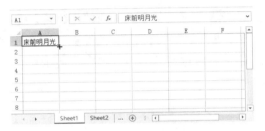

图 13-28　定位光标的位置

步骤 2 当光标变为➕形状时，向下拖动鼠标到 A5，然后释放鼠标，可以看到，单元格将按照相同的文本进行填充，如图 13-29 所示。

图 13-29　以文本序列填充数据

13.2.5　日期／时间序列填充

对日期／时间序列填充时，同样有两种方法：使用填充柄和使用填充命令。不同的是，对于文本序列和数值序列填充，系统默认以复制的形式填充，而对于日期／时间序列，默认以递增的形式填充，具体操作步骤如下。

步骤 1 启动 Excel 2013，新建一个空白文档，在单元格 A1 中输入日期"2015/12/24"，然后将光标定位于单元格 A1 右下角的方块上，如图 13-30 所示。

图 13-30　输入日期

步骤 2 当光标变为╋形状时,向下拖动鼠标到 A8,然后释放鼠标,可以看到,单元格默认以天递增的形式进行填充,如图 13-31 所示。

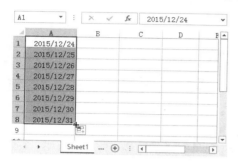

图 13-31 以天递增形式填充数据

提示 按住 Ctrl 键不放,再拖动鼠标,这时单元格将以复制的形式进行填充,如图 13-32 所示。

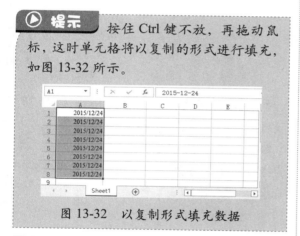

图 13-32 以复制形式填充数据

步骤 3 填充后,单击图标 右侧的下拉按钮,会弹出填充的各个选项,可以看到,在默认情况下,系统是以【填充序列】的形式进行填充,如图 13-33 所示。

图 13-33 以【填充序列】的形式填充数据

步骤 4 若选择【以工作日填充】选项,每周工作日为 5 天,因此将以原日期作为周一,按工作日递增进行填充,不包括周日,如图 13-34 所示。

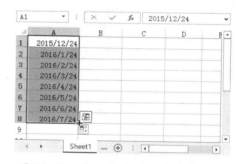

图 13-34 以工作日递增形式填充数据

步骤 5 若选择【以月填充】选项,将按照月份递增进行填充,如图 13-35 所示。

图 13-35 以月份递增形式填充数据

步骤 6 若选择【以年填充】选项,将按照年份递增进行填充,如图 13-36 所示。

图 13-36 以年递增形式填充数据

13.2.6 自定义序列填充

在进行一些较特殊的有规律的序列填充时,若以上的方法均不能满足需求,用户还可以自定义序列填充，具体操作步骤如下。

步骤 1 启动 Excel 2013，新建一个空白文档，选择【文件】选项卡，进入文件操作界面，选择左侧列表中的【选项】命令，如图 13-37 所示。

图 13-37 文件操作界面

步骤 2 弹出【Excel 选项】对话框，单击左侧列表框中的【高级】选项，然后在右侧的【常规】界面中单击【编辑自定义列表】按钮，如图 13-38 所示。

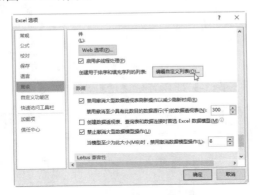

图 13-38 【Excel 选项】对话框

步骤 3 弹出【自定义序列】对话框，在【输入序列】列表框中依次输入自定义的序列，单击【添加】按钮，如图 13-39 所示。

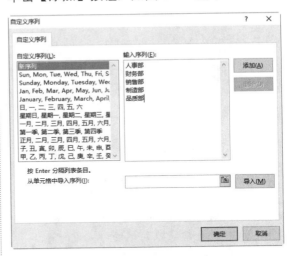

图 13-39 【自定义序列】对话框

步骤 4 添加完成后，依次单击【确定】按钮，返回到工作表中。在 A1 中输入"人事部"，然后拖动填充柄，可以看到，系统将以自定义序列填充单元格，如图 13-40 所示。

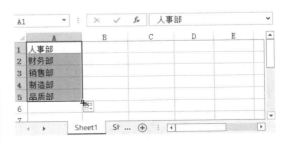

图 13-40 自定义填充序列

13.3 修改与编辑单元格数据

在工作表中输入数据，需要修改时，可以通过编辑栏修改数据或者在单元格中直接修改。

13.3.1 通过编辑栏修改

选定需要修改的单元格，编辑栏中即显示该单元格的信息，如图 13-41 所示。单击编

辑栏后即可修改。如将 C9 单元格中的内容
"员工聚餐"改为"外出旅游",如图 13-42
所示。

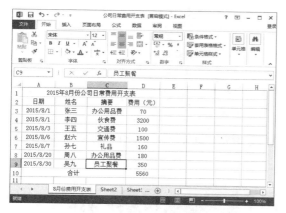

图 13-41 选定要修改的单元格数据

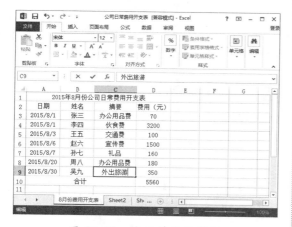

图 13-42 修改单元格数据

13.3.2 在单元格中直接修改

选定需要修改的单元格,然后直接输入数
据,原单元格中的数据将被覆盖,也可以双
击单元格或者按 F2 键,单元格中的数据将被
激活,然后即可直接修改。

13.3.3 删除单元格中的数据

若只是想清除某个(或某些)单元格中
的内容,选中要清除内容的单元格,然后按

Delete 键即可,若想删除单元格,可使用菜单
命令删除,删除单元格数据的具体操作步骤
如下。

步骤 1 打开需要删除数据的文件,选择要
删除的单元格,如图 13-43 所示。

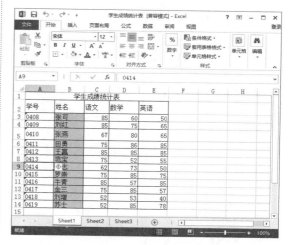

图 13-43 选择要删除的单元格

步骤 2 在【开始】选项卡的【单元格】选
项组中单击【删除】按钮,在弹出的下拉菜
单中选择【删除单元格】命令,如图 13-44 所示。

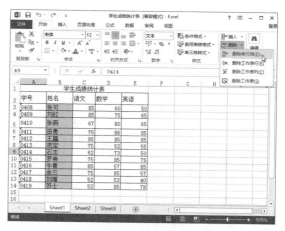

图 13-44 选择【删除单元格】命令

步骤 3 弹出【删除】对话框,选中【右侧
单元格左移】单选按钮,如图 13-45 所示。

步骤 4 单击【确定】按钮,即可将右侧单
元格中的数据向左移动一列,如图 13-46 所示。

图 13-45　【删除】对话框

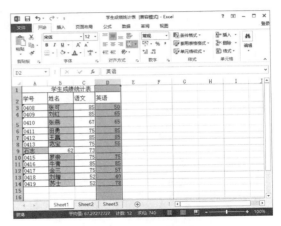

图 13-48　删除数据

图 13-46　删除后的效果

步骤 5 将光标移至 D 处，当光标变成 ↓ 形状时右击鼠标，在弹出的快捷菜单中选择【删除】命令，如图 13-47 所示。

图 13-47　选择【删除】命令

步骤 6 即可删除 D 列中的数据，同样右侧单元格中的数据也会向左移动一列，如图 13-48 所示。

13.3.4　查找和替换数据

Excel 2013 提供的查找和替换功能，可以帮助用户快速定位到要查找的信息，还可以批量地修改信息。

1. 查找数据

下面以"图书信息"表为例，查找出版社为"21 世纪出版社"的记录，具体操作步骤如下。

步骤 1 打开随书光盘中的"素材 \ch13\ 图书信息 .xlsx"文件，如图 13-49 所示。

图 13-49　打开素材文件

步骤 2 在【开始】选项卡的【编辑】组中，单击【查找和选择】 🔍 的下拉按钮，在弹出的下拉列表中选择【查找】选项，如图 13-50 所示。

图 13-50 选择【查找】选项

步骤 **3** 弹出【查找和替换】对话框，在【查找内容】下拉列表框中输入"21 世纪出版社"，如图 13-51 所示。

图 13-51 【查找和替换】对话框

> **提示** 按 Ctrl+F 组合键，也可弹出【查找和替换】对话框。

步骤 **4** 单击【查找全部】按钮，在下方将列出符合条件的全部记录，单击每一个记录，即可快速定位到该记录所在的单元格，如图 13-52 所示。

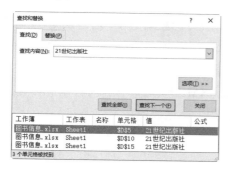

图 13-52 开始查找

> **提示** 单击【选项】按钮，还可以设置查找的范围、格式、是否区分大小写、是否单元格匹配等，如图 13-53 所示。

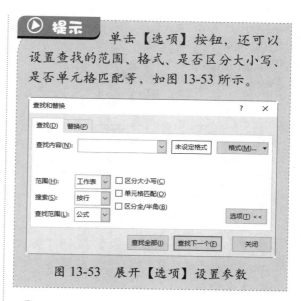

图 13-53 展开【选项】设置参数

2. 替换数据

以上是使用 Excel 的查找功能，下面使用替换功能，将出版社为"21 世纪出版社"的记录全部替换为"清华大学出版社"，具体操作步骤如下。

步骤 **1** 打开素材文件，单击【开始】选项卡【编辑】组中的【查找和选择】按钮，在弹出的下拉列表中选择【替换】选项。

步骤 **2** 弹出【查找和替换】对话框，在【查找内容】下拉列表框中输入要查找的内容，在【替换为】下拉列表框中输入替换后的内容，如图 13-54 所示。

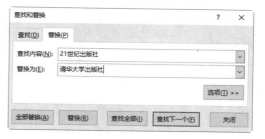

图 13-54 【查找和替换】对话框

步骤 **3** 设置完成后，单击【查找全部】按钮，在下方将列出符合条件的全部记录，如图 13-55 所示。

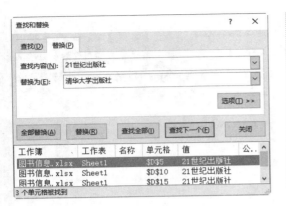

图 13-55　开始查找

闭】按钮，关闭【查找和替换】对话框，返回到 Excel 表中，可以看到，所有为"21 世纪出版社"的记录均替换为"清华大学出版社"，如图 13-57 所示。

图 13-57　替换数据

步骤 4 单击【全部替换】按钮，弹出 Microsoft Excel 对话框，提示已完成替换操作，如图 13-56 所示。

图 13-56　信息提示框

步骤 5 单击【确定】按钮，然后单击【关

> **提示** 在进行查找和替换时，如果不能确定完整的搜索信息，可以使用通配符？和☆来代替不能确定的部分信息。其中，？表示一个字符，☆表示一个或多个字符。

13.4 高效办公技能实战

13.4.1 高效办公技能 1——导入外部数据到工作表

在 Excel 中用户可以方便快捷地导入外部数据，从而实现数据共享。选择【数据】选项卡，在【获取外部数据】组中可以看到，用户可以从 Access 数据库、网站、txt 等类型的文件中导入数据到 Excel 中。除了这 3 种类型的文件，单击【自其他来源】下拉按钮，在弹出的下拉列表中可以看到，系统还支持从 SQL Server、XML 等文件中导入数据，如图 13-58 所示。

图 13-58　【获取外部数据】组

图 13-60　【选择表格】对话框

下面以导入 Access 数据库的数据为例介绍如何导入外部数据，具体操作步骤如下。

步骤 1 打开 Excel 表格，选择【数据】选项卡，单击【获取外部数据】组的【自Access】按钮，弹出【选取数据源】对话框，选择"图书管理 .accdb"，然后单击【打开】按钮，如图 13-59 所示。

图 13-61　【导入数据】对话框

步骤 4 此时 Access 数据库中的"借阅信息"表已经成功导入当前的 Excel 工作表中，如图 13-62 所示。

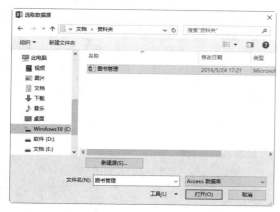

图 13-59　【选取数据源】对话框

步骤 2 弹出【选择表格】对话框，选择需要导入的表格，单击【确定】按钮，如图 13-60 所示。

步骤 3 弹出【导入数据】对话框，单击【确定】按钮，如图 13-61 所示。

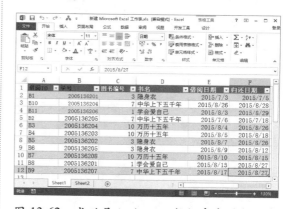

图 13-62　成功导入 Access 数据库中的数据表

使用同样的方法，用户还可导入网站、txt、XML 等类型的文件数据到 Excel 表中，这里不再赘述。

13.4.2 高效办公技能2——快速填充员工考勤表

填写员工考勤表无疑是一件重复性的工作，特别是输入大量相同的符号，一般情况下大多数人都会采用"复制＋粘贴"的方法进行操作，但是这种方法比较耗时。下面介绍一种更为简便的方法，具体操作步骤如下。

步骤 1 打开随书光盘中的"素材 \ch13\ 员工考勤表 .xlxs"，在单元格 D3 中输入"√"，然后将光标定位到该单元格的右下角，此时光标变成➕形状，如图 13-63 所示。

图 13-63　定位光标的位置

步骤 2 按住鼠标左键不放，向下拖动至最后一位员工所在的单元格，释放鼠标，即可自动在后续单元格中填充相关内容，如图 13-64 所示。

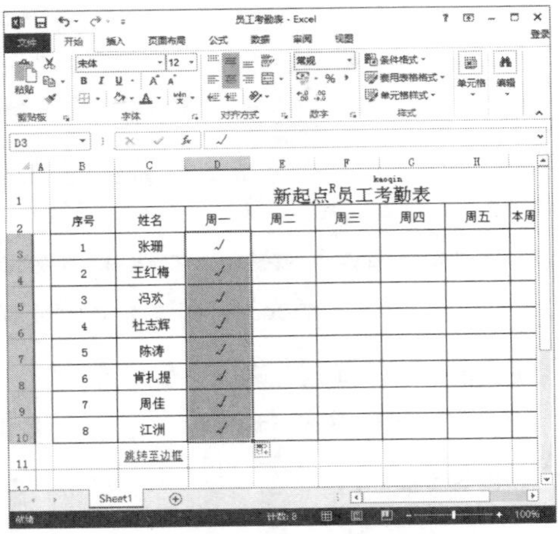

图 13-64　自动填充效果

步骤 3 将光标定位到单元格 D10 的右下角，光标变为➕形状，按住鼠标左键不放，向右拖动，即可将出勤表中的单元格都填充为"√"，如图 13-65 所示。

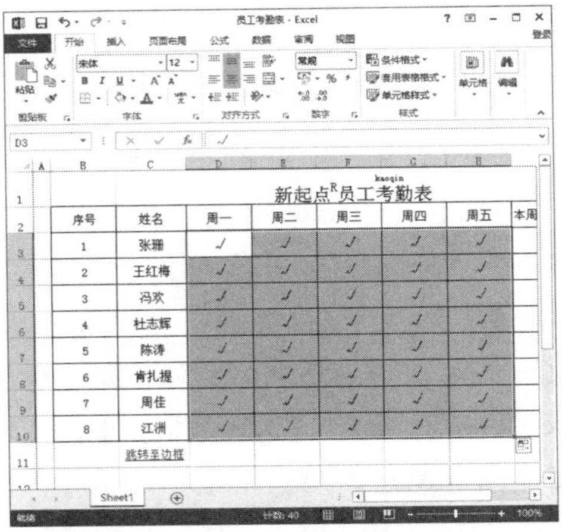

图 13-65　自动填充效果

步骤 4 将符号"△"标记为迟到的员工。依次选中迟到员工对应的日期，然后在编辑栏中插入特殊符号"△"，利用 Ctrl ＋ Enter 组合键将选中单元格的内容均修改为"△"，如图 13-66 所示。

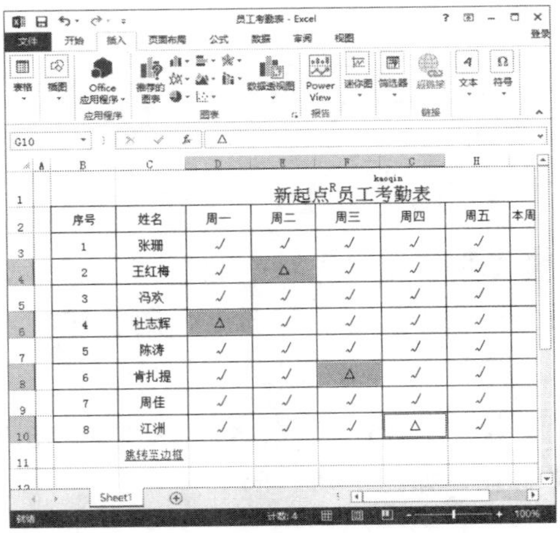

图 13-66　修改选中单元格的内容

步骤 5 将符号"○"标记为旷工的员工。按照步骤 4 的方法，将选中单元格的内容快速修改为"○"，如图 13-67 所示。

步骤 6 将符号"û"标记为请假的员工。同样参照步骤 4 的方法，将员工请假对应的单元格的数据类型内容修改为"û"，如图 13-68 所示。

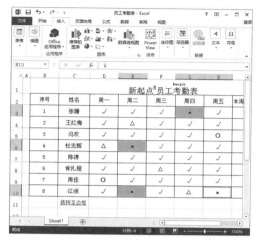

图 13-67　修改选中单元格内容　　　　图 13-68　修改选中单元格内容

13.5　疑难问题解答

问题 1：如何在表格中输入负数？

解答：直接在数字前输入"减号"，如果这个负数是分数的话，需要将这个分数置于括号中。

问题 2：当文本过长时，如何实现单元格的自动换行呢？

解答：当出现这种情况时，只需双击文本过长的单元格，将光标移至需要换行的位置，按 Alt+Enter 组合键后，单元格中的内容即可强制换行显示。

第14章

美化报表——工作表格式的设置与美化

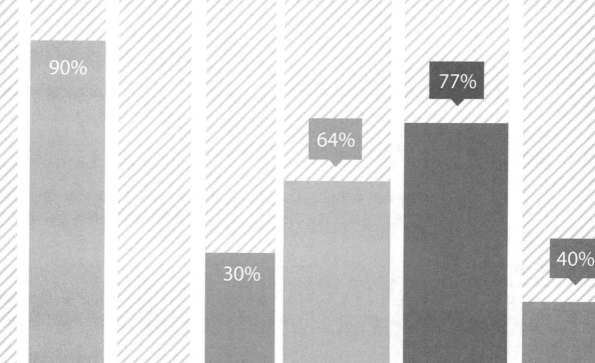

● **本章导读**

　　Excel 2013 提供有许多美化工作表的方法，如通过设置单元格中文本的颜色、大小可以美化工作表中的文字，通过添加和设置图形对象，可以丰富工作表的内容，进而起到美化工作表的作用。本章将为读者介绍使用文本格式或图形对象美化工作表的方法与技巧。

● **学习目标**

◎ 掌握使用文本格式美化工作表的方法
◎ 掌握使用内置样式美化工作表的方法
◎ 掌握使用图片美化工作表的方法
◎ 掌握使用自选形状美化工作表的方法
◎ 掌握使用 SmartArt 图形美化工作表的方法
◎ 掌握使用艺术字美化工作表的方法

14.1 通过文本格式美化工作表

单元格是工作表的基本组成单位，也是用户可以进行操作的最小单位，在 Excel 2013 中，用户可以根据需要设置单元格中文本的大小、颜色、方向以及对齐方式等。

14.1.1 设置字体和字号

在默认情况下，Excel 2013 表格中的字体格式是黑色、宋体和 11 号，如果对此字体格式不满意，可以更改。下面以"工资表"工作表为例介绍设置单元格文本字体和字号的方法与技巧。

具体操作步骤如下。

步骤 1 打开随书光盘中的"素材 \ch14\ 工资表 .xlsx"文件，如图 14-1 所示。

步骤 2 选定要设置字体的单元格，这里选定 A1 单元格，切换到【开始】选项卡，单击【字体】组中【字体】下方的下拉按钮，在弹出的下拉列表中选择相应的字体样式，如这里选择【隶书】字体样式，如图 14-2 所示。

图 14-1　打开素材文件　　　　　　图 14-2　选择字体样式

> **提示**　将光标定位在某个选项中，在工作表中用户可以预览设置字体后的效果。

步骤 3 选定要设置字号的单元格，这里选定 A1 单元格。在【开始】选项卡的【字体】组中，单击【字号】右侧的下拉按钮，在弹出的下拉列表中选择要设置的字号，如图 14-3 所示。

> **提示**　字号的数值越大，表示设置的字号越大。在【字号】下拉列表中可以看到，最大的字号是 72 号，但实际上 Excel 支持的最大字号为 409 磅。因此，若是在下拉列表中没有找到所需的字号，在【字号】下拉列表框中直接输入字号数值，然后按 Enter 键确认。

步骤 4 使用同样的方法，设置其他单元格的字体和字号，最后的显示效果如图 14-4 所示。

图 14-3　选择字号

图 14-4　显示效果

除此之外，选择要设置的单元格区域并右击，将弹出浮动工具条和快捷菜单，通过浮动工具条的【字体】和【字号】按钮也可设置字体和字号，如图 14-5 所示。

另外，在弹出的快捷菜单中选择【设置单元格格式】命令，弹出【设置单元格格式】对话框，切换到【字体】选项卡，通过【字体】和【字号】下拉列表也可设置字体和字号，如图 14-6 所示。

图 14-5　浮动工具条

图 14-6　【字体】选项卡

14.1.2　设置字体颜色

在默认情况下，Excel 2013 表格中的字体颜色是黑色的，如果对此字体的颜色不满意，可以更改。

步骤 1 选择需要设置字体颜色的单元格或单元格区域，如图 14-7 所示。

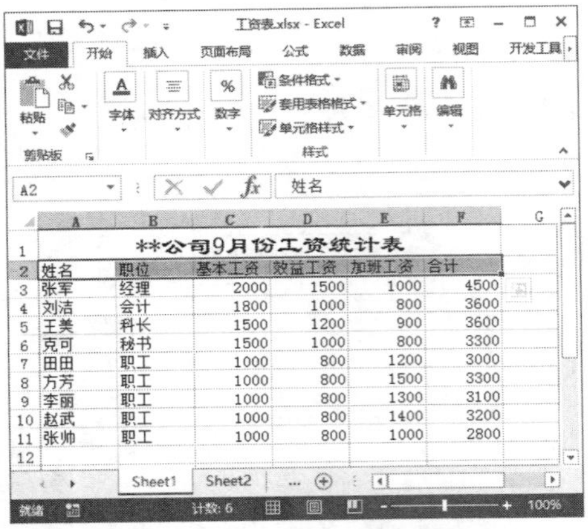

图 14-9　选择【其他颜色】命令

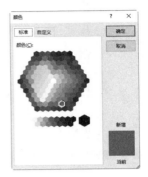

图 14-7　选择单元格区域

步骤 2 在【开始】选项卡中，单击【字体】组中【字体颜色】按钮 A 右侧的下拉按钮 ·，在弹出的下拉菜单中选择需要的字体颜色即可，如图 14-8 所示。

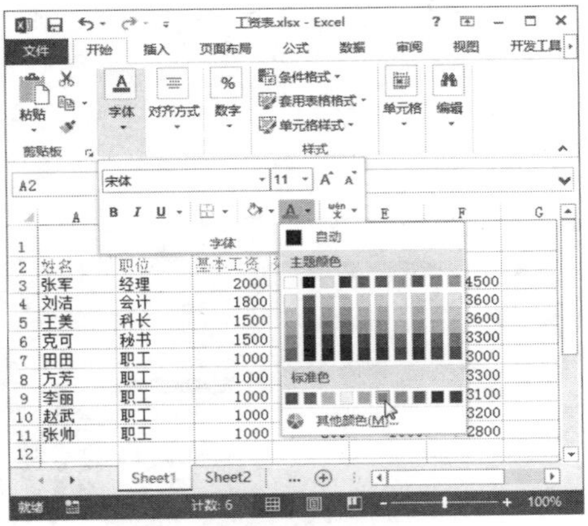

图 14-10　【标准】选项卡

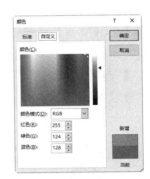

图 14-8　选择字体颜色

图 14-11　【自定义】选项卡

步骤 3 如果下拉菜单中没有所需的颜色，可以自定义颜色，在下拉菜单中选择【其他颜色】命令，如图 14-9 所示。

步骤 6 单击【确定】按钮，即可应用重新定义的字体颜色，如图 14-12 所示。

步骤 4 弹出【颜色】对话框，在【标准】选项卡中选择需要的颜色，如图 14-10 所示。

步骤 5 如果【标准】选项卡中没有自己需要的颜色，还可以切换到【自定义】选项卡，在其中调整适合的颜色，如图 14-11 所示。

图 14-12　显示效果

提示 此外，也可以在要改变字体的文本上右击，在弹出的浮动工具条的【字体颜色】列表中设置字体颜色。还可以单击【字体】组右侧的 □ 按钮，在弹出的【设置单元格格式】对话框中设置字体颜色。

14.1.3 设置文本的对齐方式

在默认情况下单元格中的文本是左对齐，数字是右对齐，为了使工作表美观，用户可以设置对齐方式。

步骤 1 打开需要设置数据对齐格式的文件，如图 14-13 所示。

图 14-13 打开素材文件

步骤 2 选择要设置格式的单元格区域并右击，在弹出的快捷菜单中选择【设置单元格格式】命令，如图 14-14 所示。

图 14-14 选择【设置单元格格式】命令

步骤 3 打开【设置单元格格式】对话框，

在其中切换到【对齐】选项卡，设置【水平对齐】为【居中】、【垂直对齐】为【居中】，如图 14-15 所示。

图 14-15 【对齐】选项卡

步骤 4 单击【确定】按钮，即可查看设置后的效果，即每个单元格的数据都居中显示，如图 14-16 所示。

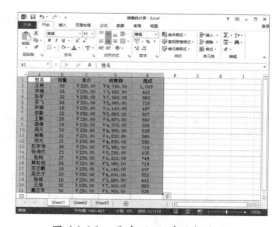

图 14-16 居中显示单元格数据

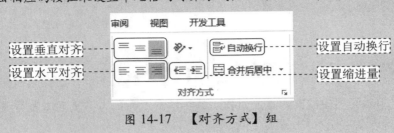

图 14-17 　【对齐方式】组

【对齐方式】组中有关对齐方式参数的功能如下。

1. 设置垂直对齐

用于设置垂直对齐的按钮共有 3 个：【顶端对齐】按钮、【垂直居中】按钮和【底端对齐】按钮。

【顶端对齐】按钮：可使数据沿单元格的顶端对齐。

【垂直居中】按钮：可使数据在单元格的垂直方向居中。

【底端对齐】按钮：可使数据沿单元格的底端对齐。

2. 设置水平对齐

用于设置水平对齐的按钮有 3 个：【左对齐】按钮、【居中对齐】按钮和【右对齐】按钮。

【左对齐】按钮：可使数据在单元格中靠左对齐。

【居中对齐】按钮：可使数据在单元格的水平方向居中。

【右对齐】按钮：可使数据在单元格内靠右对齐。

3. 设置缩进量

用于设置缩进量的按钮共有两个：【减少缩进量】按钮和【增加缩进量】按钮。

【减少缩进量】按钮：用于减少单元格边框与文字间的边距。

【增加缩进量】按钮：用于增加单元格边框与文字间的距离。

14.2 通过内置样式美化工作表

工作表的内置样式包括表格样式与单元格样式，使用内置样式可以美化工作表，单元格样式是一组已定义好的格式特征，若要在一个表格中应用多种样式，就可以使用自动套用单元格样式功能。

14.2.1　套用内置表格样式

Excel 预置有 60 种常用的表格样式，用户可以自动套用这些预先定义好的表格样式，以提高工作效率。下面以应用浅色表格样式为例，介绍套用内置表格样式的具体操作步骤。

步骤 1 打开随书光盘中的"素材 \ch14\ 员工工资统计表"文件，选择要套用表格样式的区域，如图 14-18 所示。

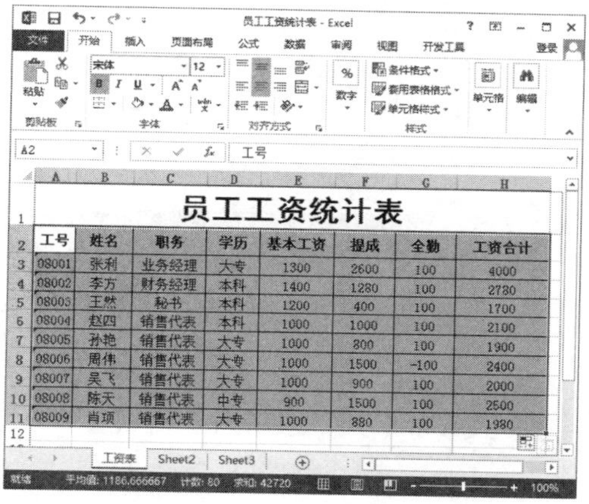

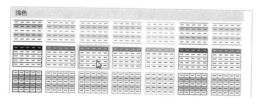

图 14-18　打开素材文件

步骤 2 在【开始】选项卡中，单击【样式】组中的【套用表格格式】按钮，在弹出的下拉菜单中选择【浅色】选项区中的一种，如图 14-19 所示。

图 14-19　浅色表格样式

步骤 3 单击样式，则会弹出【套用表格格式】对话框，单击【确定】按钮即可套用一种浅色样式，如图 14-20 所示。

步骤 4 在此样式中单击任一单元格，功能区则会出现【设计】选项卡，然后单击【表格样式】组中的任一样式，即可更改样式，

如图 14-21 所示。

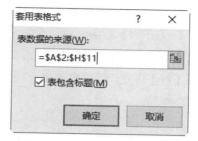

图 14-20　【套用表格式】对话框

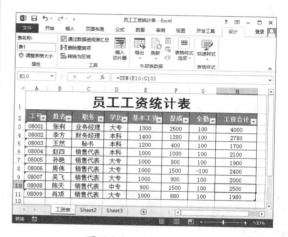

图 14-21　显示效果

提示　使用同样的方法，用户还可以为表格套用中等深浅和深色表格样式，这里不再赘述。

14.2.2　套用内置单元格样式

Excel 2013 内置的单元格样式包括单元格文本样式、背景样式、标题样式和数字样式，通过选择不同的单元格对象，可以为该对象添加相应的单元格样式。这里以添加单元格背景样式为例，介绍套用内置单元格样式的方法。

在创建的默认工作表中，单元格的背景是白色的。如果要快速改变背景颜色，可以套用单元格背景样式，具体操作步骤如下。

步骤 1 打开随书光盘中的"素材\ch14\学生成绩统计表"文件。选择"语文"成绩的单元格，在【开始】选项卡中，单击【样式】组中的【单元格样式】按钮，在弹出的下拉菜单中选择【好】样式，即可改变单元格的背景，如图 14-22 所示。

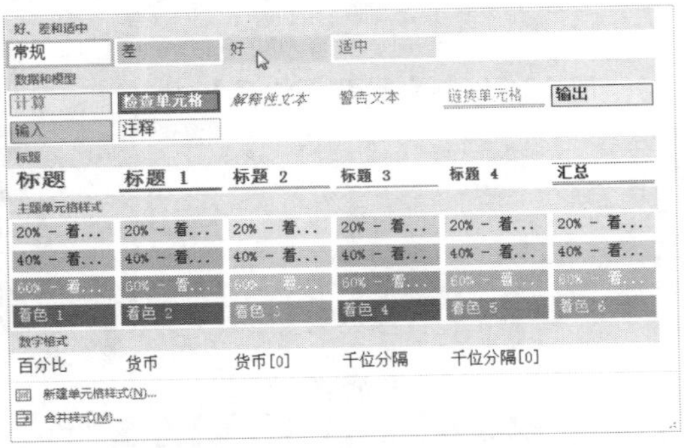

步骤 2 选择"数学"成绩下面的单元格并设置为【适中】样式，即可改变单元格的背景。按照相同的方法改变其他单元格的背景，最终的效果如图 14-23 所示。

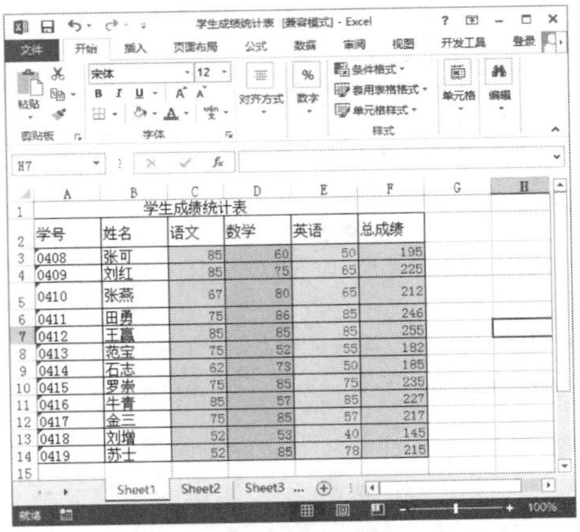

图 14-22　选择单元格背景样式

图 14-23　应用背景样式的效果

14.3　使用图片美化工作表

为了使 Excel 工作表图文并茂，需要在工作表中插入图片或联机图片。Excel 插图具有很好的视觉效果，使用它可以美化文档，丰富工作表内容。

14.3.1　插入本地图片

Excel 2013 支持的图形格式有位图文件格式和矢量图文件格式，其中位图文件格式具体包括 BMP、PNG、JPG 和 GIF 几种格式；矢量图文件格式具体包括 CGM、WMF、DRW 和 EPS 等格式。

在 Excel 中，可以将本地存储的图片插入到工作表中，具体操作步骤如下。

步骤 1 启动 Excel 2013，新建一个空白工作簿，如图 14-24 所示。

步骤 2 单击【插入】选项卡【插图】组中的【图片】按钮，如图 14-25 所示。

图 14-24　空白工作簿

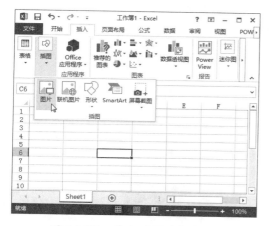

图 14-25 单击【图片】按钮

步骤 3 弹出【插入图片】对话框，选择图片保存的位置，然后选中需要插入工作表中的图片，如图 14-26 所示。

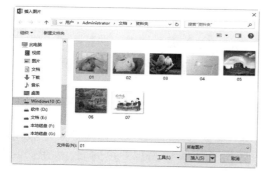

图 14-26 选择要插入的图片

步骤 4 单击【插入】按钮，即可将图片插入 Excel 工作表中，如图 14-27 所示。

图 14-27 插入图片

14.3.2 插入联机图片

联机图片是指网络中的图片，通过搜索找到喜欢的图片，将其插入工作表中，其具体操作步骤如下。

步骤 1 打开 Excel 工作表，单击【插入】选项卡【插图】组中的【联机图片】按钮，如图 14-28 所示。

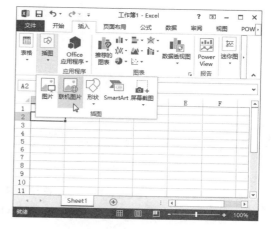

图 14-28 单击【联机图片】按钮

步骤 2 弹出【插入图片】对话框，在其中可以插入 Office.com 剪贴画，也可以通过必应图像搜索网络中的图片，例如这里在【必应图像搜索】文本框中输入"玫瑰"，单击【搜索】按钮 🔍，如图 14-29 所示。

图 14-29 【插入图片】对话框

步骤 3 在搜索的结果中，选择要插入工作表中的联机图片，单击【插入】按钮，如图 14-30 所示。

步骤 4 此时，即可将选择的图片插入工作表中，如图 14-31 所示。

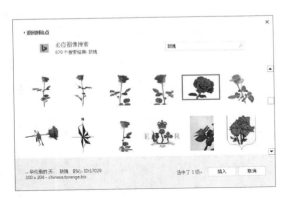

图 14-30　选择要插入的联机图片

图 14-31　插入联机图片

14.3.3　应用图片样式

　　图片插入工作表后，可以根据需要设置图片的格式，如添加图片样式、调整图片大小、添加图片边框效果等。Excel 2013 预设有多种图片样式，使用这些样式可以一键美化图片，这些预设样式包括旋转、阴影、边框和形状的多种组合。

　　为图片添加图片样式的具体操作步骤如下。

步骤 1 新建一个空白工作簿，插入图片，然后选中插入的图片，在【图片工具】下的【格式】选项卡中，单击【图片样式】组中的 按钮，弹出【快速样式】下拉列表，如图 14-32 所示。

步骤 2 光标在 28 种内置样式上经过，可以看到图片样式会随之发生改变，确定一种合适的样式，然后单击即可应用该样式，如图 14-33 所示。

图 14-32　选择图片样式

图 14-33　应用图片样式

14.3.4　添加图片效果

如果想为图片添加更多的效果，可以单击【图片样式】组中的【图片效果】按钮，在弹出的下拉菜单中选择相应的命令进行图片效果的添加操作。

添加图片效果的具体操作步骤如下。

步骤 1 选择插入的图片，在【格式】选项卡中，单击【图片样式】组中的【图片效果】按钮，弹出【图片效果】下拉菜单，如图 14-34 所示。

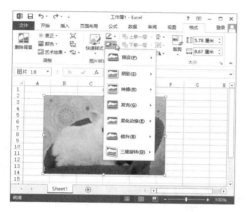

图 14-34　选择图片效果样式

步骤 2 选择【预设】命令，在其子菜单中包含 12 种可应用于相片中的效果。如图 14-35 所示为应用了【预设 12】后的效果。

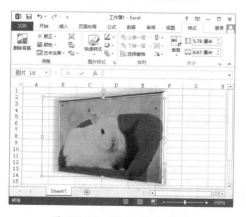

图 14-35　添加图片效果

步骤 3 选择【阴影】命令，在其子菜单中包括在图片背后应用的 9 种外部阴影、在图片之内使用的 9 种内部阴影，以及 5 种不同

类型的透视阴影。如图 14-36 所示为应用了【右下对角透视】后的效果。

图 14-36　调整图片的阴影效果

步骤 4 选择【映像】命令，在其子菜单中包括了以 1 磅、4 磅、8 磅偏移量提供的紧密映像、半映像和全映像的 9 种效果。如图 14-37 所示为应用了【全映像，4pt 偏移量】的效果。

图 14-37　调整图片的映像效果

步骤 5 选择【发光】命令，在其子菜单中包括了多种发光效果，选择任意一种即可为图片添加发光效果，也可以通过选择底部的【其他亮色】命令，从 1600 万种颜色中任选一种

发光颜色。如图 14-38 所示为添加发光效果后的图片。

图 14-38　调整图片的发光效果

步骤 **6** 选择【柔化边缘】命令，在其子菜单中包括了 1、2.5、5、10、25 和 50 磅几种羽化图片边缘的值。如图 14-39 所示是应用了【25 磅】的柔化效果。

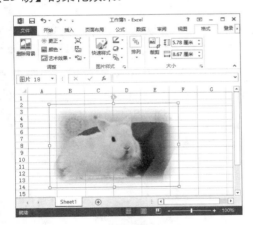

图 14-39　调整图片的柔化边缘效果

步骤 **7** 选择【棱台】命令，在其子菜单中

提供了多种类型的棱台效果，选择预设中的一种后，即可为图片添加棱台效果，如图 14-40 所示。

图 14-40　调整图片的棱台效果

步骤 **8** 选择【三维旋转】命令，在其子菜单中提供了 25 种类型的三维旋转效果，选择预设中的一种后，即可为图片添加三维旋转效果，如图 14-41 所示。

图 14-41　调整图片的三维旋转效果

14.4　使用自选形状美化工作表

Excel 2013 提供了强大的绘图功能，利用 Excel 的形状工具可以绘制各种线条、基本形状、流程图、标注等。Excel 2013 中内置有 8 大类图形，分别为线条、矩形、基本形状、箭头总汇、公式形状、流程图、星与旗帜、标注等。

14.4.1　绘制自选形状

在 Excel 工作表中绘制形状的具体操作步骤如下。

步骤 1　新建一个空白工作簿，在【插入】选项卡中，单击【插图】选项组中的【形状】按钮，在形状下拉菜单中选择要插入的形状，如图 14-42 所示。

步骤 2　返回到工作表中，在任意位置处单击并拖动鼠标，即可绘制出相应的图形，如图 14-43 所示。

图 14-42　选择要插入的形状

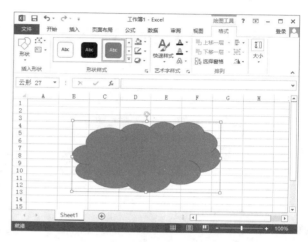

图 14-43　插入形状

提示　当在工作表区域内添加并选择图形时，会在功能区中出现【绘图工具】下的【格式】选项卡，在其中可以对形状对象进行相关格式的设置，如图 14-44 所示。

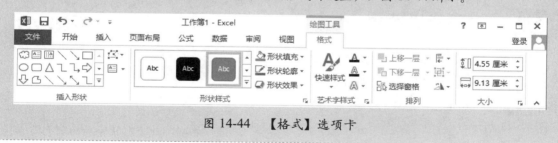

图 14-44　【格式】选项卡

14.4.2　在形状中添加文字

许多形状中提供有插入文字的功能，具体操作步骤如下。

步骤 1　在 Excel 工作表中插入形状后，右击形状，在弹出的快捷菜单中选择【编辑文字】命令，形状中会出现输入光标，如图 14-45 所示。

步骤 2　在光标处输入文字即可，如图 14-46 所示。

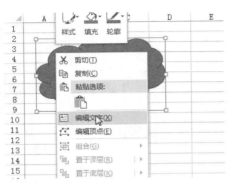

图 14-45　选择【编辑文字】命令

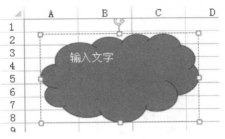

图 14-46　输入文字

> **提示**　当形状包含文本时，单击对象即可进入编辑模式。若要退出编辑模式，首先确定对象被选中，然后按 Esc 键即可。

14.4.3　设置形状样式

适当地设置图形样式，可以使图形更具有说服力，设置图形的具体操作步骤如下。

步骤 1　在 Excel 工作表中插入一个形状，如图 14-47 所示。

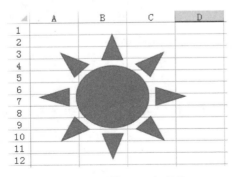

图 14-47　插入一个形状

步骤 2　选中形状，单击【绘图工具】下的【格式】选项卡的【形状样式】选项组中的【其他】按钮，在弹出的下拉菜单中选择【强烈效果 - 金色，强调颜色 4】样式，效果如图 14-48 所示。

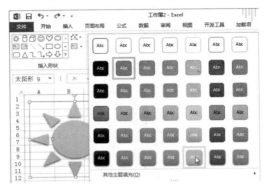

图 14-48　选择形状样式

步骤 3　单击【绘图工具】下的【格式】选项卡【形状样式】组中的【形状轮廓】按钮，在弹出的下拉菜单中选择【红色】轮廓，如图 14-49 所示。

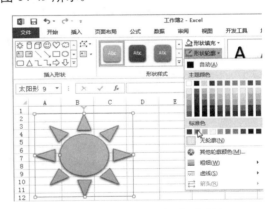

图 14-49　改变形状轮廓的颜色

步骤 4　最终效果如图 14-50 所示。

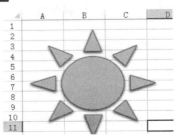

图 14-50　最终显示效果

14.4.4　添加形状效果

为形状添加形状效果，如阴影和三维效果等，可以增强形状的立体感，起到强调形状视觉效果的作用。为形状添加效果的具体操作步骤如下。

步骤 1 选定要添加形状效果的形状，如图 14-51 所示。

步骤 2 在【绘图工具】下的【格式】选项卡中，单击【形状样式】组中的【形状效果】按钮，在弹出的下拉菜单中可以选择形状效果选项，包括预设、阴影、映像、发光等，如图 14-52 所示。

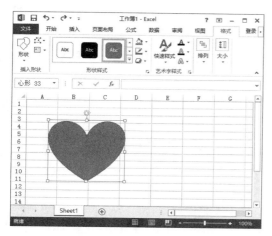

图 14-51　选择插入的形状

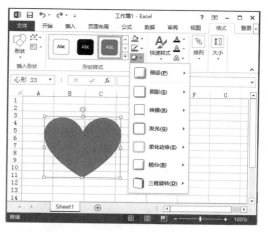

图 14-52　【形状效果】下拉菜单

步骤 3 如果想要为形状添加阴影效果，则可以选择【阴影】命令，然后在其子菜单中选择需要的阴影样式。添加阴影后的形状效果如图 14-53 所示。

步骤 4 如果想要为形状添加预设效果，则可以选择【预设】命令，然后在其子菜单中选择需要的预设样式。添加预设样式后的形状效果如图 14-54 所示。

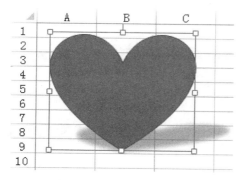

图 14-53　添加阴影效果

图 14-54　使用预设效果

提示　使用相同的方法，还可以为形状添加发光、映像、三维旋转等效果，这里不再赘述。

14.5 使用SmartArt图形美化工作表

SmartArt 图形是数据信息的艺术表示形式，可以在多种不同的布局中创建 SmartArt 图形，以便快速、轻松、高效地表达信息。

14.5.1 创建 SmartArt 图形

在创建 SmartArt 图形之前，应清楚需要通过 SmartArt 图形表达什么信息以及是否希望信息以某种特定方式显示。创建 SmartArt 图形的具体操作步骤如下。

步骤 1 单击【插入】选项卡【插图】组中的 SmartArt 按钮，弹出【选择 SmartArt 图形】对话框，如图 14-55 所示。

步骤 2 选择左侧列表框中的【层次结构】选项，在右侧的列表框中选择【组织结构图】选项，单击【确定】按钮，如图 14-56 所示。

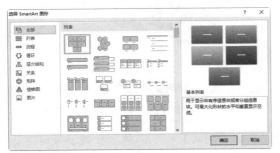

图 14-55 【选择 SmartArt 图形】对话框

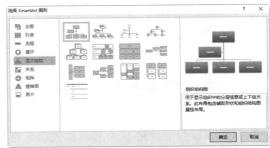

图 14-56 选择要插入的结构

步骤 3 即可在工作表中插入选择的 SmartArt 图形，如图 14-57 所示。

步骤 4 在【在此处键入文字】窗格中添加如图 14-58 所示的内容，SmartArt 图形会自动更新显示的内容。

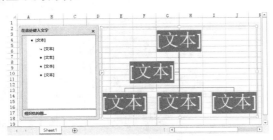

图 14-57 插入形状

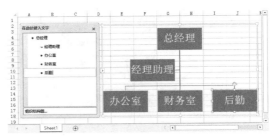

图 14-58 输入文字

14.5.2 改变 SmartArt 图形的布局

可以通过改变 SmartArt 图形的布局来改变外观，以使图形更能体现出层次结构。

1. 改变悬挂结构

步骤 1　选择 SmartArt 图形的最上层形状，在【设计】选项卡【创建图形】组中，单击【布局】按钮，在弹出的下拉菜单中选择【左悬挂】命令，如图 14-59 所示。

步骤 2　即可改变 SmartArt 图形结构，如图 14-60 所示。

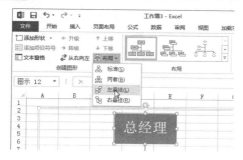

图 14-59　选择【左悬挂】命令

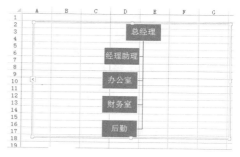

图 14-60　改变悬挂结构

2. 改变布局样式

步骤 1　单击【SmartArt 工具】下的【设计】选项卡【布局】组右侧的 按钮，在弹出的下拉菜单中选择【水平层次结构】命令，如图 14-61 所示。

步骤 2　即可快速更改 SmartArt 图形的布局，如图 14-62 所示。

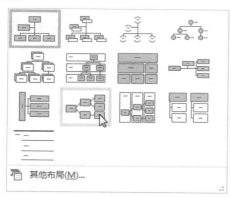

图 14-61　选择布局样式

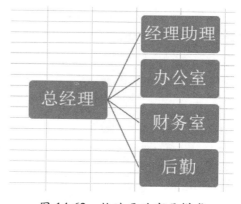

图 14-62　快速更改布局样式

> **提示**　也可以在【布局】下拉菜单中选择【其他布局】命令，打开【选择 SmartArt 图形】对话框，在其中选择需要的布局样式。

14.5.3　更改 SmartArt 图形的样式

用户可以通过更改 SmartArt 图形的样式使插入的 SmartArt 图形更加美观，具体操作步骤如下。

步骤 1 选中 SmartArt 图形，在【SmartArt 工具－设计】选项卡的【SmartArt 样式】组中单击右侧的【其他】按钮▼，在弹出的下拉菜单中选择【三维】选项组中的【优雅】类型样式，如图 14-63 所示。

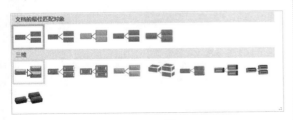

图 14-63　选择形状样式

步骤 2 即可更改 SmartArt 图形的样式，如图 14-64 所示。

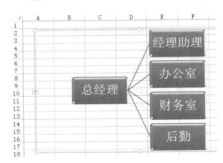

图 14-64　应用形状样式

14.5.4　更改 SmartArt 图形的颜色

通过改变 SmartArt 图形的颜色可以使图形更加绚丽多彩，具体操作步骤如下。

步骤 1 选中需要更改颜色的 SmartArt 图形，单击【SmartArt 工具】下的【设计】选项卡【SmartArt 样式】组中的【更改颜色】按钮，在弹出的下拉菜单中选择【彩色】选项组中的一种样式，如图 14-65 所示。

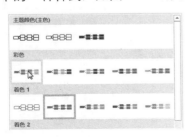

图 14-65　更改形状颜色

步骤 2 更改 SmartArt 图形颜色后的效果如图 14-66 所示。

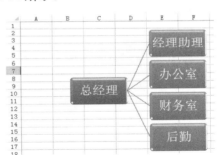

图 14-66　更改颜色后的显示效果

14.5.5　调整 SmartArt 图形的大小

SmartArt 图形作为一个对象，可以方便地调整其大小。选择 SmartArt 图形后，其周围将出现一个边框，将光标移动到边框上，如果光标变为双向箭头时，拖曳鼠标即可调整其大小，如图 14-67 所示。

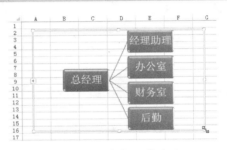

图 14-67　改变形状大小

14.6 使用艺术字美化工作表

在工作表中除了可以插入图形外，还可以插入艺术字、文本框和其他对象。艺术字是一个文字样式库，用户可以将艺术字添加到 Excel 文档中，制作出装饰性效果。

14.6.1 在工作表中添加艺术字

在工作表中添加艺术字的具体操作步骤如下。

步骤 1 在 Excel 工作表的【插入】选项卡中，单击【文本】组中的【艺术字】按钮，弹出【艺术字】下拉菜单，如图 14-68 所示。

步骤 2 单击所需的艺术字样式，即可在工作表中插入艺术字文本框，如图 14-69 所示。

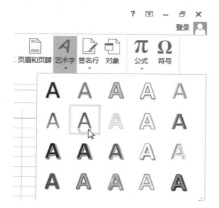

图 14-68　【艺术字】下拉菜单

图 14-69　艺术字文本框

步骤 3 将光标定位在工作表的艺术字文本框中，删除预定的文字，输入作为艺术字的文本，如图 14-70 所示。

步骤 4 单击工作表中的任意位置，即可完成艺术字的输入，如图 14-71 所示。

图 14-70　输入文字

图 14-71　完成艺术字的输入

14.6.2 设置艺术字字体与字号

设置艺术字字体与字号和设置普通文本的字体字号一样，具体操作步骤如下。

步骤 1 选择需要设置字体的艺术字，切换到【开始】选项卡，在【字体】组的【字体】下拉列表中选择一种字体即可，如图14-72所示。

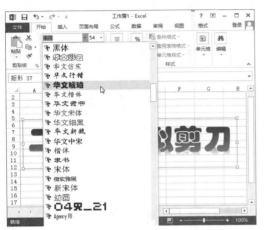

图 14-72 选择艺术字的字体样式

步骤 2 在【字体】组中的【字号】下拉列表中选择一种字号，即可改变艺术字的字号，如图14-73所示。

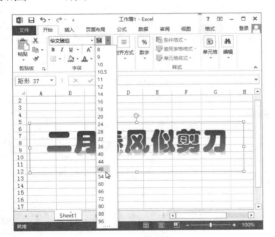

图 14-73 设置艺术字大小

步骤 3 更改艺术字字体与大小后的显示效果如图14-74所示。

图 14-74 艺术字的显示效果

14.6.3 设置艺术字样式

在【艺术字样式】组中可以快速更改艺术字的样式以及清除艺术字样式，具体操作步骤如下。

步骤 1 选择艺术字，在【格式】选项卡中，单击【艺术字样式】组中的【快速样式】按钮，在弹出的下拉菜单中选择需要的样式即可，如图14-75所示。

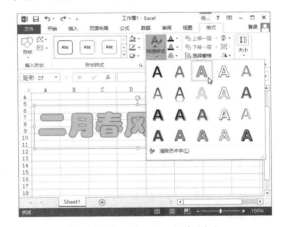

图 14-75 选择艺术字样式

步骤 2 设置颜色。选择艺术字，单击【艺术字样式】组中的【文本填充】按钮，可以自定义艺术字字体的填充样式与颜色，如图14-76所示。

步骤 3 填充效果。选择艺术字，单击【艺术字样式】组中的【文本轮廓】按钮，可以自定义艺术字字体的轮廓样式，如图14-77所示。

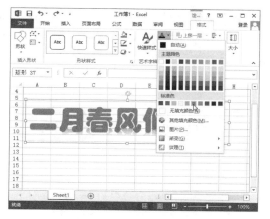

图 14-76　设置艺术字的颜色

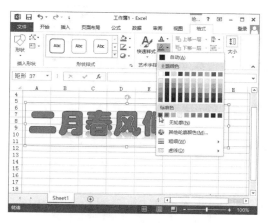

图 14-77　设置艺术字的轮廓样式

步骤 4 设置文字效果。单击【艺术字样式】组中的【文本效果】按钮，在弹出的下拉菜单中可以设置艺术字的阴影、映像、发光、棱台、三维旋转以及转换等效果，如图 14-78 所示。

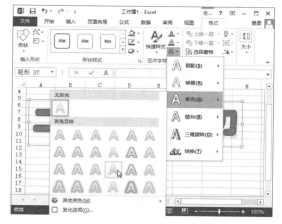

图 14-78　设置艺术字的文本效果

14.7 高效办公技能实战

14.7.1 高效办公技能 1——绘制订单处理流程图

本实例介绍订单处理流程图的制作方法，通过本实例的练习，用户应掌握利用 SmartArt 图形制作流程图的方法。

具体操作步骤如下。

步骤 1 启动 Excel 2013，新建一个空白文档，并保存为"网上零售订单处理流程图 .xlsx"，在【插入】选项卡中，单击【文本】组中的【文本框】按钮，绘制一个横排文本框，如图 14-79 所示。

步骤 2 将光标定位在工作表的文本框中，输入"网上零售订单处理流程图"，并将字号设为"28"，套用【填充－白色，轮廓－着色2，清晰阴影－着色2】艺术字样式，并在【文本效果】下拉菜单中选择【映像】命令，在其子菜单中设置文本为【紧密映像，接触】效果，如图14-80所示。

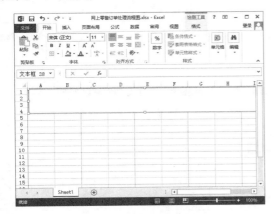

图 14-79　绘制文本框

图 14-80　输入文字并设置文字样式

步骤 3 在【插入】选项卡中，单击【插图】组中的 SmartArt 按钮，弹出【选择 SmartArt 图形】对话框，如图14-81所示。

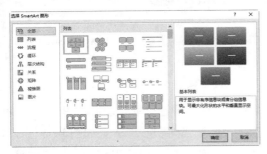

图 14-81　【选择 SmartArt 图形】对话框

步骤 4 选择【流程】选项，在右侧选择【垂直蛇形流程】样式，单击【确定】按钮，如图14-82所示。

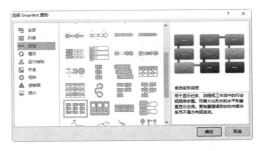

图 14-82　选择要插入的形状

步骤 5 即可在工作表中插入 SmartArt 图形，并在图形文本框处输入如图14-83所示的文本内容。

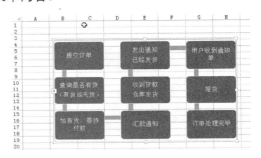

图 14-83　输入文本

步骤 6 选择"提交订单"形状，右击并在弹出的快捷菜单中选择【更改形状】命令，然后从其子菜单中选择【椭圆】形状，如图14-84所示。

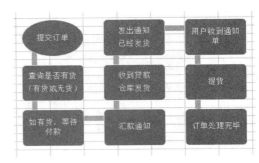

图 14-84　改变形状

步骤 7 重复步骤6，修改"订单处理完毕"形状，如图14-85所示。

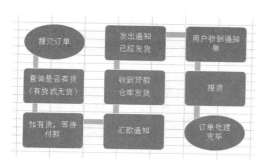

图 14-85　改变形状

步骤 8 选择 SmartArt 图形，在【SmartArt 工具】下的【设计】选项卡中，单击【SmartArt 样式】组中的▾按钮，在弹出的下拉菜单的【三维】栏中选择【优雅】图标，改变后的样式如图 14-86 所示。

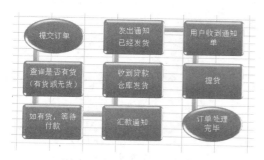

图 14-86　添加形状样式

步骤 9 选择 SmartArt 图形，在【SmartArt 工具】下的【设计】选项卡中，单击【SmartArt

样式】组中的【更改颜色】按钮，在弹出的下拉菜单中选择【彩色】选项中的一种样式，如图 14-87 所示。

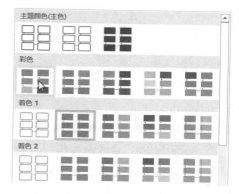

图 14-87　添加形状颜色

步骤 10 选择样式后，最终效果如图 14-88 所示。

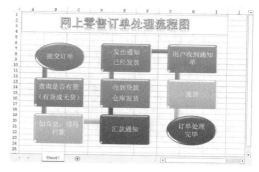

图 14-88　最终的显示效果

14.7.2　高效办公技能 2——美化物资采购清单

通过本例的练习，读者可以掌握设置单元格格式、套用单元格样式、设置单元格中数据的类型和对齐方式等方法。

步骤 1 打开随书光盘中的"素材 \ch14\ 物资采购登记表 .xlsx"文件，如图 14-89 所示。

步骤 2 选择单元格区域 A1:G1，在【开始】选项卡中，单击【对齐方式】组中的【合并后居中】按钮，即可合并单元格，并将数据居中显示，如图 14-90 所示。

图 14-89　打开素材文件

图 14-90　合并单元格

步骤 3 选择 A1:G10 单元格区域，在【开始】选项卡中，单击【对齐方式】组中的【垂直居中】按钮 ⊟ 和【居中】按钮 ⊟，即可完成居中对齐格式的设置，如图 14-91 所示。

图 14-91　居中显示

步骤 4 选择单元格 A1，在【开始】选项卡中，选择【字体】下拉列表框中的【黑体】选项，选择【字号】下拉列表框中的 18 选项，并单击【字体】组中的【加粗】按钮 **B**，如图 14-92 所示。

步骤 5 选择 A 列、B 列和 C 列，右击并在弹出的快捷菜单中选择【设置单元格格式】命令，弹出【设置单元格格式】对话框，切换到【数字】选项卡，在【分类】列表框中选择【文本】选项，然后单击【确定】按钮，即可把选择区域设置为文本类型，如图 14-93 所示。

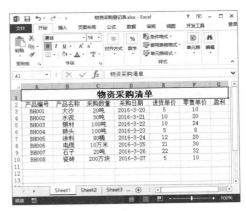

图 14-92　加粗、加大字体

图 14-93　设置文本类型格式

步骤 6 选择 D 列，右击并在弹出的快捷菜单中选择【设置单元格格式】命令，弹出【设置单元格格式】对话框，切换到【数字】选项卡，在【分类】列表框中选择【日期】选项，然后单击【确定】按钮即可，如图 14-94 所示。

图 14-94　设置日期数据格式

步骤 7 选择 E 列、F 列和 G 列，右击并在弹出的快捷菜单中选择【设置单元格格式】命令，弹出【设置单元格格式】对话框，切换到【数字】选项卡，在【分类】列表框中选择【货币】选项，将【小数位数】设置为"1"，在【货币符号（国家 / 地区）】下拉列表框中选择¥选项，然后单击【确定】按钮，即可把选择区域设置为货币类型，如图 14-95 所示。

图 14-95 设置货币数据类型

步骤 8 设置后的工作表如图 14-96 所示。

图 14-96 工作表的显示效果

步骤 9 选择单元格区域 A2:G10，在【开始】选项卡中，单击【样式】组中的【套用表格式】按钮，在弹出的下拉菜单中选择【中等深浅】菜单项中的一种，弹出【套用表格式】对话框，

如图 14-97 所示。

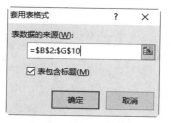

图 14-97 【套用表格式】对话框

步骤 10 单击【确定】按钮，即可对数据区域添加样式，如图 14-98 所示。

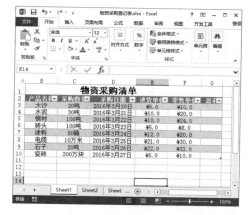

图 14-98 应用表格式

步骤 11 套用表格样式后，在表头带有筛选功能，如果想要去掉筛选功能，则可以切换到【开始】选项卡，单击【编辑】组中的【排序和筛选】按钮，在弹出的下拉菜单中选择【筛选】命令，如图 14-99 所示。

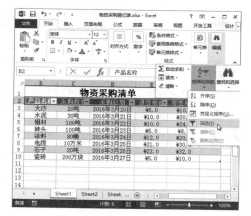

图 14-99 选择【筛选】命令

步骤 12 即可取消表格样式当中的筛选功能，如图 14-100 所示。

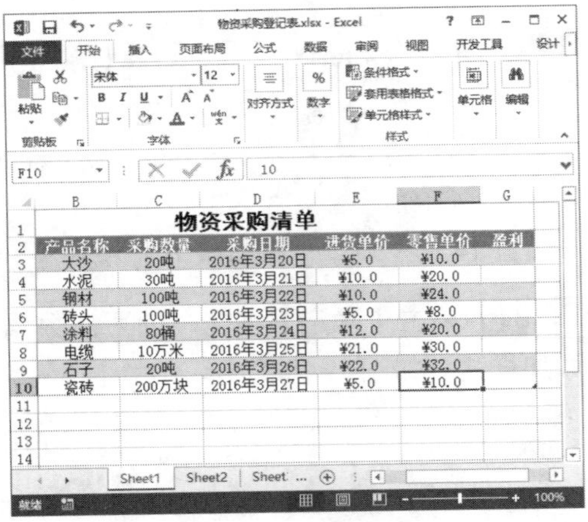

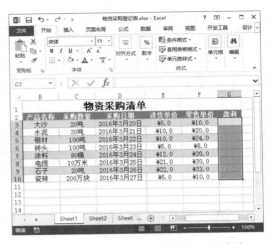

图 14-100　取消筛选功能

步骤 13 选择 G3:G10 单元格区域，然后单击【开始】选项卡【样式】组中的【单元格样式】按钮，在弹出的单元格样式面板中选择【适中】单元格样式，如图 14-101 所示。

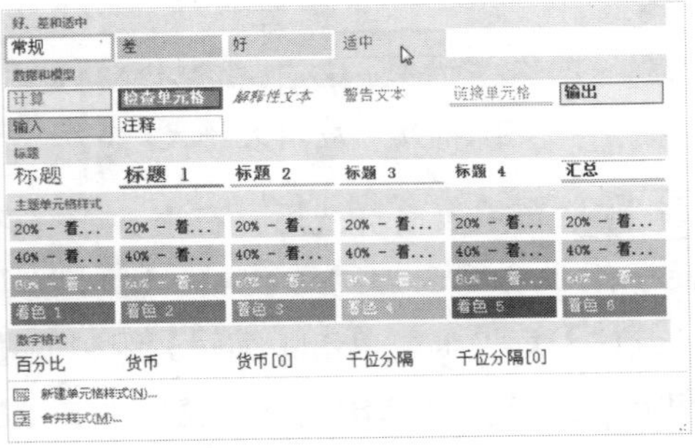

图 14-101　选择单元格样式

步骤 14 选择完毕后，即可为单元格区域添加预设的单元格样式，如图 14-102 所示。

步骤 15 选中 G3:G10 单元格，在 Excel 公式编辑栏中输入用于计算盈利的公式"=F3-E3"，如图 14-103 所示。

步骤 16 输入完毕后，按 Enter 键确认，即可计算出所有商品的盈利数据，至此就完成了物资采购清单的美化操作，最后的工作表显示效果如图 14-104 所示。

图 14-102　应用单元格样式后的效果

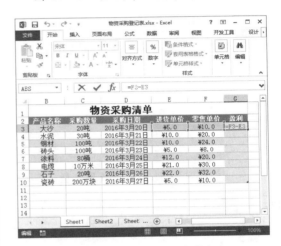

图 14-103　输入公式计算数据

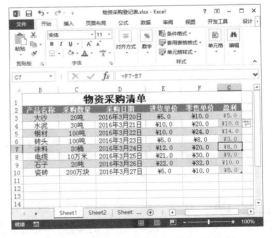

图 14-104　快速计算所有盈利数据

14.8 疑难问题解答

问题 1：如何旋转艺术字？

解答：选中需要旋转的艺术字，右击艺术字边框处，从弹出的快捷菜单中选择【大小和属性】命令，打开【设置形状格式】对话框，在【大小】设置界面中，在【旋转】微调框中设置旋转的角度，关闭【设置形状格式】对话框，返回到工作表中，此时艺术字即被旋转。

问题 2：如何快速插入组织结构图？

解答：按 Alt+N+M 组合键，打开【选择 SmartArt 图形】对话框，在其中选择要插入的图表类型，单击【确定】按钮，即可快速地在工作表中插入一个组织结构图。

第15章

分析报表——工作表数据的管理与分析

● **本章导读**

　　使用 Excel 2013 可以对工作表中的数据进行分析。例如，通过 Excel 的排序功能可以将数据表中的内容按照特定的规则排序；使用筛选功能可以将满足用户条件的数据单独显示；使用数据透视表或数据透视图可以分析、查询数据等。本章将为读者介绍工作表数据管理与分析的方法。

● **学习目标**

◎ 掌握通过筛选分析数据的方法
◎ 掌握通过排序分析数据的方法
◎ 掌握使用透视表分析数据的方法
◎ 掌握使用透视图分析数据的方法
◎ 掌握使用图表分析数据的方法

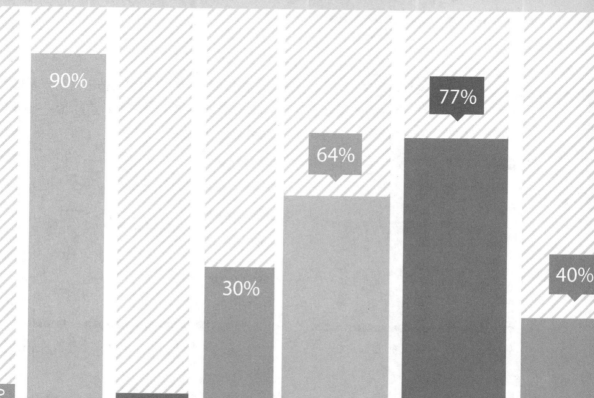

15.1 通过筛选分析数据

Excel 2013 提供了多种排序方法，用户可以根据需要进行单条件排序或多条件排序，也可以按照行、列排序，也可以根据需要自定义排序。

15.1.1 单条件筛选

单条件筛选是将符合一项条件的数据筛选出来。例如在销售表中，要将产品为冰箱的销售记录筛选出来。具体操作步骤如下。

步骤 1 打开随书光盘中的"素材 \ch15\ 销售表 .xlsx"文件，将光标定位在数据区域内任意单元格，如图 15-1 所示。

图 15-1 打开素材文件

步骤 2 在【数据】选项卡中，单击【排序和筛选】组中的【筛选】按钮，进入自动筛选状态，此时在标题行每列的右侧会出现一个下拉按钮，如图 15-2 所示。

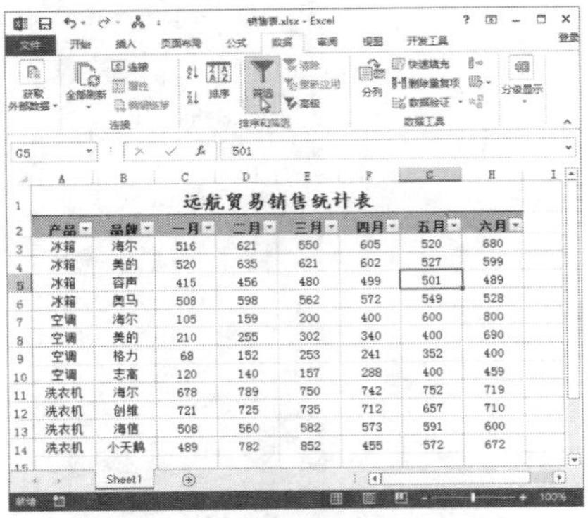

图 15-2 单击【筛选】按钮

步骤 3 单击【产品】列右侧的下拉按钮，在弹出的下拉列表中取消选中【全选】复选框，选中【冰箱】复选框，然后单击【确定】按钮，如图 15-3 所示。

图 15-3 设置单条件筛选

步骤 4 此时系统将筛选出产品为冰箱的销售记录，其他记录则被隐藏起来，如图 15-4 所示。

图 15-4 筛选出符合条件的记录

> **提示**　　进行筛选操作后，在列标题右侧的下拉按钮上将显示"漏斗"图标，将光标定位在"漏斗"图标上，即可显示出相应的筛选条件。

15.1.2　多条件筛选

多条件筛选是将符合多个条件的数据筛选出来。例如，将销售表中品牌分别为海尔和美的的销售记录筛选出来，具体操作步骤如下。

步骤 1　进入工作表的筛选状态，单击【品牌】列右侧的下拉按钮，在弹出的下拉列表中取消选中【全选】复选框，选中【海尔】和【美的】复选框，然后单击【确定】按钮，如图 15-5 所示。

步骤 2　此时系统将筛选出品牌为海尔和美的的销售记录，其他记录则被隐藏起来，如图 15-6 所示。

图 15-5　设置多条件筛选

图 15-6　筛选出符合条件的记录

> **提示**　　若要清除筛选，在【数据】选项卡中，单击【排序和筛选】组中的【清除】按钮即可。

15.1.3　高级筛选

如果要对多个数据列设置复杂的筛选条件时，需要使用 Excel 提供的高级筛选功能。例如，将一月和二月销售量均大于 500 的记录筛选出来，具体操作步骤如下。

步骤 1　打开随书光盘中的"素材 \ch15\ 销售表 .xlsx"文件，在单元格区域 J2:K3 中分别输入字段名和筛选条件，然后在【数据】选项卡中，单击【排序和筛选】组中的【高级】按钮，如图 15-7 所示。

步骤 2　弹出【高级筛选】对话框，选中【在原有区域显示筛选结果】单选按钮，在【列表区域】中选择单元格区域 A2:H4，如图 15-8 所示。

图 15-7　设置字段名和筛选条件

图 15-8　【高级筛选】对话框

> **提示**　若在【高级筛选】对话框中选中【将筛选结果复制到其他位置】单选按钮，则【复制到】文本框将呈高亮显示，在其中选择单元格区域，筛选的结果即复制到所选的单元格区域中。

步骤 3　在【条件区域】中选择单元格区域 J2:K3，单击【确定】按钮，如图 15-9 所示。

步骤 4　此时系统将在选定的列表区域中筛选出符合条件的记录，如图 15-10 所示。

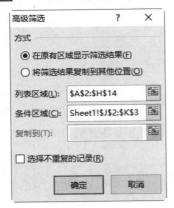

图 15-9　设置条件区域

图 15-10　筛选出符合条件的记录

> **提示**　在选择条件区域时，一定要包含条件区域的字段名。

　　由上可知，在使用高级筛选功能之前，应先建立一个条件区域，用来指定筛选的数据必须满足的条件，并且在条件区域中要求包含作为筛选条件的字段名。

15.1.4　自定义筛选

　　当要筛选的条件列属于文本类型的数据时，可使用自定义筛选。下面将品牌以"美"或"创"开头的销售记录筛选出来，具体操作步骤如下。

步骤 1 打开随书光盘中的"素材\ch15\销售表.xlsx"文件，将光标定位在数据区域内任意单元格，在【数据】选项卡中，单击【排序和筛选】组中的【筛选】按钮，进入自动筛选状态。然后单击【品牌】列右侧的下拉按钮，在弹出的下拉列表中依次选择【文本筛选】→【开头是】选项，如图 15-11 所示。

图 15-11　选择【开头是】选项

步骤 2 弹出【自定义自动筛选方式】对话框，在【品牌】选项组第一栏右侧的下拉列表框中输入"美"，选中【或】单选按钮，如图 15-12 所示。

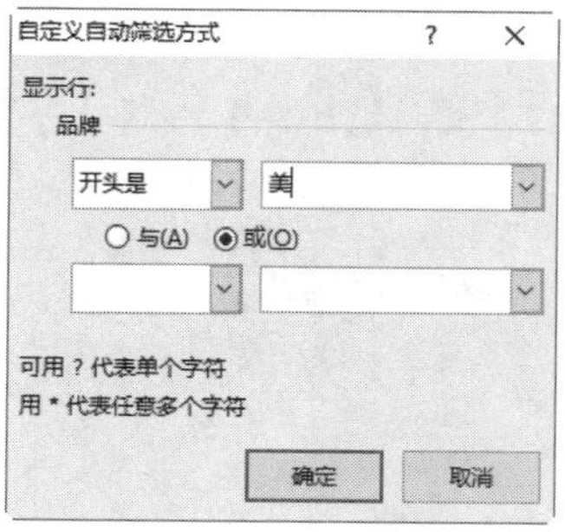

图 15-12　设置【品牌】选项组中第一栏的条件

步骤 3 单击第二栏左侧的下拉按钮，在打开的下拉列表中选择【开头是】选项，在右侧的下拉列表框中输入"创"，然后单击【确定】按钮，如图 15-13 所示。

图 15-13　设置【品牌】区域中第二栏的条件

步骤 4 此时系统将筛选出品牌以"美"或"创"开头的销售记录，如图 15-14 所示。

图 15-14　筛选出符合条件的记录

提示 对于文本类型的数据，可使用的自定义筛选方式有【等于】、【不等于】、【开头是】、【结尾是】、【包含】和【不包含】等。无论选择哪一个选项，都将弹出【自定义自动筛选方式】对话框，在其中设置相应的筛选条件即可。

15.2 通过排序分析数据

Excel 2013 提供了多种排序方法，用户可以根据需要进行单条件排序或多条件排序，也可以按照行、列排序，还可以根据需要自定义排序。

15.2.1 单条件排序

单条件排序是依据一个条件对数据进行排序。例如，要对销售表中的"一月"销售量进行升序排序，具体操作步骤如下。

步骤 1 打开随书光盘中的"素材 \ch15\ 销售表 .xlsx"文件，将光标定位在"一月"列中的任意单元格，如图 15-15 所示。

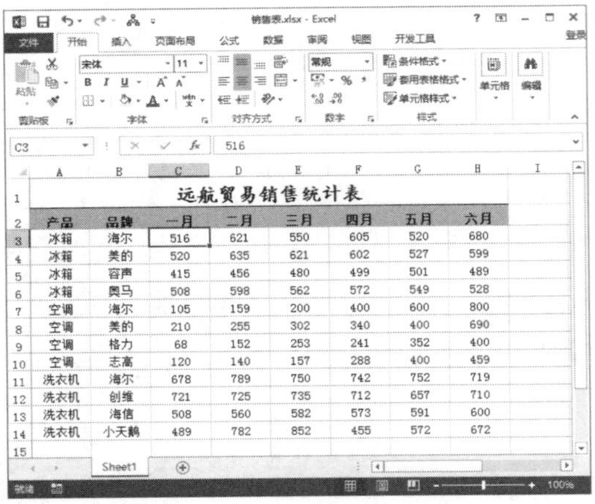

图 15-15 打开素材文件

步骤 2 在【数据】选项卡中，单击【排序和筛选】组中的【升序】按钮$\frac{A}{Z}\downarrow$，即可对该列进行升序排序，如图 15-16 所示。

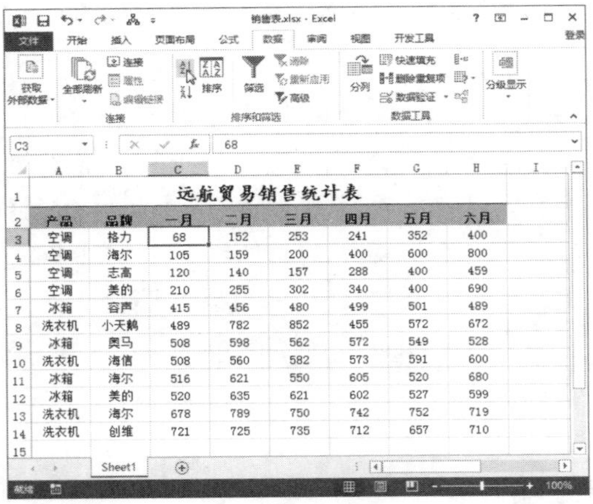

图 15-16 单击【升序】按钮

> **提示** 若单击【降序】按钮$\frac{Z}{A}\downarrow$，即可对该列进行降序排序。

此外，将光标定位在要排序列的任意单元格，右击并在弹出的快捷菜单中选择【排序】→【升序】命令或【降序】命令，也可快速排序，如图 15-17 所示。或者在【开始】选项卡的【编辑】组中，单击【排序和筛选】下拉按钮，在弹出的下拉菜单中选择【升序】或【降序】命令，同样可以进行排序，如图 15-18 所示。

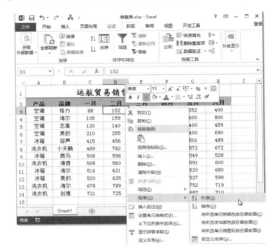

图 15-17 选择【排序】→【升序】命令

图 15-18 选择【升序】或【降序】命令

> **提示** 由于数据表中有多列数据，如果仅对一列或几列排序，则会打乱整个数据表中数据的对应关系，因此应谨慎使用排序操作。

15.2.2 多条件排序

多条件排序是依据多个条件对数据表进行排序。例如，要对销售表中的“一月”销售量进行升序排序，当“一月”销售量相等时，以此为基础对“二月”销售量进行升序排序，以此类推，对 6 个月份都进行升序排序，具体操作步骤如下。

步骤 1 打开随书光盘中的“素材 \ch15\ 销售表 -- 多条件排序 .xlsx”文件，将光标定位在数据区域中的任意单元格，然后在【数据】选项卡中，单击【排序和筛选】组中的【排序】按钮 $\frac{A}{Z}\downarrow$，如图 15-19 所示。

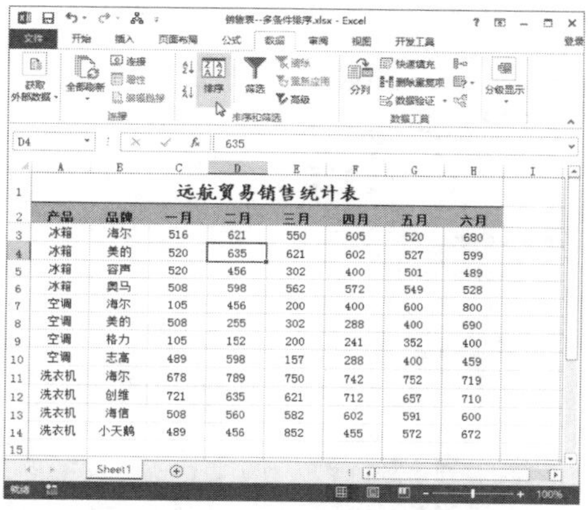

产品	品牌	一月	二月	三月	四月	五月	六月
冰箱	海尔	516	621	550	605	520	680
冰箱	美的	520	635	621	602	527	599
冰箱	容声	520	456	302	400	501	489
冰箱	奥马	508	598	562	572	549	528
空调	海尔	105	456	200	400	600	800
空调	美的	508	255	302	288	400	690
空调	格力	105	152	200	241	352	400
空调	志高	489	598	157	288	400	459
洗衣机	海尔	678	789	750	742	752	719
洗衣机	创维	721	635	621	712	657	710
洗衣机	海信	508	560	582	602	591	600
洗衣机	小天鹅	489	456	852	455	572	672

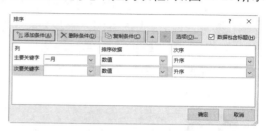

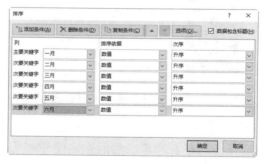

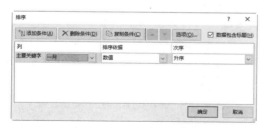

图 15-19 单击【排序】按钮

步骤 2 弹出【排序】对话框，单击【主要关键字】右侧的下拉按钮，在弹出的下拉列表中选择【一月】选项，使用同样的方法，设置【排序依据】和【次序】分别为【数值】和【升序】，如图 15-20 所示。

图 15-20 设置主要关键字的排序条件

提示

右击，在弹出的快捷菜单中选择【排序】→【自定义排序】命令，也可弹出【排序】对话框。

步骤 3 单击【添加条件】按钮，将添加一个【次要关键字】下拉列表框，如图 15-21 所示。

图 15-21 单击【添加条件】按钮

步骤 4 重复步骤 2 和步骤 3，分别设置 6 个月份的排序条件，设置完成后，单击【确定】按钮，如图 15-22 所示。

图 15-22 设置其余次要关键字的排序条件

步骤 5 此时系统将对 6 个月份按数值进行升序排序，如图 15-23 所示。

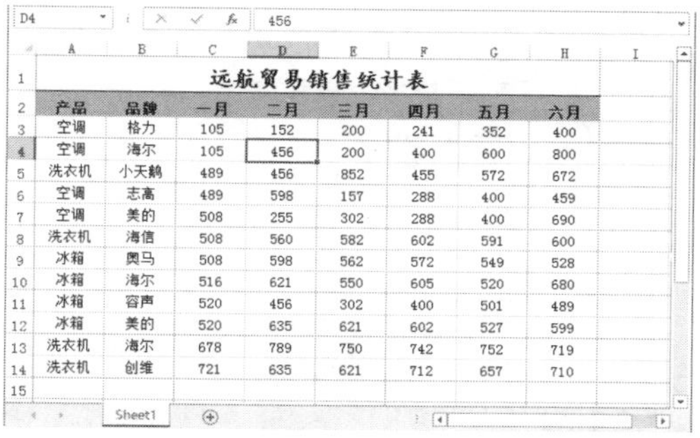

产品	品牌	一月	二月	三月	四月	五月	六月
空调	格力	105	152	200	241	352	400
空调	海尔	105	456	200	400	600	800
洗衣机	小天鹅	489	456	852	455	572	672
空调	志高	489	598	157	288	400	459
空调	美的	508	255	302	288	400	690
洗衣机	海信	508	560	582	602	591	600
冰箱	奥马	508	598	562	572	549	528
冰箱	海尔	516	621	550	605	520	680
冰箱	容声	520	456	302	400	501	489
冰箱	美的	520	635	621	602	527	599
洗衣机	海尔	678	789	750	742	752	719
洗衣机	创维	721	635	621	712	657	710

图 15-23 完成多条件排序

> **提示** 在 Excel 2013 中，多条件排序最多可设置 64 个关键字。如果进行排序的数据没有标题行，或者让标题行也参与排序，则在【排序】对话框中取消选中【数据包含标题】复选框即可。

15.2.3 自定义排序

除了按照系统提供的排序规则进行排序外，用户还可以自定义排序，具体操作步骤如下。

步骤 1 打开随书光盘中的"素材 \ch15\ 工资表 .xlsx"文件，单击【文件】按钮，进入文件操作界面，选择左侧菜单中的【选项】命令，如图 15-24 所示。

图 15-24 选择左侧菜单中的【选项】命令

步骤 2 弹出【Excel 选项】对话框，在左侧选择【高级】选项，然后在右侧单击【常规】区域中的【编辑自定义列表】按钮，如图 15-25 所示。

图 15-25 单击【编辑自定义列表】按钮

步骤 3 弹出【自定义序列】对话框，在【输入序列】列表框中输入如图 15-26 所示的序列，然后单击【添加】按钮。

图 15-26 输入自定义的序列

步骤 4 添加完成后，依次单击【确定】按钮，返回到工作表中，将光标定位在数据区域内的任意单元格，切换到【数据】选项卡，单击【排序和筛选】组中的【排序】按钮，如图 15-27 所示。

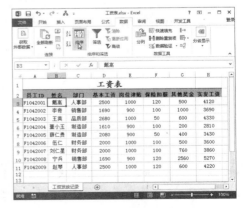

图 15-27 单击【排序】按钮

步骤 5 弹出【排序】对话框，单击【主要关键字】右侧的下拉按钮，在弹出的下拉列表中选择【部门】选项，然后在【次序】下拉列表中选择【自定义序列】选项，如图 15-28 所示。

步骤 6 弹出【自定义序列】对话框，在【自定义序列】列表框中选择相应的序列，然后单击【确定】按钮，如图 15-29 所示。

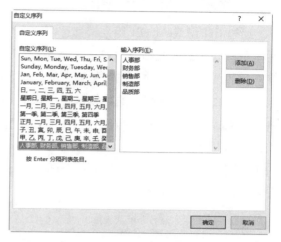

图 15-28 选择【自定义序列】选项

图 15-29 选择相应序列

步骤 7 返回到【排序】对话框，可以看到【次序】下拉列表框中已经设置为自定义的序列，单击【确定】按钮，如图 15-30 所示。

步骤 8 此时系统将按照自定义的序列对数据进行排序，如图 15-31 所示。

图 15-30 单击【确定】按钮

图 15-31 完成自定义排序

15.3 通过图表分析数据

在图表中可以直观地反映工作表中数据之间的关系，可以方便地对比与分析数据，Excel 2013 提供了多种类型的内置图表，使用图表类型，可以使图表结果更加清晰、直观和易懂，为分析数据提供了便利。

15.3.1 在工作表中创建图表

在 Excel 2013 之中，用户可以使用 3 种方法创建图表，分别是使用快捷键创建、使用功能区创建和使用图表向导创建，下面进行详细介绍。

1. 使用快捷键创建图表

通过 F11 键或 Alt+F1 组合键都可以快速地创建图表。不同的是，前者可以创建工作表图表，后者可以创建嵌入式图表。其中，嵌入式图表就是与工作表数据在一起或者与其他嵌入式图表在一起的图表，而工作表图表是特定的工作表，只包含单独的图表。

使用快捷键创建图表的具体操作步骤如下。

步骤 1 打开随书光盘中的"素材 \ch15\ 图书销售表 .xlsx"文件，选择单元格区域 A1:E7，如图 15-32 所示。

步骤 2 按 F11 键，即可插入一个名为 Chart1 的工作表图表，并根据所选区域的数据创建该图表，如图 15-33 所示。

图 15-32　选择单元格区域

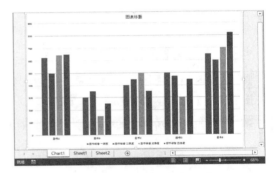

图 15-33　创建工作表图表

步骤 3 单击 Sheet1 标签，返回到工作表中，选择同样的区域，按 Alt+F1 组合键，即可在当前工作表中创建一个嵌入式图表，如图 15-34 所示。

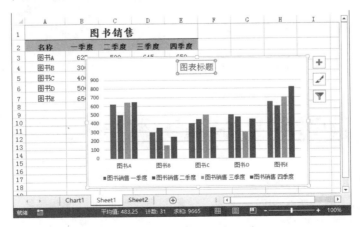

图 15-34　创建嵌入式图表

2. 使用功能区创建图表

使用功能区创建图表是最常用的方法，具体操作步骤如下。

步骤 1 打开随书光盘中的"素材 \ch15\ 图书销售表 .xlsx"文件。选择单元格区域 A1:E7，在【插入】选项卡中，单击【图表】组中的【柱形图】按钮，在弹出的下拉菜单中选择【簇状柱形图】命令 ，如图 15-35 所示。

步骤 2 此时即创建一个簇状柱形图，如图 15-36 所示。

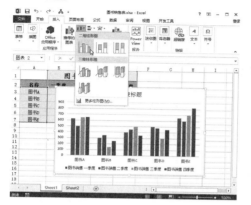

图 15-35　选择图表类型

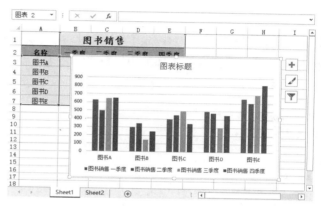

图 15-36　创建簇状柱形图

 3. 使用图表向导创建图表

使用图表向导也可以创建图表，具体操作步骤如下。

步骤 1 打开随书光盘中的"素材 \ch15\ 图书销售表 .xlsx"文件。选择单元格区域 A1:E7，在【插入】选项卡中，单击【图表】组中的 按钮，弹出【插入图表】对话框，如图 15-37 所示。

步骤 2 在该对话框中选择任意一种图表类型，单击【确定】按钮，即可在当前工作表中创建一个图表，如图 15-38 所示。

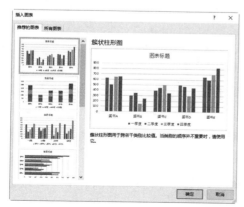

图 15-37　【插入图表】对话框

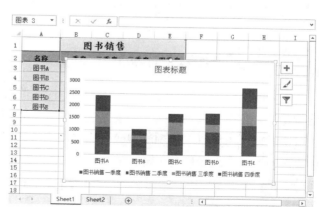

图 15-38　创建图表

15.3.2 分析工作表数据

Excel 2013 提供了多种类型的内置图表，包括柱形图、折线图、饼图、条形图等 11 种类型，而每种类型的图表又包括多个子图表类型，使用这些图表类型可以轻松分析工作表数据。下面以柱形图为例，来分析数据的差距。

柱形图是最普通的图表类型之一。柱形图把每个数据显示为一个垂直柱体，高度与数值相对应，主要用于显示一段时间内的数据变化或比较各项之间的情况。

具体操作步骤如下。

步骤 1 打开随书光盘中的"素材 \ch15\ 在职人员学历统计表 .xlsx"工作簿，选择 A2:E6 单元格区域。在【插入】选项卡中，单击【图表】组中的【插入柱形图】按钮，在弹出的下拉菜单中选择任意一种柱形图类型，如图 15-39 所示。

步骤 2 即可在当前工作表中创建一个柱形图，在其中可以清楚地查看各个数据的差距，如图 15-40 所示。

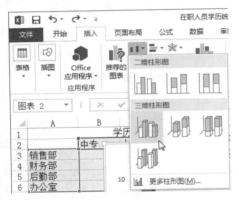

图 15-39 选择柱形图类型

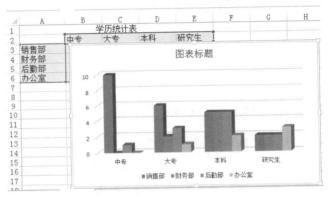

图 15-40 创建柱形图

提示 使用相同的方法，用户还可以在工作表中创建折线图、饼图、条形图、面积图等图表类型，来分析工作表数据，这里不再赘述。

15.3.3 使用迷你图表分析数据

迷你图是一种小型图表，可放在工作表内的单个单元格中，使用迷你图可以显示一系列数值的趋势。若要创建迷你图，必须先选择要分析的数据区域，然后选择要放置迷你图的位置。在 Excel 2013 中提供了 3 种类型的迷你图：折线图、柱形图和盈亏图。下面介绍如何创建折线图来分析数据，具体操作步骤如下。

步骤 1 打开随书光盘中的"素材 \ch15\ 图书销售表 .xlsx"文件，在【插入】选项卡中，单击【迷你图】组中的【折线图】按钮，如图 15-41 所示。

步骤 2 弹出【创建迷你图】对话框，将光标定位在【数据范围】文本框中，然后在工作表中拖动鼠标选择数据区域 B3:F7，使用同样的方法，在【位置范围】文本框中设置放置迷你图的位置，如图 15-42 所示。

图 15-41 单击【折线图】按钮

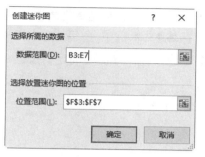

图 15-42 【创建迷你图】对话框

步骤 3 设置完成后，单击【确定】按钮，迷你图即创建完成，如图 15-43 所示。

步骤 4 在【设计】选项卡【显示】组中，选中【高点】和【低点】复选框，此时迷你图中将标识出数据区域的最高点和最低点，如图 15-44 所示。

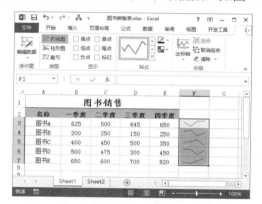

图 15-43 创建迷你图

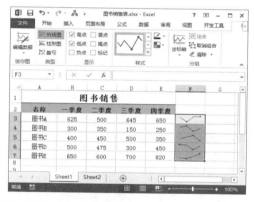

图 15-44 标识数据区域的最高点和最低点

15.4 使用数据透视表分析数据

数据透视表是一种可以深入分析数值数据，进行快速汇总大量数据的交互式报表。用来创建数据透视表的数据源可以是当前工作表中的数据，也可以来源于外部数据。

15.4.1 创建数据透视表

数据透视表要求数据源的格式是矩形数据库，并且通常情况下，数据源中要包含用于描述数据的字段和要汇总的值或数据。

下面利用电器销售表作为数据源生成数据透视表，显示出每种产品以及产品中包含的各品牌的年度总销售额，具体操作步骤如下。

步骤 1 打开随书光盘中的"素材\ch15\电器销售表.xlsx"文件，在【插入】选项卡中，单击【表格】组中的【数据透视表】按钮，如图 15-45 所示。

步骤 2 弹出【创建数据透视表】对话框，选中【选择一个表或区域】单选按钮，将光标定位在【表/区域】文本框中，然后在工作表中选择单元格区域 A2:G11 作为数据源，在下方选中【新工作表】单选按钮，单击【确定】按钮，如图 15-46 所示。

图 15-45　单击【数据透视表】按钮　　　　　图 15-46　【创建数据透视表】对话框

步骤 3 此时将创建一个新工作表，工作表中包含一个空白的数据透视表，在右侧将出现【数据透视表字段】窗格，并且在功能区中会出现【分析】和【设计】选项卡，如图 15-47 所示。

> **提示**　在【创建数据透视表】对话框中，用户还可选择外部数据作为数据源。此外，既可以选择将数据透视表放置在新工作表中，也可放置在当前工作表中。

步骤 4 接下来添加字段。在【数据透视表字段】窗格中，从【选择要添加到报表的字段】区域中选择"产品"字段，按住左键不放，将其拖动到下方的【行】列表框中，如图 15-48 所示。

图 15-47　空白的数据透视表　　　　　图 15-48　将"产品"字段拖动到【行】列表框中

步骤 5 使用同样的方法，将"品牌"字段也拖动到【行】列表框中，然后将"总销售额"字段拖动到【∑值】列表框中，在左侧可以看到添加字段后的数据透视表，如图 15-49 所示。

图 15-49 手动创建的数据透视表

另外，Excel 2013 新引入了"推荐的数据透视表"功能。通过该功能，系统将快速扫描数据，并列出可供选择的数据透视表，用户只需选择其中一种，即可自动创建数据透视表，具体操作步骤如下。

步骤 1 打开随书光盘中的"素材 \ch15\ 电器销售表 .xlsx"文件，将光标定位在数据区域内的任意单元格。在【插入】选项卡中，单击【表格】组中的【推荐的数据透视表】按钮，弹出【推荐的数据透视表】对话框，在左侧列表框中选择需要的类型，在右侧可预览效果，如图 15-50 所示。

步骤 2 单击【确定】按钮，此时系统将自动创建所选的数据透视表，如图 15-51 所示。

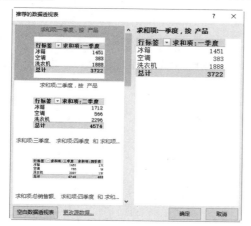

图 15-50 在左侧列表框中选择需要的类型

图 15-51 自动创建的数据透视表

15.4.2 通过调整字段分析数据

通过调整数据透视表的字段，可以分析工作表数据信息。调整字段的内容包括添加字段、移动字段、删除字段、设置字段类型等。

1. 添加字段

通常情况下，添加字段主要有 3 种方法。

（1）拖动字段。用户可直接将【选择要添加到报表的字段】区域中的字段拖动到下方的【在以下区域间拖动字段】区域中。

（2）选中字段前面的复选框。在【选择要添加到报表的字段】区域中选中字段前面的复选框，数据透视表会根据该字段的特点自动添加到【在以下区域间拖动字段】区域中。

（3）通过右击鼠标添加。选择要添加的字段，右击并在弹出的快捷菜单中选择要添加到的区域，即可添加该字段，如图 15-52 所示。

图 15-52　添加字段

2. 移动字段

用户不仅可以在数据透视表的区域间移动字段，还可在同一区域中移动字段，具体操作步骤如下。

步骤 1 打开随书光盘中的"素材 \ch15\ 电器销售表 – 数据透视表 .xlsx"文件，如图 15-53 所示。

图 15-53　打开素材文件

图 15-54　将"产品"字段拖动到"品牌"字段的下方

步骤 2 在【数据透视表字段】窗格中，选择【行】列表框中的"产品"字段，将其拖动到"品牌"字段的下方，此时数据透视表的布局会自动发生改变，如图 15-54 所示。

步骤 3 在【∑值】列表框中单击"总销售额"字段，在弹出的下拉菜单中选择【移至末尾】命令，如图 15-55 所示。

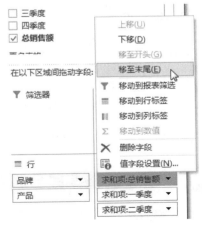

图 15-55　选择【移至末尾】命令

步骤 **4** "总销售额"字段移动到【∑ 值】列表框的末尾，此时数据透视表的布局会自动发生改变，如图 15-56 所示。

以上介绍了在同一区域中移动字段的两种方法，若要在区域间移动字段，将字段直接拖动到其他的区域中，或者单击选择字段，在弹出的下拉菜单中选择【移动到行标签】、【移动到列标签】等命令，都可在区域间移动字段，方法与上述类似，这里不再赘述。

图 15-56　数据透视表的布局发生改变

 删除字段

通常情况下，删除字段主要有两种方法。

在【数据透视表字段】窗格中选中要删除的字段，直接将其拖动到区域外，可删除该字段，如图 15-57 所示。

在【在以下区域间拖动字段】区域中单击要删除的字段，在弹出的下拉菜单中选择【删除字段】命令，即可删除该字段，如图 15-58 所示。

图 15-57　拖动到区域外删除字段

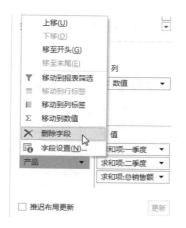

图 15-58　选择【删除字段】命令

 设置字段类型

设置字段包括重命名字段、设置字段的数字格式、设置字段的汇总和筛选方式、设置布局和打印等。例如在电器销售表中，若需要数据透视表显示每季度的销售平均值，而非总和，就需要设置字段，具体操作步骤如下。

步骤 **1** 打开随书光盘中的"素材 \ch15\ 电器销售表 -- 数据透视表 .xlsx"文件，选择单元格 B3，在【分析】选项卡中，单击【活动字段】组中的【字段设置】按钮，如图 15-59 所示。

步骤 **2** 弹出【值字段设置】对话框，在【自定义名称】文本框中输入新名称"一季度平均值"，在【值字段汇总方式】列表框中选择【平均值】选项，单击【数字格式】按钮，如图 15-60 所示。

图 15-59　单击【字段设置】按钮

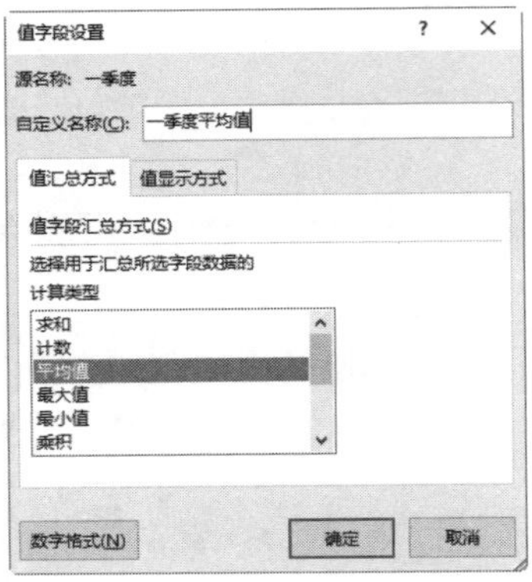

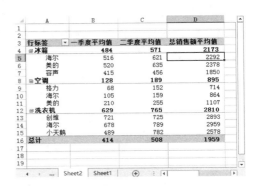

图 15-60　【值字段设置】对话框

步骤 3 弹出【设置单元格格式】对话框，选择【分类】列表框中的【数值】选项，在右侧将【小数位数】设置为 0，如图 15-61 所示。

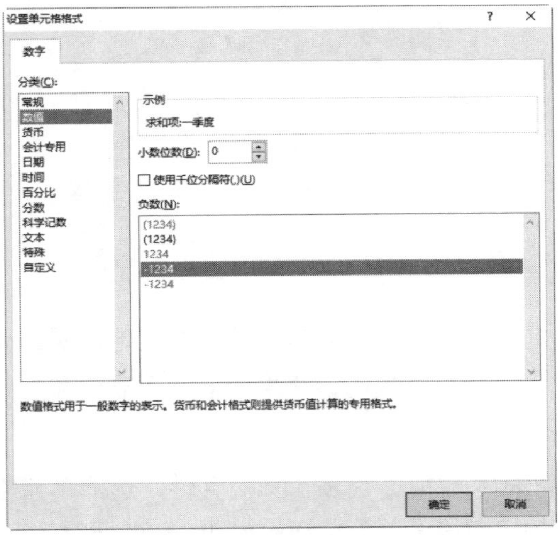

图 15-61　【设置单元格格式】对话框

步骤 4 依次单击【确定】按钮，返回到工

作表，此时数据透视表将显示一季度的销售平均值，如图 15-62 所示。

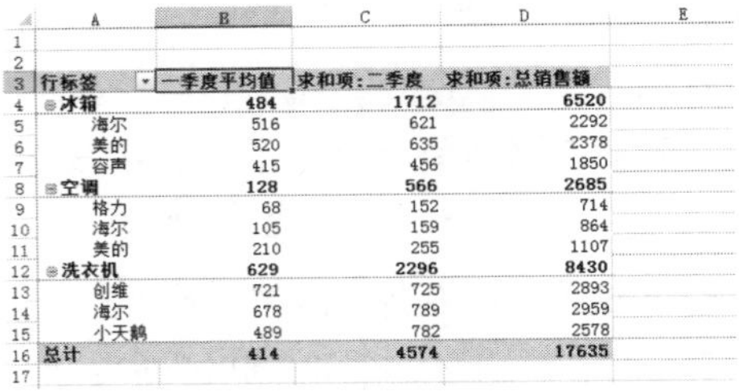

图 15-62　显示一季度销售平均值

步骤 5 使用同样的方法，设置"二季度"和"总销售额"字段，将它们的汇总方式设置为"平均值"，并设置数字格式，如图 15-63 所示。

图 15-63　添加其他季度的平均值

步骤 6 在【数据透视表字段】窗格中，单击【行】列表框中的"产品"字段，在弹出的下拉菜单中选择【字段设置】命令，如图 15-64 所示。

图 15-64　选择【字段设置】命令

步骤 7 弹出【字段设置】对话框,切换到【布局和打印】选项卡,在【布局】区域中选中【以表格形式显示项目标签】单选按钮,单击【确定】按钮,如图 15-65 所示。

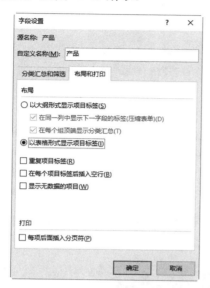

图 15-65 【字段设置】对话框

步骤 8 返回到工作表中,此时数据透视表已发生改变,如图 15-66 所示。

图 15-66 数据透视表发生变化

提示 对于报表中【∑值】列表框中的字段称为值字段,其他 3 个列表框中的字段称为字段。因此,当设置字段时,对话框分别为【值字段设置】和【字段设置】,两种类型的字段可设置的选项也不同。

15.4.3 通过调整布局分析数据

在添加或设置字段时数据透视表的布局会自动变化。此外,还可通过功能区来设置数据透视表布局,具体操作步骤如下。

步骤 1 打开随书光盘中的"素材 \ch15\ 电器销售表 -- 数据透视表 .xlsx"文件,将光标定位在数据透视表中,在【设计】选项卡中,单击【布局】组中的【分类汇总】按钮,在弹出的下拉菜单中选择【在组的底部显示所有分类汇总】命令,如图 15-67 所示。

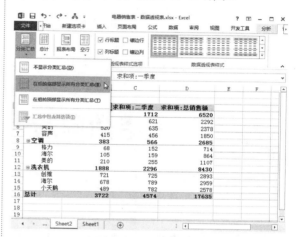

图 15-67 【分类汇总】下拉菜单

步骤 2 此时数据透视表的布局发生改变,如图 15-68 所示。

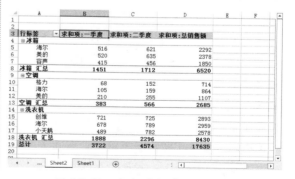

图 15-68 数据透视表发生变化

步骤 3 在【设计】选项卡中,单击【布局】组中的【报表布局】按钮,在弹出的下拉菜单中选择【以压缩形式显示】命令，如图 15-69 所示。

步骤 4 此时数据透视表的布局再次发生改变，如图 15-70 所示。

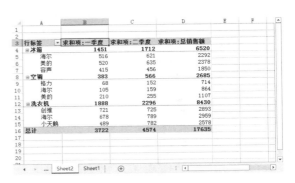

图 15-69　选择【以压缩形式显示】命令　　　　图 15-70　数据透视表布局发生变化

15.5 使用数据透视图分析数据

与数据透视表一样，数据透视图也是交互式的。它是另一种数据表现形式，主要使用图表来描述数据的特性。

15.5.1 利用源数据创建数据透视图

下面以电器销售表中的数据作为源数据，创建数据透视图，具体操作步骤如下。

步骤 1 打开随书光盘中的"素材 \ch15\ 电器销售表 .xlsx"文件，将光标定位在数据区域中的任意单元格，在【插入】选项卡中，单击【图表】组中的【数据透视图】按钮，如图 15-71 所示。

步骤 2 弹出【创建数据透视图】对话框，选中【选择一个表或区域】单选按钮，将光标定位在【表 / 区域】文本框中，然后在工作表中选择单元格区域 A2:G11 作为数据源，在对话框下方选中【新工作表】单选按钮，然后单击【确定】按钮，如图 15-72 所示。

图 15-71　单击【数据透视图】按钮

图 15-72　【创建数据透视图】对话框

步骤 3 此时将创建一个新工作表，工作表中包含一个空白的数据透视图，在右侧将出现【数据透视图字段】窗格，并且在功能区中会出现【分析】、【设计】和【格式】选项卡，如图 15-73 所示。

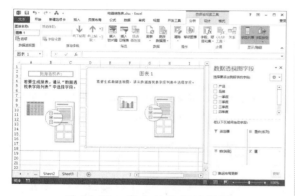

图 15-73　空白的数据透视图

> **提示**　创建数据透视图时会默认创建数据透视表，如果将数据透视表删除，透视图也随之转化为普通图表。

步骤 4 接下来添加字段。在【数据透视图字段】窗格中，从【选择要添加到报表的字段】区域中选中【产品】、【品牌】和【总销售额】3 个复选框，系统将根据该字段的特点自动添加到下方的【在以下区域间拖动字段】区域中，如图 15-74 所示。

图 15-74　添加字段

步骤 5 此时将根据添加的字段创建相应的数据透视图，如图 15-75 所示。

图 15-75　创建的数据透视图

15.5.2　利用数据透视表创建数据透视图

下面利用数据透视表创建数据透视图，具体操作步骤如下。

步骤 1 打开随书光盘中的"素材\ch15\电器销售表 -- 数据透视表 .xlsx"文件，将光标定位在数据透视表中，在【分析】选项卡中，单击【工具】组中的【数据透视图】按钮，如图 15-76 所示。

步骤 2 弹出【插入图表】对话框，选择需要的图表类型，单击【确定】按钮，如图 15-77 所示。

图 15-76　单击【数据透视图】按钮

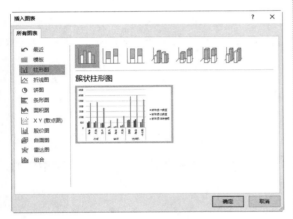

图 15-77　【插入图表】对话框

步骤 3 此时将利用数据透视表创建一个数据透视图，如图 15-78 所示。

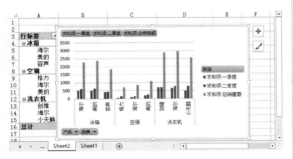

图 15-78　创建数据透视图

> **提示** 用户不能创建 XY（散点图）、气泡图、股价图等类型的数据透视图。

15.5.3 通过调整字段分析数据

与普通图表不同的是，数据透视图中包含一些字段按钮，通过这些按钮可筛选图表中的数据，具体操作步骤如下。

步骤 1 打开随书光盘中的"素材\ch15\电器销售表 -- 数据透视图 .xlsx"文件，默认情况下，数据透视图中会显示字段按钮，如图 15-79 所示。

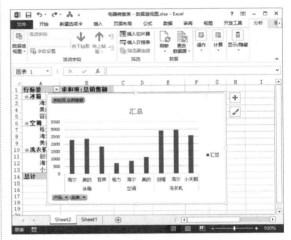

图 15-79　打开素材文件

步骤 2 单击数据透视图中"产品"字段右侧的下拉按钮，在弹出的下拉列表中取消选中【全选】复选框，选中【冰箱】复选框，然后单击【确定】按钮，如图 15-80 所示。

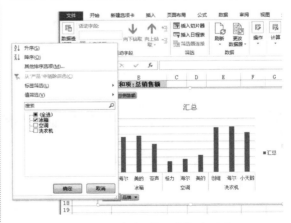

图 15-80　选中【冰箱】复选框

步骤 3 此时数据透视图中只显示出冰箱的销售情况，如图 15-81 所示。

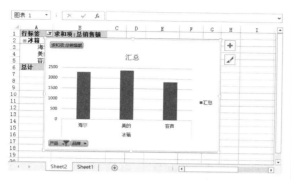

图 15-81　数据透视图

步骤 4 若要隐藏字段按钮，选中数据透视图，在【分析】选项卡的【显示/隐藏】组中，单击【字段按钮】下拉按钮，在弹出的下拉菜单中选择【全部隐藏】命令，如图 15-82 所示。

步骤 5 此时将隐藏全部的字段按钮，如图 15-83 所示。

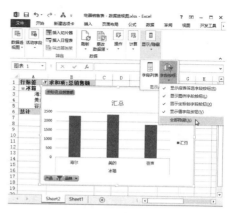

图 15-82　选择【全部隐藏】命令

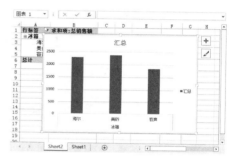

图 15-83　隐藏全部的字段按钮

> **提示**　数据透视表和数据透视图是双向连接起来的，当一个发生结构或数据变化时，另一个也会发生同样的变化。

15.6 高效办公技能实战

15.6.1 高效办公技能 1——设置数据的验证规则

本节将介绍如何设置身份证号的数据验证规则。通过本节的学习，读者可以回顾本章前面的知识要点，掌握如何设置数据验证条件、出错警告等方法。

下面设置"身份证号"列，限定输入的身份证号必须是 15 位或者 18 位，且必须确保输入数据的唯一性，具体操作步骤如下。

步骤 1 设置数字格式。打开随书光盘中的"素材 \ch15\ 验证身份证号 .xlsx"文件，选择单元格区域 C3:C11，在【开始】选项卡的【数字】组中，单击【数字格式】右侧的下拉按钮，在弹出的下拉列表中选择【文本】选项，如图 15-84 所示。

图 15-84　选择【文本】选项

步骤 2 设置数据验证规则。选择单元格 C3，在【数据】选项卡中，单击【数据工具】组中的【数据验证】按钮，如图 15-85 所示。

图 15-85　单击【数据验证】按钮

步骤 3 弹出【数据验证】对话框，单击【验证条件】区域中的【允许】下拉列表框右侧的下拉按钮，在弹出的下拉列表中选择【自定义】选项，在【公式】文本框中输入公式 "=AND(COUNTIF(C:C,C3)=1,OR(LEN(C3)= 15,LEN(C3)=18))"，如图 15-86 所示。

> ▶ 提示　COUNTIF 函数是用于统计 C 列中，与 C3 内容相同的单元格个数。

步骤 4 切换到【出错警告】选项卡，在【样式】下拉列表框中选择【警告】选项，在【标

题】文本框和【错误信息】列表框中输入如图 15-87 所示的内容，然后单击【确定】按钮。

图 15-86　【数据验证】对话框

图 15-87　【出错警告】选项卡

步骤 5 返回到工作表，利用填充柄的填充功能，快速填充其他单元格，如图 15-88 所示。

图 15-88　填充其他单元格

> ▶ 提示　快速填充时，填充后的单元格将自动套用 C3 的数据验证规则。

步骤 6 设置完成，下面开始进行验证。假

设在 C3 单元格中输入 420521，不是 15 位或 18 位的范围内，按 Enter 键后，将会弹出【输入错误】对话框，如图 15-89 所示。

号码，同样会弹出【输入错误】对话框，如图 15-90 所示。

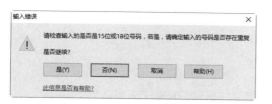

图 15-89　若输入的数据位数错误弹出的提示对话框

步骤 7 假设在 C3 单元格中输入一个有效的身份证号，若在 C4 单元格中输入相同的

图 15-90　若输入相同的数据弹出提示对话框

15.6.2　高效办公技能 2——数据的分类汇总与合并计算

分类汇总是对数据清单中的数据进行分类，在分类的基础上再汇总数据，合并计算功能可以将多个格式相同的工作表合并到一个主表中，便于对数据进行更新和汇总。

1.　分类汇总数据

要进行分类汇总的数据列表，要求每一列数据都要有列标题。Excel 将依据列标题来决定如何创建分类，以及进行何种计算。下面在工资表中，依据发薪日期进行分类，并且统计出每个月所有部门实发工资的总和，具体操作步骤如下。

步骤 1 打开随书光盘中的"素材 \ch15\ 工资表 .xlsx"文件，将光标定位在 D 列中的任意单元格，在【数据】选项卡中，单击【排序和筛选】组中的【升序】按钮，对该列进行升序排序，如图 15-91 所示。

步骤 2 排序完成后，在【数据】选项卡中，单击【分级显示】组中的【分类汇总】按钮 ，如图 15-92 所示。

图 15-91　单击【升序】按钮

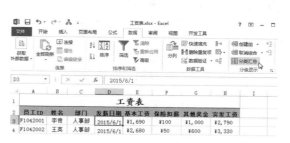

图 15-92　单击【分类汇总】按钮

步骤 3 弹出【分类汇总】对话框，单击【分类字段】下拉列表框右侧的下拉按钮，在弹出的下拉列表框中选择【发薪日期】选项，在【汇总方式】下拉列表框中选择【求和】选项，在【选定汇总项】列表框中选中【实发工资】复选框，然后单击【确定】按钮，如图 15-93 所示。

步骤 4 此时工资表将依据发薪日期进行分类汇总，并统计出每月的实发工资总和，如图 15-94 所示。

图 15-93　在【分类汇总】对话框中设置条件

图 15-94　简单分类汇总的结果

> **提示** 汇总方式除了求和以外，还有最大值、最小值、计数、乘积、方差等，用户可根据需要进行选择。

2. 数据的合并计算

当多个数据源区域中的数据是按照相同的顺序排列并使用相同的行和列标签时，可进行合并计算。下面将销售表中 3 个工作表合并到一个总表中，并计算出总销售数量和总销售额，具体操作步骤如下。

步骤 1 打开随书光盘中的"素材 \ch15\ 小米手机销售表 .xlsx"文件，选择单元格区域 D3:E7，在【公式】选项卡中，单击【定义的名称】下拉菜单中的【定义名称】按钮，如图 15-95 所示。

步骤 2 弹出【新建名称】对话框，在【名称】文本框中输入"一月"，单击【确定】按钮，如图 15-96 所示。

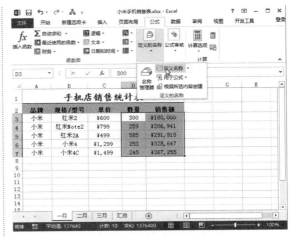

图 15-95　单击【定义名称】按钮

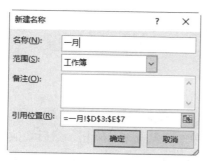

图 15-96　在【名称】文本框中输入名称

步骤 3 分别切换到"二月"和"三月"工作表，重复步骤 1 和步骤 2，为这两个工作表中的相同单元格区域新建名称。然后单击"汇总"标签，切换到"汇总"工作表，选择单元格 D3，在【数据】选项卡中，单击【数据工具】组中的【合并计算】按钮，如图 15-97 所示。

图 15-97　单击【合并计算】按钮

步骤 4 弹出【合并计算】对话框，在【引用位置】文本框中输入"一月"，单击【添加】按钮，如图 15-98 所示。

步骤 5 此时在【所有引用位置】列表框中显示出添加的名称，重复步骤 4，添加"二月"和"三月"，如图 15-99 所示。

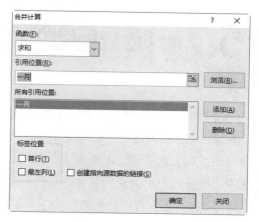

图 15-98　单击【添加】按钮

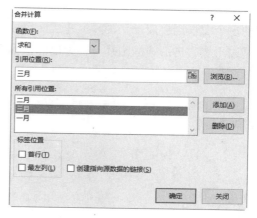

图 15-99　添加其余的名称

步骤 6 单击【确定】按钮，返回到工作表，此时"汇总"工作表中将统计出前 3 个月的总数量及总销售额，如图 15-100 所示。

图 15-100　按位置合并计算后的结果

提示　在合并前要确保每个数据区域都采用列表格式，每列都具有标签，同一列中包含相似的数据，并且在列表中没有空行或空列。

15.7 疑难问题解答

问题 1： 在数据透视表的最后会自动地显示出总计，如何根据实际需要启动总计呢？

解答： 首先打开相应的数据透视表，选中数据区域中的任意一个单元格，然后切换到【数据透视表工具】的【设计】选项卡，最后在【布局】组中，单击【总计】按钮，从弹出的下拉菜单中选择【对行和列启用】命令，即可看到总计功能已经被启用了。

问题 2： 在工作表中如何将多个图表连接为一个整体形成一个图片呢？

解答： 在工作表的操作界面中，按住 Ctrl 键或 Shift 键不放，依次单击选中需要连为整体的图表，然后右击，即可弹出相应的快捷菜单，在其中选择【组合】→【组合】命令，即可将选中的多个图表连接成一个图片。并且，此时形成的图片不具备图表的特征，如果用户需要恢复，则可以再次右击形成的图片，在弹出的快捷菜单中选择【组合】→【取消组合】命令即可。

第16章

自动计算——使用公式与函数计算数据

● **本章导读**

公式和函数是 Excel 的重要组成部分，有着强大的计算功能。其中，函数是 Excel 的预定义内置公式。熟练地掌握公式和函数的用法，可为用户分析和处理工作表中的数据提供很大的方便。本章将为读者介绍使用公式与函数计算报表数据的方法。

● **学习目标**

◎ 掌握使用公式计算数据的方法
◎ 掌握使用函数计算数据的方法
◎ 掌握内置函数的使用方法
◎ 掌握自定义函数的使用方法

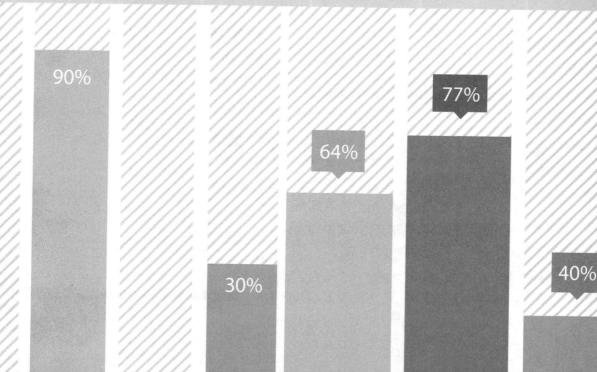

16.1 使用公式计算数据

在 Excel 2013 中，应用公式可以帮助分析工作表中的数据，如对数值进行加、减、乘、除等运算。

16.1.1 输入公式

使用公式计算数据的首要条件就是在 Excel 表格中输入公式。常见的输入公式的方法有手动输入和单击输入两种，下面分别进行介绍。

1. 手动输入

手动输入公式是指在选定的单元格中输入等号 (=)，后面输入公式。输入时，字符会同时出现在单元格和编辑栏中。当输入一个公式时，用户可以使用常用编辑键，如图 16-1 所示。

图 16-1　手动输入公式

2. 单击输入

单击输入更加简单、快速，不容易出问题。可以直接单击单元格引用，而不是完全靠手动输入。例如，要在单元格 A3 中输入公式"=A1+A2"，具体操作步骤如下。

步骤 1 在 Excel 2013 中新建一个空白工作簿，在 A1 中输入 23，在 A2 中输入 15，并选择单元格 A3，输入等号 (=)，此时状态栏里会

显示"输入"字样，如图 16-2 所示。

图 16-2　输入"="符号

步骤 2 单击单元格 A1，此时 A1 单元格的周围会显示一个活动虚框，同时单元格引用出现在单元格 A3 和编辑栏中，如图 16-3 所示。

图 16-3　单击选中 A1 单元格

步骤 **3**　输入加号"+"，实线边框会代替虚线边框，状态栏里会再次出现"输入"字样，如图 16-4 所示。

图 16-4　输入"+"符号

步骤 **4**　再单击单元格 A2，将单元格 A2 添加到公式中，如图 16-5 所示。

步骤 **5**　单击编辑栏中的 ☑ 按钮，或按 Enter 键结束公式的输入，在 A3 单元格中即可计算出 A1 和 A2 单元格中值的和，如图 16-6 所示。

图 16-5　选中 A2 单元格

图 16-6　计算单元格的和

16.1.2　复制公式

复制公式就是把创建好的公式复制到其他单元格中，具体操作步骤如下。

步骤 **1**　打开"员工工资统计表"文件，在单元格 H3 中输入公式"=SUM(E3:G3)"，按 Enter 键计算出"工资合计"，如图 16-7 所示。

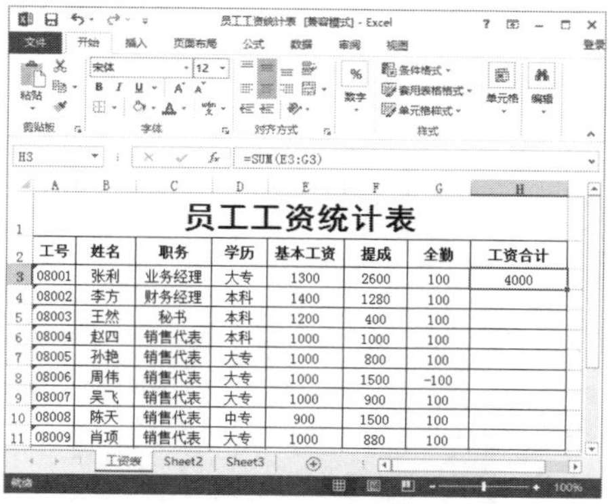

步骤 **2**　选择 H3 单元格，在【开始】选项卡中，单击【剪贴板】选项组中的【复制】按钮 ，该单元格的边框显示为虚线，如图 16-8 所示。

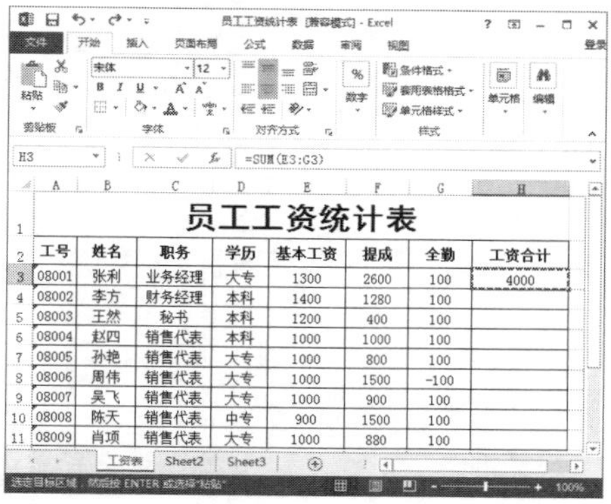

图 16-7　计算工资合计

图 16-8　复制公式

步骤 3 选择单元格H6，单击【剪贴板】选项组中的【粘贴】按钮，即可将公式粘贴到该单元格中。可以看到和移动公式不同的是，值发生了变化，E6单元格中显示的公式为"=SUM(E6:G6)"，即复制公式时，公式会根据单元格的引用情况发生变化，如图16-9所示。

步骤 4 按Ctrl键或单击右侧的图标，弹出如下选项，单击相应的按钮，即可应用粘贴格式、数值、公式、源格式、链接、图片等。若单击按钮，则表示只粘贴数值，粘贴后H6单元格中的值仍为"4000"，如图16-10所示。

图 16-9 　粘贴公式　　　　　　　图 16-10 　【粘贴】面板

16.1.3 修改公式

在单元格中输入的公式并不是一成不变的，有时也需要修改。修改公式的方法与修改单元格的内容相似，下面介绍两种最常用的方法。

1. 在单元格中修改

选定要修改公式的单元格，然后双击该单元格，进入编辑状态，此时单元格中会显示出公式，接下来就可以对公式进行修改，修改完成后按Enter键确认，即可快速修改公式，如图16-11所示。

图 16-11 　在单元格中修改公式

2. 在编辑栏中修改

选定要修改公式的单元格，在编辑栏中会显示该单元格所使用的公式，然后在编辑栏内直接对公式进行修改，修改完成后按 Enter 键确认，即可快速修改公式。具体操作步骤如下。

步骤 1 新建一个空白工作簿，在其中输入数据，并将其保存为"员工工资统计表"，在 H3 单元格中输入"=E3+F3"，如图 16-12 所示。

步骤 2 并按 Enter 键，即可计算出工资的合计值，如图 16-13 所示。

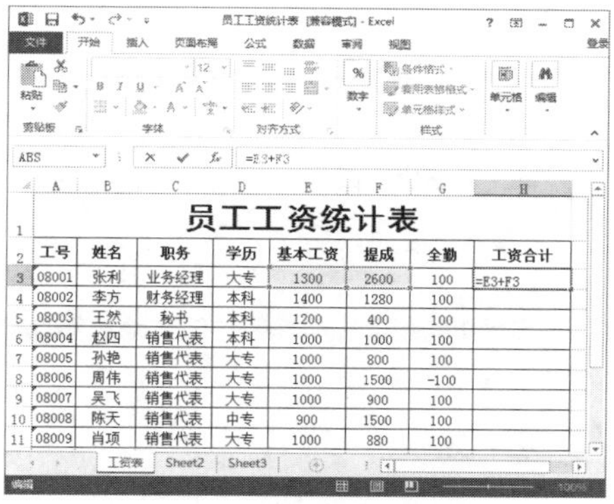

图 16-12　输入公式

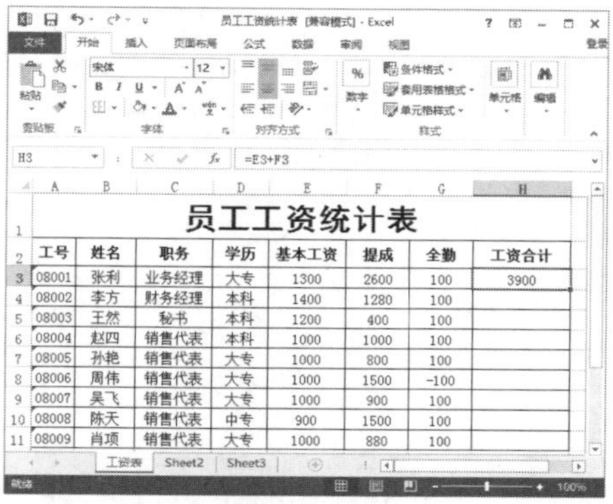

图 16-13　计算工资合计值

步骤 3 输入完成，发现未加上"全勤"项，即可选中 H3 单元格，在编辑栏中对该公式进行修改，如图 16-14 所示。

步骤 4 按 Enter 键确认公式的修改，单元格内的数值则会发生相应的变化，如图 16-15 所示。

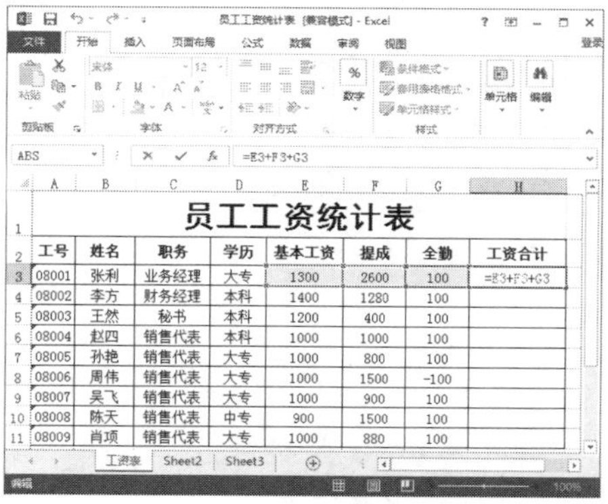

图 16-14　修改公式

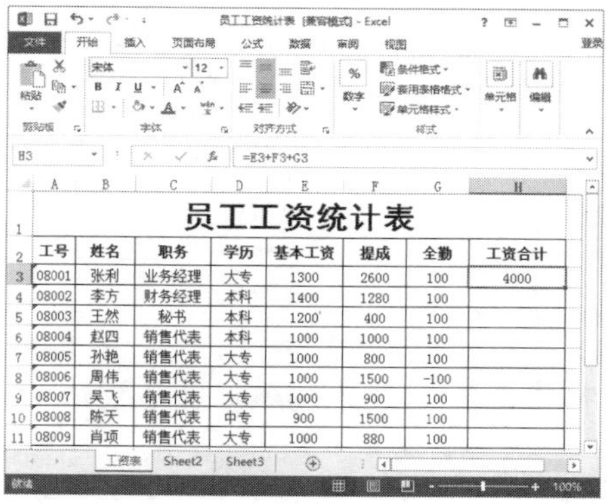

图 16-15　计算出合计值

16.2 使用函数计算数据

Excel 函数是一些已经定义好的公式，通过参数接收数据并返回结果，大多数情况下函数返回的是计算的结果，也可以返回文本、引用、逻辑值、数组或者工作表的信息。

16.2.1 输入函数

在 Excel 2013 中，输入函数的方法有手动输入和使用函数向导输入两种方法，其中手动输入函数和输入普通的公式一样，这里不再赘述。下面介绍使用函数向导输入函数，具体操作步骤如下。

步骤 1 启动 Excel 2013，新建一个空白文档，在单元格 A1 中输入 100，如图 16-16 所示。

图 16-16　输入数值

步骤 2 选定 A2 单元格，在【公式】选项卡中，单击【函数库】选项组中的【插入函数】按钮 ƒx，或者单击编辑栏上的【插入函数】按钮 ƒx，弹出【插入函数】对话框，如图 16-17 所示。

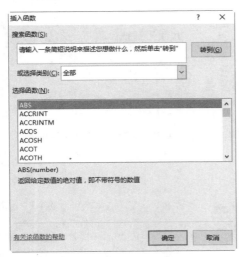

图 16-17　【插入函数】对话框

步骤 3 在【或选择类别】下拉列表框中选

择【数学与三角函数】选项，在【选择函数】列表框中选择 ABS 选项（绝对值函数），列表框的下方会出现关于该函数功能的简单提示，如图 16-18 所示。

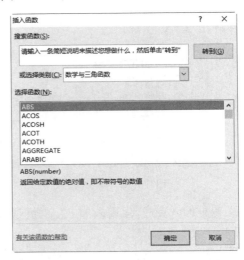

图 16-18　选择要插入的函数类型

步骤 4 单击【确定】按钮，弹出【函数参数】对话框，在 Number 文本框中输入"A1"，或先单击 Number 文本框，再单击 A1 单元格，如图 16-19 所示。

图 16-19　【函数参数】对话框

步骤 5 单击【确定】按钮，即可将单元格 A1 中数值的绝对值求出，显示在单元格 A2 中，如图 16-20 所示。

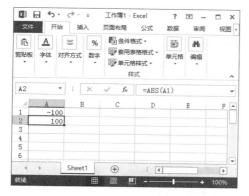

图 16-20　计算出数值

提示　对于函数参数，可以直接输入数值、单元格或单元格区域引用，也可以使用鼠标在工作表中选定单元格或单元格区域。

16.2.2 复制函数

函数的复制通常有两种情况，即相对复制和绝对复制。

1. 相对复制

所谓相对复制，就是将单元格中的函数表达式复制到一个新单元格中后，原来函数表达式中相对引用的单元格区域，随新单元格的位置变化而做相应的调整。进行相对复制的具体操作步骤如下。

步骤 1 新建一个空白工作簿，在其中输入数据，将其保存为“学生成绩统计表”文件，在单元格 F2 中输入“=SUM(C2:E2)”并按 Enter 键，计算“总成绩”，如图 16-21 所示。

步骤 2 选中 F2 单元格，然后选择【开始】选项卡，单击【剪贴板】选项组中的【复制】按钮，或者按 Ctrl+C 组合键，选择 F3:F13 单元格区域，然后单击【剪贴板】选项组中的【粘贴】按钮，或者按 Ctrl+V 组合键，即可将函数复制到目标单元格，计算出其他学生的“总成绩”，如图 16-22 所示。

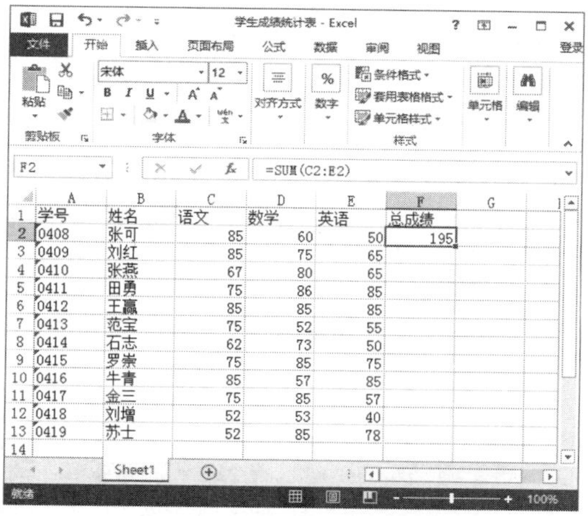

图 16-21　计算“总成绩”

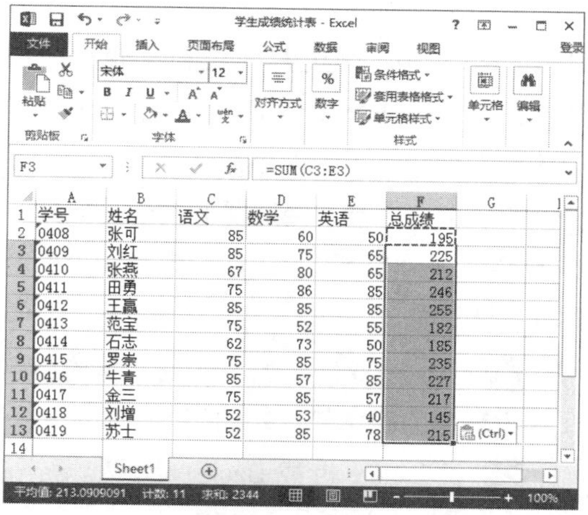

图 16-22　相对复制函数计算其他人员的“总成绩”

2. 绝对复制

所谓绝对复制，就是将单元格中的函数表达式复制到一个新单元格中后，原来函数表达式中绝对引用的单元格区域，不随新单元格的位置变化而做相应的调整。进行绝对复制的具体操作步骤如下。

步骤 1 打开"学生成绩统计表"文件，在单元格 F2 中输入"=SUM($C$2:$E$2)"，并按 Enter 键，如图 16-23 所示。

步骤 2 在【开始】选项卡中，单击【剪贴板】选项组中的【复制】按钮，或者按 Ctrl+C 组合键，选择 F3:F13 单元格区域，然后单击【剪贴板】选项组中的【粘贴】按钮，或者按 Ctrl+V 组合键，可以看到函数和计算结果并没有改变，如图 16-24 所示。

图 16-23　计算"总成绩" 　　　　图 16-24　绝对复制函数计算其他人员的"总成绩"

16.2.3 修改函数

如果要修改函数表达式，可以选定修改函数所在的单元格，将光标定位在编辑栏中的错误处，利用 Delete 键或 Backspace 键删除错误内容，然后输入正确内容即可。

例如，上一小节中绝对复制的表达式如果输入错误，将"$E$2"误输入为"$E#2"，具体操作步骤如下。

步骤 1 选定需要修改的单元格，将光标定位在编辑栏中的错误处，如图 16-25 所示。

步骤 2 按 Delete 键或 Backspace 键删除错误内容，如图 16-26 所示。

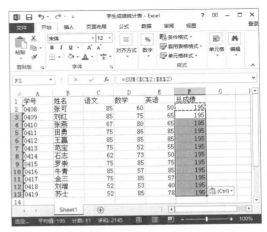

图 16-25　找到错误内容

步骤 3 输入正确内容，如图 16-27 所示。

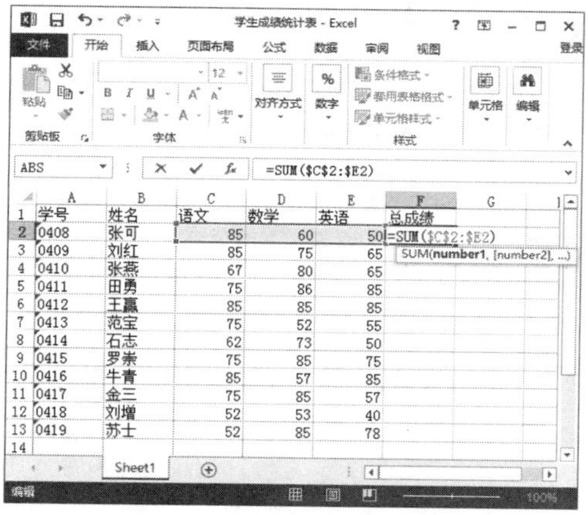

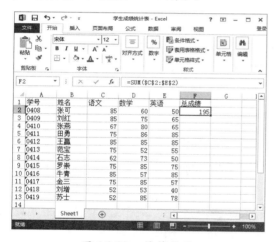

图 16-26　删除错误内容

图 16-27　输入正确内容

步骤 4 按 Enter 键，即可输入计算出学生的"总成绩"，如图 16-28 所示。

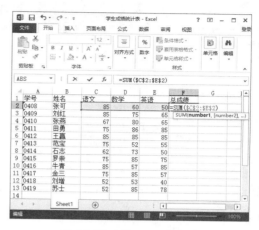

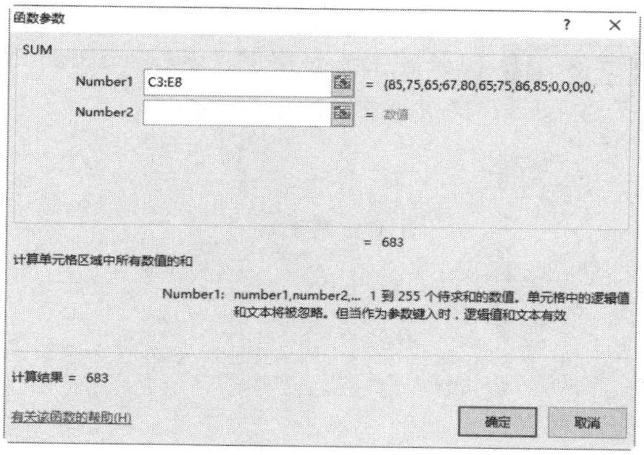

图 16-29　【函数参数】对话框

步骤 2 单击 Number1 文本框右边的选择区域按钮，然后选择正确的参数即可，如图 16-30 所示。

图 16-28　计算数值

如果是函数的参数输入有误，可选定函数所在的单元格，单击编辑栏中的【插入函数】按钮 f_x，再次打开【函数参数】对话框，然后重新输入正确的函数参数即可。如将上一小节绝对复制中"张可"的"总成绩"参数输入错误，具体的修改步骤如下。

步骤 1 选定函数所在的单元格，单击编辑栏中的【插入函数】按钮 f_x，打开【函数参数】对话框，如图 16-29 所示。

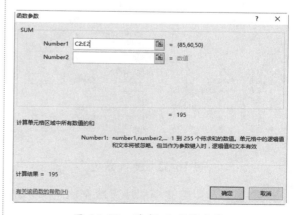

图 16-30　选择正确的参数

16.3 常用内置函数的应用

Excel 常用的内置函数包括文本函数、日期与时间函数、统计函数、财务函数、数据库函数等，使用这些函数，可以轻松计算工作表数据。

16.3.1 文本函数

文本函数是在公式中处理字符串的函数。例如，使用文本函数可以转换大小写、确定字符串的长度、提取文本中的特定字符等。下面以 FIND 文本函数为例，介绍使用文本函数计算数据的使用方法。

例如，若要统计员工的出生年代是否在 20 世纪 80 年代，则需要查找身份证号码的第 9 位是否为"8"，从而判断是否是"80 后"，具体操作步骤如下。

步骤 1 打开随书光盘中的"素材 \ch16\Find 函数 .xlsx"文件，如图 16-31 所示。

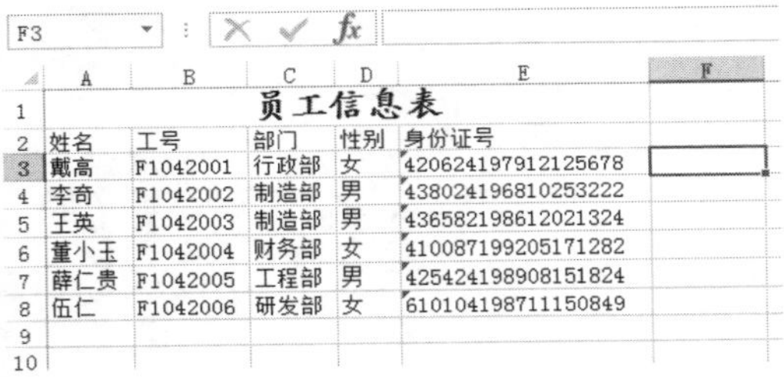

图 16-31 打开素材文件

步骤 2 选择单元格 F3，在其中输入公式"=FIND("8",E3,9)"，按 Enter 键，即可在 E3 中查找出从第 9 位字符开始，出现数字 8 的起始位置编号，如图 16-32 所示。

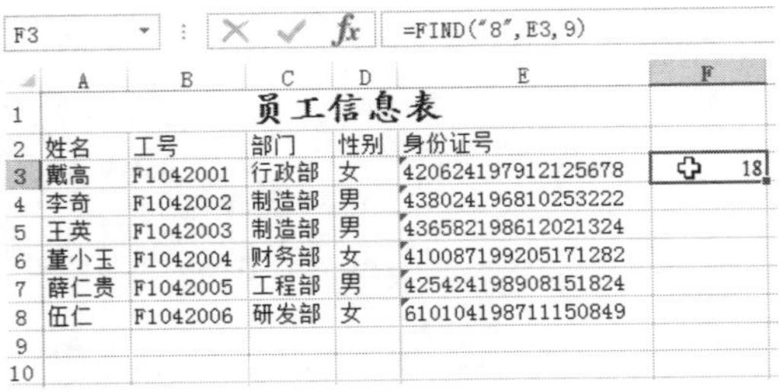

图 16-32 输入公式

步骤 3 利用填充柄的快速填充功能，完成

其他单元格的操作，如图 16-33 所示。

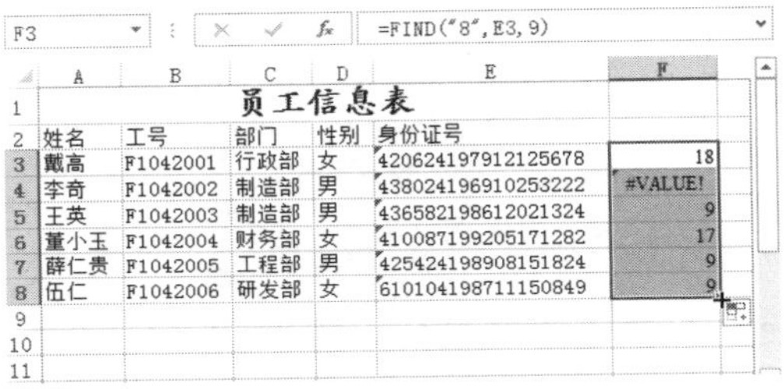

图 16-33 快速填充公式

步骤 4 判断是否是"80 后"。在 G3 单元格中输入"=IF(F3=9,"80 后"," 不是 80 后")"，按 Enter 键，并利用快速填充功能，完成其他单元格的操作，如图 16-34 所示。

图 16-34 输入公式并计算结果

提示 通过 IF 函数判断 F3 单元格是否为"9"，若是"9"，则为"80 后"。

16.3.2 日期与时间函数

在利用 Excel 处理问题时，经常会用到日期和时间函数，来处理所有与日期和时间有关的运算。下面以 DATE 函数为例，介绍使用日期与时间函数计算数据的使用方法。

DATE 函数返回特定日期的年、月、日，给出指定数值的日期。假设某超市在 2011 年 7 月到 2011 年 11 月对各种饮料进行了促销活动，若想统计每种饮料的促销天数，这里可以使用 DATE 函数计算。具体操作步骤如下。

步骤 1 打开随书光盘中的“素材 \ch16\Date 函数 .xlsx”文件，选择单元格 G4，在其中输入公式“=DATE(E4,F4,G4)-DATE(B4,C4,D4)”，按 Enter 键，即可计算出“促销天数”，如图 16-35 所示。

步骤 2 利用填充柄的快速填充功能，计算其他饮料的促销天数，如图 16-36 所示。

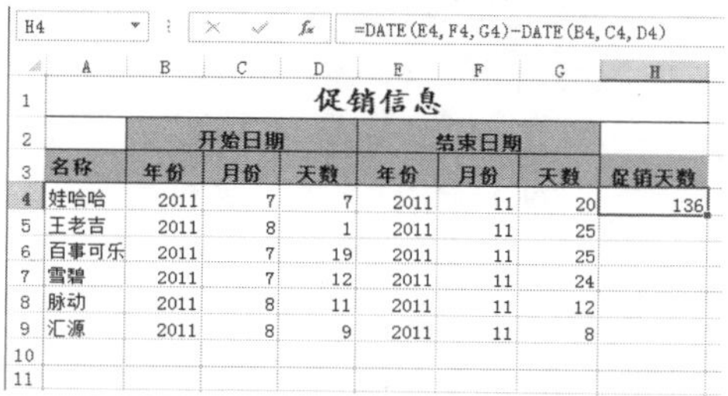

H4　=DATE(E4,F4,G4)-DATE(B4,C4,D4)

促销信息							
	开始日期			结束日期			
名称	年份	月份	天数	年份	月份	天数	促销天数
娃哈哈	2011	7	7	2011	11	20	136
王老吉	2011	8	1	2011	11	25	
百事可乐	2011	7	19	2011	11	25	
雪碧	2011	7	12	2011	11	24	
脉动	2011	8	11	2011	11	12	
汇源	2011	8	9	2011	11	8	

图 16-35　输入公式并计算结果

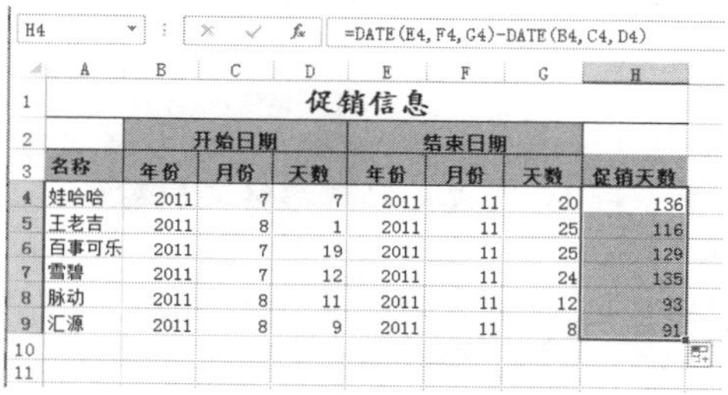

H4　=DATE(E4,F4,G4)-DATE(B4,C4,D4)

促销信息							
	开始日期			结束日期			
名称	年份	月份	天数	年份	月份	天数	促销天数
娃哈哈	2011	7	7	2011	11	20	136
王老吉	2011	8	1	2011	11	25	116
百事可乐	2011	7	19	2011	11	25	129
雪碧	2011	7	12	2011	11	24	135
脉动	2011	8	11	2011	11	12	93
汇源	2011	8	9	2011	11	8	91

图 16-36　快速填充公式

16.3.3 统计函数

统计函数是对数据进行统计分析以及筛选的函数，它的出现方便了 Excel 用户从复杂的数据中筛选出有效的数据。下面以 AVERAGE 函数为例，介绍使用统计函数计算数据的使用方法。

AVERAGE 函数又称为求平均值函数，计算选中区域中所有包含数值单元格的平均值。要根据所有同学的成绩计算平均分，需使用 AVERAGE 函数，具体操作步骤如下。

步骤 1 打开随书光盘中的“素材 \ch16\Average 函数 .xlsx”文件，如图 16-37 所示。

步骤 2 选择单元格 B9，在其中输入公式“=AVERAGE(B3:B8)”，按 Enter 键，即可得到“平均分”，如图 16-38 所示。

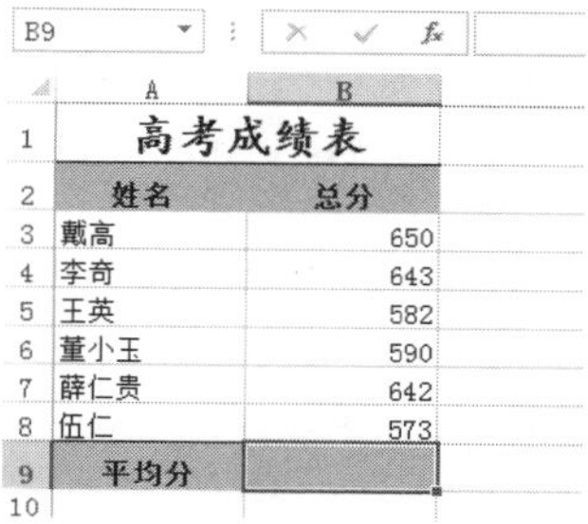

B9

高考成绩表	
姓名	总分
戴高	650
李奇	643
王英	582
董小玉	590
薛仁贵	642
伍仁	573
平均分	

图 16-37　打开素材文件

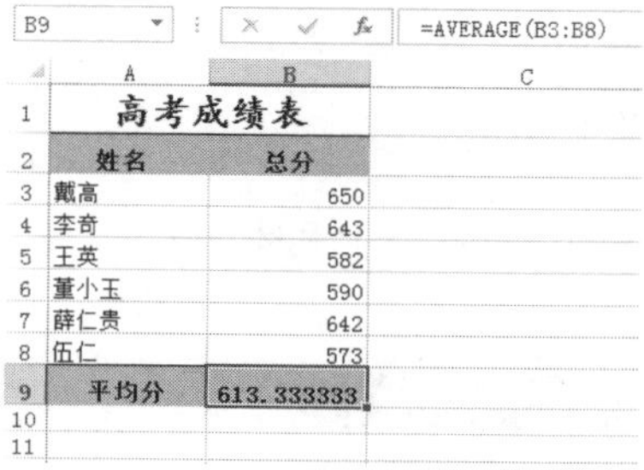

B9　=AVERAGE(B3:B8)

高考成绩表	
姓名	总分
戴高	650
李奇	643
王英	582
董小玉	590
薛仁贵	642
伍仁	573
平均分	613.333333

图 16-38　输入公式并计算结果

步骤 3 设置数据类型。选择 B9，在【开始】选项卡中，单击【数字】组右下角的 按钮，弹出【设置单元格格式】对话框，选择【数字】选项卡，在【分类】列表框中选择【数值】选项，在右侧设置【小数位数】为"0"，如图 16-39 所示。

步骤 4 单击【确定】按钮，设置后的结果如图 16-40 所示。

图 16-39　【设置单元格格式】对话框　　　　图 16-40　显示计算结果

16.3.4　财务函数

财务函数作为 Excel 中最常用函数之一，为财务和会计核算（记账、算账和报账）提供了诸多便利。下面以 PMT 函数为例，介绍使用财务函数计算数据的使用方法。

假设张三 2014 年年底向银行贷款了 20 万元购房，年利率 5.5%，要求按等额本息方式，每月的月末还款，十年内还清，若要计算张三每月的总还款额，这里需使用 PMT 函数。

具体操作步骤如下。

步骤 1 打开随书光盘中的"素材 \ch16\Pmt 函数 .xlsx"文件，如图 16-41 所示。

步骤 2 选择单元格 B6，在其中输入公式"=PMT(B3/12，B4,B2，,0)"，按 Enter 键，即可计算出每月的应还款金额，如图 16-42 所示。

图 16-41　打开素材文件　　　　　图 16-42　输入公式并计算结果

16.3.5　数据库函数

数据库函数是通过对存储在数据清单或数据库中的数据进行分析，并判断其是否符合特定条件的函数。下面以 DMAX 函数为例，介绍使用数据库函数计算数据的方法。

DMAX 函数返回数据库中满足指定条件的记录字段中的最大数字。下面使用 DMAX 函数统计成绩表中成绩最高的学生成绩。具体操作步骤如下。

步骤 1 打开随书光盘中的"素材 \ch16\Dmax 函数 .xlsx"文件，如图 16-43 所示。

步骤 2 选择单元格 B12，在其中输入公式"=DMAX(A2:D8,4,A10:D11)"，按 Enter 键，即可计算出数据区域中最高的成绩，如图 16-44 所示。

图 16-43　打开素材文件　　　　　图 16-44　输入公式并计算结果

提示 　与之相对应的是 DMIN 函数，它将返回数据库中满足指定条件的记录字段中的最小数字。

16.3.6　逻辑函数

逻辑函数是进行条件匹配、真假值判断或进行多重复合检验的函数。下面以 IF 函数为例，介绍使用逻辑函数计算数据的方法。

IF 函数根据逻辑判断的真假结果，返回相对应的内容。假设学生的总成绩大于等于 160 分判断为合格，否则为不合格，这里使用 IF 函数进行判断。具体操作步骤如下。

步骤 1 打开随书光盘中的"素材 \ch16\If 函数 .xlsx"文件，选择单元格 E3，在其中输入公式"=IF(D3>=160," 合格 "," 不合格 ")"，按 Enter 键，即可判断单元格 E3 是否为合格，如图 16-45 所示。

步骤 2 利用填充柄的快速填充功能，完成对其他学生成绩的判断，如图 16-46 所示。

图 16-45　输入公式　　　　　　图 16-46　快速填充公式

16.3.7 查找与引用函数

查找与引用函数的主要功能是查询各种信息，在数据量很多的工作表中，该类函数非常有效。下面以 INDEX 函数为例，介绍使用查找与引用函数计算数据的方法。

INDEX 函数返回指定单元格或单元格区域中的值或值的引用。假设某超市在周末将推出打折商品，将其放到“特价区”，现在需要用标签标识出商品的原价、折扣和现价等，这里使用 INDEX 函数制作。具体操作步骤如下。

步骤 1 打开随书光盘中的“素材\ch16\Index 函数.xlsx”文件，如图 16-47 所示。

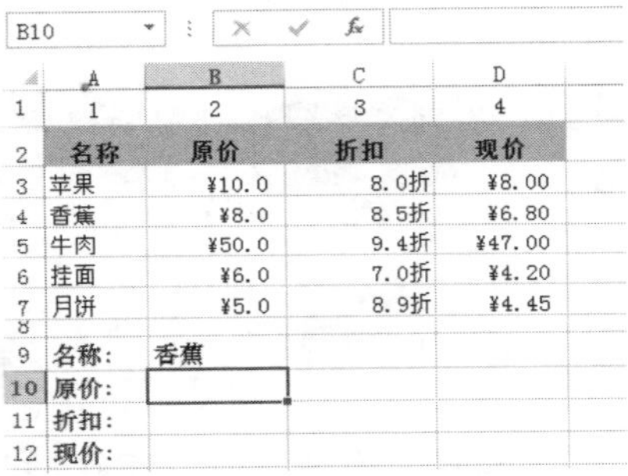
B10

	A	B	C	D
1	1	2	3	4
2	名称	原价	折扣	现价
3	苹果	¥10.0	8.0折	¥8.00
4	香蕉	¥8.0	8.5折	¥6.80
5	牛肉	¥50.0	9.4折	¥47.00
6	挂面	¥6.0	7.0折	¥4.20
7	月饼	¥5.0	8.9折	¥4.45
9	名称:	香蕉		
10	原价:			
11	折扣:			
12	现价:			

图 16-47　打开素材文件

步骤 2 选择单元格 B10，在其中输入公式“=INDEX($A$2:$D$7,MATCH(B9,A2:A7,0),B1)”，按 Enter 键，即可显示“香蕉”的“原价”，如图 16-48 所示。

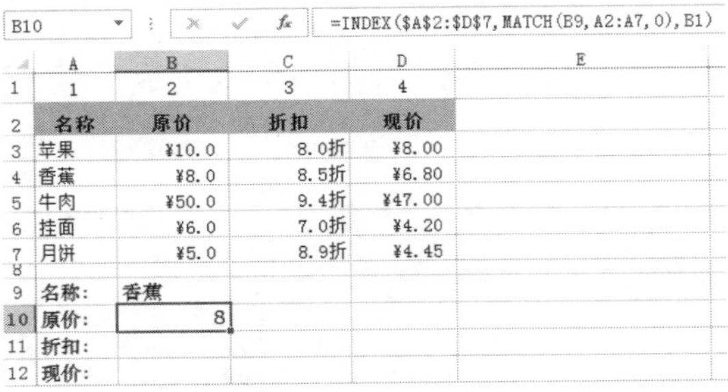
B10　=INDEX($A$2:$D$7,MATCH(B9,A2:A7,0),B1)

	A	B	C	D
1	1	2	3	4
2	名称	原价	折扣	现价
3	苹果	¥10.0	8.0折	¥8.00
4	香蕉	¥8.0	8.5折	¥6.80
5	牛肉	¥50.0	9.4折	¥47.00
6	挂面	¥6.0	7.0折	¥4.20
7	月饼	¥5.0	8.9折	¥4.45
9	名称:	香蕉		
10	原价:	8		
11	折扣:			
12	现价:			

图 16-48　输入公式计算原价

步骤 3 选择单元格 B11，在其中输入公式“=INDEX($A$2:$D$7,MATCH(B9,A2:A7,0),C1)”，按 Enter 键，即可显示“香蕉”的“折扣”，如图 16-49 所示。

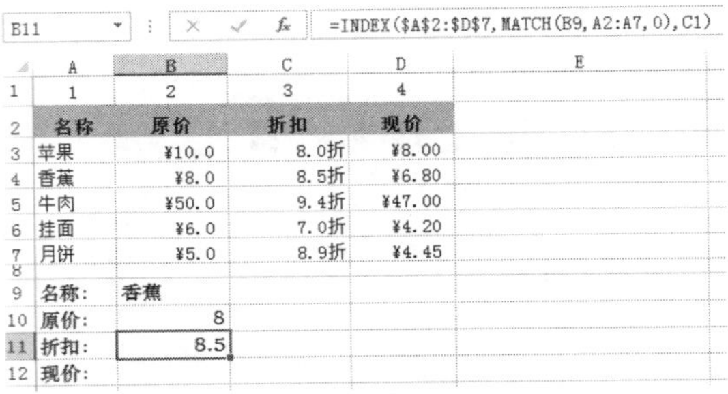
B11　=INDEX($A$2:$D$7,MATCH(B9,A2:A7,0),C1)

	A	B	C	D
1	1	2	3	4
2	名称	原价	折扣	现价
3	苹果	¥10.0	8.0折	¥8.00
4	香蕉	¥8.0	8.5折	¥6.80
5	牛肉	¥50.0	9.4折	¥47.00
6	挂面	¥6.0	7.0折	¥4.20
7	月饼	¥5.0	8.9折	¥4.45
9	名称:	香蕉		
10	原价:	8		
11	折扣:	8.5		
12	现价:			

图 16-49　输入公式计算折扣

步骤 4 选择单元格 B12，在其中输入公式“=INDEX($A$2:$D$7,MATCH(B9,A2:A7,0),D1)”，按 Enter 键，即可显示“香蕉”的“现价”，如图 16-50 所示。

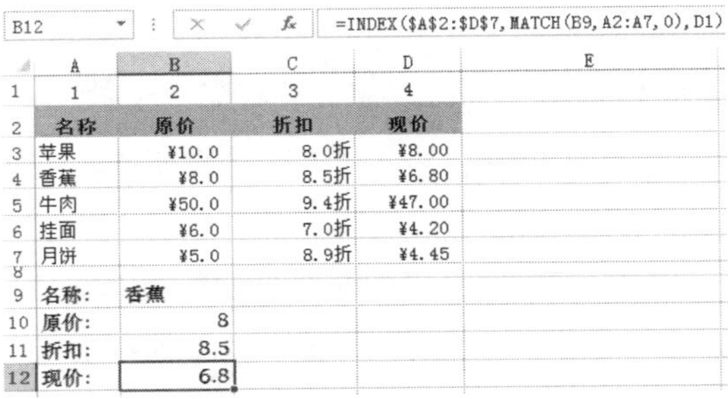
B12　=INDEX($A$2:$D$7,MATCH(B9,A2:A7,0),D1)

	A	B	C	D
1	1	2	3	4
2	名称	原价	折扣	现价
3	苹果	¥10.0	8.0折	¥8.00
4	香蕉	¥8.0	8.5折	¥6.80
5	牛肉	¥50.0	9.4折	¥47.00
6	挂面	¥6.0	7.0折	¥4.20
7	月饼	¥5.0	8.9折	¥4.45
9	名称:	香蕉		
10	原价:	8		
11	折扣:	8.5		
12	现价:	6.8		

图 16-50　输入公式计算现价

步骤 5 将 B10、B12 的单元格类型设置为【货币】，小数位数为“1”，然后将单元格 B11 设置为【自定义】类型，并在【类型】文本框中输入“0.0"折"”，单击【确定】按钮，如图 16-51 所示。

步骤 6 制作商品的标签。打印表格后，将图中所示的范围剪切下来即可形成打折商品标签，如图 16-52 所示。

图 16-51　设置数据格式

图 16-52　完成商品标签的制作

16.4 用户自定义函数

在 Excel 中，除了能直接使用内置的函数来统计、处理和分析工作表中的数据外，还可以利用其内置的 VBA 功能，自定义函数来完成特定的功能。

16.4.1 创建自定义函数

下面利用 VBA 编辑器，自定义一个函数，该函数可通过包含链接的网站名称，从中提取出链接网址。具体操作步骤如下。

步骤 1 打开随书光盘中的"素材 \ch16\ 自定义函数 .xlsx"文件，A 列中显示了包含链接的网站名称，需要在 B 列中提取出链接，如图 16-53 所示。

步骤 2 选择【文件】选项卡，进入文件操作界面，选择左侧的【另存为】命令，进入【另存为】界面，在右侧选择【计算机】选项，然后单击【浏览】按钮，如图 16-54所示。

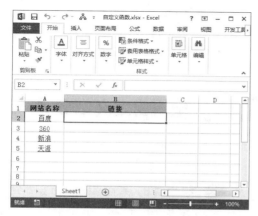

图 16-53　打开素材文件

图 16-54　【另存为】界面

步骤 3 弹出【另存为】对话框，单击【保存类型】右侧的下拉按钮，在弹出的下拉列表中选择【Excel 启用宏的工作簿】选项，然后单击【保存】按钮，如图 16-55 所示。

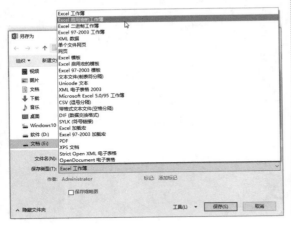

图 16-55　选择保存类型

步骤 4 返回到工作表中，选择【开发工具】选项卡，单击【代码】选项组中的 Visual Basic 按钮，如图 16-56 所示。

图 16-56　【代码】选项组

步骤 5 打开 Visual Basic 编辑器，依次选择【插入】→【模块】菜单命令，如图 16-57 所示。

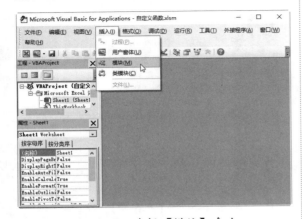

图 16-57　选择【模块】命令

步骤 6 此时将插入一个新模块，并进入新模块的编辑窗口，在窗口中输入以下代码，如图 16-58 所示。

```
Public Function Web(x As Range)
Web = x.Hyperlinks(1).Address
End Function
```

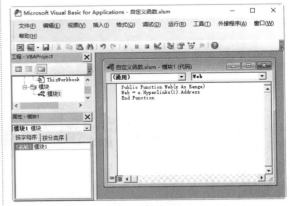

图 16-58　输入代码

步骤 7 输入完成后，单击工具栏中的【保存】按钮，弹出 Microsoft Excel 对话框，提示文档的部分内容可能包含文档检查器无法删除的个人信息，单击【确定】按钮，如图 16-59 所示。至此，自定义函数 Web() 创建完毕。

图 16-59　信息提示框

16.4.2　使用自定义函数

下面利用创建的自定义函数提取网址链接，具体操作步骤如下。

步骤 1 接上面的操作步骤，返回到工作表中，选择 B2 单元格，在其中输入公式"=Web(A2)"，如图 16-60 所示。

图 16-60 输入公式

图 16-61 计算结果

步骤 2 按 Enter 键，即可提取出单元格 A2 中包含的链接网址，如图 16-61 所示。

步骤 3 利用填充柄的快速填充功能，提取其他网站的链接网址，如图 16-62 所示。

图 16-62 快速填充公式计算结果

16.5 高效办公技能实战

16.5.1 高效办公技能 1——将公式转化为数值

当单元格中使用了公式后，它的值会随着公式中所引用单元格值的改变而改变。若要单元格的值不会发生这种改变，一种有效的解决办法是在单元格由公式计算出值以后，将该公式转化为数值。具体操作步骤如下。

步骤 1 打开随书光盘中的"素材\ch11\工资发放表.xlsx"文件，在 G3 中输入公式，然后按 Enter 键确认公式，此时系统将自动计算出结果，如图 16-63 所示。

步骤 2 按 Ctrl + C 组合键复制该单元格，再按 Ctrl + V 组合键将复制的单元格粘贴在原位置，此时单元格右下角将出现 Ctrl 工具箱图标 。单击该图标右侧的下拉按钮，在弹出的下拉菜单中选择【粘贴数值】选项区中的【值和源格式】命令 ，如图 16-64 所示。

图 16-63 计算数据

图 16-64 选择【值和源格式】命令

步骤 **3** 选择 G3 单元格，在编辑栏中可以看到，此时单元格的内容显示为数值，如图 16-65 所示。

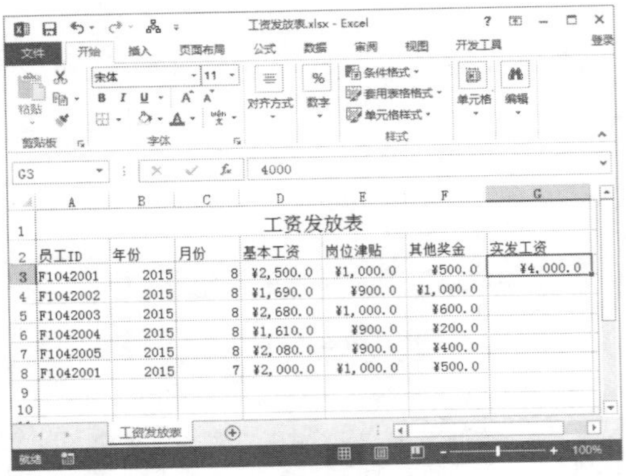

图 16-65 公式已转换为数值

16.5.2 高效办公技能 2——制作贷款分析表

本实例介绍贷款分析表的制作方法，具体操作步骤如下。

步骤 **1** 新建一个空白文件，在其中输入相关数据，如图 16-66 所示。

图 16-66 输入相关数据

步骤 **2** 在 单 元 格 B5 中 输 入 公 式 "=SYD($B$2,$B$2*$H$2,$F$2,A5)"，按 Enter 键，即可计算出该项设备第一年的折旧额，如图 16-67 所示。

步骤 **3** 利用快速填充功能，计算该项每年的折旧额，如图 16-68 所示。

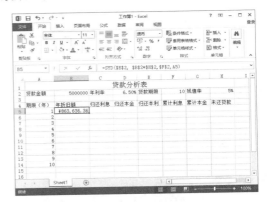

图 16-67 输入公式计算数据

图 16-68 复制公式计算"年折旧额"

步骤 **4** 选 择 单 元 格 C5， 输 入 公 式 "=IPMT($D$2,A5,$F$2,$B$2)"，按 Enter 键，即可计算出该项第一年的"归还利息"，然后利用快速填充功能，计算每年的"归还利息"，如图 16-69 所示。

图 16-69 输入公式计算归还利息

步骤 5 选择单元格 D5，输入公式 "=PPMT($D$2, A5,$F$2,$B$2)"，按 Enter 键，即可计算出该项第一年的"归还本金"，然后利用快速填充功能，计算每年的"归还本金"，如图 16-70 所示。

步骤 6 选择单元格 E5，输入公式 "=PMT($D$2, $F$2,$B$2)"，按 Enter 键，即可计算出该项第一年的"归还本利"，然后利用快速填充功能，计算每年的"归还本利"，如图 16-71 所示。

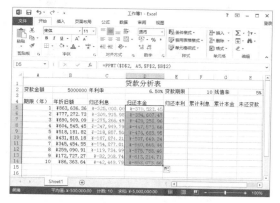

图 16-70　输入公式计算归还本金

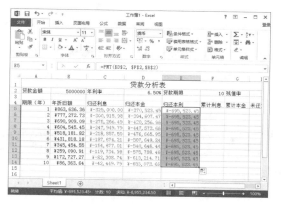

图 16-71　输入公式计算归还本利

步骤 7 选择单元格 F5，输入公式 "=CUMIPMT($D$2,$F$2,$B$2,1,A5,0)"，按 Enter 键，即可计算出该项第一年的"累计利息"，然后利用快速填充功能，计算每年的"累计利息"，如图 16-72 所示。

步骤 8 选择单元格 G5，输入公式 "=CUMPRINC($D$2,$F$2,$B$2,1,A5,0)"，按 Enter 键，即可计算出该项第一年的"累计本金"，然后利用快速填充功能，计算每年的"累计本金"，如图 16-73 所示。

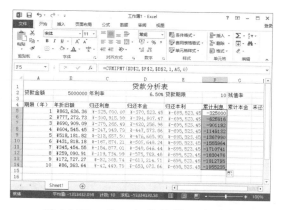

图 16-72　输入公式计算累计利息

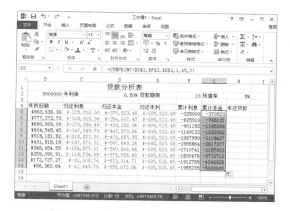

图 16-73　输入公式计算累计本金

步骤 9 选择单元格 H5，输入公式 "=$B$2+G5"，按 Enter 键，即可计算出该项第一年的"未还贷款"，如图 16-74 所示。

步骤 10 利用快速填充功能，计算每年的"未还贷款"，如图 16-75 所示。

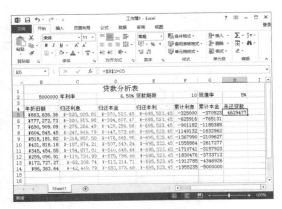

图 16-74　输入公式计算未还贷款

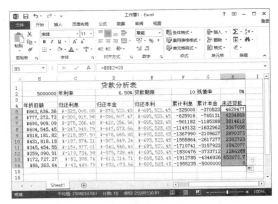

图 16-75　计算其他年份的未还贷款额

16.6 疑难问题解答

问题 1：为什么在输入公式中，会出现"＃ NAME ？ "错误信息？

解答：出现此情况一般是在公式中使用了 Excel 所不能识别的文本，比如：使用了不存在的名称。若想解决此问题，只需要切换到【公式】选项卡，然后在【定义的名称】组中单击【定义名称】下三角按钮，从弹出的下拉菜单中选择"定义名称"命令，即可打开【定义名称】对话框。如果所需名称没有被列出，在【名称】文本框中输入相应的名称，再单击【确定】按钮即可。

问题 2：在使用 Excel 函数计算数据的过程中，经常会用到一些函数公式，那么如何在 Excel 工作表中将计算公式显示出来，以方便公式的核查呢？

解答：在 Excel 工作界面中首先选中需要以公式显示的任意单元格，然后选择【公式】主菜单项，在打开的工具栏中选择【公式审核】工具栏，再单击其中的【显示公式】按钮，即可将 Excel 工作界面中的单元格以公式方式显示出来，而如果想要恢复单元格的显示方式，则再单击一次【显示公式】即可。

第 **4** 篇

PowerPoint 高效办公

办公中经常用到产品演示、技能培训、业务报告。一个好的 PPT 能使公司的会议，报告，产品销售更加高效、清晰和容易。本篇学习 PPT 幻灯片的制作和演示方法。

△ 第 17 章　文稿基础——PowerPoint 2013 的基本操作

△ 第 18 章　编辑文稿——丰富演示文稿的内容

△ 第 19 章　美化文稿——让演示文稿有声有色

△ 第 20 章　放映输出——放映、打包与发布演示文稿

第17章

文稿基础——
PowerPoint 2013
的基本操作

● **本章导读**

　　PowerPoint 2013 是 Office 2013 办公系列软件的一个重要组成部分，主要用于幻灯片制作，可以用来创建和编辑用于幻灯片播放、会议和网页的演示文稿，从而使会议或授课变得更加直观、丰富。本章将为读者介绍 PowerPoint 2013 的基本操作。

● **学习目标**

◎　掌握演示文稿的基本操作
◎　掌握幻灯片的基本操作
◎　掌握在幻灯片中输入文本的方法
◎　掌握设置文本字体格式的方法

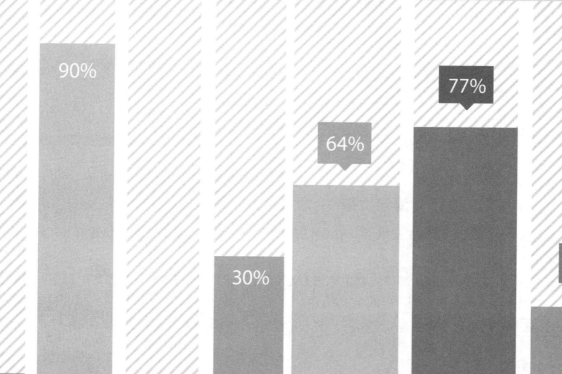

17.1 演示文稿的基本操作

进行演示文稿制作前，需要掌握演示文稿的基本操作，如创建、保存、打开和关闭等。一个演示文稿由多张幻灯片构成，对演示文稿的操作实际上是对幻灯片的基本操作，对幻灯片的操作包括插入、删除、隐藏、发布等。

17.1.1 新建演示文稿

制作演示文稿应该从新建空白文稿开始，当启动 PowerPoint 软件后将自动新建一个空白演示文稿，若需要自行新建一个演示文稿，可使用以下几种方式。

1. 创建空演示文稿

创建空演示文稿的具体操作步骤如下。

步骤 1 在 PowerPoint 2013 窗口中单击【文件】选项卡，进入【文件】界面，在其中选择【新建】命令，如图 17-1 所示。

步骤 2 进入【新建】界面，单击【空白演示文稿】选项，即可创建一个新的演示文稿，如图 17-2 所示。

图 17-1　选择【新建】命令

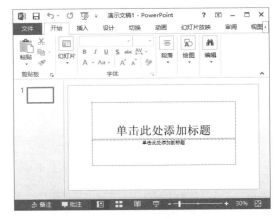
图 17-2　新建演示文稿

2. 根据主题创建演示文稿

在 PowerPoint 2013 中提供了多个设计主题，用户可选择喜欢的主题来创建演示文稿，具体操作步骤如下。

步骤 1 在 PowerPoint 2013 窗口中单击【文件】选项卡，进入【文件】界面，在【建议的搜索】一栏里选择【教育】主题，如图 17-3 所示。

步骤 2 搜索后可对教育主题进行分类，在右侧的【分类】栏里进行选择，如图 17-4 所示。

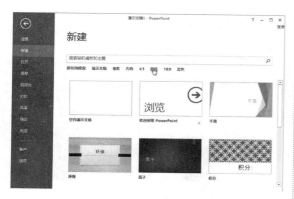

图 17-3 选择模板主题

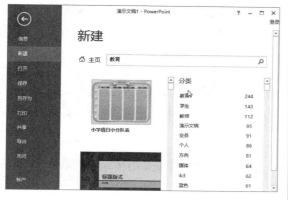

图 17-4 搜索结果

步骤 3 在【分类】栏里，单击【教育】类型，从弹出来的教育主题模板里选择其中一种，这里选择【在线儿童教育演示文稿、相册】主题，如图 17-5 所示。

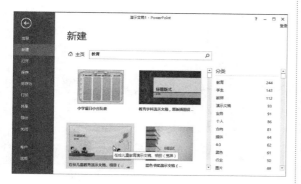

图 17-5 选择主题模板

步骤 4 弹出【在线儿童教育演示文稿、相册】对话框，单击【创建】按钮，如图 17-6 所示。

步骤 5 应用后的主题效果，如图 17-7 所示。

图 17-6 单击【创建】按钮

图 17-7 使用主题类型创建演示文稿

3. 根据模板创建演示文稿

PowerPoint 2013 为用户提供了多种类型的模板，如"积分""平板""环保"等，具体操作步骤如下。

步骤 1 在 PowerPoint 2013 窗口中单击【文件】选项卡，进入【文件】界面，选择【新建】命令，在新建界面中选择一种样板模板，这里选择【环保】模板，如图 17-8所示。

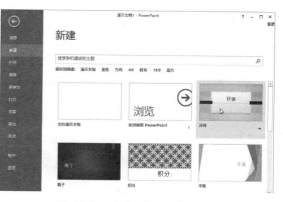

图 17-8 选择【环保】模板

步骤 2 弹出【环保】对话框，单击【创建】按钮，如图 17-9 所示。

步骤 3 即可创建出应用所选模板的演示文稿，效果如图 17-10 所示。

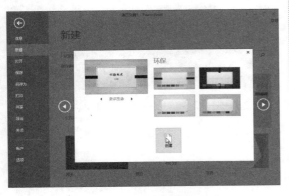

图 17-9　单击【创建】按钮

图 17-10　根据模板创建的演示文稿

17.1.2　保存演示文稿

用户在操作 PowerPoint 时，应该养成随时保存的良好习惯，以免出现意外导致数据丢失。保存演示文稿的方法有多种，具体操作步骤如下。

步骤 1 打开现有的文件，打开【文件】选项卡，进入文件操作界面，选择左侧列表中的【保存】命令，即可保存演示文稿，如图 17-11 所示。

步骤 2 单击快速访问工具栏中的【保存】按钮 ，或者按 Ctrl+S 组合键，也可保存演示文稿，如图 17-12 所示。

图 17-11　选择【保存】命令

图 17-12　单击【保存】按钮

步骤 3 若要在其他位置中保存演示文稿，在步骤 1 中选择左侧列表中的【另存为】命令，然后选择【计算机】选项，并单击右侧的【浏览】按钮，如图 17-13 所示。

步骤 4 弹出【另存为】对话框，选择文件保存的位置，然后可以在【文件名】下拉列表框中输入演示文稿的新名称，在【保存类型】下拉列表框中选择要保存的格式，单击【保存】按钮，即可在其他位置中保存演示文稿，如图 17-14 所示。

图 17-13　单击【浏览】按钮

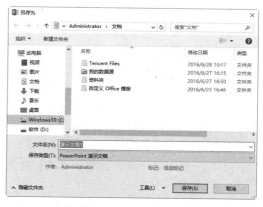

图 17-14　【另存为】对话框

17.1.3　打开演示文稿

用户既可在打开的文件中打开其他演示文稿，也可直接在计算机中通过双击的方式打开演示文稿，还可在首界面中打开演示文稿。具体操作步骤如下。

步骤 1　在打开的文件中打开其他演示文稿。在已打开的文件中，单击【文件】选项卡，进入文件操作界面，选择左侧列表中的【打开】命令，然后选择【计算机】选项，并单击右侧的【浏览】按钮，如图 17-15 所示。

步骤 2　弹出【打开】对话框，选择要打开的文件，单击【打开】按钮即可，如图 17-16 所示。

图 17-15　单击【浏览】按钮

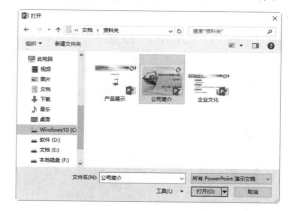

图 17-16　【打开】对话框

步骤 3　在首界面中打开演示文稿。启动 PowerPoint 2013，进入操作首界面，单击【打开其他演示文稿】超链接，如图 17-17 所示。

步骤 4　进入【打开】界面，选择【计算机】选项，并单击右侧的【浏览】按钮，将弹出【打开】对话框，重复步骤 2，即可打开演示文稿，如图 17-18 所示。

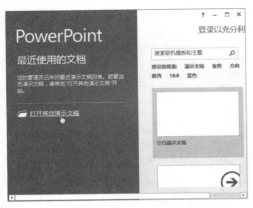

图 17-17　单击【打开其他演示文稿】超链接

图 17-18　【打开】界面

提示　除了上述两种方法外，直接在计算机中找到文件保存的位置，双击要打开的文件，也可打开演示文稿。

17.1.4　关闭演示文稿

当不再需要使用演示文稿时，就可以关闭演示文稿了。通常情况下，用户主要有 5 种方法关闭演示文稿，分别如下。

1. 通过文件操作界面

在 PowerPoint 工作界面中，单击【文件】选项卡，进入文件操作界面，单击左侧列表中的【关闭】命令，即可关闭演示文稿，如图 17-19 所示。

2. 通过【关闭】按钮

该方法最为简单直接，在 PowerPoint 工作界面中，单击右上角的【关闭】按钮 ✕，即可关闭演示文稿，如图 17-20 所示。

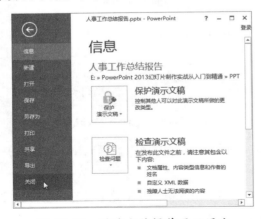

图 17-19　通过文件操作界面退出

图 17-20　通过【关闭】按钮退出

3. 通过控制菜单图标退出

在 PowerPoint 工作界面中，单击左上角的 图标，在弹出的菜单中选择【关闭】命令，或者直接双击 图标，即可关闭演示文稿，如图 17-21 所示。

图 17-21 通过控制菜单图标退出

4. 通过任务栏退出

在桌面底部任务栏中，将光标定位在 图标处，系统会自动列出当前所有打开的 PowerPoint 文件，选中要关闭的文件，右击并在弹出的快捷菜单中选择【关闭】命令，即可退出选中的 PowerPoint 文件，如图 17-22 所示。

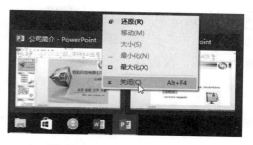

图 17-22 通过任务栏退出

5. 通过组合键退出

单击选中 PowerPoint 窗口，按 Alt+F4 组合键，即可退出 PowerPoint 2013。

> **提示** 如果编辑后的演示文稿还未保存，直接关闭时，将会弹出 Microsoft PowerPoint 对话框，提示是否保存对文件的更改，若需要保存，则单击【保存】按钮，若不需要保存，则单击【不保存】按钮，选择相应的按钮后，即可关闭演示文稿。若单击【取消】按钮，将关闭该对话框，取消关闭演示文稿的操作，如图 17-23 所示。

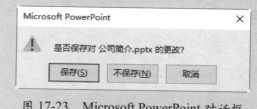

图 17-23 Microsoft PowerPoint 对话框

17.2 幻灯片的基本操作

在 PowerPoint 2013 中，一个 PowerPoint 文件可称为一个演示文稿，一个演示文稿由多张幻灯片组成，每张幻灯片都可以进行基本操作，包括选择、插入、删除、移动、复制等。

17.2.1 选择幻灯片

在对幻灯片进行操作前，首先需要选择相应的幻灯片，若要选择一张幻灯片，直接在【幻灯片】窗格中单击即可选中。若要选择多张幻灯片，具体操作步骤如下。

步骤 1 选择多张相邻的幻灯片。首先在幻灯片窗格中单击选中第 1 张幻灯片，按住 Shift 键不放，单击最后 1 张幻灯片，即可选中多张相邻的幻灯片，如图 17-24 所示。

图 17-24　选择多张相邻的幻灯片

步骤 2 选择多张不相邻的幻灯片。按住 Ctrl 键不放，单击要选择的幻灯片，即可选中多张不相邻的幻灯片，如图 17-25 所示。

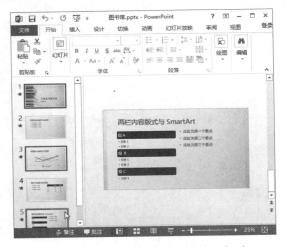

图 17-25　选择多张不相邻的幻灯片

步骤 3 选择全部的幻灯片。首先选择任意一张幻灯片，在【开始】选项卡中，单击【编辑】组中【选择】右侧的下拉按钮，在弹出的下拉菜单中选择【全选】命令，如图 17-26 所示。

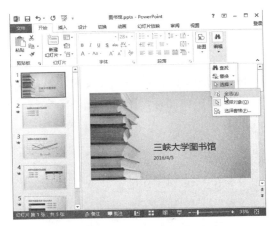

图 17-26　选择【全选】命令

步骤 4 即可选中全部的幻灯片，如图 17-27 所示。

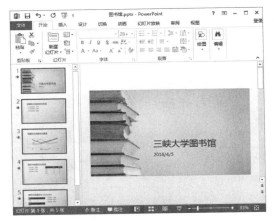

图 17-27　选中全部的幻灯片

17.2.2　新建幻灯片

用户可以通过 3 种方法新建幻灯片，分别如下。

1. 通过功能区新建

通过功能区新建幻灯片的具体操作步骤如下。

步骤 1 在【幻灯片】窗格中选择要新建幻灯片的位置，然后在【开始】或【插入】选项卡中，单击【幻灯片】组中的【新建幻灯片】按钮，如图 17-28 所示。

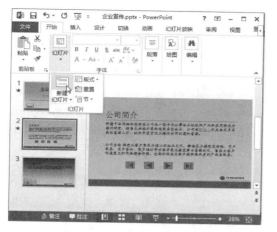

图 17-28 单击【新建幻灯片】按钮

步骤 2 即可在所选幻灯片的下方新建一张幻灯片，其缩略图将显示在【幻灯片】窗格中，如图 17-29 所示。

图 17-29 新建一张幻灯片

2. 通过右键快捷菜单新建

通过右键快捷菜单新建幻灯片的具体操作步骤如下。

步骤 1 在【幻灯片】窗格中选择要新建幻灯片的位置，然后在 2 张幻灯片中间空白处或者直接在幻灯片上右击，在弹出的快捷菜单中选择【新建幻灯片】命令，如图 17-30 所示。

步骤 2 即可在所选幻灯片的下方新建一张幻灯片，如图 17-31 所示。

图 17-30 选择【新建幻灯片】命令

图 17-31 新建一张幻灯片

3. 使用快捷键新建

在【幻灯片】窗格中选择某张幻灯片，按 Ctrl+M 组合键，即可在该幻灯片下方新建一张幻灯片。

17.2.3 移动幻灯片

有时移动幻灯片可以提高制作演示文稿的效率。移动幻灯片的具体操作步骤如下。

步骤 1 在【幻灯片】窗格中选择要移动的幻灯片，如图 17-32 所示。

步骤 2 按住左键不放，拖动鼠标将其移动到所需的位置，释放鼠标即可，如图 17-33 所示。

图 17-32　选择要移动的幻灯片

图 17-33　拖动鼠标移动幻灯片

17.2.4　复制幻灯片

在制作演示文稿的过程中，一个相同版本的幻灯片需要添加不同的图片和文字时，可通过复制幻灯片的方式复制相同的幻灯片。用户主要有 2 种方法复制幻灯片，分别如下。

1.　通过功能区复制

通过功能区复制幻灯片的具体操作步骤如下。

步骤 1　在【幻灯片】窗格中选择要复制的幻灯片，然后在【开始】选项卡中，单击【剪贴板】组中的【复制】右侧的下拉按钮，在弹出的下拉菜单中选择第 2 个【复制】命令，如图 17-34 所示。

图 17-34　选择第 2 个【复制】命令

步骤 2　即可直接在所选幻灯片下方复制出一张相同的幻灯片，如图 17-35 所示。

图 17-35　复制出所选的幻灯片

> **提示**　若选择第 1 个【复制】命令，还需选择要复制的位置，并单击【剪贴板】组中的【粘贴】按钮，即可在不同的位置处复制幻灯片。

2.　通过右键快捷菜单复制

通过右键快捷菜单复制幻灯片的具体操作步骤如下。

步骤 1　在【幻灯片】窗格中选择要复制的幻灯片，右击并在弹出的快捷菜单中选择【复制幻灯片】命令，如图 17-36 所示。

图 17-36 选择【复制幻灯片】命令

步骤 2 即可直接在所选幻灯片下方复制出一张相同的幻灯片，如图 17-37 所示。

图 17-37 复制出所选的幻灯片

17.2.5 删除幻灯片

当不再需要某些幻灯片时，用户可以将其删除。通常有 2 种删除幻灯片的方法，分别如下。

 通过右键快捷菜单删除

通过右键快捷菜单删除幻灯片的具体操作

步骤如下。

步骤 1 在【幻灯片】窗格中选择要删除的幻灯片右击并在弹出的快捷菜单中选择【删除幻灯片】命令，如图 17-38 所示。

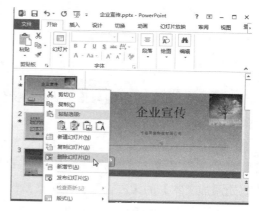

图 17-38 选择【删除幻灯片】命令

步骤 2 即可删除选中的幻灯片，如图 17-39 所示。

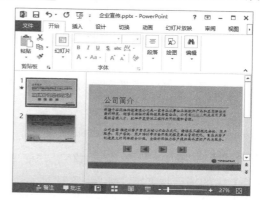

图 17-39 删除选中的幻灯片

2. **通过快捷键删除**

在【幻灯片】窗格中选择目标幻灯片，按 Delete 键，即可删除幻灯片。

17.3 在幻灯片中输入文本

本节主要介绍文本的输入，包括在幻灯片内的占位符中输入标题与正文、在文本框内输入文本、符号、公式等操作方法。

17.3.1 输入标题与正文

输入标题与正文有两种方式：一种是在普通视图下的幻灯片【占位符】内输入标题与正文；另一种是在大纲视图下的幻灯片快速浏览区域内输入标题与文本。

1. 在普通视图下输入标题与正文

在普通视图下输入标题与正文的具体操作步骤如下。

步骤 1 新建一张幻灯片，选择【标题与内容】版式，在【单击此处添加标题】或【单击此处添加文本】的【占位符】内单击鼠标，使【占位符】处于编辑状态，如图 17-40 所示。

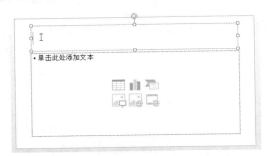

图 17-40 幻灯片占位符

步骤 2 如输入文本"企业宣传"替代【占位符】内的提示性文字，如图 17-41 所示。

图 17-41 输入文字

2. 在大纲视图下输入标题与正文

在大纲视图下输入标题与正文的具体操作步骤如下。

步骤 1 单击【视图】选项卡【演示文稿视图】选项组中的【大纲视图】按钮，如图 17-42 所示。

图 17-42 单击【大纲视图】按钮

步骤 2 切换到大纲视图，选中大纲视图下的幻灯片图标后面的文字，如图 17-43 所示。

图 17-43 选中文字

步骤 3 直接输入新文本"企业简介"，输入后的文本会代替原来的文字，如图 17-44 所示。

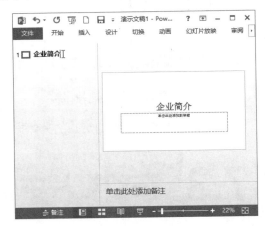

图 17-44 修改文字

步骤 4 在"企业简介"文字后按 Enter 键

插入一行，然后按 Tab 键降低内容的大纲级别，输入企业简介的文本内容即可，如图 17-45 所示。

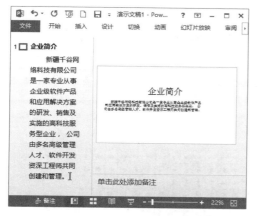

图 17-45　输入文本内容

17.3.2　在文本框中输入文本

除了在幻灯片内的【占位符】中输入文本外，还可以在幻灯片内的任何位置自建一个文本框输入文本。在插入和设置好文本框后即可输入文本内容，具体操作步骤如下。

步骤 1　单击【插入】选项卡【文本】组中的【文本框】按钮，在弹出的下拉菜单中选择【横排文本框】命令，如图 17-46 所示。

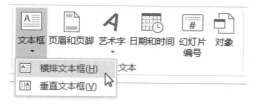

图 17-46　选择【横排文本框】命令

步骤 2　在幻灯片内单击鼠标左键，即可出现创建好的文本框，可根据需求按住鼠标并通过移动光标来改变文本框的位置及大小，如图 17-47 所示。

步骤 3　单击文本框即可输入文本，如这里输入"幻灯片操作"，如图 17-48 所示。

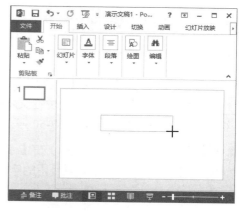

图 17-47　绘制横排文本框

图 17-48　输入文字

提示　如果需要在幻灯片中添加竖排文字，则需要插入【垂直文本框】，然后在该文本框中输入文字，如这里输入"幻灯片操作"，如图 17-49 所示。

图 17-49　绘制垂直文本框

17.3.3 输入特殊符号

有时需要在文本框里添加一些特殊的符号来辅助内容，这时可以使用 PowerPoint 2013 自带的符号功能进行添加，具体操作步骤如下。

步骤 1 选中文本框，将光标定位在文本内容第一行的开头处，然后单击【插入】选项卡【符号】组中的【符号】按钮，如图 17-50 所示。

步骤 2 弹出【符号】对话框，在【字体】下拉列表框中选择需要的字体，如这里选择 Wingdings 3 选项，然后选择需要使用的字符，如图 17-51 所示。

图 17-50　单击【符号】按钮　　　　图 17-51　【符号】对话框

步骤 3 单击【插入】按钮，插入完成后再单击【确定】按钮，退出【符号】对话框，此时文本框内出现插入的新符号，如图 17-52 所示。

步骤 4 依照上述步骤，分别在文本框的第二行和第三行开头插入相同的符号，完成后的效果如图 17-53 所示。

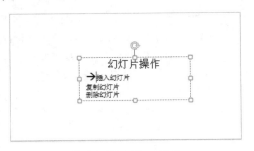

图 17-52　插入符号

图 17-53　插入其他行的符号

17.4　设置文本字体格式

输入文本后可按需求对文字进行设置，在【开始】选项卡【字体】组中设置文字的字体、大小、颜色等。

17.4.1　字体设置

当在幻灯片中输入文字后，有时系统默认的字体类型不能满足需要，这时用户可以通过设置幻灯片中文字的字体来满足需要。

字体设置的具体操作步骤如下。

步骤 1 选中文本，单击【开始】选项卡下【字体】组右下角的 按钮，弹出【字体】对话框，单击【中文字体的】右侧的下拉按钮，从弹出的列表中选择需要用到的字体类型，如这里选择【方正舒体】类型，如图 17-54 所示。

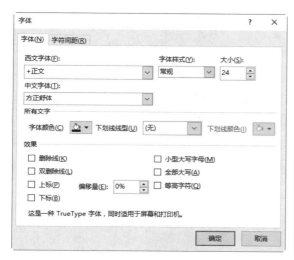

图 17-54　【字体】对话框

步骤 2 单击【确定】按钮，应用后的字体效果如图 17-55 所示。

图 17-55　设置字体类型

步骤 3 如需要改变文字的字体样式，同样可在【字体】对话框中对字体样式进行设置。

打开【字体】对话框中的【字体样式】下拉列表框，根据需要选择一种字体样式，然后单击【确定】按钮即可，如图 17-56 所示。

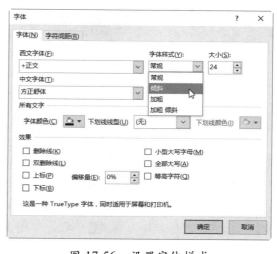

图 17-56　设置字体样式

步骤 4 设置字体大小。调节【大小】微调框中的上下按钮或者直接在微调框中输入字体的大小，如这里设置"46"号字体，然后单击【确定】按钮即可，如图 17-57 所示。

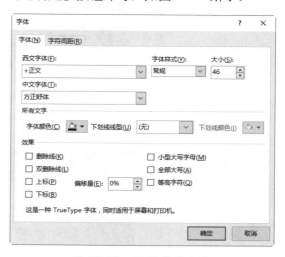

图 17-57　设置字体大小

17.4.2 颜色设置

PowerPoint 2013 中的字体默认为黑色，如果需要突出幻灯片中某一部分重要的内容时，可以设置显眼的字体颜色来强调此内容。设置字体颜色的具体操作步骤如下。

步骤 1 选中需要设置的字体，此时弹出【字体设置】快捷栏，在该快捷栏中选择【字体颜色】按钮，如图 17-58 所示。或单击【开始】选项卡【字体】组中的【字体颜色】按钮，如图 17-59 所示。

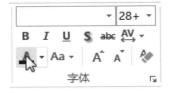

图 17-58　字体设置快捷栏　　　　图 17-59　单击【字体颜色】按钮

步骤 2 打开【字体颜色】下拉列表，在下拉列表中的【主题颜色】和【标准色】选项中选择一种颜色进行设置，如这里在【主题颜色】选项中选择"蓝色"，如图 17-60 所示。

步骤 3 也可在【字体颜色】下拉列表中选择【其他颜色】选项，弹出【颜色】对话框，单击【标准】选项卡，选择其中一种颜色，然后单击【确定】按钮即可，如图 17-61 所示。

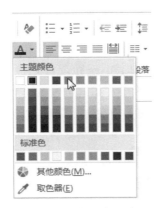

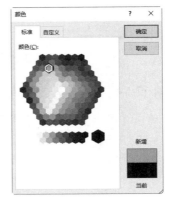

图 17-60　选择字体颜色　　　　图 17-61　【颜色】对话框

17.5 设置文本段落格式

本节主要介绍段落格式的设置方法，包括对齐方式、缩进、间距、行距等方面的设置。

17.5.1　对齐方式设置

段落对齐方式包括左对齐、右对齐、居中对齐、两端对齐、分散对齐等。选择要设置对齐方式的段落,在【开始】选项卡中,单击【段落】组中的【左对齐】按钮≡、【居中】按钮≡、【右对齐】按钮≡、【两端对齐】按钮≡和【分散对齐】按钮≣,即可更改段落的对齐方式,如图 17-62 所示。

图 17-62　【段落】组

此外,单击【段落】组右下角的 ⌐ 按钮,即弹出【段落】对话框,单击【对齐方式】右侧的下拉按钮,在弹出的下拉列表中也可以设置段落的对齐方式,如图 17-63 所示。

图 17-63　【段落】对话框

下面以随书光盘中的"素材 \ch17\ 春日 .pptx"文件为例,介绍段落对齐的 5 种方式,具体操作步骤如下。

步骤 1 打开随书光盘中的"素材 \ch17\ 春日 .pptx"文件,选中幻灯片中的文本框,如图 17-64 所示。

步骤 2 左对齐。在【开始】选项卡中,单击【段落】组中的【左对齐】按钮≡,即可将文本的左边缘与左页边距对齐,如图 17-65 所示。

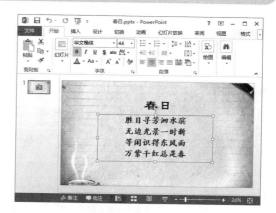

图 17-64　选中幻灯片中的文本框

图 17-65　左对齐

步骤 3 右对齐。在【开始】选项卡中,单击【段落】组中的【右对齐】按钮≡,即可将文本的右边缘与右页边距对齐,如图 17-66 所示。

图 17-66　右对齐

步骤 4 居中对齐。在【开始】选项卡中，单击【段落】组中的【居中】按钮≡，即可将文本相对于页面以居中的方式排列，如图 17-67 所示。

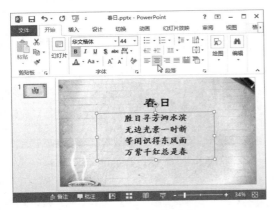

图 17-67　居中对齐

步骤 5 两端对齐。在【开始】选项卡中，单击【段落】组中的【两端对齐】按钮≡，即可将文本左右两端的边缘分别与左页边距和右页边距对齐，如图 17-68 所示。

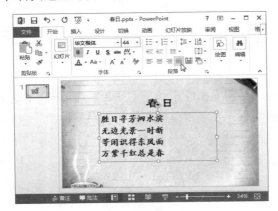

图 17-68　两端对齐

提示 如果段落中的文本不满一行，其右边是不对齐的。当左对齐和两端对齐区别不是很明显时，可以观察右侧文字与文本框边缘的间隙区别。

步骤 6 分散对齐。在【开始】选项卡中，单击【段落】组中的【分散对齐】按钮≡，

即可将文本左右两端的边缘分别与左页边距和右页边距对齐，如图 17-69 所示。

图 17-69　分散对齐

提示 分散对齐与两端对齐不同的是，如果段落中的文本不满一行，系统将自动拉开字符间距，使该行文本均匀分布。

17.5.2 段落缩进设置

段落缩进是指段落中的行相对于左边界和右边界的位置。段落缩进有两种方式：一种是首行缩进；另一种是悬挂缩进。

1. 首行缩进方式

首行缩进是将段落中的第一行从左向右缩进一定的距离，首行外的其他行保持不变，具体操作步骤如下。

步骤 1 将光标定位于段落中，单击【开始】选项卡中【段落】右下角的按钮，弹出【段落】对话框，在【缩进】选项区的【特殊格式】下拉列表框中选择【首行缩进】选项，在【度量值】文本框中输入"2 厘米"，如图 17-70 所示。

步骤 2 单击【确定】按钮，应用后的效果如图 17-71 所示。

图 17-70　【段落】对话框

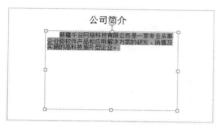

图 17-71　首行缩进显示

2. 悬挂缩进方式

悬挂缩进是指段落的首行文本不加改变，而首行以外的文本缩进一定的距离。悬挂缩进的具体操作步骤如下。

步骤 1 将光标定位于段落中，单击【开始】选项卡中【段落】右下角的按钮，弹出【段落】对话框，在【缩进】选项区的【特殊格式】下拉列表框中选择【悬挂缩进】选项，在【文本之前】微调框内输入"2 厘米"，在【度量值】微调框内输入"2 厘米"，如图 17-72 所示。

图 17-72　输入悬挂缩进值

步骤 2 单击【确定】按钮，悬挂缩进方式应用到选中的段落中，效果如图 17-73 所示。

图 17-73　段落悬挂缩进显示

17.5.3 间距与行距设置

段落间距包括段前距、段后距，行距。段前距和段后距是指当前段与上一段或下一段之间的距离；行距是指段内各行的距离。设置间距和行距的具体操作步骤如下。

步骤 1 单击【开始】选项卡中【段落】右下角的按钮，弹出【段落】对话框，在【间距】选项区的【段前】微调框和【段后】微调框中均输入"10 磅"，打开【行距】的下拉列表框选择【1.5 倍行距】选项，如图 17-74 所示。

图 17-74　设置段落间距

步骤 2 单击【确定】按钮，完成段落的间距和行距设置，效果如图 17-75 所示。

图 17-75　段落显示效果

17.5.4 添加项目符号或编号

为幻灯片中文本添加项目符号和编号可以使文本有条理。为文本添加项目符号或编号的具体操作步骤如下。

步骤 1 打开随书光盘中的"素材 \ch17\ 关于朋友 .pptx"文件，选择幻灯片中的文本框，如图 17-76 所示。

步骤 2 添加项目符号。在【开始】选项卡中，单击【段落】组中的【项目符号】按钮，即可为文本添加项目符号，如图 17-77 所示。

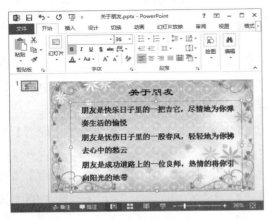

图 17-76　选择幻灯片中的文本框

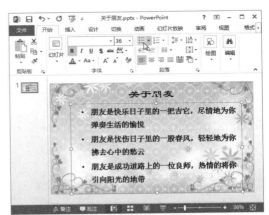

图 17-77　为文本添加项目符号

步骤 3 添加编号。在【开始】选项卡中，单击【段落】组中的【编号】按钮，即可为文本添加编号，如图 17-78 所示。

提示 选择文本框中的文本并右击，在弹出的快捷菜单中选择【项目符号】或【编号】命令，然后在弹出的子菜单中选择需要的项目符号或编号，也可完成添加操作，如图 17-79 所示。

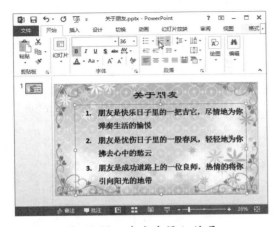

图 17-78　为文本添加编号

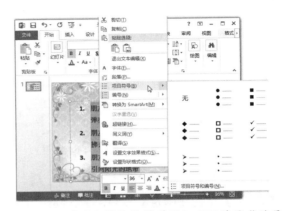

图 17-79　通过右键快捷菜单添加项目符号或编号

17.6 高效办公技能实战

17.6.1 高效办公技能 1——添加图片项目符号

在 PowerPoint 中除了直接为文本添加项目符号外，还可以导入图片作为项目符号。具体操作步骤如下。

步骤 1 打开随书光盘中的"素材 \ch17\ 目录 .pptx"文件，选中要添加项目符号的文本，如图 17-80 所示。

步骤 2 在【开始】选项卡中，单击【段落】组中【项目符号】右侧的下拉按钮，在弹出的下拉菜单中选择【项目符号和编号】命令，如图 17-81 所示。

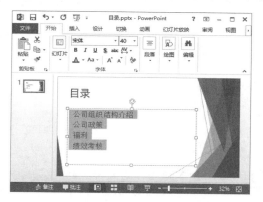

图 17-80　选中要添加项目符号的文本

图 17-81　选择【项目符号和编号】命令

步骤 3 弹出【项目符号和编号】对话框，在其中单击【图片】按钮，如图 17-82 所示。

步骤 4 打开【插入图片】对话框，在其中单击【来自文件】右侧的【浏览】按钮，如图 17-83 所示。

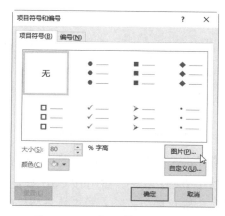

图 17-82　单击【图片】按钮

图 17-83　单击【浏览】按钮

步骤 5 弹出【插入图片】对话框，在计算机中选择要插入的图片，并单击【插入】按钮，如图 17-84 所示。

步骤 6 即可将本地计算机中的图片制作成项目符号添加到文本中，如图 17-85 所示。

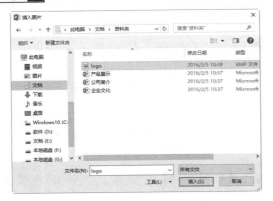

图 17-84　选择要插入的图片

图 17-85　将图片制作成项目符号添加到文本中

17.6.2　高效办公技能 2——批量替换文本信息

在编辑文本时，若遇见多处需要更改相同的文本时，可通过【查找】与【替换】按钮进行统一的更改。具体操作步骤如下。

步骤 1 打开随书光盘中的"素材\ch17\狐狸和葡萄.pptx"文件，在【开始】选项卡中，单击【编辑】组中的【查找】按钮，或者按 Ctrl+F 组合键，如图 17-86 所示。

步骤 2 弹出【查找】对话框，在【查找内容】下拉列表框中输入要查找的内容，例如这里输入"葡萄"，如图 17-87 所示。

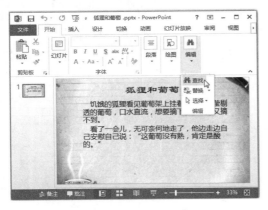

图 17-86　单击【查找】按钮

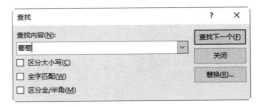

图 17-87　输入要查找的内容

步骤 3 单击【查找下一个】按钮，即可高亮显示查找出来的文本信息，如图 17-88 所示。

步骤 4 在【开始】选项卡中，单击【编辑】组中的【替换】按钮，或者按 Ctrl+ H 组合键，弹出【替换】对话框，在【查找内容】与【替换为】下拉列表框中分别输入要查找与替换的文本，如图 17-89 所示。

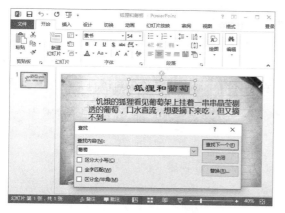

图 17-88　高亮显示查找出来的文本信息

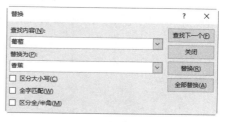

图 17-89　【替换】对话框

步骤 5 单击【全部替换】按钮，弹出提示框，提示已完成对演示文稿的搜索，替换了 4 处，单击【确定】按钮，如图 17-90 所示。

步骤 6 此时已将幻灯片中所有的"葡萄"替换为"香蕉"，即完成了替换操作，如图 17-91 所示。

图 17-90　提示已完成对演示文稿的搜索

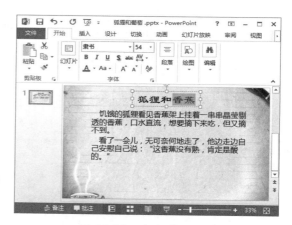

图 17-91　完成替换操作

17.7　疑难问题解答

问题 1： 如何以只读、副本等方式打开演示文稿？

解答： 在演示文稿的工作界面中，单击【文件】选项卡，进入文件操作界面，选择左侧列表中的【打开】命令，然后选择【计算机】选项，并单击右侧的【浏览】按钮，即弹出【打开】对话框，选择要打开的演示文稿，单击【打开】右侧的下拉按钮，在弹出的下拉列表中选择【以只读方式打开】或【以副本方式打开】等选项，即可以只读、副本等方式打开演示文稿。

问题 2：如何将自定义字体嵌入演示文稿中？

解答：在 PowerPoint 2013 中可以使用第三方字体，但如果客户端未安装该字体，那么将无法显示。为了解决这一问题，即可以使用 PowerPoint 提供的字体嵌入功能，在工作界面中选择【文件】选项卡，单击左侧列表中的【选项】命令，弹出【PowerPoint 选项】对话框，在左侧选择【保存】选项，然后在右侧底部选中【将字体嵌入文件】复选框，即可将第三方字体嵌入演示文稿中。

第18章

编辑文稿——丰富演示文稿的内容

● **本章导读**

　　在幻灯片中添加艺术字、图片、图表或图形，可以使幻灯片的内容更加生动、形象。本章将为读者介绍在 PowerPoint 2013 中添加艺术字、表格、图表、图形等元素的基本操作知识。通过对这些知识的学习，用户可以制作出更为美观的演示文稿。

● **学习目标**

◎ 掌握添加并设置艺术字样式的方法
◎ 掌握插入并设置图片样式的方法
◎ 掌握插入并设置形状样式的方法
◎ 掌握插入并编辑表格样式的方法
◎ 掌握插入并编辑 SmartArt 图形的方法

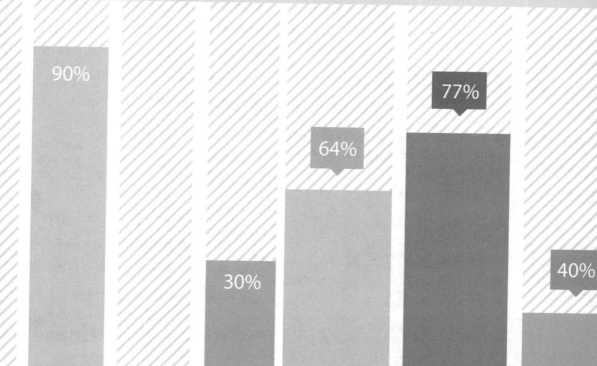

18.1 添加并设置艺术字样式

利用PowerPoint 2013的添加艺术字功能，可以创建带阴影的、旋转的或拉伸的文字效果，也可以按照预定义的形状创建文字。

18.1.1 插入艺术字

PowerPoint 2013提供了约20种预设的艺术字样式，用户只需选择需要的样式，即可快速插入艺术字样式，从而美化幻灯片。具体操作步骤如下。

步骤 1 新建一个空白演示文稿，将占位符删除，然后在【插入】选项卡中，单击【文本】组中的【艺术字】按钮，在弹出的下拉列表中可以看到系统预设的多种艺术字样式，如图18-1所示。

图18-1 【艺术字】下拉列表

步骤 2 在弹出的下拉列表中选择需要的样式，此时在幻灯片中将自动插入一个艺术字文本框，如图18-2所示。

图18-2 插入一个艺术字文本框

步骤 3 单击该文本框，重新输入文字内容，例如输入"年终总结报告"，即可成功插入艺术字，如图18-3所示。

图18-3 在文本框中重新输入文字内容

18.1.2 更改艺术字的样式

插入艺术字以后，用户还可自行更改艺术字的样式，包括更改文本的填充、轮廓以及文本效果等内容。选中艺术字，此时在功能区将增加【格式】选项卡，通过该选项卡【艺术字样式】组中的各命令按钮即可更改艺术字的样式，如图18-4所示。

图18-4 【艺术字样式】组

下面以更改艺术字的文本效果为例，介绍更改艺术字样式的方法，具体操作步骤如下。

步骤 1 选中艺术字，在【格式】选项卡中，单击【艺术字样式】组的【文本效果】右侧的下拉按钮，在弹出的下拉列表中可以看到系统提供了多种效果，例如选择【发光】选项，在右侧弹出的子列表中选择需要的效果，如图 18-5 所示。

弹出的子列表中选择需要的效果，如图 18-7 所示。

图 18-5　选择文本效果

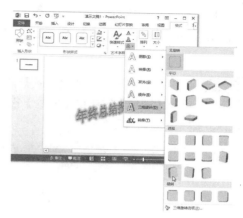

图 18-7　选择【三维旋转】选项

> **提示**　若选择【其他亮色】选项，可以对发光的艺术字进行更多颜色的设置。

步骤 4 即可为艺术字应用三维旋转的效果，如图 18-8 所示。

步骤 2 即可为艺术字应用发光的效果，如图 18-6 所示。

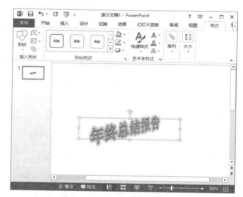

图 18-8　为艺术字应用三维旋转的效果

图 18-6　为艺术字应用发光的效果

> **提示**　通过文本效果功能，还可以为艺术字添加转换、棱台、阴影等效果，具体的操作方法与添加发光和三维旋转相似，这里不再赘述。

步骤 3 若选择【三维旋转】选项，在右侧

18.2 插入并设置图片样式

　　图片是丰富演示文稿中的一个重要角色，通过图片的点缀，可以美化整个演示文稿，给人一种活跃的色彩，可以达到图文并茂的效果。

18.2.1 插入本地图片

在 PowerPoint 2013 中常用的图片格式有 jpg、bmp、png、gif 等，插入图片的具体操作步骤如下。

步骤 1 新建一个空白演示文稿，在【插入】选项卡中，单击【图像】组中的【图片】按钮，如图 18-9 所示。

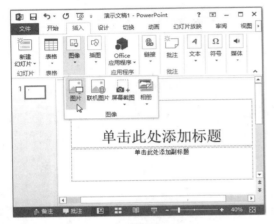

图 18-9　单击【图片】按钮

步骤 2 弹出【插入图片】对话框，找到图片在计算机中的保存位置，选中该图片，然后单击【插入】按钮，如图 18-10 所示。

图 18-10　选择要插入的图片

步骤 3 即可在幻灯片中插入一张图片，如图 18-11 所示。

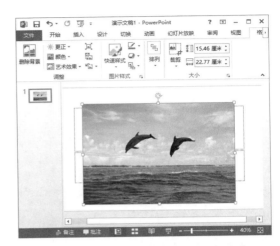

图 18-11　在幻灯片中插入一张图片

18.2.2 插入联机图片

在 PowerPoint 2013 中，除了能够使用本地的图片外，用户还可插入联机图片，即可以联机来搜索图片，这样将极大地丰富幻灯片。具体操作步骤如下。

步骤 1 选择要插入联机图片的幻灯片，在【插入】选项卡中，单击【图像】组中的【联机图片】按钮，如图 18-12 所示。

图 18-12　单击【联机图片】按钮

步骤 2 弹出【插入图片】对话框，在【必应图像搜索】右侧的文本框内输入搜索的内容，例如输入"足球"，然后单击右侧的【搜索】按钮，如图 18-13 所示。

图 18-13 【插入图片】对话框

步骤 3 此时将联机搜索出关于足球的图片，选择需要的图片，单击下方的【插入】按钮，如图 18-14 所示。

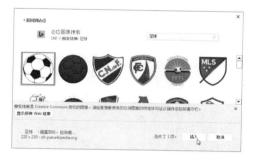

图 18-14 选择需要的图片

提示 搜索出图片后，通常在下方会出现一个提示框，提示版权信息，单击【显示所有 Web 结果】按钮，即可显示出所有的搜索结果。

步骤 4 即可成功插入联机图片，如图 18-15 所示。

图 18-15 成功插入联机图片

18.2.3 调整图片的大小

在幻灯片中插入图片之后，还可根据需要调整图片的大小，具体操作步骤如下。

步骤 1 选中图片，将光标定位在图片四周的尺寸控制点上，此时光标会变为箭头形状，如图 18-16 所示。

图 18-16 光标变为箭头形状

步骤 2 按住左键不放，如图 18-17 所示。

图 18-17 拖动鼠标更改图片的大小

步骤 3 释放鼠标，即完成调整图片大小的操作，如图 18-18 所示。

图 18-18 调整图片的大小

提示 选中图片后，在【格式】选项卡的【大小】组中，通过在【高度】和【宽度】文本框中输入具体的数值也可调整图片的大小，如图 18-19 所示。

图 18-19　输入高度与宽度具体的数值

18.2.4 为图片设置样式

插入图片后，还可以为图片设置样式，例如为图片添加阴影或发光效果，更改图片的亮度、对比度或模糊度等。选中要设置样式的图片后，在【格式】选项卡中，通过【图片样式】组中的各命令按钮即可设置图片的样式，如图 18-20 所示。

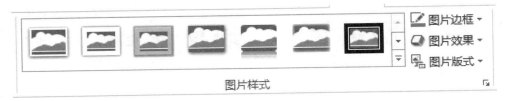

图 18-20　【图片样式】组

具体操作步骤如下。

步骤 1 选中图片，在【格式】选项卡中，单击【图片样式】组中的【其他】按钮，在弹出的下拉列表中选择需要的样式，如图 18-21 所示。

步骤 2 即可将图片设置为相应的样式，如图 18-22 所示。

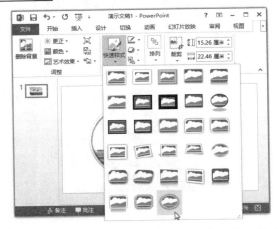

图 18-21　在【快速样式】下拉列表中选择样式

图 18-22　将图片设置为相应的样式

步骤 3 在【格式】选项卡中，单击【图片样式】组中【图片边框】右侧的下拉按钮，在弹出的下拉列表中选择需要的颜色，如图 18-23 所示。

步骤 4 即可为图片设置相应的边框颜色，如图 18-24 所示。

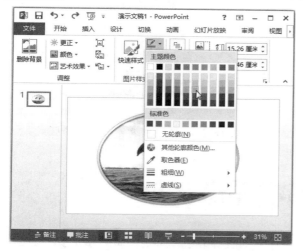

图 18-23　在【图片边框】的下拉列表中选择颜色　　　图 18-24　为图片设置相应的边框颜色

步骤 5 在【格式】选项卡中，单击【图片样式】组中【图片效果】右侧的下拉按钮，在弹出的下拉列表中选择合适的效果，如图 18-25 所示。

步骤 6 即可为图片应用效果，如图 18-26 所示。

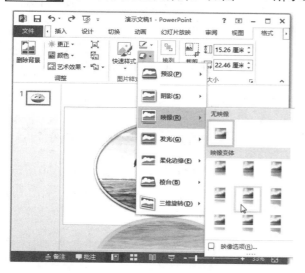

图 18-25　在【图片效果】的下拉列表中选择效果　　　图 18-26　为图片应用效果

步骤 7 在【格式】选项卡中，单击【图片样式】组中【图片版式】右侧的下拉按钮，在弹出的下拉列表中选择合适的版式，如图 18-27 所示。

步骤 8 即可将图片设置为相应的版式，如图 18-28 所示。

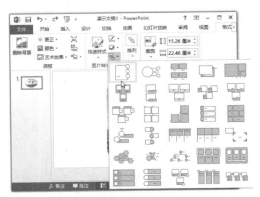

图 18-27　在【图片版式】的下拉列表中选择版式　　　图 18-28　将图片设置为相应的版式

18.3　插入并设置形状样式

在 PowerPoint 2013 中，用户可在幻灯片中添加各种线条、方框、箭头等元素，这些元素称之为形状。通过添加各种形状，将极大地丰富幻灯片的内容。

18.3.1　绘制形状

在幻灯片中绘制的形状主要包括线条、矩形、箭头总汇、公式形状、流程图、星与旗帜、标注和动作按钮等类型。在幻灯片中绘制形状的具体操作步骤如下。

步骤 1　选择要绘制形状的幻灯片，在【开始】选项卡中，单击【绘图】组中的【其他】按钮，在弹出的下拉列表中选择形状类型，例如这里选择【基本形状】选项区中的【太阳形】选项，如图 18-29 所示。

> **提示**　在【最近使用的形状】选项区中可以快速找到最近使用过的形状，便于再次使用。

步骤 2　此时光标变为➕形状，在幻灯片中按住左键不放，拖动鼠标绘制形状，如图 18-30 所示。

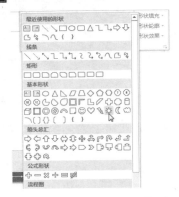

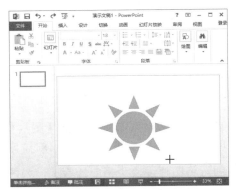

图 18-29　选择【太阳形】选项　　　　　　图 18-30　拖动鼠标绘制形状

步骤 3 释放鼠标，即可绘制一个太阳形状，如图 18-31 所示。

步骤 4 重复上述步骤，也可绘制其他类型的形状，如图 18-32 所示。

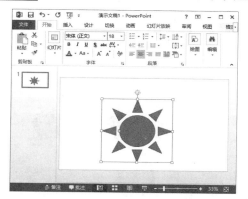

图 18-31　绘制一个太阳形状

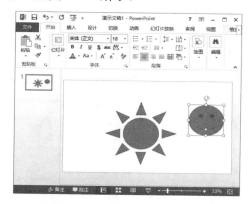

图 18-32　绘制其他类型的形状

18.3.2　设置形状的样式

用户可以根据需要设置形状的样式，包括设置形状的颜色、填充颜色轮廓以及形状的效果等。选择要设置样式的形状，在【格式】选项卡中，通过【形状样式】组中各命令按钮即可设置形状样式，如图 18-33 所示。

图 18-33　【形状样式】组

设置形状的样式的具体操作步骤如下。

步骤 1 打开随书光盘中的"素材 \Ch18\ 排列形状 .pptx"文件，单击选择笑脸形状，然后在【格式】选项卡中，单击【形状样式】组中的【其他】按钮，在弹出的下拉列表中选择需要的样式，如图 18-34 所示。

步骤 2 即可快速设置形状的样式，如图 18-35 所示。

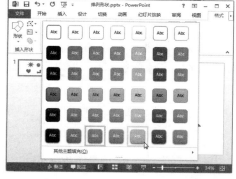

图 18-34　在【形状样式】的下拉列表中选择样式

图 18-35　快速设置形状的样式

步骤 3 若要设置形状的填充颜色，在【格式】选项卡中，单击【形状样式】组中【形状填充】右侧的下拉按钮，在弹出的下拉列表中选择合适的颜色，如图 18-36 所示。

步骤 4 即可设置形状的填充，如图 18-37 所示。

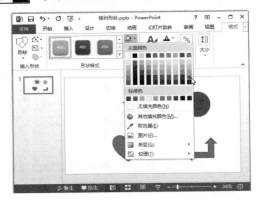

图 18-36　在【形状填充】的下拉列表中选择颜色

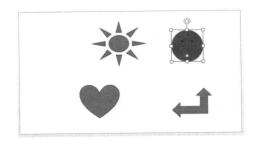

图 18-37　设置形状的填充

步骤 5 若要设置形状的轮廓，在【格式】选项卡中，单击【形状样式】组中【形状轮廓】右侧的下拉按钮，在弹出的下拉列表中选择【粗细】选项，然后在右侧弹出的子列表中选择轮廓的粗细，如图 18-38 所示。

步骤 6 重复步骤 5，在弹出的下拉列表中选择【主题颜色】选项区中的轮廓颜色，即可设置轮廓的粗细及颜色，如图 18-39 所示。

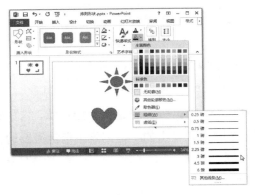

图 18-38　在【形状轮廓】的下拉列表中选择轮廓的粗细

图 18-39　设置轮廓的粗细及颜色

> **提示**　在【格式】选项卡中，单击【形状样式】组中的【形状效果】按钮，在弹出的下拉列表中还可设置形状的效果，读者可自行练习，这里不再赘述。

18.3.3　在形状中添加文字

除了在文本框中可以添加文字外，用户还可在形状中添加文字。具体操作步骤如下。

步骤 1 启动 PowerPoint 2013，新建一个空白演示文稿，如图 18-40 所示。

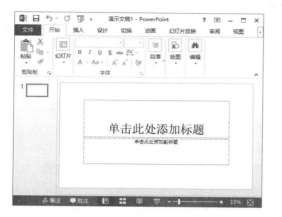

图 18-40 新建一个空白演示文稿

步骤 2 将幻灯片中的占位符删除，使用前面小节介绍的方法，插入 3 个矩形和 2 个右箭头形状，如图 18-41 所示。

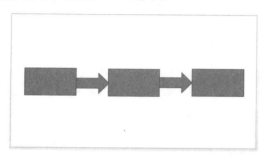

图 18-41 插入 3 个矩形和 2 个右箭头形状

步骤 3 选中形状，在【格式】选项卡的【形状样式】组中，设置形状的样式，如图 18-42 所示。

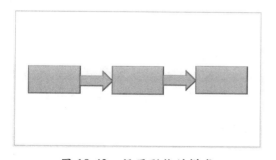

图 18-42 设置形状的样式

步骤 4 单击选中左侧的矩形，直接输入文字，例如这里输入"接受客户投诉"，如图 18-43 所示。

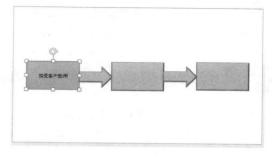

图 18-43 在左侧的矩形中输入文字

步骤 5 单击选中输入文字的矩形，在【开始】选项卡的【字体】组中，设置其字体和字号，如图 18-44 所示。

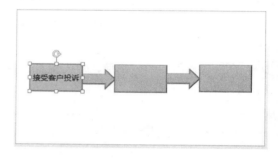

图 18-44 设置文字的字体和字号

步骤 6 重复步骤 4 和步骤 5，在另外两个矩形中输入文字，并设置格式，如图 18-45 所示。

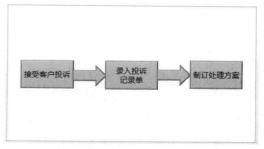

图 18-45 在另外两个矩形中输入文字并设置格式

18.4 插入并编辑表格

表格是展示大量数据的有效工具之一，使用表格工具可归纳和汇总数据，从而使数据更加清晰和美观。本节即介绍在 PowerPoint 2013 中创建表格以及美化表格的方法。

18.4.1 创建表格

在 PowerPoint 2013 中可以用多种方法创建表格，包括直接插入表格、手动绘制表格、从Word 中复制和粘贴表格、创建 Excel 电子表格等。下面介绍两种常用的创建表格的方法。

1. 快速插入表格

快速插入表格的具体操作步骤如下。

步骤 1 新建一个空白演示文稿，将占位符删除，然后在【插入】选项卡中，单击【表格】组中的【表格】按钮，在弹出的下拉列表的【绘制表格】区域中曳鼠标选择表格的行列，此时该区域顶部将显示出选择的行列数，在幻灯片中则会显示出表格的预览图像，如图 18-46所示。

步骤 2 选择需要的行列后，单击鼠标左键，即可在幻灯片中快速插入指定行列的表格，如图 18-47 所示。

> **提示** 该方法最多只能插入 8 行和 10 列的表格。

图 18-46 拖动鼠标选择表格的行列

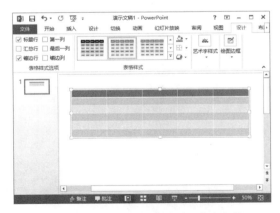

图 18-47 快速插入指定行列的表格

2. 通过【插入表格】对话框插入表格

通过【插入表格】对话框，用户可选择插入任意行列数的表格。具体操作步骤如下。

步骤 1 在【插入】选项卡中，单击【表格】组中的【表格】按钮，在弹出的下拉列表中选择【插入表格】选项，如图 18-48 所示。

步骤 2 弹出【插入表格】对话框，在【行数】和【列数】微调框中分别输入行数和列数的精确数值，单击【确定】按钮，即可插入指定行列的表格，如图 18-49 所示。

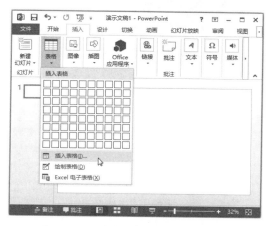

图 18-48　选择【插入表格】选项

图 18-49　【插入表格】对话框

18.4.2　在表格中输入文字

插入表格后，可以向单元格中添加文字以丰富表格。下面在表格中输入文字来制作一个成绩表，具体操作步骤如下。

步骤 1 单击第一行的第一个单元格，即将光标定位在该单元格中，输入文字"姓名"，如图 18-50 所示。

步骤 2 使用步骤 1 的方法，将光标定位在其他单元格中，分别输入相应的文字，即成功制作一个成绩表，如图 18-51 所示。

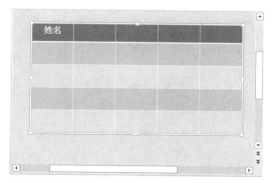

图 18-50　在第一行的第一个单元格中输入文字　　图 18-51　在其他单元格中分别输入文字

18.4.3　设置表格的边框

表格创建完成后，可以为其设置边框，从而突出显示表格的内容，具体操作步骤如下。

步骤 1 将光标定位在表格的边框上，单击选中整个表格，然后在【设计】选项卡中，单击【表格样式】组中【边框】右侧的下拉按钮，在弹出的下拉列表中选择某一选项，即可为表格添加对应的边框，例如选择【所有框线】选项，如图 18-52 所示。

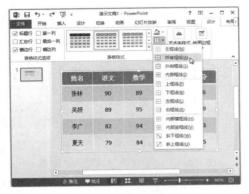

图 18-52　选择【所有框线】选项

步骤 2 即可为表格添加所有的边框线，如图 18-53 所示。

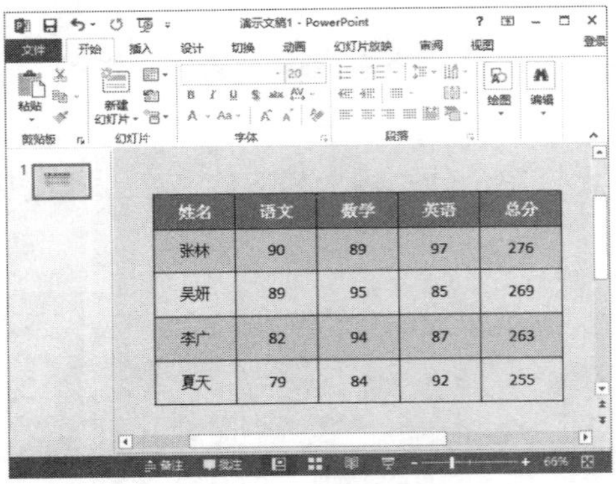

图 18-53　为表格添加所有的边框线

步骤 3 设置边框的样式、粗细及颜色。单击表格中任意单元格，然后在【设计】选项卡中，单击【绘图边框】组中【笔样式】右侧的下拉按钮，在弹出的下拉列表中选择需要的样式，如图 18-54 所示。

步骤 4 在【笔划粗细】的下拉列表中选择粗细，在【笔颜色】的下拉列表中选择需要的颜色，如图 18-55 所示。

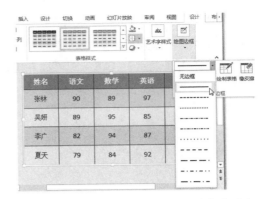

图 18-54　在【笔样式】的下拉列表中选择需要的样式

图 18-55　选择边框的粗细和颜色

步骤 5 此时光标变为笔的形状，按住左键不放，在左边框的右侧从上到下拖动鼠标，如图 18-56 所示。

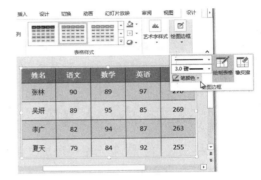

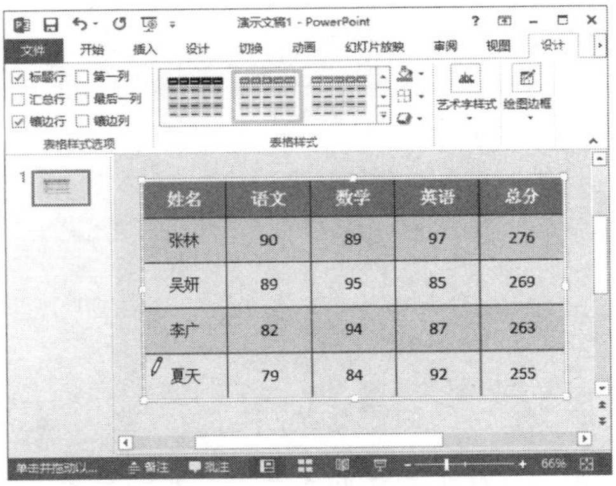

图 18-56　在左边框的右侧从上到下拖动鼠标

步骤 6 即可在左边框上重新绘制一条边框线，使用同样的方法，为其他边框绘制边框线，如图 18-57 所示。

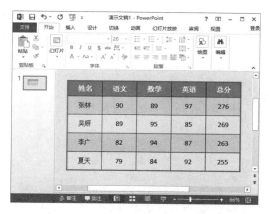

图 18-57 为表格绘制边框线

18.4.4 设置表格的样式

创建表格及输入文字内容后，往往还需要根据实际情况来设置表格的样式。具体操作步骤如下。

步骤 1 将光标定位在表格的边框上，单击选中整个表格，然后在【设计】选项卡的【表格样式选项】组中，选中【第一列】复选框，此时系统将自动设置第一列的样式，如图 18-58 所示。

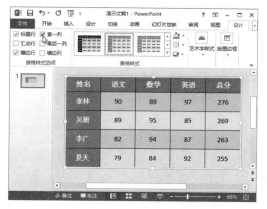

图 18-58 设置第一列的样式

步骤 2 在【设计】选项卡中，单击【表格样式】组的【其他】按钮，在弹出的下拉列表中选择合适的表格样式，如图 18-59 所示。

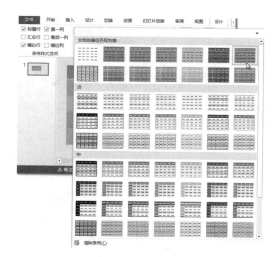

图 18-59 在【表格样式】的下拉列表中选择表格样式

提示 若选择【清除表格】选项，即可清除应用的表格样式，还能清除使用其他方法设置的样式。

步骤 3 即可将表格设置为相应的样式，如图 18-60 所示。

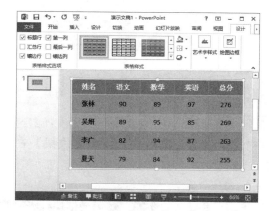

图 18-60 将表格设置为相应的样式

步骤 4 设置表格的底纹。在【设计】选项卡中，单击【表格样式】组中【底纹】右侧的下拉按钮，在弹出的下拉列表中即可选择底纹的类型，例如这里选择【渐变】选项，然后在右侧弹出的子列表中选择渐变的类型，如图 18-61 所示。

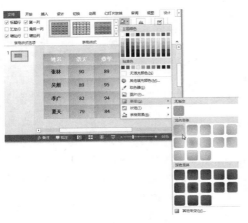

图 18-61　在【底纹】的下拉列表中选择
底纹的类型

步骤 5 即可为表格设置渐变色作为底纹，如图 18-62 所示。

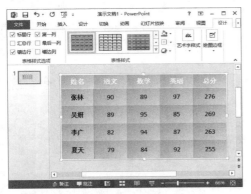

图 18-62　为表格设置渐变色作为底纹

步骤 6 设置表格的效果。在【设计】选项卡中，单击【表格样式】组中【效果】右侧

的下拉按钮，在弹出的下拉列表中即可选择效果的类型，例如这里选择【单元格凹凸效果】选项，然后在右侧弹出的子列表中选择具体的效果，如图 18-63 所示。

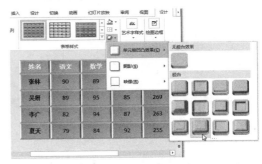

图 18-63　在【效果】的下拉列表中选择
效果的类型

步骤 7 即可为表格设置相应的效果，如图 18-64 所示。

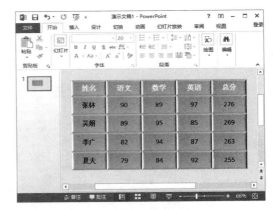

图 18-64　为表格设置相应的效果

18.5　插入并编辑图表

形象直观的图表与文字数据更容易让人理解，插入幻灯片的图表可以使演示文稿演示效果更加清晰明了。

18.5.1　插入图表

在 PowerPoint 2013 中插入的图表有各种类型，包括柱形图、折线图、饼图、条形图、面积图等。下面以插入柱形图为例，介绍插入图表的具体操作步骤。

步骤 1 新建一个"标题和内容"幻灯片，如图 18-65 所示。

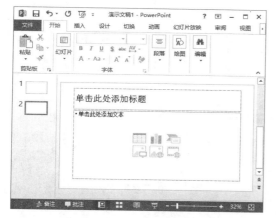

图 18-65 新建一个"标题和内容"幻灯片

步骤 2 在【插入】选项卡中，单击【插图】组中的【图表】按钮，或者直接单击幻灯片编辑窗口中的【插入图表】按钮，如图 18-66 所示。

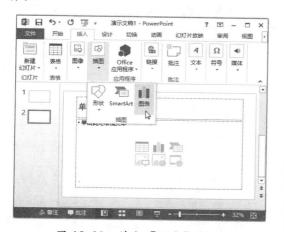

图 18-66 单击【图表】按钮

步骤 3 弹出【插入图表】对话框，在其中选择要使用的图表类型，然后单击【确定】按钮，如图 18-67 所示。

步骤 4 此时系统会自动弹出 Excel 2013 软件的工作界面，并在其中列出了一些示例数据，如图 18-68 所示。

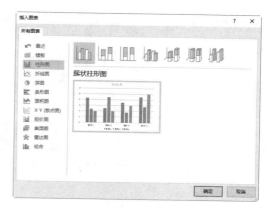

图 18-67 选择要使用的图表类型

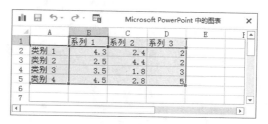

图 18-68 Excel 2013 软件的工作界面

步骤 5 在 Excel 中重新输入用来构建图表的数据，然后单击右上角的【关闭】按钮，关闭 Excel 电子表格，如图 18-69 所示。

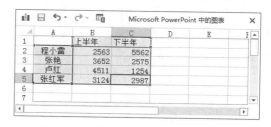

图 18-69 在 Excel 中重新输入数据

步骤 6 自动返回到 PowerPoint 工作界面，即可成功插入一个图表，如图 18-70 所示。

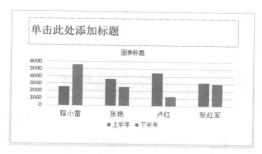

图 18-70 成功插入一个图表

18.5.2 编辑图表中的数据

插入图表后，若要更改图表中的数据，还可对其进行编辑。具体操作步骤如下。

步骤 1 选择要编辑的图表，在【设计】选项卡中，单击【数据】组中的【编辑数据】按钮，如图 18-71 所示。

提示 选择要编辑的图表并右击，在弹出的快捷菜单中依次选择【编辑数据】→【编辑数据】命令，也可完成编辑数据的操作，如图 18-72 所示。

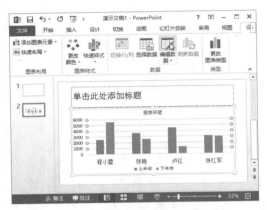

图 18-71　单击【编辑数据】按钮

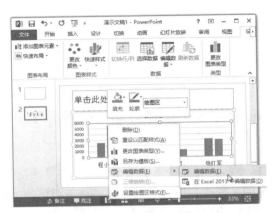

图 18-72　选择【编辑数据】命令

步骤 2 此时系统会自动弹出 Excel 2013 软件，选择需要更改数据的单元格，输入新的数据。输入完成后，单击右上角的【关闭】按钮，关闭该软件，如图 18-73 所示。

步骤 3 自动返回到 PowerPoint 工作界面，此时图表中的数据已发生变化，即完成编辑数据的操作，如图 18-74 所示。

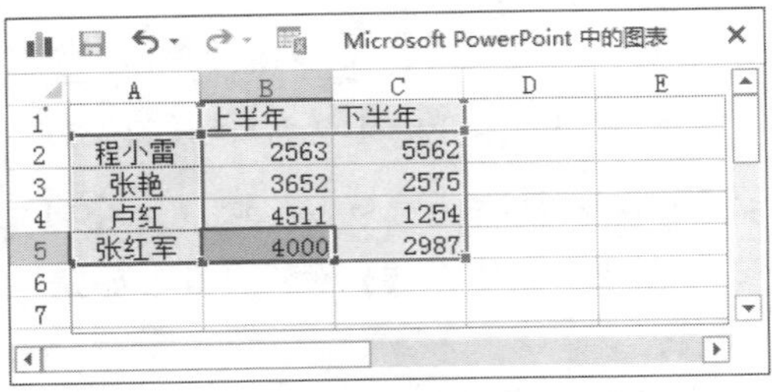

图 18-73　输入新的数据

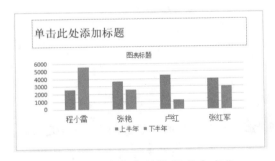

图 18-74　图表中的数据发生变化

18.5.3 更改图表的样式

插入图表后，还可根据需要设置图表的样式，使其更加美观，具体操作步骤如下。

步骤 1 选择要更改样式的图表，在【设计】选项卡中，单击【图表样式】组中的【其他】按钮，在弹出的下拉列表中选择合适的样式，如图 18-75 所示。

步骤 2 即可更改图表的样式，如图 18-76 所示。

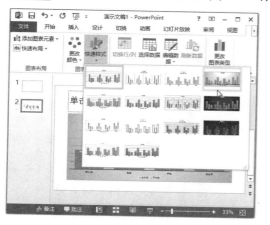

图 18-75 选择图表样式

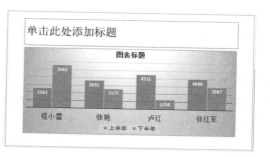

图 18-76 更改图表的样式

18.5.4 更改图表类型

PowerPoint 2013 允许用户更改图表的类型，具体操作步骤如下。

步骤 1 选择要更改类型的图表，在【设计】选项卡中，单击【类型】组中的【更改图表类型】按钮，如图 18-77 所示。

提示 选择要编辑的图表并右击，在弹出的快捷菜单中选择【更改图表类型】命令，也可完成更改图表类型的操作，如图 18-78 所示。

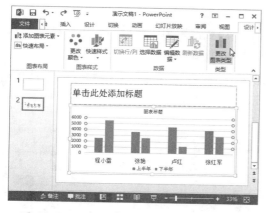

图 18-77 单击【更改图表类型】按钮

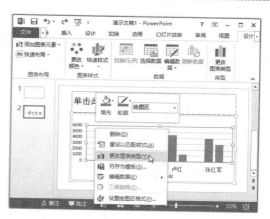

图 18-78 选择【更改图表类型】命令

步骤 2 弹出【更改图表类型】对话框，在其中选择其他类型的图表样式，然后单击【确定】按钮，如图 18-79 所示。

步骤 3 即可更改图表的类型，如图 18-80 所示。

图 18-79　【更改图表类型】对话框

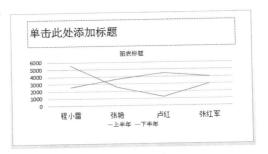

图 18-80　更改图表的类型

18.6　插入并编辑SmartArt图形

SmartArt 图形是信息与观点的视觉表示形式，可以通过从多种不同布局中进行选择来创建 SmartArt 图形，从而快速、轻松和有效地传达信息。

18.6.1　创建 SmartArt 图形

组织结构图是 SmartArt 图形的一种类型，该图形方式表示组织结构的管理结构，如某个公司内的一个管理部门与子部门。在 PowerPoint 2013 中，通过使用 SmartArt 图形，可以创建组织结构图，具体操作步骤如下。

步骤 1 打开 PowerPoint 2013，新建一张幻灯片，将版式设置为"标题与内容"版式，然后在幻灯片中单击【插入 SmartArt 图形】按钮，如图 18-81 所示。

步骤 2 弹出【选择 SmartArt 图形】对话框，在对话框中选择【层次结构】区域内【组织结构图】选项，然后单击【确定】按钮即可，如图 18-82 所示。

图 18-81　新建幻灯片

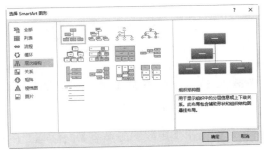

图 18-82　【选择 SmartArt 图形】对话框

步骤 3 即可在幻灯片中创建组织结构图，同时出现一个【在此处键入文字】对话框，如图 18-83 所示。

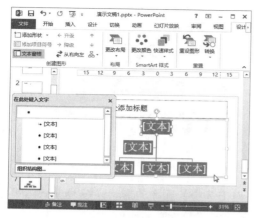

图 18-83 【在此处键入文字】对话框

步骤 4 这时可在幻灯片中的组织结构图内的【文本】框内单击，直接输入文本内容，如图 18-84 所示。

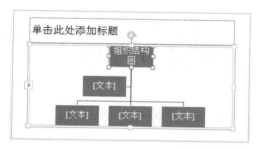

图 18-84 直接输入文本内容

步骤 5 也可以在出现的【在此处键入文字】对话框中单击"文本"来输入文本内容，如图 18-85 所示。

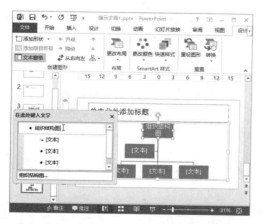

图 18-85 单击"文本"来输入文本内容

18.6.2 添加与删除形状

在幻灯片内创建完 SmartArt 图形后，可以在现有的图形中添加或删除形状，具体操作步骤如下。

步骤 1 单击幻灯片中创建好的 SmartArt 图形，并单击距离添加新形状位置最近的现有形状，如图 18-86 所示。

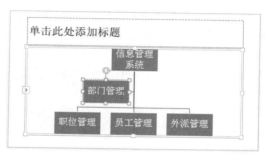

图 18-86 选择图形

步骤 2 单击【SmartArt 工具 - 设计】选项卡下【创建图形】组中的【添加形状】选项，然后打开其下拉列表，选择【在后面添加形状】选项，如图 18-87 所示。

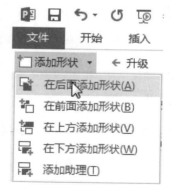

图 18-87 选择【在后面添加形状】选项

步骤 3 即可在所选形状的后面添加一个新的形状，且该形状处于选中的状态，如图 18-88 所示。

步骤 4 在添加的形状内输入文本，效果如图 18-89 所示。

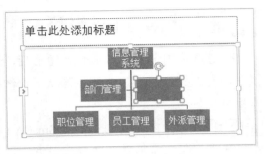

图 18-88　添加新形状

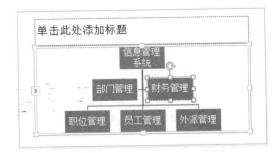

图 18-89　输入文字

步骤 5 如需要在 SmartArt 图形中删除一个形状，单击选中要删除的形状并按 Delete 键即可，如果要删除整个 SmartArt 图形，单击选中 SmartArt 图形后按 Delete 键即可。

18.6.3　更改形状的样式

插入 SmartArt 图形后，可以更改其中一个或多个形状的颜色和轮廓等样式，具体操作步骤如下。

步骤 1 单击选中 SmartArt 图形中的一个形状，选中"信息管理"形状，单击【SmartArt 工具 - 格式】选项卡下【形状样式】组右侧的【其他】按钮，从弹出的菜单中选择【细微效果 - 橙色，强调颜色 2】选项，如图 18-90 所示。

步骤 2 应用后的效果如图 18-91 所示。

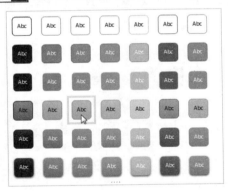

图 18-90　设置形状样式

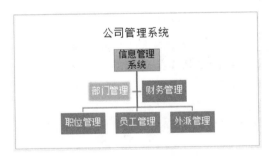

图 18-91　最终的显示效果

> **提示** 通过单击【形状样式】组中的【形状填充】和【形状轮廓】按钮，可以具体更改形状的填充效果、形状的轮廓效果；通过单击【形状效果】按钮，可以为形状添加映像、发光、阴影等效果。

18.6.4　更改 SmartArt 图形的布局

创建好 SmartArt 图形后，可以根据需要改变 SmartArt 图形的布局方式，具体操作步骤如下。

步骤 1 选中幻灯片中的 SmartArt 图形，单击【SmartArt 工具 - 设计】选项卡下【布局】组中的【其他】按钮，从打开的下拉列表中选择【层次结构】选项，如图 18-92 所示。

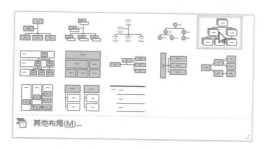

图 18-92　选择布局样式

步骤 2 应用后的布局效果如图 18-93 所示。

图 18-93　应用布局后的效果

步骤 3 也可以选择【布局】组中的【其他】

选项子菜单中的【其他布局】选项，弹出【选择 SmartArt 图形】对话框，从对话框中选择【关系】区域内的【基本射线图】选项，如图 18-94 所示。

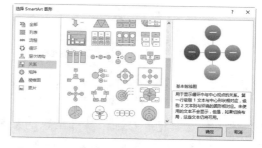

图 18-94　【选择 Smart Art 图形】对话框

步骤 4 单击【确定】按钮，最终的效果如图 18-95 所示。

图 18-95　最终的显示效果

18.6.5　更改 SmartArt 图形的样式

除了更改部分形状的样式外，还可以更改整个 SmartArt 图形的样式，更改 SmartArt 图形样式的具体操作步骤如下。

步骤 1 选中幻灯片中的 SmartArt 图形，单击【SmartArt 工具 - 设计】选项卡下【SmartArt样式】组中的【更改颜色】按钮，从弹出来的菜单选项中选择【彩色】区域内的【彩色 - 着色】选项，如图 18-96 所示。

步骤 2 更改颜色样式的效果如图 18-97 所示。

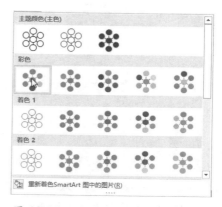

图 18-96　更改 SmartArt 颜色样式

图 18-97　应用颜色样式后的效果

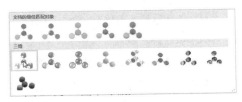

图 18-98　选择快速样式

步骤 3 单击【SmartArt 工具 - 设计】选项卡下【SmartArt 样式】组中的【快速样式】区域内右侧的【其他】按钮，从弹出来的菜单选项中选择【优雅】选项，如图 18-98 所示。

步骤 4 应用后的效果如图 18-99 所示。

图 18-99　应用快速样式

18.7　高效办公技能实战

18.7.1　高效办公技能 1——将文本转换为 SmartArt 图形

在演示文稿中，可以将文本转换为 SmartArt 图形，以便在 PowerPoint 2013 中更好地显示信息，具体操作步骤如下。

步骤 1 新建一张幻灯片，设置为【标题与内容】版式，在【单击此处添加文本】的【占位符】中输入文本，如图 18-100 所示。

步骤 2 选中内容文字占位符的边框，如图 18-101 所示。

图 18-101　选中文本外的边框

步骤 3 单击【开始】选项卡下【段落】组中的【转换为 SmartArt 图形】按钮，从打开的下拉列表中选择【基本流程】选项，如图 18-102 所示。

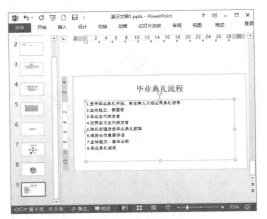

图 18-100　输入文本信息

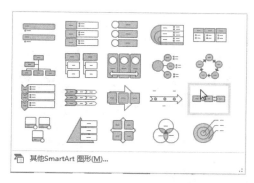

图 18-102　选择 Smart Art 图形类型

步骤 **4**　应用后的效果如图 18-103 所示。

图 18-103　　Smart Art 图形

步骤 **5**　单击【SmartArt 工具 - 设计】选项卡下【布局】组内【快速浏览】区的【其他】选项，从弹出来的菜单中选择【基本蛇形流程】

选项，如图 18-104 所示。

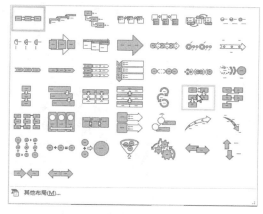

图 18-104　选择 SmartArt 图形

步骤 **6**　应用后的效果如图 18-105 所示。

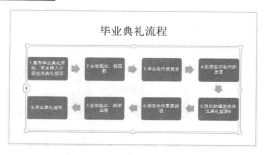

图 18-105　　SmartArt 图形

18.7.2　高效办公技能 2——使用 PowerPoint 创建电子相册

随着数码相机的普及，利用电脑制作电子相册的人越来越多。在 PowerPoint 2013 中，用户可轻松创建电子相册。具体操作步骤如下。

步骤 **1**　启动 PowerPoint 2013，新建一个空白演示文稿，如图 18-106 所示。

步骤 **2**　在【插入】选项卡中，单击【图像】组中的【相册】按钮，如图 18-107 所示。

图 18-106　新建一个空白演示文稿

图 18-107　单击【相册】按钮

步骤 3 弹出【相册】对话框，在其中单击【文件/磁盘】按钮，如图 18-108 所示。

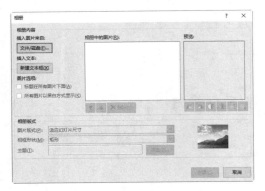

图 18-108 单击【文件/磁盘】按钮

步骤 4 弹出【插入新图片】对话框，在计算机中选择要插入的图片，单击【插入】按钮，如图 18-109 所示。

图 18-109 选择要插入的图片

步骤 5 返回到【相册】对话框，在【相册中的图片】列表框中即可查看所选的图片，选中图片"90"前面的复选框，然后单击【向下】按钮，如图 18-110 所示。

步骤 6 即可调整该图片在相册中的位置。然后单击【图片版式】右侧的下拉按钮，在弹出的下拉列表中选择【1 张图片】选项，如图 18-111 所示。

> **提示** 选中图片后，单击【向上】按钮或【删除】按钮，可上移或删除图片。

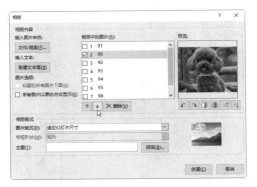

图 18-110 单击【向下】按钮

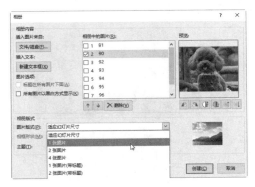

图 18-111 选择【1 张图片】选项

步骤 7 单击【相框形状】右侧的下拉按钮，在弹出的下拉列表中选择【圆角矩形】选项，如图 18-112 所示。

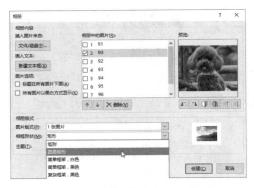

图 18-112 选择【圆角矩形】选项

步骤 8 单击【主题】右侧的【浏览】按钮，如图 18-113 所示。

步骤 9 弹出【选择主题】对话框，在其中选择演示文稿使用的主题，并单击【选择】按钮，如图 18-114 所示。

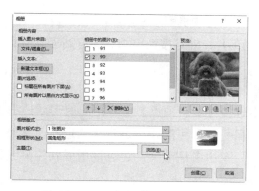

图 18-113 单击【浏览】按钮

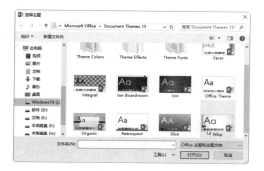

图 18-114 选择演示文稿使用的主题

步骤 10 返回到【相册】对话框，单击【创建】按钮，如图 18-115 所示。

图 18-115 单击【创建】按钮

步骤 11 即可自动创建一个电子相册的演示文稿，该演示文稿使用了所选的主题，每张幻灯片中只有 1 张图片，并且图片的形状为圆角矩形，如图 18-116 所示。

图 18-116 创建一个电子相册的演示文稿

步骤 12 在【视图】选项卡中，单击【演示文稿视图】组中的【幻灯片浏览】按钮，可查看每张幻灯片的缩略图，如图 18-117 所示。

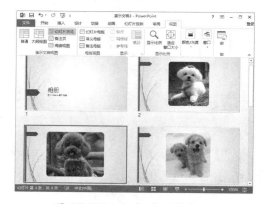

图 18-117 幻灯片浏览视图

步骤 13 单击快速访问工具栏中的【保存】按钮，即可保存制作的电子相册。

18.8 疑难问题解答

问题 1： 为什么在 PowerPoint 2013 中没有剪贴画相关选项？

解答： 在 PowerPoint 2013 中，微软公司已经取消插入剪贴画功能，替代该功能的是插入联机图片功能，在【插入】选项卡中，单击【图像】组中的【联机图片】按钮，弹出【插入图片】对话框，在【必应图像搜索】文本框中输入要搜索的图片，即可搜索出相关的剪贴画以及网络上的图片等内容。

问题 2：如何编辑形状的点，以制作自定义的形状？

解答：选中形状并右击，在弹出的快捷菜单中选择【编辑顶点】命令，此时形状边框上将出现多个黑色的顶点，单击选中各个顶点，拖动鼠标，即可制作出自定义的形状。此外，选中顶点后，在顶点两侧将出现两个白色的调节柄，单击各调节柄，还可设置形状轮廓线的弧度。

第 **19** 章

美化文稿——让演示文稿有声有色

● **本章导读**

　　在制作的幻灯片中添加各种多媒体元素，会使幻灯片的内容更加富有感染力；在演示文稿中添加适当的动画效果，可以使演示文稿的播放效果更加形象，也可以通过动画使一些复杂内容逐步显示以便观众理解。本章即为读者介绍在 PowerPoint 2013 中添加音频、视频以及创建动画元素的方法。

● **学习目标**

◎ 掌握音频在 PPT 中的应用
◎ 掌握视频在 PPT 中的应用
◎ 掌握创建各类动画元素的方法

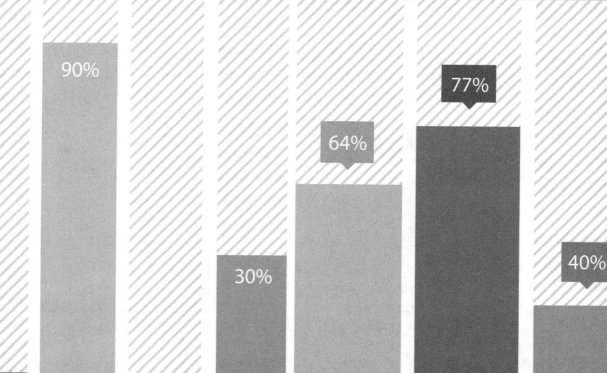

19.1 音频在PPT中的运用

在幻灯片中可以插入音频文件，通过音频的搭配使用，可使幻灯片的内容更加丰富多彩。

19.1.1 添加音频

在 PPT 中添加的音频来源有多种，可以是直接联机搜索出来的声音，或是本地计算机中的音频文件，还可以是用户自己录制的声音。下面以添加本地计算机上的音频文件为例，介绍如何添加音频文件，具体操作步骤如下。

步骤 1 打开随书光盘中的"素材 \ch19\ 添加声音 .pptx"文件，如图 19-1 所示。

图 19-1　打开素材文件

步骤 2 在【插入】选项卡中，单击【媒体】组中的【音频】按钮，在弹出的下拉列表中选择【PC 上的音频】选项，如图 19-2 所示。

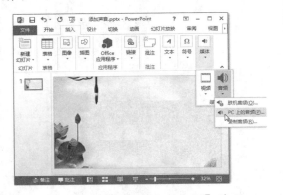

图 19-2　选择【PC 上的音频】选项

步骤 3 弹出【插入音频】对话框，在计算机中选择要添加的声音文件，单击【插入】按钮，如图 19-3 所示。

图 19-3　选择要添加的声音文件

步骤 4 即可将本地计算机中的声音文件添加到当前幻灯片中，此时幻灯片中有一个喇叭图标，如图 19-4 所示。

图 19-4　将声音文件添加到当前幻灯片中

19.1.2 播放音频

在幻灯片中插入音频文件后，可以播放该音频文件试听效果。播放音频的方法有以下两种。

(1) 单击选中音频文件，或者直接将光标定位在音频文件上，其下方会显示出一个播放条，单击其中的【播放 / 暂停】按钮▶，即可播放文件，如图 19-5 所示。

> **提示**　在播放条中，单击【向前 / 向后移动】按钮◀ ▶可以调整播放的速度，单击🔊按钮可以调整声音的大小。

(2) 单击选中音频文件，此时功能区中增加了【播放】选项卡，在其中单击【预览】组中的【播放】按钮，即可播放文件，如图 19-6 所示。

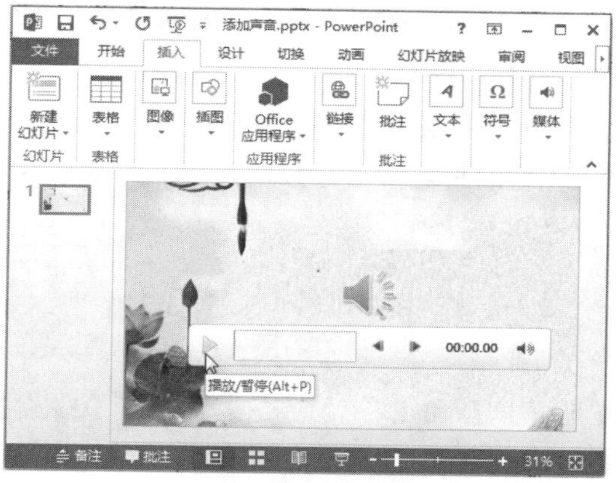

图 19-5　在播放条中单击【播放 / 暂停】按钮

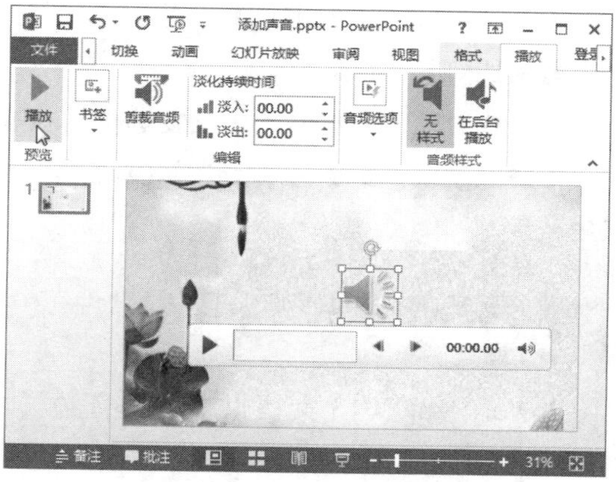

图 19-6　单击【预览】组中的【播放】按钮

19.1.3 设置播放选项

在幻灯片中插入音频文件后，可以设置播放选项，包括设置音量大小、播放开始时间、是否跨幻灯片播放等内容。选中音频文件，在【播放】选项卡中，选择【音频选项】组中的各命令按钮即可设置播放选项，如图 19-7 所示。

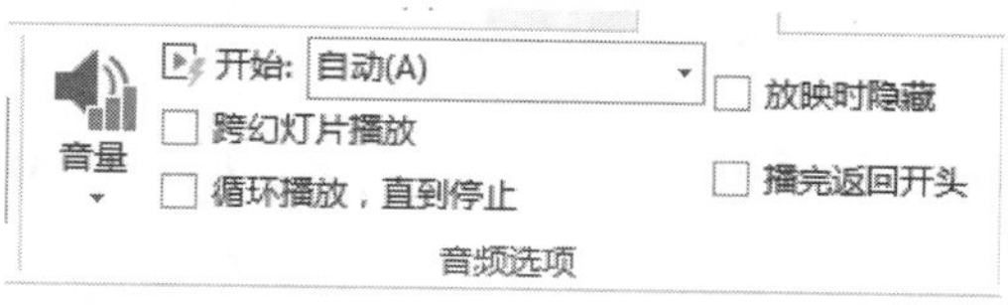

图 19-7　【音频选项】组

各按钮的作用分别介绍如下。

【音量】：用于设置音频的音量大小。单击【音量】按钮，在弹出的下拉列表中即可根据需要选择音量大小，如图 19-8 所示。

【开始】：用于设置音频开始播放的时间。单击【开始】右侧的下拉按钮，在弹出的下拉列表中若选择【单击时】选项，表示只有在单击音频图标时开始播放声音；若选择【自动】选项，表示在放映幻灯片时会自动播放声音，如图 19-9 所示。

图 19-8　选择音量的大小

图 19-9　设置音频开始播放的时间

【跨幻灯片播放】：若选中该复选框，当演示文稿中包含多张幻灯片时，声音会一直播放，直到播放完成，不会因切换幻灯片而中断。

【循环播放，直到停止】：若选中该复选框，在放映幻灯片时声音将一直重复播放，直到退出当前幻灯片。

【放映时隐藏】：若选中该复选框，放映幻灯片时将不会显示音频图标。

【播完返回开头】：若选中该复选框，声音播放完成后将返回至音频的开头，而不是停在末尾。

19.1.4　设置音频样式

PowerPoint 2013 共提供了两种音频样式：【无样式】和【在后台播放】。在【播放】选项卡中，通过【音频样式】组即可设置相应的音频样式。

若选择【音频样式】组中的【无样式】选项，可将音频文件设置为无任何样式，此时在【音频选项】组中可以看到无样式状态下的各选项设置，如图 19-10 所示。

若选择【音频样式】组中的【在后台播放】选项，那么在放映幻灯片时，会隐藏音频图标，但音频文件会自动在后台开始播放，并且一直循环播放，直到退出幻灯片放映状态。用户可在【音频选项】组中查看在后台播放样式下的各选项设置，如图 19-11 所示。

图 19-10　选择【无样式】选项

图 19-11　选择【在后台播放】选项

19.1.5　添加淡入淡出效果

若一个演示文稿中有多个不同风格的音频文件，当连续播放不同的声音时，可能声音之间的转换非常突兀，此时就需要为其添加淡入淡出效果了。

在【播放】选项卡中，通过【编辑】组中【淡化持续时间】区域中的【淡入】和【淡出】两个选项即可添加淡入淡出效果，如图 19-12 所示。

图 19-12　【编辑】组

在【淡入】微调框中输入具体的时间，或者单击右侧的微调按钮，即可在声音开始的几秒钟内使用淡入效果。

同理，在【淡出】微调框中输入具体的时间，或者单击右侧的微调按钮，即可在声音结束前的几秒钟内使用淡出效果。

19.1.6　剪裁音频

用户可根据需要对音频文件进行修剪，只保留需要的部分，使其和幻灯片的播放环境更加适宜。具体操作步骤如下。

步骤 1 在幻灯片中选择要进行剪裁的音频文件，在【播放】选项卡中，单击【编辑】组中的【剪裁音频】按钮，如图 19-13 所示。

步骤 2 弹出【剪裁音频】对话框，在该对话框中可以看到音频文件的持续时间、开始时间及结束时间等信息，如图 19-14 所示。

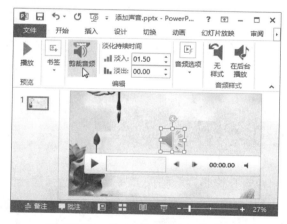

图 19-13　单击【剪裁音频】按钮

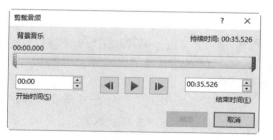

图 19-14　【剪裁音频】对话框

步骤 3 将光标定位在进度条最左侧的绿色标记上，当变为双向箭头 ↔ 形状时，按住左键不放，拖动鼠标，即可修剪音频文件的开头部分，如图 19-15 所示。

步骤 4 同理，将光标定位在进度条最右侧的红色标记上，当变为双向箭头 ↔ 形状时，按住左键不放，拖动鼠标，即可修剪音频文件的末尾部分，如图 19-16 所示。

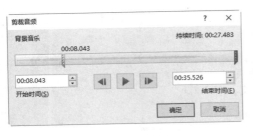

图 19-15　拖动左侧的绿色标记修剪开头部分

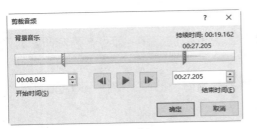

图 19-16　拖动右侧的红色标记修剪末尾部分

步骤 5 若要进行更精确的剪裁，单击开头或末尾标记，然后单击下方的【上一帧】按钮 ◀ 或【下一帧】按钮 ▶，或者直接在【开始时间】和【结束时间】微调框中输入具体的数值，即可剪裁出更为精确的声音文件，如图 19-17 所示。

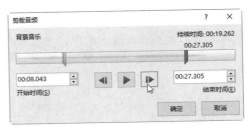

图 19-17　剪裁出更为精确的声音文件

步骤 6 剪裁完成后，单击【播放】按钮 ▶，可以试听调整后的声音效果，如图 19-18 所示。

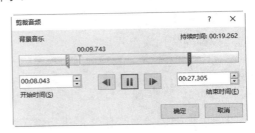

图 19-18　单击【播放】按钮可查看调整后的效果

步骤 7 若试听结果符合需求，单击【确定】按钮，即完成剪裁音频的操作。

19.1.7　删除音频

若要删除幻灯片中添加的音频文件，首先单击选中该文件，按 Delete 键即可将该音频文件删除。

19.2　视频在PPT中的运用

在使用 PPT 的时候经常需要播放视频，用户可直接将视频插入 PPT 中，以增强演示文稿的视觉效果，丰富幻灯片。

19.2.1　添加视频

在 PPT 中添加的视频来源有多种，可以是直接联机搜索出来的视频文件，也可以是本地计算机中的视频文件。下面以添加本地视频为例，介绍如何在 PPT 中添加视频文件。具体操作步骤如下。

步骤 1 打开随书光盘中的"素材 \ch19\ 插入视频 .pptx"文件，如图 19-19 所示。

图 19-19　打开"插入视频 .pptx"文件

步骤 2 在【插入】选项卡中，单击【媒体】组中的【视频】按钮，在弹出的下拉列表中选择【PC 上的视频】选项，如图 19-20 所示。

图 19-20　选择【PC 上的视频】选项

步骤 3 弹出【插入视频文件】对话框，在计算机中选择要添加的视频文件，单击【插入】按钮，如图 19-21 所示。

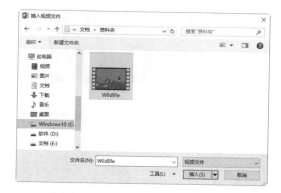

图 19-21　选择要添加的视频文件

步骤 4 即可在幻灯片中添加所选的视频，如图 19-22 所示。

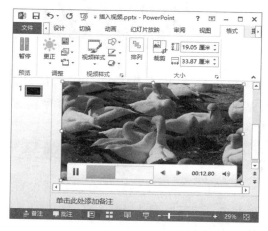

图 19-22　在幻灯片中添加所选的视频

19.2.2　预览视频

在幻灯片中插入视频文件后，可以播放该视频文件以预览效果。用户主要有两种方法可播放视频，分别介绍如下。

(1) 选择视频文件后，此时功能区中增加了【格式】和【播放】两个选项卡，在【播放】选项卡中，单击【预览】组中的【播放】按钮，即可播放视频，如图 19-23 所示。

(2) 选择视频文件后，下方会出现播放条，在其中单击【播放 / 暂停】按钮▶，即可播放视频，如图 19-24 所示。

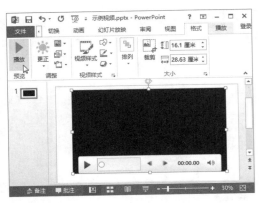

图 19-23　单击【预览】组中的【播放】按钮

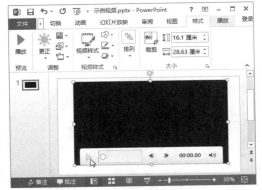

图 19-24　在播放条中单击【播放 / 暂停】按钮

19.2.3　设置视频的颜色效果

在 PPT 中添加视频后，可以重新设置视频的颜色，还可以调整视频的亮度和对比度。具体操作步骤如下。

步骤　1　打开随书光盘中的"素材 \ch19\ 示例视频 .pptx"文件，选择视频后，单击下方播放条中的【播放 / 暂停】按钮，播放视频，如图 19-25 所示。

步骤　2　在【格式】选项卡中，单击【调整】组中的【更正】按钮，在弹出的下拉列表中即可设置亮度和对比度，例如这里选择【亮度：0%（正常）对比度：+40%】选项，如图 19-26 所示。

图 19-25　播放视频

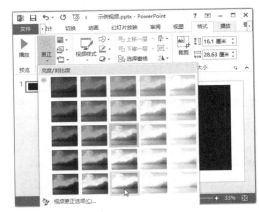

图 19-26　在【更正】下拉列表中选择
亮度 / 对比度

步骤　3　调整亮度和对比度后的效果如图 19-27 所示。

图 19-27　调整亮度和对比度后的效果

步骤　4　在【格式】选项卡中，单击【调整】组中的【颜色】按钮，在弹出的下拉列表中即可为视频重新着色，例如这里选择【蓝色，着色 5 浅色】选项，如图 19-28 所示。

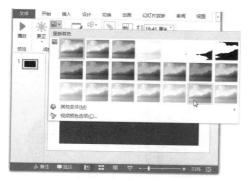

图 19-28　在【颜色】下拉列表中选择颜色

步骤 5 为视频着色之后的效果如图 19-29 所示。

图 19-29　为视频着色之后的效果

步骤 6 若对当前的着色效果不满意，在【颜色】下拉列表中选择【其他变体】选项，然后在右侧弹出的子列表中即可选择更多的颜色，例如这里选择【标准色】选项区中的【红色】选项，如图 19-30 所示。

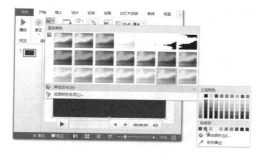

图 19-30　在【其他变体】子列表中选择更多的颜色

步骤 7 即可将视频着色为红色，如图 19-31 所示。

图 19-31　将视频着色为红色

步骤 8 若要自定义亮度、对比度及颜色，在【颜色】下拉列表中选择【视频颜色选项】选项，弹出【设置视频格式】窗格，在下方的【视频】选项中即可自定义视频颜色、亮度和对比度等，如图 19-32 所示。

图 19-32　【设置视频格式】窗格

19.2.4　设置视频的样式

设置视频的样式包括设置视频的形状、边框、效果等内容。设置视频样式的具体操作步骤如下。

步骤 1 打开随书光盘中的"素材 \ch19\ 示例视频 .pptx"文件，选择视频后，单击下方播放条中的【播放 / 暂停】按钮，播放视频，如图 19-33 所示。

图 19-33 播放视频

步骤 2 在【格式】选项卡中，单击【视频样式】组中的【其他】按钮 ，在弹出的下拉列表中即可选择系统预设的样式，例如这里在【中等】选项区选择【棱台形椭圆，黑色】选项，如图 19-34 所示。

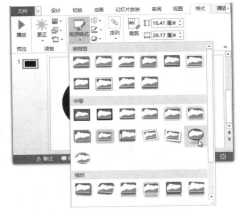

图 19-34 选择系统预设的样式

步骤 3 设置视频样式后的效果如图 19-35 所示。

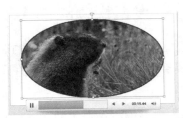

图 19-35 设置视频样式

步骤 4 若要设置视频的形状，在【格式】选项卡中，单击【视频样式】组中的【视频形状】按钮，在弹出的下拉列表中即可设置视频的形状，例如这里选择【矩形】选项区中的【圆角矩形】选项，如图 19-36 所示。

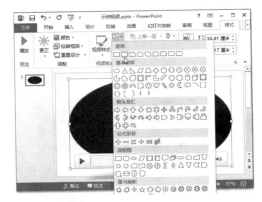

图 19-36 选择视频形状

步骤 5 即可将视频的形状设置为圆角矩形，如图 19-37 所示。

图 19-37 将视频形状设置为圆角矩形

步骤 6 若要设置视频边框的颜色，在【格式】选项卡中，单击【视频样式】组中【视频边框】下拉按钮，在弹出的下拉列表中选择合适的颜色，如图 19-38 所示。

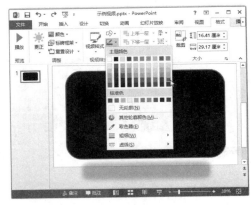

图 19-38 在【视频边框】下拉列表中选择颜色

在【视频边框】下拉列表中选择【粗细】和【虚线】选项，还可设置边框的粗细和线型。

步骤 7 即可设置视频边框的颜色，如图 19-39 所示。

图 19-39　设置视频边框的颜色

步骤 8 若要设置视频的效果，在【格式】选项卡中，单击【视频样式】组中的【视频效果】按钮，在弹出的下拉列表中即可设置效果，例如这里选择【预设】子列表中的【预设 9】选项，如图 19-40 所示。

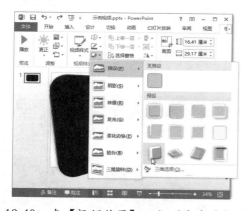

图 19-40　在【视频效果】下拉列表中选择效果

步骤 9 即可设置视频的效果，如图 19-41 所示。

图 19-41　设置视频的效果

19.2.5 剪裁视频

用户可根据需要对视频文件进行修剪，只保留需要的部分，具体操作步骤如下。

步骤 1 打开随书光盘中的"素材 \ch19\ 示例视频 .pptx"文件，选择视频后，单击下方播放条中的【播放 / 暂停】按钮，播放视频，如图 19-42 所示。

图 19-42　播放视频

步骤 2 在【播放】选项卡中，单击【编辑】组中的【剪裁视频】按钮，如图 19-43 所示。

图 19-43　单击【剪裁视频】按钮

步骤 3 弹出【剪裁视频】对话框，将光标定位在进度条最左侧的绿色标记上，当变为双向箭头 ↔ 形状时，按住左键不放，拖动鼠标，即可修剪视频文件的开头部分，如图 19-44 所示。

图 19-44　拖动左侧的绿色标记修剪开头部分

步骤 4 同理，将光标定位在进度条最右侧的红色标记上，当变为双向箭头 ⬌ 形状时，按住左键不放，拖动鼠标，即可修剪视频文件的末尾部分，如图 19-45 所示。

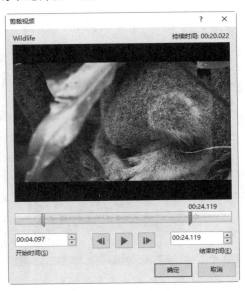

图 19-45　拖动右侧的红色标记修剪末尾部分

步骤 5 若要进行更精确的剪裁，单击选中开头或末尾标记，然后单击下方的【上一帧】按钮 ⏮ 或【下一帧】按钮 ⏭，或者直接在【开始时间】和【结束时间】微调框中输入具体

的数值，即可剪裁出更为精确的视频文件，如图 19-46 所示。

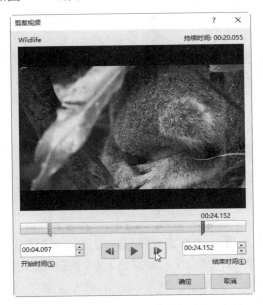

图 19-46　剪裁出更为精确的视频文件

步骤 6 剪裁完成后，单击【播放】按钮 ▶，可以查看调整后的视频效果，如图 19-47 所示。

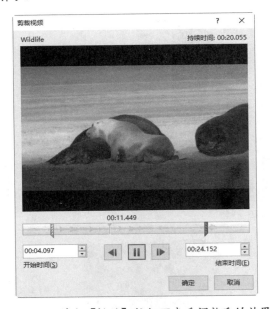

图 19-47　单击【播放】按钮可查看调整后的效果

步骤 7 若结果符合需求，单击【确定】按钮，即完成剪裁视频的操作。

19.2.6　删除视频

若要删除幻灯片中添加的视频文件，首先单击选中该文件，按 Delete 键即可将该视频文件删除。

19.3　创建各类动画元素

PowerPoint 2013 为用户提供了多种动画元素，例如进入、强调、退出以及路径等。使用这些动画效果可以使观众的注意力集中在要点或控制信息上，还可以增强幻灯片的趣味性。

19.3.1　创建进入动画

进入动画是指幻灯片对象从无到有出现在幻灯片中的动态过程。下面以一个具体实例来介绍创建进入动画的方法，具体操作步骤如下。

步骤 1 打开随书光盘中的"素材 \ch19\ 季度结果 .pptx"文件，在幻灯片中选择要创建进入动画效果的文字，如图 19-48 所示。

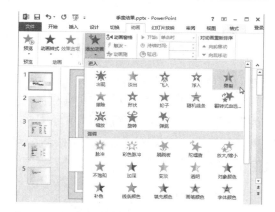

图 19-49　选择【进入】选项区中需要的效果

步骤 3 即可创建相应的进入动画效果，此时所选对象前将显示一个动画编号标记 **1**，如图 19-50 所示。

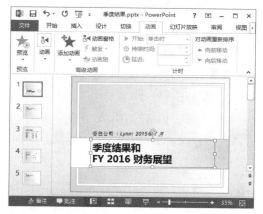

图 19-48　选择要创建进入动画效果的文字

步骤 2 在【动画】选项卡中，单击【动画】组中的【其他】按钮，在弹出的下拉列表中选择【进入】选项区中需要的效果，如图 19-49 所示。

图 19-50　创建进入动画效果

步骤 4 若【进入】选项区中的动画效果不能满足需求，则可以在【动画】下拉列表中选择【更多进入效果】选项，如图 19-51 所示。

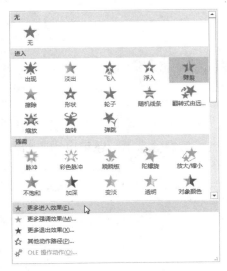

图 19-51 选择【更多进入效果】选项

步骤 5 弹出【更改进入效果】对话框，在其中可以选择更多的进入动画效果，单击选择每一个效果，在幻灯片中还可预览结果，选择完成后，单击【确定】按钮即可，如图 19-52 所示。

图 19-52 【更改进入效果】对话框

提示 添加动画效果后，在【动画】选项卡中，单击【高级动画】组中的【添加动画】按钮，在弹出的下拉列表中还可以为对象添加多个动画效果，如图 19-53 所示。

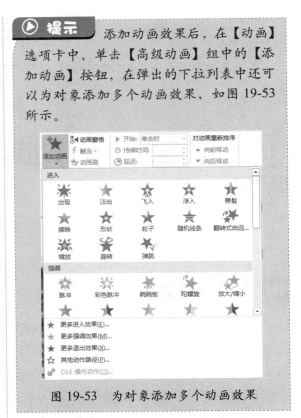

图 19-53 为对象添加多个动画效果

19.3.2 创建强调动画

强调动画主要用于突出强调某个幻灯片对象。下面以一个具体实例来介绍创建强调动画的方法，具体操作步骤如下。

步骤 1 在幻灯片中选择要创建动画效果的文字，如图 19-54 所示。

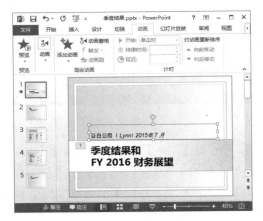

图 19-54 选择要创建动画效果的文字

步骤 **2** 在【动画】选项卡中，单击【动画】组中的【其他】按钮▾，在弹出的下拉列表中选择【强调】选项区中需要的效果，如图 19-55 所示。

图 19-55 选择【强调】选项区中需要的效果

步骤 **3** 即可创建相应的强调动画效果，此时所选对象前将显示一个动画编号标记 **2**，表示这是当前幻灯片中第 2 个动画元素，如图 19-56 所示。

图 19-56 创建强调动画效果

步骤 **4** 若【强调】选项区中的动画效果不能满足需求，则可以在【动画】下拉列表中选择【更多强调效果】选项，弹出【更改强调效果】对话框，在其中可以选择更多的强调动画效果，如图 19-57 所示。

图 19-57 【更改强调效果】对话框

19.3.3 创建退出动画

退出动画与进入动画相对应，是指幻灯片对象从有到无逐渐消失的动态过程。下面以一个具体实例来介绍创建退出动画的方法，具体操作步骤如下。

步骤 **1** 在【幻灯片】窗格中选择第 2 个幻灯片，然后在幻灯片中选择要创建动画效果的文字，如图 19-58 所示。

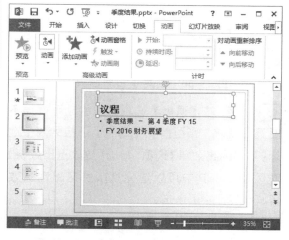

图 19-58 选择要创建动画效果的文字

步骤 2 在【动画】选项卡中，单击【动画】组中的【其他】按钮，在弹出的下拉列表中选择【退出】选项区中需要的效果，如图 19-59 所示。

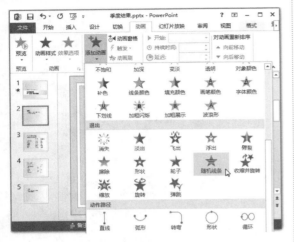

图 19-59 选择【退出】选项区中需要的效果

步骤 3 即可创建相应的退出动画效果，如图 19-60 所示。

图 19-60 创建退出动画效果

步骤 4 若【退出】选项区中的动画效果不能满足需求，则可以在【动画】下拉列表中选择【更多退出效果】选项，弹出【更改退出效果】对话框，在其中可以选择更多的退出动画效果，如图 19-61 所示。

图 19-61 【更改退出效果】对话框

19.3.4 创建路径动画

路径动画用于指定对象的路径轨迹，从而控制对象根据指定的路径运动。下面以一个具体实例来介绍创建路径动画的方法，具体操作步骤如下。

步骤 1 在幻灯片中选择要创建动画效果的文字，如图 19-62 所示。

图 19-62 选择要创建动画效果的文字

步骤 2 在【动画】选项卡中，单击【动画】组中的【其他】按钮，在弹出的下拉列表中选择【动作路径】选项区中需要的路径，例如这里选择【形状】选项，如图 19-63 所示。

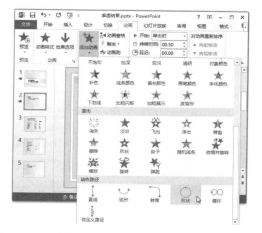

图 19-63 选择【动作路径】选项区中需要的路径

步骤 3 即可创建相应的动作路径，此时所选对象前不仅显示了一个动画编号标记，还显示了具体的路径轨迹，如图 19-64 所示。

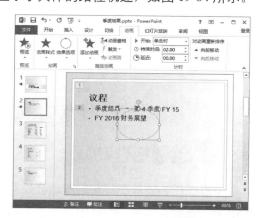

图 19-64 创建动作路径

步骤 4 若【动作路径】选项区中的动画效果不能满足需求，则可以在【动画】下拉列表中选择【其他动作路径】选项，如图 19-65 所示。

步骤 5 弹出【更改动作路径】对话框，在其中可以选择更多的动作路径，单击选择一个效果，在幻灯片中还可预览结果，选择完成后，单击【确定】按钮即可，如图 19-66 所示。

图 19-65 选择【其他动作路径】选项

图 19-66 【更改动作路径】对话框

步骤 6 若要自定义动作路径，首先在幻灯片中选择要自定义路径的文字对象，如图 19-67 所示。

图 19-67 选择要自定义路径的文字对象

步骤 7 在【动画】选项卡中，单击【动画】组中的【其他】按钮，在弹出的下拉列表中选择【动作路径】选项区中的【自定义路径】选项，如图 19-68 所示。

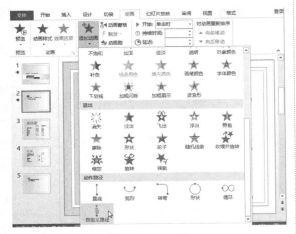

图 19-68　选择【自定义路径】选项

步骤 8 此时光标变为十字形状，按住左键不放，拖动鼠标绘制路径，如图 19-69 所示。

图 19-69　拖动鼠标绘制路径

步骤 9 绘制完成后，释放鼠标，即完成自定义动作路径的操作，如图 19-70 所示。

提示 通常情况下，路径轨迹的两端有两个箭头形状的标记。其中，绿色箭头表示动作路径的起点，而红色箭头表示动作路径的终点。

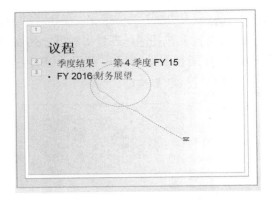

图 19-70　绘制自定义动作路径

步骤 10 若要修改路径轨迹，单击选中该路径，将光标定位在四周的小方块上，当光标变为箭头形状时，拖动鼠标即可修改路径轨迹，如图 19-71 所示。

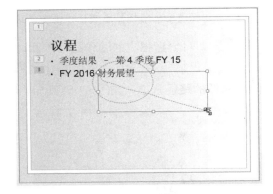

图 19-71　修改路径轨迹

19.3.5　创建组合动画

用户不仅能够为单个对象创建动画效果，还能够将对象组合起来，为其创建动画效果。具体操作步骤如下。

步骤 1 打开随书光盘中的"素材 \ch19\ 烹饪营养学 .pptx"文件，如图 19-72 所示。

步骤 2 按住 Ctrl 键不放，单击选中两张图片，然后右击并在弹出的快捷菜单中选择【组合】→【组合】命令，如图 19-73 所示。

图 19-72　打开"烹饪营养学 .pptx"文件

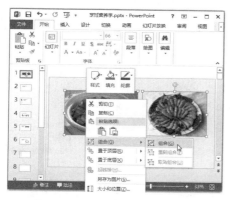

图 19-73　选择【组合】命令

步骤 3 将两张图片组合后，在【动画】选项卡中，单击【动画】组中的【其他】按钮，在弹出的下拉列表中选择需要的动画效果，如图 19-74 所示。

图 19-74　组合图片并创建动画效果

步骤 4 即可同时为两张图片创建动画效果，如图 19-75 所示。

图 19-75　同时为两张图片创建动画效果

19.3.6　动画预览效果

在幻灯片中创建好动画效果后，用户可以预览创建的效果是否符合要求。首先打开含有动画效果的演示文稿，在【动画】选项卡中，单击【预览】组中的【预览】按钮，即可以预览当前幻灯片中创建的所有动画效果，如图 19-76 所示。

图 19-76　单击【预览】按钮

另外，在【动画】选项卡中，单击【预览】组中【预览】下拉按钮，选择【自动预览】选项，使其呈现勾选状态，这样在每次为对象创建动画后，可自动预览动画效果，如图 19-77所示。

图 19-77　自动预览动画效果状态

19.4 高效办公技能实战

19.4.1 高效办公技能 1——在演示文稿中插入多媒体素材

在 PowerPoint 文件中还可以插入 Swf 文件或 Windows Media Player 播放器控件等多媒体素材。本小节以插入 Windows Media Player 播放器控件为例，介绍如何在演示文稿中插入其他多媒体素材，具体操作步骤如下。

步骤 1 启动 PowerPoint 2013，新建一个空白演示文稿，如图 19-78 所示。

图 19-78 新建一个空白演示文稿

步骤 2 将光标定位在功能区中，右击，在弹出的快捷菜单中选择【自定义功能区】命令，如图 19-79 所示。

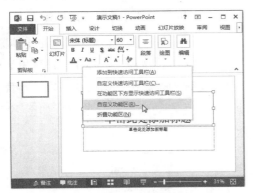

图 19-79 选择【自定义功能区】命令

步骤 3 弹出【PowerPoint 选项】对话框，在右侧【自定义功能区】列表框中选中【开发工具】复选框，然后单击【确定】按钮，如图 19-80 所示。

图 19-80 选中【开发工具】复选框

步骤 4 此时在功能区中会出现【开发工具】选项卡，在该选项卡中，单击【控件】组中的【其他控件】按钮 ，如图 19-81 所示。

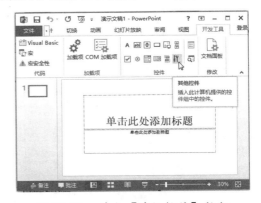

图 19-81 单击【其他控件】按钮

步骤 5 弹出【其他控件】对话框，在其中选择 Windows Media Player 选项，然后单击【确定】按钮，如图 19-82 所示。

图 19-82 选择 Windows Media Player 选项

步骤 6 此时光标变为十字形状，按住左键不放，拖动鼠标绘制控制区域，如图 19-83 所示。

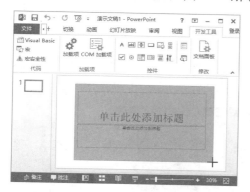

图 19-83 拖动鼠标绘制控制区域

步骤 7 释放鼠标，即可插入一个 Windows Media Player 控件，如图 19-84 所示。

图 19-84 插入一个 Windows Media Player 控件

步骤 8 在插入的控件上右击，在弹出的快捷菜单中选择【属性表】命令，如图 19-85

所示。

图 19-85 选择【属性表】命令

步骤 9 弹出【属性】窗格，单击【（自定义）】栏右侧的 ... 按钮，如图 19-86 所示。

图 19-86 单击【自定义】栏右侧的 ... 按钮

步骤 10 弹出【Windows Media Player 属性】对话框，单击【浏览】按钮，如图 19-87 所示。

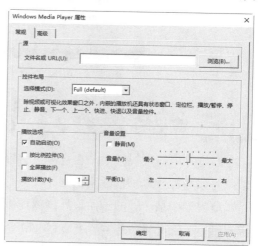

图 19-87 单击【浏览】按钮

步骤 11 弹出【打开】对话框，在计算机中选择要插入的视频文件，然后单击【打开】按钮，如图 19-88 所示。

步骤 12 返回到【Windows Media Player 属性】对话框，在【文件名或 URL】文本框中可查看要插入的视频路径及名称，在【播放选项】区域中，选中【自动启动】复选框，如图 19-89 所示。

图 19-88　选择要插入的视频文件

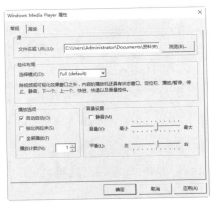

图 19-89　选中【自动启动】复选框

步骤 13 设置完成后，单击【确定】按钮，返回到工作界面，然后按 F5 键放映演示文稿，即可在 Windows Media Player 控件中自动播放插入的多媒体文件，如图 19-90 所示。

图 19-90　在控件中播放插入的多媒体文件

19.4.2 高效办公技能 2——在幻灯片中设置视频的标牌框架

在幻灯片中插入视频后，在视频没有播放时，整个视频都是黑色的。通过设置视频的标牌框架，可以为视频添加播放前的显示图片，使其更加美观。该图片既可以来源于外部的图片，也可以是视频中某一帧的画面。具体操作步骤如下。

步骤 1 打开随书光盘中的"素材 \ch19\ 设置标牌框架 .pptx"文件，可以看到，当没有播放视频时，视频显示为黑色，如图 19-91 所示。

图 19-91 视频显示为黑色

步骤 2 选择视频后，在工具栏的播放进度条中单击鼠标，选择要设置为标牌框架的画面，如图 19-92 所示。

图 19-92 选择要设置为标牌框架的画面

步骤 3 选择完成后，在【格式】选项卡中，单击【调整】组中的【标牌框架】按钮，

在弹出的下拉列表中选择【当前框架】选项，如图 19-93 所示。

图 19-93 选择【当前框架】选项

步骤 4 停止播放视频，可以看到，此时选中的画面已被设置为未播放视频时显示的图片，如图 19-94 所示。

图 19-94 选中的画面被设置为未播放视频时显示的图片

提示 在【标牌框架】下拉列表中选择【文件中的图像】选项，即可将外部的图片设置为视频的标牌框架。

19.5 疑难问题解答

问题 1： 在添加视频文件时，为什么有时系统会弹出提示框，提示 "Powerpoint 无法从所选的文件中插入视频，验证此媒体格式所必需的编码解码器是否已安装，然后重试"？

解答： 在插入视频文件时，如果用户未安装正确的编码解码器文件，就会弹出提示框。用户可以自行安装运行多媒体所需的编码解码器解决该问题，也可以下载第三方媒体解码器和编码器解决。

问题 2： 对视频的样式、颜色等进行设置后，若不满意，如何取消这些设置？

解答： 如果对视频的设置不满意，选中视频文件后，在【格式】选项卡中，单击【调整】组中的【重置】按钮，即可取消对视频颜色和亮度的调整以及样式的设置等，视频将恢复到初始状态。注意，若是对视频进行剪裁、添加书签等操作，单击【重置】按钮将不会取消这些操作。

第20章

放映输出——放映、打包和发布演示文稿

● **本章导读**

　　在日常办公中，用户通常需要把制作好的 PowerPoint 演示文稿在电脑上放映，在放映过程中可以设置放映效果。如果演示文稿过大可以进行打包，也可以将演示文稿发布到幻灯片库中以便重复使用这些幻灯片。本章将为读者介绍放映、打包与发布演示文稿的方法。

● **学习目标**

◎ 掌握添加幻灯片切换效果的方法
◎ 掌握放映演示文稿的方法
◎ 掌握打包与发布演示文稿的方法

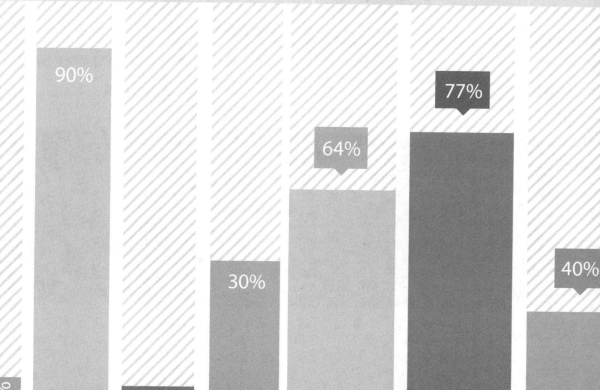

20.1 添加幻灯片切换效果

当一个演示文稿完成后，即可放映幻灯片，在放映幻灯片时可根据需要设置幻灯片的切换效果，幻灯片切换时产生的类似动画效果，可以使演示文稿在放映时更加形象生动。

20.1.1 添加细微型切换效果

下面介绍如何为幻灯片添加细微型切换效果，具体操作步骤如下。

步骤 1 打开随书光盘中的"素材 \ch20\ 幸福的含义 .pptx"文件，选择第 1 张幻灯片，如图 20-1 所示。

步骤 2 在【切换】选项卡中，单击【切换到此幻灯片】组中的【其他】按钮，在弹出的下拉列表中选择【细微型】选项区中的效果，例如这里选择【随机线条】选项，如图 20-2 所示。

图 20-1　选择第 1 张幻灯片

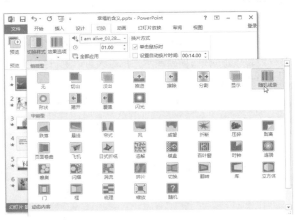

图 20-2　选择【细微型】选项区中的效果

步骤 3 即可为幻灯片添加【随机线条】切换效果，此时系统会自动播放该效果，以供用户预览。如图 20-3 所示是【随机线条】切换效果的部分截图。

图 20-3　【随机线条】切换效果

20.1.2　添加华丽型切换效果

下面介绍如何为幻灯片添加华丽型切换效果，具体操作步骤如下。

步骤 1　打开随书光盘中的"素材 \ch20\ 幸福的含义 .pptx"文件，选择第 2 张幻灯片，如图 20-4 所示。

步骤 2　在【切换】选项卡中，单击【切换到此幻灯片】组中的【其他】按钮，在弹出的下拉列表中选择【华丽型】选项区中的效果，例如这里选择【帘式】选项，如图 20-5 所示。

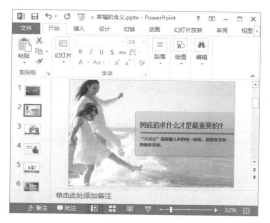

图 20-4　选择第 2 张幻灯片

图 20-5　选择【华丽型】选项区中的效果

步骤 3　即可为幻灯片添加【帘式】切换效果，此时系统会自动播放该效果，以供用户预览。如图 20-6 所示是【帘式】切换效果的部分截图。

图 20-6　【帘式】切换效果

> **提示**　当由第 1 张幻灯片切换到第 2 张幻灯片时，即会应用【帘式】切换效果。

20.1.3　添加动态切换效果

下面介绍如何为幻灯片添加动态切换效果，具体操作步骤如下。

步骤 1 打开随书光盘中的"素材 \ch20\ 幸福的含义 .pptx"文件，选择第 3 张幻灯片，如图 20-7 所示。

步骤 2 在【切换】选项卡中，单击【切换到此幻灯片】组中的【其他】按钮 ，在弹出的下拉列表中选择【动态内容】选项区中的效果，例如这里选择【旋转】选项，如图 20-8 所示。

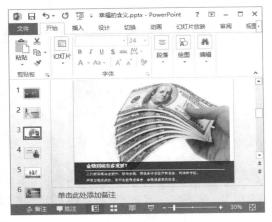

图 20-7　选择第 3 幻灯片

图 20-8　选择【动态内容】选项区中的效果

步骤 3 即可为幻灯片添加【旋转】切换效果，此时系统会自动播放该效果，以供用户预览。如图 20-9 所示是【旋转】切换效果的部分截图。

图 20-9　【旋转】切换效果

20.1.4 全部应用切换效果

除了为每一张幻灯片设置不同的切换效果外，还可以把演示文稿中的所有幻灯片设置为相同的切换效果，将一种切换效果应用到所有幻灯片上的具体操作步骤如下。

步骤 1 打开随书光盘中的"素材 \ch20\ 幸福的含义 .pptx"文件，选择任意幻灯片，如图 20-10 所示。

步骤 2 在【切换】选项卡中，单击【切换到此幻灯片】组中的【其他】按钮 ，在弹出的下拉列表中选择【细微型】选项区中的【切出】选项，即可为当前幻灯片添加【切出】切换效果，如图 20-11 所示。

图 20-10　选择任意幻灯片

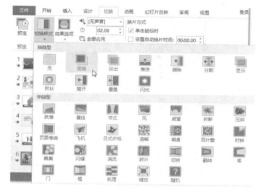

图 20-11　选择【切出】选项

在【切换】选项卡中，单击【计时】组中的【全部应用】按钮，即可将【切出】切换效果应用于所有的幻灯片中，如图 20-12 所示。

图 20-12　单击【全部应用】按钮

提示　单击【全部应用】按钮后，不仅是切换效果将应用于所有的幻灯片中，还包括设置的切换声音、持续时间、换片方式等都将应用于所有的幻灯片中。

20.1.5 预览幻灯片切换效果

添加切换效果后，系统会自动播放该效果，以供用户预览所选的效果是否符合需求。

此外，在【切换】选项卡中，单击【预览】组中的【预览】按钮，也可预览切换效果，如图 20-13 所示。注意，在预览效果时，【预览】按钮会变为 ⭐ 形状，如图 20-14 所示。

图 20-13　单击【预览】按钮可预览切换效果

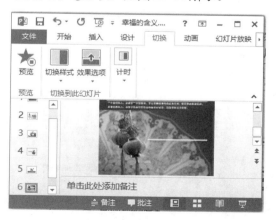

图 20-14　【预览】按钮变为 ⭐ 形状

20.2 开始放映演示文稿

在默认情况下，幻灯片的放映方式为普通手动放映。读者可以根据实际需要，设置幻灯片的放映方法，如自动放映、自定义放映、排列计时放映等。

20.2.1 从头开始放映

从头开始放映是指从演示文稿的第 1 张幻灯片开始放映。通常情况下，放映 PPT 时都是从头开始放映的，具体操作步骤如下。

步骤 1 打开随书光盘中的"素材 \ch20\ 低碳生活 .pptx"文件，选择任意幻灯片，如图 20-15 所示。

图 20-15 选择任意幻灯片

步骤 2 在【幻灯片放映】选项卡中，单击【开始放映幻灯片】组中的【从头开始】按钮，如图 20-16 所示。

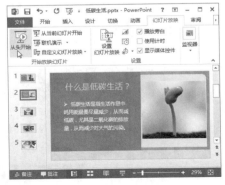

图 20-16 单击【从头开始】按钮

步骤 3 此时不管当前选择了第几张幻灯片，系统都将从第 1 张幻灯片开始播放，如图 20-17 所示。

图 20-17 从第 1 张幻灯片开始播放

提示 按 F5 键播放时，系统也会从第 1 张幻灯片开始播放。

20.2.2 从当前幻灯片开始放映

在放映幻灯片时，可以选择从当前的幻灯片开始播放，具体操作步骤如下。

步骤 1 打开随书光盘中的"素材 \ch20\ 低碳生活 .pptx"文件，选择第 4 张幻灯片，如图 20-18 所示。

图 20-18 选择第 4 张幻灯片

步骤 **2** 在【幻灯片放映】选项卡中,单击【开始放映幻灯片】组中的【从当前幻灯片开始】按钮,如图 20-19 所示。

图 20-19 单击【从当前幻灯片开始】按钮

步骤 **3** 即可从当前幻灯片开始播放,如图 20-20 所示。

图 20-20 从当前幻灯片开始播放

提示 单击底部状态栏中的【幻灯片放映】按钮,系统也会从当前幻灯片开始放映。

20.2.3 自定义多种放映方式

利用 PowerPoint 的自定义幻灯片放映功能,用户可以选择从第几张幻灯片开始放映,以及放映哪些幻灯片,并且可以随意调整这些幻灯片的放映顺序。具体操作步骤如下。

步骤 **1** 打开随书光盘中的"素材 \ch20\ 低碳生活 .pptx"文件,在【幻灯片放映】选项卡中,单击【开始放映幻灯片】组中的【自定义幻灯片放映】按钮,在弹出的下拉菜单中选择【自定义放映】命令,如图 20-21 所示。

图 20-21 选择【自定义放映】命令

步骤 **2** 弹出【自定义放映】对话框,在其中单击【新建】按钮,如图 20-22 所示。

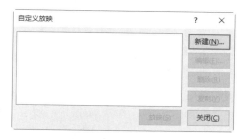

图 20-22 单击【新建】按钮

步骤 **3** 弹出【定义自定义放映】对话框,在【幻灯片放映名称】文本框中输入自定义的名称,然后在【在演示文稿中的幻灯片】列表框中选择需要放映的幻灯片,例如这里选中第 1 张幻灯片前面的复选框,单击【添加】按钮,如图 20-23 所示。

图 20-23 选择需要放映的幻灯片

步骤 4 即可将第 1 张幻灯片添加到右侧【在自定义放映中的幻灯片】列表框中，重复步骤 3，还可添加其他幻灯片，然后单击【确定】按钮，如图 20-24 所示。

图 20-24 添加其他幻灯片

提示 添加完成后，单击右侧的【上移】按钮↑、【删除】按钮✕及【下移】按钮↓，可调整幻灯片的顺序，还可删除选择的幻灯片。

步骤 5 返回到【自定义放映】对话框，在其中可以看到自定义的放映方式，单击【放映】按钮，如图 20-25 所示。

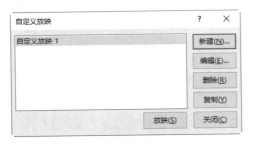

图 20-25 单击【放映】按钮

步骤 6 即可预览放映效果，如图 20-26 所示。

图 20-26 预览放映效果

提示 再次单击【开始放映幻灯片】组中的【自定义幻灯片放映】按钮，在弹出的下拉菜单中可以看到，自定义的放映方式已添加到该列表中。用户只需选择该选项，即可以自定义的方式开始放映幻灯片，如图 20-27 所示。

图 20-27 自定义的放映方式已添加到列表中

20.2.4 设置其他放映方式

在【设置放映方式】对话框中，用户可以设置是否循环放映、换片方式以及放映哪些幻灯片等内容，具体操作步骤如下。

步骤 1 打开随书光盘中的"素材 \ch20\ 低碳生活 .pptx"文件，在【幻灯片放映】选项卡中，单击【设置】组中的【设置幻灯片放映】按钮，如图 20-28 所示。

图 20-28 单击【设置幻灯片放映】按钮

步骤 2 弹出【设置放映方式】对话框，设置放映选项。在【放映选项】选项区即可设置放映时是否循环放映、是否添加旁白及动画、是否禁用硬件图形加速等。例如这里选中【循环放映，按 ESC 键终止】复选框，如图 20-29 所示。

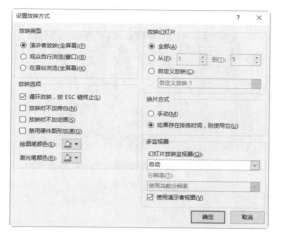

图 20-29　设置放映选项

　【放映选项】选项区中各选项的作用如下。

【循环放映，按 ESC 键终止】：设置在最后一张幻灯片放映结束后，自动返回到第 1 张幻灯片继续放映，直到按键盘上的 Esc 键结束放映。

【放映时不加旁白】：设置在放映时不播放在幻灯片中添加的声音。

【放映时不加动画】：设置在放映时将屏蔽动画效果。

【禁用硬件图形加速】：设置停用硬件图形加速功能。

【绘图笔颜色】：设置在添加墨迹注释时笔的颜色。

【激光笔颜色】：设置激光笔的颜色。

步骤 3　设置放映哪些幻灯片。在【放映幻灯片】选项区即可设置是放映全部幻灯片，还是放映指定幻灯片。例如这里选中【从】单选按钮，在后面两个微调框中分别输入"1"和"2"，即表示只放映第 1 张到第 2 张幻灯片，如图 20-30 所示。

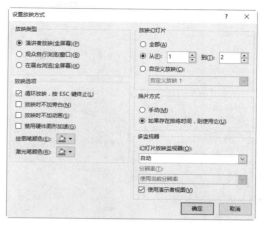

图 20-30　设置所放映的幻灯片

步骤 4　设置换片方式。在【换片方式】选项区域中即可设置是采用手动切换幻灯片，还是根据排练时间进行换片。例如这里选中【手动】单选按钮，如图 20-31 所示。

图 20-31　设置换片方式

　【换片方式】选项区各选项的作用如下。

【手动】：设置必须手动切换幻灯片。

【如果存在排练时间，则使用它】：设置按照设定的"排练计时"来自动切换。

步骤 5　设置是否使用演示者视图。在【多监视器】选项区即可设置是否使用演示者视图。例如这里取消选中【使用演示者视图】复选框，表示不使用演示者视图，如图 20-32 所示。

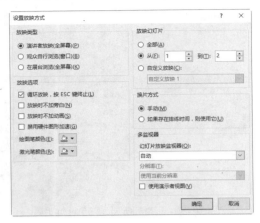

图 20-32　设置是否使用演示者视图

步骤 6 设置完成后，单击【确定】按钮，完成操作。按 F5 键放映 PPT，此时只会放映第 1 张到第 2 张幻灯片，并且将一直循环放映，如图 20-33 所示。

图 20-33　预览效果

20.3 将演示文稿发布为其他格式

　　PowerPoint 2013 的导出功能可轻松地将演示文稿导出为其他类型的文件，例如导出为 PDF 文件、Word 文档或视频文件等，还可以将演示文稿打包为 CD。

20.3.1　创建为 PDF

　　若希望共享和打印演示文稿，又不想让其他人修改文稿，即可将演示文稿转换为 PDF 格式，具体操作步骤如下。

步骤 1 打开随书光盘中的"素材\ch20\低碳生活.pptx"文件，单击【文件】按钮，选择【导出】命令，然后在右侧选择【创建 PDF/XPS 文档】选项，并单击【创建 PDF/XPS】按钮，如图 20-34 所示。

步骤 2 弹出【发布为 PDF 或 XPS】对话框，选择文件在计算机中的保存位置，然后在【文件名】下拉列表框中输入文件名称，在【保存类型】下拉列表框中选择 PDF 选项，选中【发布后打开文件】复选框，并单击右侧的【选项】按钮，如图 20-35 所示。

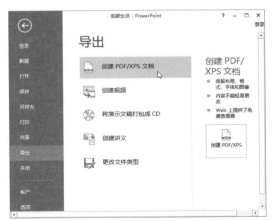

图 20-34　单击【创建 PDF/XPS】按钮

图 20-35　【发布为 PDF 或 XPS】对话框

步骤 3 弹出【选项】对话框，在其中可设置发布的范围、发布内容和 PDF 选项等参数，设置完成后，单击【确定】按钮，如图 20-36 所示。

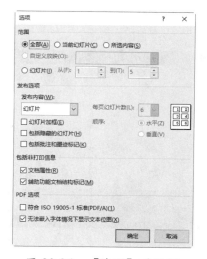

图 20-36　【选项】对话框

步骤 4 返回到【发布为 PDF 或 XPS】对话框，单击【发布】按钮，弹出【正在发布】对话框，提示系统正在发布幻灯片文件，如图 20-37 所示。

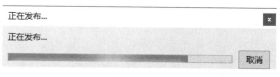

图 20-37　【正在发布】对话框

步骤 5 发布完成后，系统将自动打开发布的 PDF 文件。至此，即完成发布为 PDF 文件的操作，如图 20-38 所示。

图 20-38　将演示文稿发布为 PDF 文件

提示　除了系统提供的导出功能外，用户还可通过另存为的方法将演示文稿转换为其他类型的文件。单击【文件】按钮，选择【另存为】命令，然后选择【计算机】选项，并单击右侧的【浏览】按钮，即弹出【另存为】对话框，单击【保存类型】右侧的下拉按钮，如图 20-39 所示。在弹出的下拉列表中选择 PDF 选项，即可将演示文稿转换为 PDF 文件。

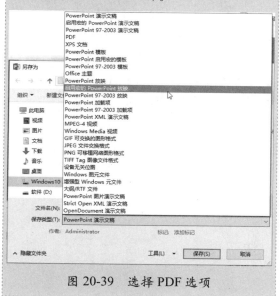

图 20-39　选择 PDF 选项

20.3.2 创建为视频

用户可将 PowerPoint 文件转换为视频文件，还可设置每张幻灯片的放映时间，具体操作步骤如下。

步骤 1 打开随书光盘中的"素材 \ch20\ 幸福的含义 .pptx"文件，单击【文件】按钮，选择【导出】命令，然后选择【创建视频】选项，在右侧的【放映每张幻灯片的秒数】微调框中设置放映每张幻灯片的时间为 5 秒，并单击下方的【创建视频】按钮，如图 20-40 所示。

图 20-40　单击【创建视频】按钮

步骤 2 弹出【另存为】对话框，选择文件在计算机中的保存位置，然后在【文件名】下拉列表框中输入文件名称，在【保存类型】下拉列表框中选择视频的保存类型。设置完成后，单击【保存】按钮，如图 20-41 所示。

图 20-41　【另存为】对话框

步骤 3 此时在状态栏中显示出视频的制作进度条，如图 20-42 所示。

图 20-42　状态栏中显示出视频的制作进度条

步骤 4 制作完成后，找到并播放制作好的视频文件。至此，即完成发布为视频的操作，如图 20-43 所示。

图 20-43　将演示文稿发布为视频

20.3.3 创建为讲义文档

将演示文稿发布为 Word 文档就是将演示文稿转换为可以在 Word 文档中进行编辑和设置格式的讲义。注意，要转换的演示文稿必须是用 PowerPoint 内置的幻灯片版式制作的幻灯片。具体操作步骤如下。

步骤 1 打开随书光盘中的"素材 \ch20\ 幸福的含义 .pptx"文件，单击【文件】按钮，选择【导出】命令，然后选择【创建讲义】选项，并单击右侧的【创建讲义】按钮，如图 20-44 所示。

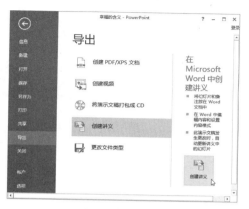

图 20-44 单击【创建讲义】按钮

步骤 2 弹出【发送到 Microsoft Word】对话框，在【Microsoft Word 使用的版式】选项区选中【备注在幻灯片旁】单选按钮，然后单击【确定】按钮，如图 20-45 所示。

图 20-45 【发送到 Microsoft Word】对话框

步骤 3 即可将整个演示文稿都转换到 Word 文档中，如图 20-46 所示。

图 20-46 将整个演示文稿转换到 Word 文档中

提示 在步骤 2 的对话框中若选中【只使用大纲】单选按钮，然后单击【确定】按钮，即可将演示文稿中的文本内容转换到 Word 文档中，如图 20-47 所示。

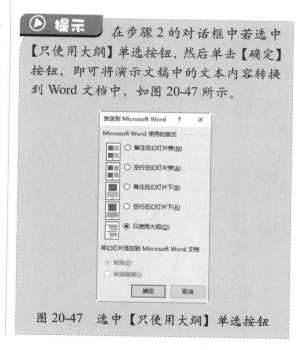

图 20-47 选中【只使用大纲】单选按钮

20.4 高效办公技能实战

20.4.1 高效办公技能 1——打包演示文稿为 CD

如果所使用的计算机上没有安装 PowerPoint 软件，但仍希望打开演示文稿，此时可通过 PowerPoint 2013 提供的打包成 CD 功能来实现。打包演示文稿的具体操作步骤如下。

步骤 **1** 打开随书光盘中的"素材 \ch20\ 低碳生活 .pptx"文件，单击【文件】按钮，选择【导出】命令，然后选择【将演示文稿打包成 CD】选项，并单击右侧的【打包成 CD】按钮，如图 20-48 所示。

图 20-48 单击【打包成 CD】按钮

步骤 **2** 弹出【打包成 CD】对话框，单击【选项】按钮，如图 20-49 所示。

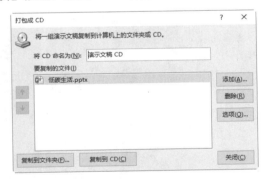

图 20-49 单击【选项】按钮

步骤 **3** 弹出【选项】对话框，可以设置要打包文件的安全性。例如，在【打开每个演示文稿时所用密码】和【修改每个演示文稿时所用密码】文本框内分别输入密码，单击【确定】按钮，如图 20-50 所示。

步骤 **4** 弹出【确认密码】对话框，在文本框中重新输入设置的打开密码，然后单击【确定】按钮，如图 20-51 所示。

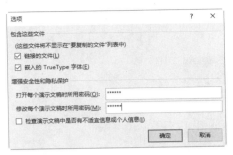

图 20-50 【选项】对话框

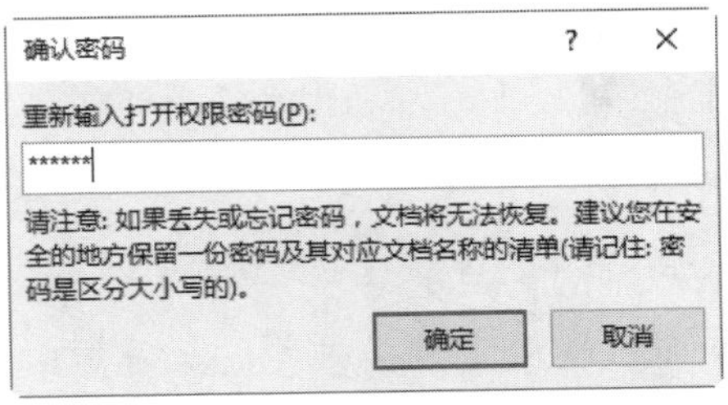

图 20-51 在文本框中重新输入设置的打开密码

步骤 **5** 再次弹出【确认密码】对话框，在文本框中重新输入设置的修改密码，然后单击【确定】按钮，如图 20-52 所示。

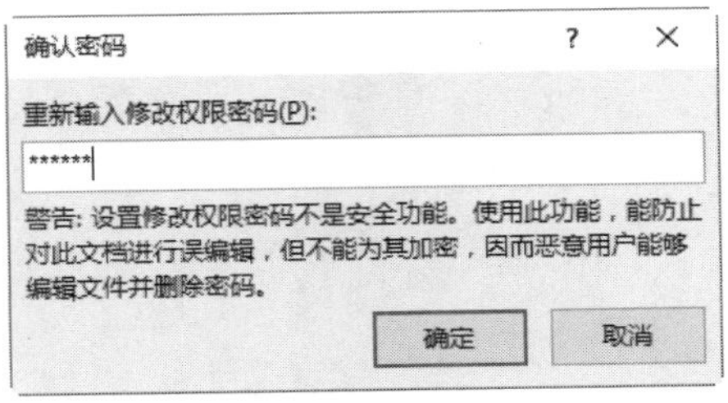

图 20-52 在文本框中重新输入设置的修改密码

步骤 **6** 返回到【打包成 CD】对话框，单击【复制到文件夹】按钮，如图 20-53 所示。

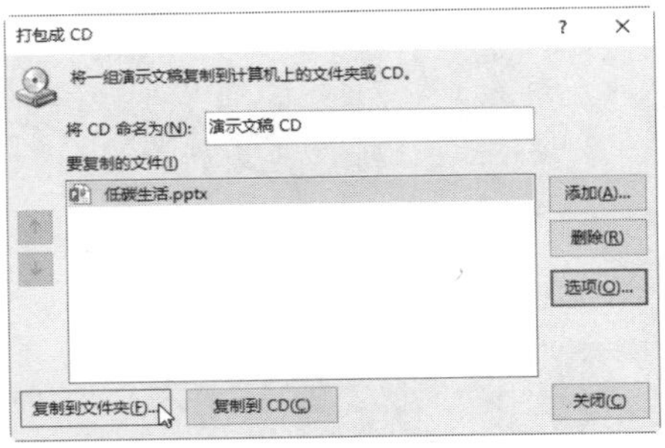

图 20-53 单击【复制到文件夹】按钮

步骤 7 弹出【复制到文件夹】对话框，在【文件夹名称】和【位置】文本框中分别设置文件夹名称和保存的位置，然后单击【确定】按钮，如图 20-54 所示。

步骤 8 弹出 Microsoft PowerPoint 对话框，单击【是】按钮，如图 20-55 所示。

图 20-54　【复制到文件夹】对话框　　　　图 20-55　Microsoft PowerPoint 对话框

步骤 9 弹出【正在将文件复制到文件夹】对话框，系统开始自动复制文件到文件夹，如图 20-56 所示。

步骤 10 复制完成后，系统自动打开生成的 CD 文件夹，此时在其中有一个名为 AUTORUN 的自动运行文件，该文件具有自动播放功能，这样即使计算机中没有安装 PowerPoint，只要插入 CD 即可自动播放幻灯片。至此，即完成将演示文稿打包成 CD 的操作，如图 20-57 所示。

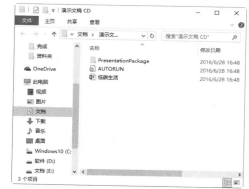

图 20-56　【正在将文件复制到文件夹】对话框　　　　图 20-57　CD 文件夹

20.4.2 高效办公技能 2——发布演示文稿到幻灯片库

在 PowerPoint 2013 中创建完演示文稿后，用户可以直接将演示文稿中的幻灯片发布到幻灯片库中。这个幻灯片库可以是 SharePoint 网站，也可以是本地计算机上的文件夹，这样能够方便地重复使用这些幻灯片。将演示文稿中的幻灯片发布到幻灯片库中的具体操作步骤如下。

步骤 1 打开随书光盘中的"素材 \ch20\ 幸福的含义 .pptx"文件，单击【文件】按钮，选择【共享】命令，再选择【发布幻灯片】选项，如图 20-58 所示。

步骤 2 单击右侧的【发布幻灯片】按钮，弹出【发布幻灯片】对话框，在该对话框中单击【发布到】下拉列表框右侧的【浏览】按钮来选择发布的路径，如图 20-59 所示。

图 20-58　选择【发布幻灯片】选项

图 20-59　选择发布路径

步骤 3 单击该对话框中的【全选】按钮，然后单击【发布】按钮，即可将演示文稿中的幻灯片发布到本地计算机上的文件夹内，

如图 20-60 所示。

图 20-60　发布幻灯片

步骤 4 根据发布的路径可以找到发布的幻灯片并查看幻灯片，如图 20-61 所示。

图 20-61　发布后的幻灯片

20.5 疑难问题解答

问题 1：当幻灯片放映结束后，屏幕总会显示为黑屏，怎样取消以黑屏来结束幻灯片的放映？

解答：在幻灯片工作界面中，单击【文件】按钮，选择【选项】命令，即弹出【PowerPoint 选项】对话框，在左侧选择【高级】选项，然后在右侧取消选中【幻灯片放映】选项区中的【以黑幻灯片结束】复选框，并单击【确定】按钮，即可取消以黑屏来结束幻灯片的放映。

问题 2：如何取消 PowerPoint 文件中的保护密码？

解答：取消保护密码的操作与设置保护密码的操作类似，在打开的演示文稿中单击【文件】按钮，单击右侧的【保护演示文稿】下拉按钮，在弹出的下拉菜单中选择【用密码进行加密】命令，即弹出【加密文档】对话框，在【密码】文本框中将原来设置的密码清空，单击【确定】按钮，即可取消保护密码。

第 **5** 篇

高效信息化办公

高效信息化办公正是被各个公司所追逐的目标和要求，也是对电脑办公人员最基本的技能要求。本篇将学习和探讨局域网办公的连接和设置、网络辅助办公、网络沟通和交流、Word、Excel 和 PowerPoint 各个组件如何配合工作等知识。

△ 第 21 章　电脑上网——办公局域网的连接与设置

△ 第 22 章　走进网络——网络辅助办公

△ 第 23 章　办公通信——网络沟通和交流

△ 第 24 章　协同办公——Office 组件之间的协作办公

第21章

电脑上网——办公局域网的连接与设置

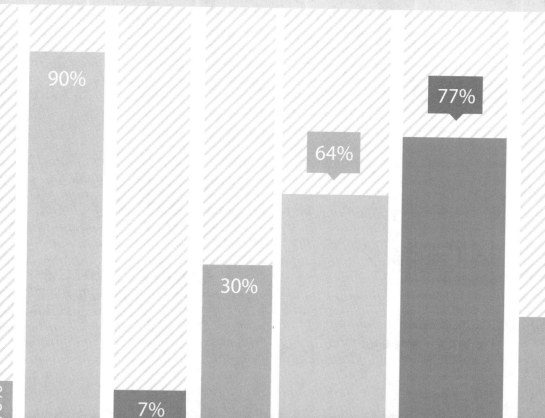

● **本章导读**

　　网络影响着人们的生活和工作的方式。通过上网，我们可以和万里之外的人交流信息；通过上网，我们可以实现网络化办公。本章将为读者介绍办公局域网的连接与设置。

● **学习目标**

◎ 掌握电脑连接上网的方法

◎ 掌握组建有线局域网的方法

◎ 掌握组建无线局域网的方法

◎ 掌握管理路由器的方法

◎ 掌握电脑和手机共享上网的方法

40%

10%

90%

7%

30%

64%

77%

40%

21.1 电脑连接上网

电脑上网的方式多种多样，主要的上网方式包括 ADSL 宽带上网、小区宽带上网、PLC 上网等，不同的上网方式所带来的网络体验也不尽相同。下面以 ADSL 宽带上网为例，介绍将电脑连接上网的方法。

21.1.1 开通上网业务

使用 ADSL 宽带上网，首先需要到宽带服务商那里申请开通上网业务。目前，常见的宽带服务商为电信和联通，申请开通宽带上网一般可以通过两种方法来实现。

方法 1：携带有效证件（个人用户携带电话机主身份证，单位用户携带公章），直接到受理 ADSL 业务的当地电信局申请。

方法 2：登录当地电信局推出的办理 ADSL 业务的网站进行在线申请。

21.1.2 设备的安装与配置

当申请 ADSL 服务后，当地 ISP 员工会主动上门安装 ADSL MODEM 并配置好上网设置，进而安装网络拨号程序，并设置上网客户端。ADSL 的拨号软件有很多，但使用最多的还是 Windows 系统自带的拨号程序，其安装与配置客户端的具体操作步骤如下。

步骤 1 单击【开始】按钮，在打开的【开始】面板中选择【控制面板】命令，即可打开【控制面板】窗口，如图 21-1 所示。

图 21-1 　【控制面板】窗口

步骤 2 单击【网络和 Internet】选项，即可打开【网络和 Internet】窗口，如图 21-2 所示。

图 21-2 　【网络和 Internet】窗口

步骤 3 选择【网络和共享中心】选项，即可打开【网络和共享中心】窗口，在其中用户可以查看本机系统的基本网络信息，如图 21-3 所示。

步骤 4 在【更改网络设置】区域中单击【设置新的连接或网络】超级链接，即可打开【设置连接或网络】对话框，在其中选择【连接到 Internet】选项，如图 21-4 所示。

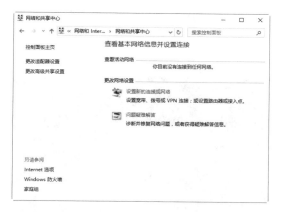

图 21-3　【网络和共享中心】窗口

图 21-4　【设置连接或网络】对话框

步骤 5 单击【下一步】按钮，即可打开【你想使用一个已有的连接吗】对话框，在其中选中【否，创建新连接】单选按钮，如图 21-5 所示。

图 21-5　选中【否，创建新连接】单选按钮

步骤 6 单击【下一步】按钮，即可打开【你

希望如何连接】对话框，如图 21-6 所示。

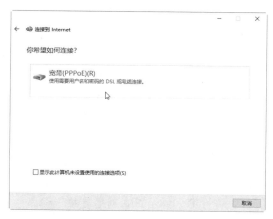

图 21-6　【你希望如何连接】对话框

步骤 7 单击【宽带 (PPPoE)】按钮，即可打开【键入你的 Internet 服务提供商 (ISP) 提供的信息】对话框，在【用户名】文本框中输入服务提供商的名字，在【密码】文本框中输入密码，如图 21-7 所示。

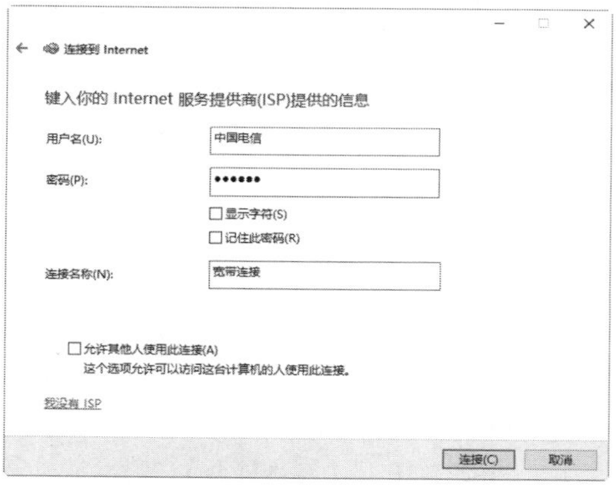

图 21-7　输入用户名与密码

步骤 8 单击【连接】按钮，即可打开【连接到 Internet】对话框，提示用户正在连接到宽带连接，并显示正在验证用户名和密码等信息，如图 21-8 所示。

步骤 9 等待验证用户名和密码完毕后，如果正确，则弹出【登录】对话框。在【用户名】和【密码】文本框中输入服务商提供的用户名和密码，如图 21-9 所示。

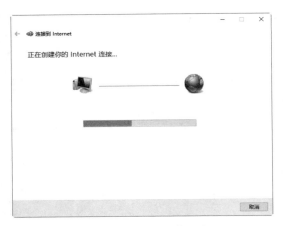

图 21-8　正在创建连接

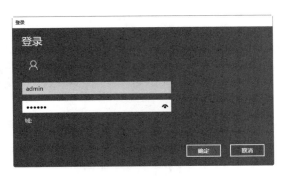

图 21-9　【登录】对话框

步骤 10 单击【确定】按钮，即可成功连接，在【网络和共享中心】窗口中选择【更改适配器设置】选项，即可打开【网络连接】窗口，在其中可以看到【宽带连接】呈现已连接的状态，如图 21-10 所示。

步骤 11 在桌面上双击【IE 浏览器】图标，即可打开 IE 浏览器窗口，并打开当前设置的首页——百度首页，如图 21-11 所示。

图 21-10　【网络连接】窗口

图 21-11　IE 浏览器窗口

步骤 12 在百度【搜索】文本框中输入需要搜索内容，如"新闻"，单击【百度一下】按钮，即可打开搜索有关新闻的相关网页，则表明目前的计算机已经与外网联通。用户可以随心所欲地进行网上冲浪了，如图 21-12 所示。

图 21-12　新闻的相关网页

21.2　组建有线局域网

通过将多个电脑和路由器连接起来，可以组建一个小的有线局域网，进而实现多台电脑同时共享上网。

21.2.1　搭建硬件环境

在组建有线局域网之前，要将硬件设备搭建好，搭建硬件环境需要 ADSL Modem、网线和路由器，如图 21-13 所示。

首先，通过网线将电脑与路由器相连接，将网线一端接入电脑主机后的网孔内，另一端接入路由器的任意一个 LAN 口内。

其次，通过网线将 ADSL Modem 与路由器相连接，将网线一端接入 ADSL Modem 的 LAN 口，另一端接入路由器的 WAN 口内。

最后，将路由器自带的电源插头连接电源即可，此时，即完成了硬件搭建工作。

图 21-13　Modem、网线和路由器

21.2.2　配置路由器

一般市面上的路由器产品均提供基于 Web 的配置界面，用户只需在 IE 浏览器的地址栏输入 http://192.168.0.1，即可创建连接并弹出登录界面，在其中输入管理员用户名和密码。即可打开管理员模式窗口并弹出一个设置向导的界面，若没有自动弹出则可单击管理员模式中的【设置向导】选项，将其激活，然后就可以对路由器进行配置了，具体操作步骤如下。

步骤 1 在 IE 地址栏中输入路由器的 IP 地址 "192.168.0.1"，打开【设置向导】工作界面，如图 21-14 所示。

步骤 2 单击【下一步】按钮，打开【设置向导 - 上网方式】工作界面，在其中选择上网方式，如图 21-15 所示。

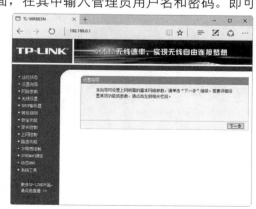

图 21-14　【设置向导】工作界面

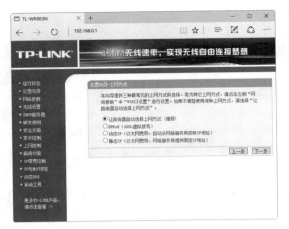

图 21-15　【设置向导 - 上网方式】工作界面

> **提示**　一般此时将显示最常用的 3 种
> 上网方式，用户可根据需要进行相应选择。
> 　　PPPoE(ADSL 虚拟拨号) 上网方式：
> 选中该方式后，用户需要分别输入 ADSL
> 上网账号和口令，这些均由申请上网业务
> 时 ISP 服务商提供。
> 　　动态 IP 上网方式：该种上网方式
> 可自动从网络服务商处获取 IP 地址。
> 其中如果启用【无线功能】，则接入本
> 无线网络的机器将可以访问有线网络或
> Internet；"SSID 号"是指无线局域网
> 用于身份验证的登录名，只有通过身份
> 验证的用户才可以访问本无线网络。
> 　　静态 IP 上网方式：使用该种上网方
> 式的用户必须拥有网络服务商提供的固
> 定 IP 地址，并根据提示填写"固定 IP 地
> 址、子网掩码、网关、DNS 服务器、备用
> DNS 服务器"等内容。

步骤 3 单击【下一步】按钮，打开【设置向导 -PPPoE】工作界面，在其中输入上网账号与上网口令，这里的上网账号与口令是从网络运营商那里购买而来，如图 21-16 所示。

步骤 4 单击【下一步】按钮，打开【设置向导 - 无线设置】工作界面，在其中对路由器的无线功能进行设置，如图 21-17 所示。

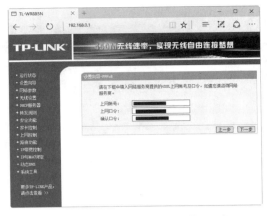

图 21-16　【设置向导 -PPPoE】工作界面

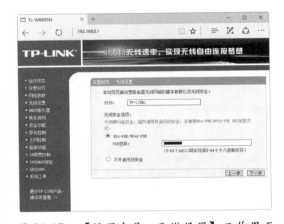

图 21-17　【设置向导 - 无线设置】工作界面

步骤 5 单击【下一步】按钮，打开【设置向导】完成界面，如图 21-18 所示。

图 21-18　【设置向导】完成界面

步骤 6 单击【完成】按钮，即可完成路由器的设置，并显示当前路由器的运行状态，

如图 21-19 所示。

图 21-19　路由器的运行状态

21.2.3　开始上网

路由器设置完成后，接下来需要设置电脑的网络配置，并开始进行上网。不过，也可以让电脑自动获取有线局域网中的 IP 地址，使设置更为简单。

具体操作步骤如下。

步骤 1 右击桌面上的【网络】图标，在弹出的快捷菜单中选择【属性】命令，弹出【网络和共享中心】窗口，如图 21-20 所示。

图 21-20　【网络和共享中心】窗口

步骤 2 在左侧的窗格中选择【更改适配器设置】选项，即可打开【网络连接】窗口，如图 21-21 所示。

图 21-21　【网络连接】窗口

步骤 3 选中【以太网】图标，右击鼠标，在弹出的快捷菜单中选择【属性】命令，如图 21-22 所示。

图 21-22　选择【属性】命令

步骤 4 打开【以太网 属性】对话框，在【此连接使用下列项目】列表框中选中【Internet 协议版本 4(TCP/IPv4)】复选框，如图 21-23 所示。

图 21-23　【以太网 属性】对话框

步骤 5 单击【属性】按钮，在弹出的对话框中选中【自动获得 IP 地址】单选按钮，单击【确定】按钮，保存设置，如图 21-24 所示。

步骤 6 单击【状态栏】上网络图标按钮，在弹出的面板中可以看到网络连接的状态，提示网络已经连接，如图 21-25 所示。

图 21-24　选中【自动获得 IP 地址】单选按钮

图 21-25　显示网络连接的状态

21.3　组建无线局域网

无线局域网络的搭建给家庭无线办公带来了很多方便，而且可随意改变家庭里的办公位置而不受束缚，适合现代人的追求。

21.3.1　搭建无线网环境

建立无线局域网的操作比较简单，在有线网络到户后，用户只需连接一个具有无线 WiFi 功能的路由器，然后各房间里的台式电脑、笔记本电脑、手机和 iPad 等设备利用无线网卡与路由器之间建立无线连接，即可构建整个办公室的内部无线局域网。如图 21-26 所示为一个无线局域网连接示意图。

图 21-26　无线局域网示意图

21.3.2　配置无线局域网

建立无线局域网的第一步就是配置无线路由器。默认情况下，具有无线功能的路由器就不开启无线功能的，需要用户手动配置。在开启了路由器的无线功能后，下面就可以配置无线网了。

使用电脑配置无线网的具体操作步骤如下。

步骤 1 打开 IE 浏览器，在地址栏中输入路由器的网址，一般情况下路由器的默认网址为"192.168.0.1"，输入完毕后单击【转至】按钮，即可打开路由器的登录窗口，如图 21-27 所示。

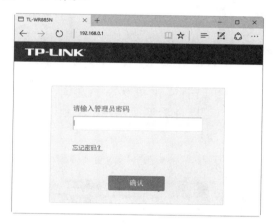

图 21-27　路由器的登录窗口

步骤 2 在【请输入管理员密码】文本框中输入管理员的密码，默认情况下管理员的密码为"123456"，如图 21-28 所示。

图 21-28　输入登录信息

步骤 3 单击【确认】按钮，即可进入路由

器的【运行状态】工作界面，在其中可以查看路由器的基本信息，如图 21-29 所示。

图 21-29　【运行状态】工作界面

步骤 4 选择窗口左侧的【无线设置】选项，在打开的子选项中选择【基本信息】选项，即可在右侧的窗格中显示无线设置的基本功能，并选中【开启无线功能】和【开启 SSID 广播】复选框，如图 21-30 所示。

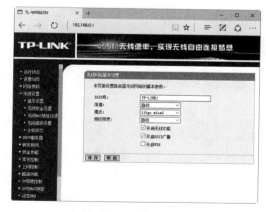

图 21-30　开启无线功能

步骤 5 选择【无线安全设置】选项，即可在右侧的窗格中设置无线网的相关安全参数，如图 21-31 所示。

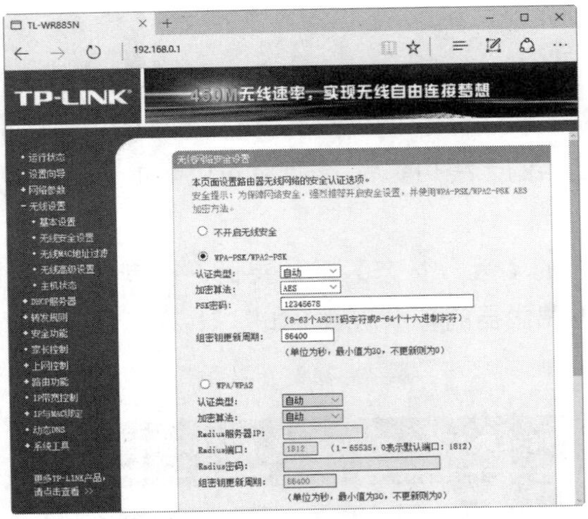

图 21-31　选择【无线安全设置】选项

步骤 6 选择【无线 MAC 地址过滤】选项，在右侧的窗格中可以对无线网络的 MAC 地址进行过滤设置，如图 21-32 所示。

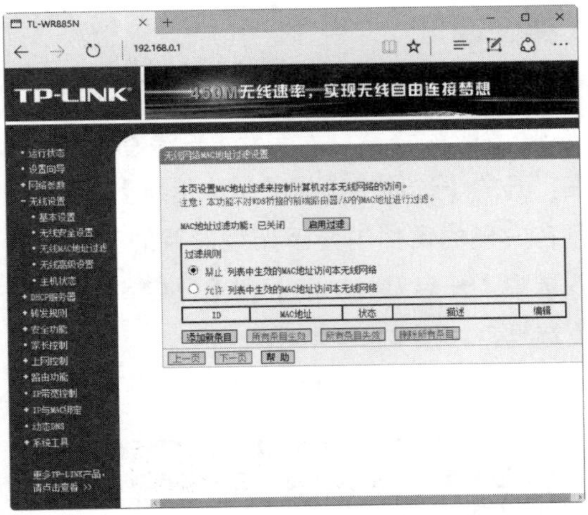

图 21-32　选择【无线 MAC 地址过滤】选项

步骤 7 选择【无线高级设置】选项，在右侧的窗格中可以对传输功率、是否开启 VMM 等选项进行设置，如图 21-33 所示。

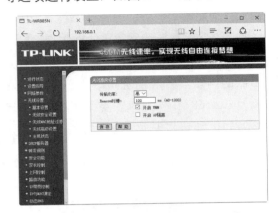

图 21-33　选择【无线高级设置】选项

步骤 8 选择【主机状态】选项，在右侧的窗格中可以查看无线网络的主机状态，如图 21-34 所示。

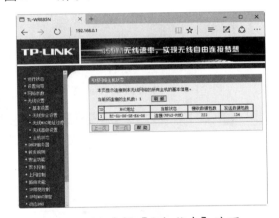

图 21-34　选择【主机状态】选项

> **提示**　　当对路由器的无线功能设置完毕后，单击【保存】按钮进行保存，然后重新启动路由器，即可完成无线网的设置，这样具有 Wi-Fi 功能的手机、电脑、iPad 等电子设备就可以与路由器进行无线连接，从而实现共享上网。

21.3.3　将电脑接入无线网

笔记本电脑具有无线接入功能，台式电脑要想接入无线网，需要购买相应的无线接收器。这里以笔记本电脑为例，介绍如何将电脑接入无线网，具体操作步骤如下。

步骤 1 双击笔记本电脑桌面右下角的无线连接图标，打开【网络和共享中心】窗口，在其中可以看到本台电脑的网络连接状态，如图 21-35 所示。

步骤 2 单击笔记本电脑桌面右下角的无线连接图标，在打开的界面中显示了电脑自动搜索的无线设备和信号。如图 21-36 所示。

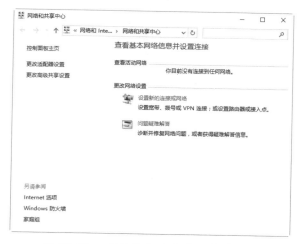

图 21-35　【网络和共享中心】窗口

图 21-36　无线连接图标

步骤 3 单击一个无线连接设备，展开无线连接功能，在其中选中【自动连接】复选框，单击【连接】按钮，如图 21-37 所示。

步骤 4 在打开的界面中输入无线连接设备的连接密码，如图 21-38 所示。

步骤 5 单击【下一步】按钮，开始连接网络，如图 21-39 所示。

图 21-37　单击【连接】按钮

图 21-38　输入连接密码

图 21-39　连接网络

步骤 6 连接到网络之后，桌面右下角的无线连接设备显示正常，并以弧线的方式给出信号的强弱，如图 21-40 所示。

步骤 7 再次打开【网络和共享中心】窗口，在其中可以看到这台电脑当前的连接状态，如图 21-41 所示。

图 21-40　无线连接设备显示正常　　　　图 21-41　【网络和共享中心】窗口

21.3.4 将手机接入 Wi-Fi

无线局域网配置完成后，用户可以将手机接入 Wi-Fi，从而实现无线上网。手机接入 Wi-Fi 的具体操作步骤如下。

步骤 1 在手机界面中用手指点按【设置】图标，进入手机的【设置】界面，如图 21-42 所示。

步骤 2 使用手指点按 WLAN 右侧的【已关闭】，开启手机 WLAN 功能，并自动搜索周围 可用的 WLAN，如图 21-43 所示。

步骤 3 使用手指点按下面可用的 WLAN，弹出连接界面，在其中输入相关密码，如图 21-44 所示。

步骤 4 点按【连接】按钮，即可将手机接入 Wi-Fi，并在下方显示【已连接】字样，这样手机就接入了 Wi-Fi，可以使用手机进行上网了，如图 21-45 所示。

图 21-42　【设置】界面　图 21-43　开启 WLAN 功能　图 21-44　输入相关密码　图 21-45　接入了 Wi-Fi

21.4 管理路由器

路由器是组建局域网中不可缺少的一个设备，尤其是在无线网络普遍应用的情况下，路由器的安全更是不可忽视。用户通过设置路由器管理员密码、修改路由器 WLAN 设备的名称、关闭路由器的无线广播功能等方式，可以提高局域网的安全性。

21.4.1 设置管理员密码

路由器的初始密码比较简单，为了保证局域网的安全，一般需要修改或设置管理员密码，具体操作步骤如下。

步骤 1 打开路由器的 Web 后台设置界面，选择【系统工具】选项下的【修改登录密码】选项，打开【修改管理员密码】工作界面，如图 21-46 所示。

步骤 2 在【原密码】文本框中输入原来的密码，在【新密码】和【确认新密码】文本框中输入新设置的密码，最后单击【保存】按钮即可，如图 21-47 所示。

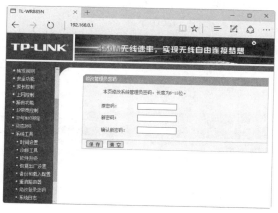

图 21-46　【修改管理员密码】工作界面

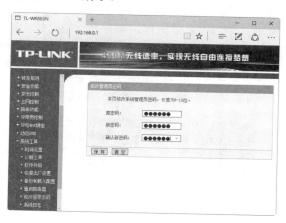

图 21-47　修改密码

21.4.2 修改 Wi-Fi 名称

Wi-Fi 的名称通常是指路由器中 SSID 号的名称，可以根据自己的需要对该名称进行修改，具体操作步骤如下。

步骤 1 打开路由器的 Web 后台设置界面，在其中选择【无线设置】选项下的【基本设置】选项，打开【无线网络基本设置】工作界面，如图 21-48 所示。

步骤 2 将 SSID 号的名称由 TP-LINK1 修改为 wifi，最后单击【确定】按钮，即可保存Wi-Fi 修改后的名称，如图 21-49 所示。

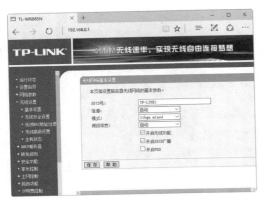

图 21-48 【无线网络基本设置】工作界面

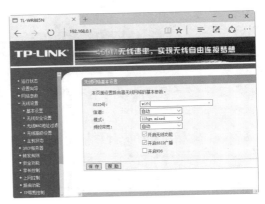

图 21-49 修改 Wi-Fi 名称

21.4.3 关闭无线广播

路由器的无线广播功能在给用户带来方便的同时，也给用户带来了安全隐患。因此，在不用无线功能的时候，要将路由器的无线功能关闭掉，具体操作步骤如下。

步骤 1 打开无线路由器的 Web 后台设置界面，在其中选择【无线设置】选项下的【基本设置】选项，即可在右侧的窗格中显示无线网络的基本设置信息，如图 21-50 所示。

步骤 2 取消【开启无线功能】和【开启 SSID 广播】两个复选框的选中状态，最后单击【保存】按钮，即可关闭路由器的无线广播功能，如图 21-51 所示。

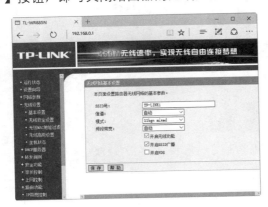

图 21-50 选择【基本设置】选项

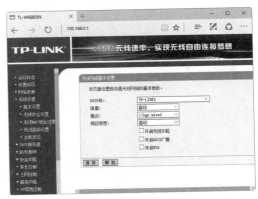

图 21-51 关闭无线广播功能

21.5 电脑和手机共享上网

目前，随着网络和手机上网的普及，电脑和手机的网络是可以互相共享的，这在一定程度上方便了用户。例如，如果手机共享电脑的网络，则可以节省手机的上网流量；如果自己的电脑不在有线网络环境中，则可以利用手机的流量进行电脑上网。

21.5.1　手机共享电脑的网络

电脑和手机网络的共享需要借助第三方软件，这样可以使整个操作简单方便，这里以借助 360 免费 Wi-Fi 软件为例进行介绍。

步骤 1　将电脑接入 Wi-Fi 环境中，如图 21-52 所示。

步骤 2　在电脑中安装 360 免费 Wi-Fi 软件，然后打开其工作界面，在其中设置 Wi-Fi 名称与密码，如图 21-53 所示。

图 21-52　【网络和共享中心】窗口

图 21-53　360 免费 Wi-Fi

步骤 3　打开手机的 WLAN 搜索功能，可以看到搜索出来的 WiFi 名称，如这里是"LB-LINK1"，如图 21-54 所示。

步骤 4　使用手指点按"LB-LINK1"，即可打开 WiFi 连接界面，在其中输入密码，如图 21-55 所示。

步骤 5　点按【连接】按钮，手机就可以通过电脑发射出来的 WiFi 信号进行上网了，如图 21-56 所示。

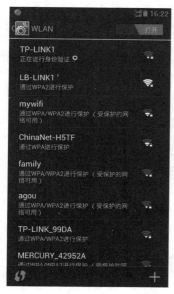

图 21-54　WLAN 搜索功能

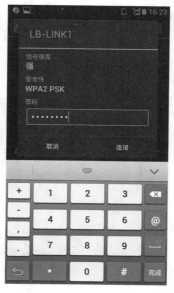

图 21-55　输入密码

图 21-56　连接无线网

步骤 6 返回到电脑工作环境中，在【360免费 WiFi】的工作界面中选择【已经连接的手机】选项卡，则可以在打开的界面中查看通过此电脑上网的手机信息，如图 21-57 所示。

图 21-57 选择已经连接的手机

21.5.2 电脑共享手机的网络

手机可以共享电脑的网络，电脑也可以共享手机的网络，具体操作步骤如下。

步骤 1 打开手机，进入手机的设置界面，在其中使用手指点按【便携式 WLAN 热点】选项，开启手机的便携式 WLAN 热点功能，如图 21-58 所示。

图 21-58 点选【便携式 WLAN 热点】选项

步骤 2 返回到电脑的操作界面，单击右下角的无线连接图标，在打开的界面中显示了电脑自动搜索的无线设备和信号，这里就可以看到手机的无线设备信息"HUAWEI C8815"，如图 21-59 所示。

图 21-59 搜索的无线设备

步骤 3 单击手机无线设备，即可打开其连接界面，如图 21-60 所示。

图 21-60 ADSL 连接界面

步骤 4 单击【连接】按钮，将电脑通过手机设备连接网络，如图 21-61 所示。

图 21-61 电脑通过手机设备连接网络

步骤 5 连接成功后，在手机设备下方显示【已连接，开放】信息，其中的"开放"表示该手机设备没有进行加密处理，如图 21-62 所示。

图 21-62 完成网络连接

▶ 提示　至此，就完成了电脑通过手机上网的操作，这里需要注意的是一定要注意手机的上网流量。

21.5.3　加密手机的 WLAN 热点功能

为保证手机的安全，一般需要给手机的 WLAN 热点功能添加密码，具体操作步骤如下。

步骤 1 在手机的移动热点设置界面中，点按【配置 WLAN 热点】功能，在弹出的界面中点按【开放】选项，可以选择手机设备的加密方式，如图 21-63 所示。

步骤 2 选择好加密方式后，即可在下方显示密码输入框，在其中输入密码，然后单击【保存】按钮即可，如图 21-64 所示。

步骤 3 加密完成后，使用电脑连接手机设备时，系统提示用户输入网络安全密钥，如图 21-65 所示。

图 21-63　移动热点设置界面

图 21-64　输入密码

图 21-65　完成加密操作

21.6　高效办公技能实战

21.6.1　高效办公技能 1——控制设备的上网速度

在局域网中所有的终端设备都是通过路由器上网的。为了更好地管理各个终端设备的上网情况，管理员可以通过路由器控制上网设备的上网速度，具体操作步骤如下。

步骤 1 打开路由器的 Web 后台设置界面，在其中选择【IP 宽带控制】选项，在右侧的窗格中可以查看相关的功能信息，如图 21-66 所示。

步骤 2 选中【开启 IP 宽带控制】复选框，即可在下方的设置区域中对设备的上行总宽带和下行总宽带数进行设置，进而控制终端设置的上网速度，如图 21-67 所示。

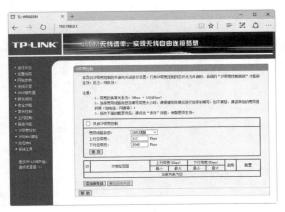

图 21-66　选择【IP 宽带控制】选项

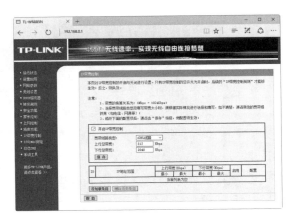

图 21-67　控制设备的上网速度

21.6.2　高效办公技能 2——诊断和修复网络不通

当自己的电脑不能上网时，说明电脑与网络连接不通，这时就需要诊断和修复网络了，具体操作步骤如下。

步骤 1 打开【网络连接】窗口，右击需要诊断的网络图标，在弹出的快捷菜单中选择【诊断】命令，弹出【Windows 网络诊断】对话框，并显示网络诊断的进度，如图 21-68 所示。

步骤 2 诊断完成后，将会在下方的窗格中显示诊断的结果，如图 21-69 所示。

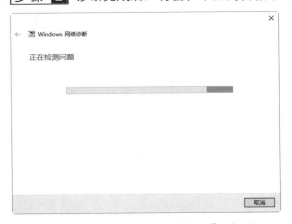

图 21-68　【Windows 网络诊断】对话框

图 21-69　诊断的结果

步骤 3 单击【尝试以管理员身份进行这些修复】链接，即可开始对诊断出来的问题进行修复，如图 21-70 所示。

步骤 4 修复完毕后，会给出修复的结果，提示用户疑难解答已经完成，并在下方显示已修复信息提示，如图 21-71 所示。

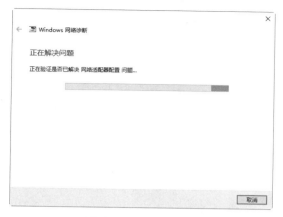

图 21-70　进行修复

图 21-71　修复的结果

21.7 疑难问题解答

问题 1：什么是 Internet 服务提供商 (ISP)？

解答：Internet 服务提供商 (ISP) 是一家提供对 Internet 的访问权限的公司，通常需要付费。使用电话线（拨号）或宽带连接（电缆或 DSL）是连接到 ISP 最常见的方法。很多 ISP 还提供其他服务，如电子邮件账户、Web 浏览器以及用于创建网站的空间。

问题 2：什么是无线信号强度？

解答：在可用的无线网络列表中，用户将看到显示每个网络无线信号强度的符号 。方条越多，信号越强，强信号 (5 个方条) 通常意味着无线网络很近或没有干扰。为了获得最佳性能，需要将上网设备连接到信号最强的无线网络。但是，当不安全网络中的信号比启用了安全保护的网络中的信号更强时，为了数据更为安全，最好还是连接到启用了安全保护的网络。为了提高信号强度，可以将电脑或上网设备移动到距离无线路由器或访问点更近的位置，或者将路由器或访问点移动到远离干扰源（如砖墙或包含金属支撑梁的墙体）的位置。

第 22 章

走进网络——
网络辅助办公

● **本章导读**

　　互联网正在越来越多地影响着人们生活和工作的方式，用户在网上可以和万里之外的人交流信息；在网上查看信息、下载需要的资源和设置 IE 是用户网上冲浪经常进行的操作；借助外部网络进行辅助办公，可以提高办公的效率。

● **学习目标**

◎　认识常用的浏览器

◎　掌握 Microsoft Edge 浏览器的应用方法

◎　掌握搜索并下载网络资源的方法

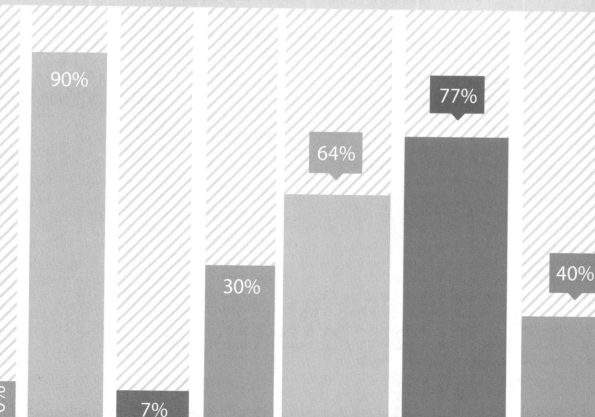

22.1 认识常用的浏览器

浏览器是用户进行网络搜索的重要工具，用来显示网络中的文字、图像及其他信息等。下面就来认识一下常用的浏览器。

22.1.1 Microsoft Edge 浏览器

Microsoft Edge 浏览器是 Windows 10 操作系统内置的浏览器。Edge 浏览器的一些功能细节包括：支持内置 Cortana 语音功能，内置了阅读器、笔记和分享功能；设计注重实用和极简主义。如图 22-1 所示为 Microsoft Edge 浏览器的工作界面。

图 22-1　Microsoft Edge 浏览器

22.1.2 Internet Explorer 11 浏览器

Internet Explorer 11 浏览器是现在使用人数最多的浏览器，它是微软新版本的 Windows 操作系统的一个组成部分，在 Windows 操作系统安装时默认安装，双击桌面上的 IE 快捷方式图，或单击快速启动栏中的 IE 图标，都可以打开 Internet Explorer 11，其工作界面如图 22-2 所示。

图 22-2　Internet Explorer 11 浏览器

22.1.3　360 安全浏览器

360 安全浏览器是互联网上好用且安全的新一代浏览器，与 360 安全卫士、360 杀毒软件等产品一同成为 360 安全中心的系列产品。360 安全浏览器采用恶意网址拦截技术，可自动拦截挂马、欺诈、网银仿冒等恶意网址，其独创沙箱技术，在隔离模式下，即使访问木马也不会感染。360 安全浏览器界面如图 22-3 所示。

图 22-3　360 安全浏览器

22.2　Microsoft Edge浏览器的应用

通过 Microsoft Edge 浏览器用户可以浏览网页，还可以根据自己的需要设置其他功能，如在阅读视图模式下浏览网页、将网页添加到浏览器的收藏夹中、给网页做 Web 笔记等。

22.2.1　Microsoft Edge 基本操作

Microsoft Edge 基本操作包括启动、关闭与打开网页等，下面分别进行介绍。

 1.　启动 Microsoft Edge 浏览器

启动 Microsoft Edge 浏览器，通常使用以下 3 种方法之一。

(1) 双击桌面上的 Microsoft Edge 快捷方式图标。

(2) 单击快速启动栏中的 Microsoft Edge 图标。

(3) 单击【开始】按钮，选择【所有程序】→ Microsoft Edge 命令，如图 22-4 所示。

通过上述 3 种方法之一打开 Microsoft Edge 浏览器，默认情况下，启动 Microsoft Edge 后将会打开用户设置的首页，它是用户进入 Internet 的起点。如图 22-5 所示，用户设置的首页为百度搜索页面。

图 22-4　选择 Microsoft Edge 命令　　　　　图 22-5　百度搜索页面

 2. **使用 Microsoft Edge 浏览器打开网页**

如果知道要访问网页的网址（即 URL），则可以直接在 Microsoft Edge 浏览器中的地址栏中输入该网址，然后按 Enter 键，即可打开该网页。例如，在地址栏中输入新浪网网址 http://www.sina.com.cn/，按 Enter 键，即可进入该网站的首页，如图 22-6 所示。

另外，当打开多个网页后，单击地址栏中的下拉按钮，在弹出的下拉列表中可以看到曾经输入过的网址。当在地址栏中再次输入该地址时，只需要输入一个或几个字符，地址栏中将自动弹出一个下拉列表，其中列出了与输入部分相同的曾经访问过的所有网址，在其中选择所需要的网址，即可进入相应的网页，如图 22-7 所示。

图 22-6　新浪首页　　　　　　　　　图 22-7　选择所需要的网址

 3. **关闭 Microsoft Edge 浏览器**

当用户浏览网页结束后，就需要关闭 Microsoft Edge 浏览器，同大多数 Windows 应用程序一样，关闭 Microsoft Edge 浏览器通常采用以下 3 种方法之一。

(1) 单击【Microsoft Edge 浏览器】窗口右上角的【关闭】按钮。

(2) 按 Alt+F4 组合键。

(3) 右击 Microsoft Edge 浏览器的标题栏，在弹出的快捷菜单中选择【关闭】命令。

用户一般采用第一种方法来关闭 Microsoft Edge 浏览器，如图 22-8 所示。

图 22-8　关闭 Microsoft Edge 浏览器

22.2.2　使用阅读视图模式

Microsoft Edge 浏览器提供阅读视图模式，可以在没有干扰（没有广告，没有网页的头标题和尾标题等，只有正文）的模式下看文章，还可以调整背景和文字大小。

具体操作步骤如下。

步骤 1 在 Edge 浏览器中，打开具有一篇文章的网页，如这里打开一篇有关"蜂蜜"介绍的网页，单击浏览器工具栏中的【阅读视图】按钮 ，如图 22-9 所示。

图 22-10　阅读视图模式

图 22-9　Microsoft Edge 浏览器

步骤 2 进入网页阅读视图模式中，可以看到此模式下除了文章之外，没有网页上其他的东西，如图 22-10 所示。

▶ **提示**　再次单击【阅读视图】按钮，会退出阅读模式。

步骤 3 如果想调整阅读时的背景和字体大小，需要单击浏览器中的【更多】按钮，在弹出的下拉列表中选择【设置】选项，如图 22-11 所示。

图 22-11　选择【设置】选项

步骤 4 打开设置界面，单击【阅读视图风格】下方的下拉按钮，在弹出的下拉列表中选择【亮】选项，如图 22-12 所示。

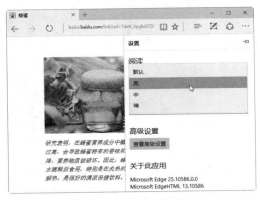

图 22-12　设置界面

步骤 5 单击【阅读视图字号】下方的下拉按钮，在弹出的下拉列表中选择【超大】选项，如图 22-13 所示。

图 22-13　设置字号

步骤 6 设置完毕后，返回到【阅读视图】中，可以看到调整设置后的效果，如图 22-14 所示。

图 22-14　调整设置后的效果

22.2.3　添加网址到收藏夹

　　Microsoft Edge 浏览器的收藏夹其实就是一个文件夹，其中存放着用户喜爱或经常访问的网站地址。如果能好好利用这一功能，将会使网上冲浪更加轻松惬意。

　　将网页添加到收藏夹的具体操作步骤如下。

步骤 1 打开一个需要将其添加到收藏夹的网页，如新浪首页，如图 22-15 所示。

图 22-15　新浪首页

步骤 2 单击页面中的【添加到收藏夹或阅读列表】按钮，如图 22-16 所示。

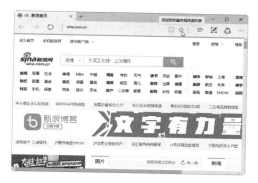

图 22-16　添加到收藏夹或阅读列表

步骤 3 打开【收藏夹或阅读列表】工作界面，在【名称】下拉列表框中可以设置收藏网页的名称，在【保存位置】下拉列表框中可以设置网页收藏时保存的位置，如图 22-17 所示。

图 22-17　【收藏夹或阅读列表】工作界面

步骤 4 单击【保存】按钮，即可将打开的网页收藏起来，单击页面中的【中心】按钮 ，可以打开【中心】设置界面，在其中单击【收藏夹】按钮，可以在下方的列表中查看收藏夹中已经收藏的网页信息，如图 22-18 所示。

图 22-18　查看收藏夹

22.2.4　做 Web 笔记

Web 笔记，顾名思义就是浏览网页时，如果想要保存一下当前网页的信息，可以通过 Web 笔记功能实现，使用 Web 笔记保存网页信息的具体操作步骤如下。

步骤 1 双击任务栏中的 Microsoft Edge 图标，启动 Microsoft Edge 浏览器，如图 22-19 所示。

图 22-19　启动 Microsoft Edge 浏览器

步骤 2 单击 Microsoft Edge 浏览器页面中的【做 Web 笔记】按钮，如图 22-20 所示。

图 22-20　单击【做 Web 笔记】按钮

步骤 3 进入浏览器做 Web 笔记工作环境中，如图 22-21 所示。

图 22-21　Web 笔记工作环境

步骤 4 单击页面左上角的【笔】按钮，在弹出的面板中可以设置做笔记时的笔触颜色，如图 22-22 所示。

图 22-22 设置笔触颜色

步骤 5 使用笔工具可以在页面中输入笔记内容，如这里输入"大"字，如图 22-23 所示。

图 22-23 输入笔记内容

步骤 6 如果想要清除输入的笔记内容，则可以单击【橡皮擦】按钮，在弹出的列表中选择【清除所有墨迹】选项，即可清除输入的笔记内容，如图 22-24 所示。

图 22-24 选择【清除所有墨迹】选项

步骤 7 单击【添加键入的笔记】按钮，如图 22-25 所示。

图 22-25 【添加键入的笔记】按钮

步骤 8 可以在页面中绘制一个文本框，然后在其中输入笔记内容，如图 22-26 所示。

图 22-26 输入笔记内容

步骤 9 单击【剪辑】按钮，进入剪辑编辑状态，如图 22-27 所示。

图 22-27 剪辑编辑状态

步骤 10 按下鼠标左键，拖动鼠标可以复制区域，如图 22-28 所示。

步骤 11 笔记做完之后，单击页面中的【保存 Web 笔记】按钮，如图 22-29 所示。

步骤 12 弹出笔记保存设置界面，单击【保存】按钮，即可将做的笔记保存起来，如图 22-30 所示。

图 22-28 复制区域

图 22-29 单击【保存 Web 笔记】按钮

图 22-30 保存笔记

步骤 13 如果想要退出 Web 笔记工作模式，则可以单击【退出】按钮，如图 22-31 所示。

图 22-31 退出 Web 笔记工作模式

22.2.5 InPrivate 浏览

使用 InPrivate 浏览网页时，用户的浏览数据（如 Cookie、历史记录或临时文件）在用户浏览完后不保存在电脑上。也就是说当关闭所有的 InPrivate 标签页后，Microsoft Edge 会从电脑中删除临时数据。使用 InPrivate 浏览网页的具体操作步骤如下。

步骤 1 双击任务栏中的 Microsoft Edge 图标，打开 Microsoft Edge 浏览工作界面，单击【更多】按钮，在弹出的下拉列表中选择【新 InPrivate 窗口】选项，如图 22-32 所示。

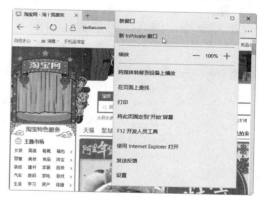

图 22-32 选择【新 InPrivate 窗口】选项

步骤 2 打开 InPrivate 窗口，在其中提示用户正在浏览 InPrivate，如图 22-33 所示。

图 22-33 InPrivate 窗口

步骤 3 在【搜索或输入网址】文本框中输入想要使用 InPrivate 浏览的网页网址，

如这里输入 www.baidu.com，如图 22-34 所示。

图 22-34　输入网址

步骤 4 单击➡按钮，即可在 InPrivate 中打开百度网首页，进而浏览网页，如图 22-35 所示。

图 22-35　百度网首页

22.2.6 启用 SmartScreen 筛选

启用 SmartScreen 筛选功能，可以保护用户的计算机免受不良网站和下载内容的威胁。启用 SmartScreen 筛选功能的具体操作步骤如下。

步骤 1 打开 Microsoft Edge 浏览器，单击窗口中的【更多】按钮，在弹出的下拉列表中选择【设置】选项，如图 22-36 所示。

步骤 2 打开【设置】界面，在其中单击【查看高级设置】按钮，如图 22-37 所示。

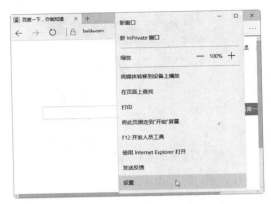

图 22-36　选择【设置】选项

图 22-37　【设置】界面

步骤 3 打开【高级设置】工作界面，在其中将【启用 SmartScreen 筛选，保护我的计算机免受不良网站和下载内容的威胁】下方的【开 / 关】按钮设置为【开】，即可启用 SmartScreen 筛选功能，如图 22-38 所示。

图 22-38　【高级设置】工作界面

22.3　搜索并下载网络资源

网络就像一个虚拟的世界，在网络中用户可以搜索到几乎所有的资源，当自己遇到想要保存的数据时，就需要将其从网络中下载到自己的电脑硬盘中。

22.3.1　认识搜索引擎

目前网络中常见的搜索引擎有很多种，比较常用的如百度搜索、Google 搜索等，下面分别进行介绍。

1. 百度搜索

百度是最大的中文搜索引擎，在百度网站中可以搜索页面、图片、新闻、mp3 音乐、百科知识、专业文档等内容，如图 22-39 所示。

图 22-39　百度搜索引擎首页

2. Google 搜索

Google 搜索引擎成立于 1997 年，是世界上最大的搜索引擎之一，Google 通过对 70 多亿网页进行整理，为世界各地的用户提供搜索，属于全文搜索引擎，而且搜索速度非常快。Google 搜索引擎分为"网站""新闻""网页目录""图像"等搜索类别。如图 22-40 所示就是 Google 搜索引擎首页。

图 22-40　Google 搜索引擎首页

22.3.2　搜索网页

搜索网页可以说是搜索引擎最基本的功能。这里以在百度中搜索网页为例，介绍搜索网页的方法，具体操作步骤如下。

步骤 1　打开 IE 11 浏览器，在地址栏中输入百度搜索网址 http://www.baidu.com，按 Enter 键，即可打开百度首页，如图 22-41 所示。

图 22-41　百度首页

步骤 2 在【百度搜索】文本框中输入想要搜索网页的关键字，如输入"蜂蜜"，即可进入【蜂蜜-百度搜索】页面，如图 22-42 所示。

图 22-42 输入搜索网页的关键字

步骤 3 单击需要查看的网页，如这里单击【蜂蜜 百度百科】超链接，即可打开【蜂蜜 百度百科】页面，在其中可以查看有关"蜂蜜"的详细信息，如图 22-43 所示。

图 22-43 打开【蜂蜜 百度百科】页面

22.3.3 搜索图片

使用百度搜索引擎搜索图片的具体操作步骤如下。

步骤 1 打开百度首页，将鼠标指针放置在【更多产品】按钮之上，在弹出的下拉列表中选择【图片】选项，如图 22-44 所示。

图 22-44 选择【图片】选项

步骤 2 进入图片搜索页面，在【百度搜索】文本框中输入想要搜索图片的关键字，如输入"玫瑰"，如图 22-45 所示。

图 22-45 图片搜索页面

步骤 3 单击【百度一下】按钮，即可打开有关"玫瑰"的图片搜索结果，如图 22-46 所示。

图 22-46 "玫瑰"的图片搜索结果

步骤 **4** 单击自己喜欢的玫瑰图片，如这里单击第二个蓝色的玫瑰图片链接，即可以大图的方式显示该图片，如图 22-47 所示。

图 22-47　大图的方式显示该图片

22.3.4　下载网络资源

用 IE 浏览器直接下载是最普通的一种下载方式，但是这种下载方式不支持断点续传。一般只在下载小文件的情况下使用，对于下载大文件就很不适用。

下面以 Internet Explorer 11 浏览器为例，介绍在 IE 浏览器中直接下载文件的方法。一般网上的文件以 .rar、.zip 等后缀名存在，使用 IE 浏览器下载后缀名为 .rar 文件的具体操作步骤如下。

步骤 **1** 这里以在百度云网盘中下载为例，打开要下载的文件所在的页面，单击需要下载的链接，如这里单击【下载】按钮，如图 22-48 所示。

图 22-49　【文件下载】对话框

图 22-48　百度云网盘页面

步骤 **2** 即可打开【文件下载】对话框，如图 22-49 所示。

步骤 **3** 单击【普通下载】按钮，在页面的下方显示下载信息提示框，提示用户是否运行或保存此文件，如图 22-50 所示。

图 22-50　下载信息提示框

步骤 4 单击【保存】按钮右侧的下拉按钮，在弹出的下拉列表中选择【另存为】选项，如图 22-51 所示。

图 22-51　选择【另存为】选项

> **提示**　在单击网页上的链接时，会根据链接的不同而执行不同的操作，如果单击的链接指向的是一个网页，则会打开该网页；当链接为一个文件时，才会打开【文件下载】对话框。

步骤 5 打开【另存为】对话框，并选择保存文件的位置，如图 22-52 所示。

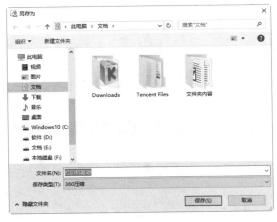

图 22-52　【另存为】对话框

步骤 6 单击【保存】按钮，开始下载文件，如图 22-53 所示。

图 22-53　开始下载文件

步骤 7 下载完成后，出现下载完毕对话框，如图 22-54 所示。

图 22-54　下载完毕对话框

步骤 8 单击【打开文件夹】按钮，可以打开下载文件所在的位置；单击【运行】按钮，即可执行程序的安装操作，如图 22-55 所示。

图 22-55　查看下载的文件

22.4 高效办公技能实战

22.4.1 高效办公技能 1——屏蔽网页广告弹窗

Internet Explorer 11 浏览器具有屏蔽网页广告弹窗的功能，使用该功能屏蔽网页广告弹窗的操作步骤如下。

步骤 1 在 IE 11 浏览器的工作界面中选择【工具】→【弹出窗口阻止程序】→【启用弹出窗口阻止程序】菜单命令，如图 22-56 所示。

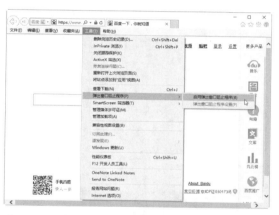

图 22-56 选择【启用弹出窗口阻止程序】命令

步骤 2 打开【弹出窗口阻止程序】对话框，提示用户是否确实要启用 Internet Explorer 弹出窗口阻止程序，如图 22-57 所示。

图 22-57 【弹出窗口阻止程序】对话框

步骤 3 单击【是】按钮，即可启用该功能，然后选择【工具】→【弹出窗口阻止程序】→【弹出窗口阻止程序设置】菜单命令，如图 22-58 所示。

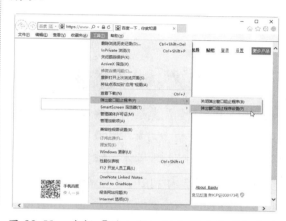

图 22-58 选择【弹出窗口阻止程序设置】命令

步骤 4 打开【弹出窗口阻止程序设置】对话框，在【要允许的网站地址】文本框中输入允许的网站地址，如图 22-59 所示。

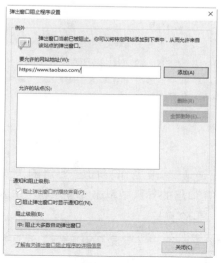

图 22-59 【弹出窗口阻止程序设置】对话框

步骤 5 单击【添加】按钮，即可将输入的网站网址添加到【允许的站点】列表框中。单击【关闭】按钮，即可完成弹出窗口阻止程序的设置操作，如图 22-60 所示。

图 22-60　设置弹出窗口阻止程序

22.4.2　高效办公技能 2——将电脑收藏夹网址同步到手机

使用 360 安全浏览器可以将电脑收藏夹中的网址同步到手机中，其中 360 安全浏览器的版本要求在 7.0 以上，具体操作步骤如下。

步骤 1 在电脑中打开 360 安全浏览器 8.1，如图 22-61 所示。

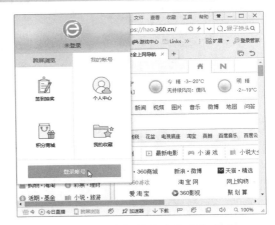

图 22-62　单击【登录帐号】按钮

图 22-61　360 安全浏览器

步骤 2 单击工作界面左上角的浏览器标志，在弹出的界面中单击【登录帐号】按钮，如图 22-62 所示。

步骤 3 弹出【登录 360 帐号】对话框，在其中输入账号与密码，如图 22-63 所示。

图 22-63　输入账号与密码

提示　如果没有账号，则可以单击【免费注册】按钮，在打开的界面中输入账号与密码进行注册操作，如图 22-64 所示。

图 22-64　注册账号页面

步骤 4　输入完毕后，单击【登录】按钮，即可以会员的方式登录到 360 安全浏览器中，单击浏览器左上角的图标，在弹出的下拉列表中单击【手动同步】按钮，如图 22-65 所示。

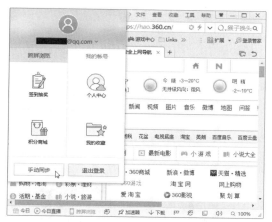

图 22-65　单击【手动同步】按钮

步骤 5　即可将电脑中的收藏夹进行同步操作，如图 22-66 所示。

图 22-66　同步操作

步骤 6　进入手机操作环境中，点按 360 手机浏览器图标，进入手机 360 浏览器工作界面，如图 22-67 所示。

图 22-67　浏览器工作界面

步骤 7　点按页面下方的 ≡ 按钮，打开手机 360 浏览器的设置界面，如图 22-68 所示。

图 22-68　设置界面

步骤 8 点按【收藏夹】图标，进入手机360 浏览器的【收藏夹】界面，如图 22-69 所示。

图 22-69　【收藏夹】界面

步骤 9 点按【同步】按钮，打开【账号登

录】界面，如图 22-70 所示。

图 22-70　【账号登录】界面

步骤 10 在登录界面中输入账号与密码，这里需要注意的是手机登录的账号与密码和电脑登录的账户与密码必须一致，如图 22-71所示。

图 22-71　输入账号与密码

步骤 11 单击【立即登录】按钮，即可以会员的方式登录到手机 360 浏览器中，在打开的界面中可以看到【电脑收藏夹】选项，如图 22-72 所示。

步骤 12 点按【电脑收藏夹】选项，即可打开【电脑收藏夹】界面，在其中可以看到电脑中的收藏夹的网址信息出现在手机浏览器的收藏夹中，这就说明收藏夹同步完成，如图 22-73 所示。

图 22-72　【电脑收藏夹】选项

图 22-73　【电脑收藏夹】界面

22.5 疑难问题解答

问题 1：有时，电脑用户会遇到不能上网的情况，在检测问题的时候常常会需要检测该电脑是否与外网相连，那么如何检测？

解答：使用"ping 服务器域名"命令，即可检查电脑是否能连接到外网，具体的方式为在【命令提示符】窗口中输入命令"ping 服务器域名"，如输入 ping www.baidu.com，然后按 Enter 键，即可显示检测结果。

问题 2：打开的网页显示不正常怎么办？

解答：使用 IE 浏览器打开网页时，遇到页面打开不正常，这时用户可以单击地址栏右侧的【刷新】按钮，刷新显示页面。

第23章

办公通信——网络沟通和交流

● **本章导读**

　　通过网络不仅可以帮助用户搜索资源，还可以借助网络，方便同事、合作伙伴之间的交流互动，提高办公效率。本章将为读者介绍使用邮件收发邮件、使用网页邮箱收发邮件、使用 QQ 协同办公的方法。

● **学习目标**

◎ 掌握使用邮件收发邮件的方法

◎ 掌握使用网页邮箱收发邮件的方法

◎ 掌握使用 QQ 协同办公的方法

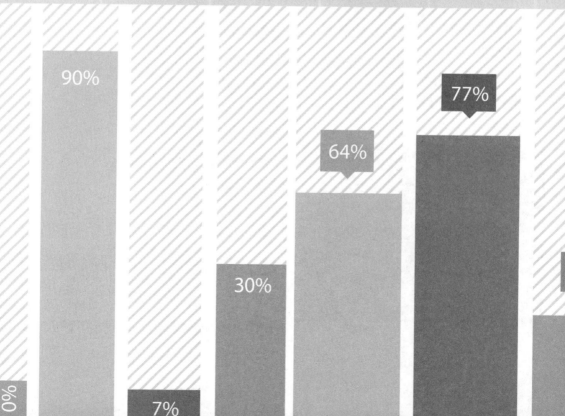

23.1 使用邮件收发邮件

电子邮件是一种用电子手段提供信息交换的通信方式，是互联网应用最广的服务。电子邮件可以是文字、图像、声音等多种形式。用户可以得到大量免费的新闻、专题邮件，并实现轻松的信息搜索。

23.1.1 配置邮件账户

Windows 10 系统可以支持多种电子邮件地址。要使用电子邮件，用户首先需要使用电子邮件地址配置一个属于自己的 Windows 10 电子邮件账户，具体操作步骤如下。

步骤 1 选择桌面左下角【开始】→【所有应用】→【邮件】命令，如图 23-1 所示。

图 23-1　选择【邮件】命令

步骤 2 打开电子【邮件】的欢迎界面，如图 23-2 所示。

图 23-2　邮件欢迎界面

步骤 3 单击【开始使用】按钮打开账户窗口，如果用户没有登录 Microsoft 账户，则需要添加账户，这里单击【添加帐户】按钮，如图 23-3 所示。

图 23-3　邮件账户界面

步骤 4 如果用户已有 Microsoft 账户，则选择 outlook.com 选项登录自己的账户；如果用户没有 Microsoft 账户，则打开 outlook.com 选项注册账户，这里单击【其他帐户】选项，如图 23-4 所示。

图 23-4　单击【其他帐户】选项

如果是 Microsoft 账户，则选择第一个 Outlook.com 选项。如果是企业账户，一般可以选择 Exchange 选项。如果是 Gmail，则选择 Google 选项。如果是 Apple，则选择 iCloud 选项。如果是 QQ、163 等邮箱，可以选择 PoP、IMAP。

步骤 5 打开【其他帐户】对话框，在其中输入电子邮件地址和密码，如图 23-5 所示。

图 23-5　输入邮件地址和密码

步骤 6 单击【登录】按钮，配置完成，单击【完成】按钮退出即可，如图 23-6 所示。

图 23-6　账户设置完成

23.1.2 发送邮件

通过网络的电子邮件系统，用户可以与世界上任何一个角落的网络用户使用电子邮件联系。发送电子邮件的具体操作步骤如下。

步骤 1 选择桌面左下角【开始】→【所有应用】→【邮件】命令，如图 23-7 所示。

图 23-7　选择【邮件】命令

步骤 2 打开【邮件】主界面，系统会默认进入电子邮件的收件箱，如图 23-8 所示。

图 23-8　【邮件】窗口

步骤 3 单击【邮件】窗口上方的【新邮件】按钮，即可进入新邮件详细信息窗口，用户可以输入需要发送的内容，填写收件人的地址并发送电子邮件，如图 23-9 所示。

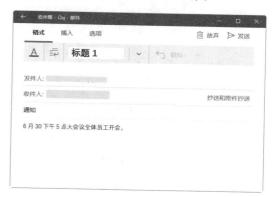

图 23-9　输入邮件详细内容

步骤 4 如果用户需要给多位收件人发送同一邮件，可以直接在收件人地址中加上其他收件人的电子邮件地址，中间用逗号隔开，邮件写完后，单击【发送】按钮即可，如图23-10所示。

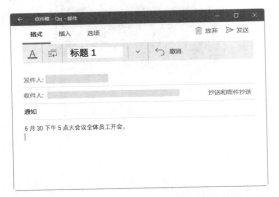

图 23-10　输入多个收件人邮件地址

23.1.3　添加附件

如果用户需要发送其他格式的文件，可以直接将文件添加到电子邮件的附件中发送给好友。添加附件的具体操作步骤如下。

步骤 1 在写邮件的界面选择【插入】选项卡，如图23-11所示。

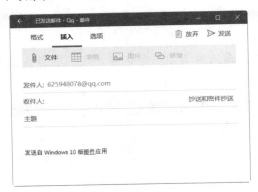

图 23-11　选择【插入】选项卡

步骤 2 单击【插入】选项卡下的【文件】按钮，打开【打开】对话框，选择需要上传的文件，并单击【打开】按钮，如图23-12所示。

图 23-12　【打开】对话框

步骤 3 开始附件的上传，上传完成，就完成添加附件的操作，单击【发送】按钮即可发送包含附件的邮件，如图23-13所示。

图 23-13　添加附件文件

步骤 4 如果想要在邮件中插入图片，则可以单击【图片】按钮，在打开的【打开】对话框中选择要插入的图片即可，如图23-14所示。

图 23-14　单击【图片】按钮

> ▶ **提示**　除添加附件文件和图片外，用户还可以在邮件中插入表格、链接等。

23.2　使用网页邮箱收发邮件

除了 Outlook 邮箱外，还可以使用其他电子邮箱，如网易邮箱、QQ 邮箱、新浪邮箱、搜狐邮箱等，它们都支持以网页的形式登录，并可以进行任何收 / 发邮件的操作。下面介绍 QQ 邮箱和网易邮箱的使用。

23.2.1　使用网易邮箱

网易邮箱是网易公司推出的电子邮箱服务，是中国主流的电子邮箱之一，主要包括 163、126、Yahoo、专业企业邮等邮箱品牌，其中使用较为广泛的是 163 免费邮和 126 免费邮，其操作方法基本相同。下面以 163 免费邮为例，介绍其使用方法。

步骤 1　在 IE 浏览器的地址栏中输入 163 邮箱的网址 http://mail.163.com/，按 Enter 键，或单击【转至】按钮，即可打开 163 邮箱的登录页面，在【邮箱地址帐号】和【密码】文本框中输入已拥有的 163 邮箱账号和密码，如图 23-15 所示。

图 23-15　输入账号和密码

步骤 2　单击【登录】按钮，即可进入邮箱页面中，如图 23-16 所示。

步骤 3　登录到自己的电子邮箱后，单击左侧列表中的【写信】按钮，即可进入电子邮件的编辑窗口，如图 23-17 所示。

图 23-16　邮箱页面

图 23-17　电子邮件的编辑窗口

步骤 4　在【收件人】文本框中输入收件人的电子邮箱地址、在【主题】文本框中输入电子邮件的主题，相当于电子邮件的名字，最好能让收信人迅速知道邮件的大致内容，然后在下面的空白文本框中输入邮件的内容，如图 23-18 所示。

图 23-18　输入电子邮件的内容

步骤 5 单击【发送】按钮，即可开始发送电子邮件，在发送的过程中为了防止垃圾邮件泛滥，需要输入验证信息，如图 23-19 所示。

图 23-19　输入姓名

步骤 6 输入名称后，单击【保存并发送】按钮，发送电子邮件，发送成功后，窗口中将出现"发送成功"的提示信息，如图 23-20 所示。

图 23-20　邮件发送成功

23.2.2 使用 QQ 邮箱

QQ 邮箱是腾讯公司推出的邮箱产品。如果用户拥有 QQ 号，则不需要单独注册邮箱，使用起来也较为方便。下面介绍 QQ 邮箱的使用方法。

步骤 1 登录 QQ，在 QQ 面板中，单击【QQ邮箱】图标，如图 23-21 所示。

图 23-21　单击【QQ 邮箱】图标

步骤 2 即可直接打开并登录 QQ 邮箱，如图 23-22 所示。

图 23-22　QQ 邮箱

> **提示** 用户也可以进入 QQ 邮箱的登录页面 (mail. qq.com)，输入 QQ 账号和密码登录邮箱。

步骤 3 如果要写信，单击【写信】超链接，即可进入邮件编辑界面，添加收件人、主题，并编辑正文内容。如果收件人是 QQ 好友，可在右侧【通讯录】下方选择 QQ 好友，添加到收件人栏中，如图 23-23 所示。

步骤 4 如果要添加附件、照片、文档等，可以单击主题下方对应的按钮，也可以单击【格式】按钮，编辑邮件正文格式，如图 23-24 所示。

图 23-23　邮件编辑界面

图 23-24　设置邮件格式

步骤 5 邮件编辑完成后，单击【发送】按钮，即时发送；也可以单击【定时发送】按钮，

设置某个时间进行发送；还可以单击【存草稿】按钮，将当前邮件存入草稿箱；单击【关闭】按钮，可将当前页面关闭，如图 23-25 所示。

图 23-25　发送邮件设置功能区

步骤 6 发送完成后，即会提示"您的邮件已发送"信息。此时用户可以单击左侧的【已发送】超链接，查看已发送的邮件。如果查收邮件，单击【收件箱】超链接即可查看，如图 23-26 所示。

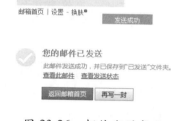

图 23-26　邮件发送成功

23.3　使用QQ协同办公

　　腾讯 QQ 是一款即时聊天软件，支持显示朋友在线信息、即时传送信息、即时交谈、即时传输文件。另外，QQ 还具有发送离线文件、超级文件、共享文件、QQ 邮箱、游戏等功能。

23.3.1　即时互传重要文档

　　QQ 支持文件的在线传输和离线发送功能，用户在日常办公中，可以用来发送文件，这样更方便双方的沟通。

 在线发送文件

　　在线发送文件，主要是在双方都在线的情况下，对文件进行实时发送和接收。

步骤 1 打开聊天对话框，将要发送的文件拖曳到信息输入框中，即可看到文件显示在发送列表中，等待对方的接收，如图 23-27 所示。

图 23-27　QQ 聊天对话框

步骤 2 此时接收文件方，桌面会弹出一个信息提示框，单击【接收】选项，可以直接接收该文件，也可以单击【另存为】选项，可将文件接收并保存到指定位置，如图 23-28 所示。

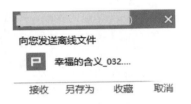

图 23-28　信息提示

步骤 3 如果接收文件方与对方的 QQ 聊天窗口处于打开状态，窗口右侧则显示传送文件列表，如图 23-29 所示。

图 23-29　QQ 聊天对话框

步骤 4 接收完毕后，单击【打开】选项，可打开该文件；单击【打开文件夹】选项，

可以打开该文件所保存位置的文件夹；单击【转发】选项，可将其转发给其他好友，如图 23-30 所示。

图 23-30　成功接收文档

2. 离线发送文件

离线发送文件，通过服务器中转的形式，发送给好友，不管其是否在线，都可以完成文件发送，且提高了上传和下载速度，主要有两种方法发送离线文件。

方法 1：在线传送时，单击【转离线发送】链接，如图 23-31 所示。

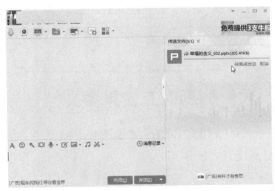

图 23-31　单击【转离线发送】链接

方法 2：选择【传送文件】列表中的【发送离线文件】选项，即可发送离线文件，如图 23-32 所示。

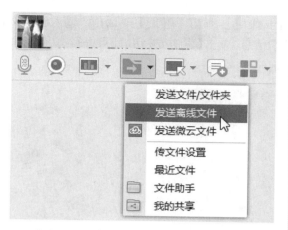

图 23-32 选择【发送离线文件】选项

23.3.2 加入公司内部沟通群

群是为 QQ 用户中拥有共性的小群体建立的一个即时通信平台，如"老乡会""我的同学""同事"等群。下面以同事群为例，介绍使用群进行沟通与交流的方法。

具体操作步骤如下。

步骤 1 在 QQ 面板中单击【查找】按钮，如图 23-33 所示。

图 23-33 单击【查找】按钮

步骤 2 弹出【查找】对话框，选择【找群】选项卡，在下面的文本框中输入公司内部沟通群号码，如图 23-34 所示。

图 23-34 输入群号

步骤 3 单击【搜索】按钮，即可在网络上查找到需要查找的群，如图 23-35 所示。

图 23-35 查找群

步骤 4 单击【加群】按钮，弹出【添加群】对话框，在验证信息文本框中输入相应的内容，如图 23-36 所示。

图 23-36 【添加群】对话框

步骤 5 单击【下一步】按钮，即可将申请加入群的请求发送给该群的群主，如图 23-37 所示。

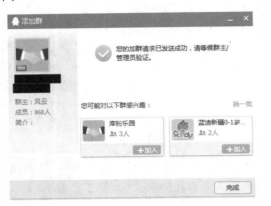

图 23-37　发送添加请求

步骤 6 如果群创建者验证好通过验证，即可成功加入该群，并弹出一个信息提示框，如图 23-38 所示。

图 23-38　信息提示框

步骤 7 单击信息提示框，即可打开群聊天窗口，进入其中就可以聊天了，如图 23-39 所示。

图 23-39　群聊天窗口

步骤 8 弹出【聊天】对话框，输入相关文字信息，单击【发送】按钮，即可进行文字聊天，如图 23-40 所示。

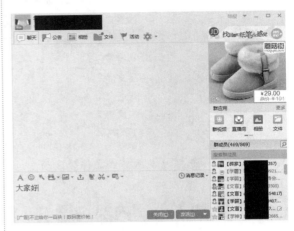

图 23-40　输入文字信息

步骤 9 如果用户和群中的某个 QQ 好友私聊，可以在【群成员】列表中选择 QQ 好友的头像，右击并在弹出的快捷菜单中选择【发送消息】命令，如图 23-41 所示。

图 23-41　选择【发送消息】命令

步骤 10 在弹出的【聊天】对话框中，输入相关文字信息，单击【发送】按钮，即可进行私聊，私聊的信息其他的群成员是看不到的，如图 23-42 所示。

图 23-42　群成员单人聊天窗口

23.3.3　召开多人在线视频会议

与讨论组、群等相比，虽然二者可以方便多人的交流与沟通，但是视频会议更加生动逼真，也增强了参与成员的互动性。目前，网络中支持视频会议的软件有很多，但 QQ 对一般从业者或中小型公司而言，具有更好的可行性。

步骤 1 单击 QQ 面板最下方的【打开应用管理器】图标 ，如图 23-43 所示。

图 23-43　单击【打开应用管理器】图标

步骤 2 打开【应用管理器】窗口，单击【打开视频会话】图标，如图 23-44 所示。

图 23-44　【应用管理器】窗口

步骤 3 弹出【邀请好友】对话框，选择要添加参与视频通话的好友，并单击【确定】

按钮，如图 23-45 所示。

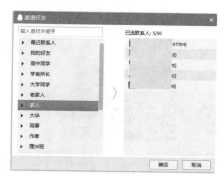

图 23-45　邀请好友

步骤 4 如图 23-46 所示即为视频通话界面，左侧为视频显示区域，右侧可以文字聊天。

图 23-46　视频聊天窗口

另外，用户也可以使用 QQ 群中的【群视频】功能，召开多人在线会议，具体操作步骤如下。

步骤 1 打开 QQ 群聊天窗口，单击窗口右侧的【群视频】图标，如图 23-47 所示。

图 23-47　单击【群视频】图标

步骤 2 即可打开群通话对话框，单击【上台】按钮，即可显示讲话人的视频界面，其类似于直播的形式。在该页面中，也支持屏幕分享文档演示等功能，如图 23-48 所示。

图 23-48　群视频界面

23.3.4　远程演示文档

通过演示文档，可以将电脑上的文档演示给对方看，这极大地方便了工作中的交流。使用 QQ 远程演示文档的具体操作步骤如下。

步骤 1 打开聊天窗口，单击【远程演示】图标，在弹出的选项中，单击【演示文档】图标，如图 23-49 所示。

图 23-49　单击【演示文档】图标

步骤 2 在弹出的【打开】对话框中，选择要演示的文档，并单击【打开】按钮，如图 23-50 所示。

> **提示** 演示文档支持的文档类型包括：Word 文档 (.doc、.docx)、Excel 工作簿 (.xls、.xlsx)、PDF 文档 (.pdf)、XML 文

档 (.xml)、网页格式 (.htm、.html) 和记事本 (.txt)。目前版本不支持 PPT 演示文稿，如要演示 PPT 文稿，可选择分享屏幕，在电脑中放映幻灯片分享给对方。

图 23-50　【打开】对话框

步骤 3 即可发送邀请，待对方加入，如图 23-51 所示。

图 23-51　邀请对方加入

步骤 4 对方接受邀请后，可单击【全屏】按钮，可全屏操作演示给对方，也可以通过语音或视频与对方对话，如图 23-52 所示。

图 23-52　全屏显示

23.4 高效办公技能实战

23.4.1 高效办公技能 1——使用手机收发邮件

　　使用手机可以收发邮件，这需要在手机中安装具有收发邮件功能的第三方软件。这里以 WPS Office 办公软件为例，来介绍使用手机收发邮件的具体操作步骤。

步骤 1 在手机中打开 WPS Office 办公软件，将要发送的文件先是在屏幕上，单击屏幕上方的邮件图标📧，在弹出的列表中单击【邮件发送】按钮🖼，如图 23-53 所示。

步骤 2 弹出如图 23-54 所示的提示，选择【电子邮件】选项。

图 23-53　单击邮件　　图 23-54　选择【电子
　　　　　　图标　　　　　　　　邮件】选项

步骤 3 输入邮箱账号和密码，单击【登录】按钮，如图 23-55 所示。

步骤 4 输入收件人的邮箱，并对要发送的邮件进行编辑，如输入主题等，单击右上角的【发送】按钮即可将其发送至对方邮箱，如图 23-56 所示。

图 23-55　输入账户信息　图 23-56　发送邮件

23.4.2 高效办公技能 2——一键锁定 QQ

　　在自己离开电脑时，如果担心别人看到自己的 QQ 聊天信息，除了可以关闭 QQ 外，可以将其锁定，防止别人窥探 QQ 聊天记录。具体操作步骤如下。

步骤 1 打开 QQ 界面，按 Ctrl+Alt+L 组合键，即可锁定 QQ，如图 23-57 所示。

图 23-57　锁定 QQ

步骤 **2** 在 QQ 锁定状态下，将不会弹出新消息，用户单击【解锁】图标或按 Ctrl+Alt+L 组合键进行解锁，在密码框中输入解锁密码，按 Enter 键即可解锁，如图 23-58 所示。

图 23-58　解锁界面

23.5 疑难问题解答

问题 1： 为什么 QQ 号码会受到登录保护而需要激活？

解答： 当 QQ 后台服务器检测到 QQ 号码出现异常登录现象时，会认为 QQ 密码可能已经泄露，为了提高 QQ 号码的安全性，于是采用了"暂时限制登录"的方式来保护用户的 QQ 号码安全，此时 QQ 用户必须进行"号码激活"，然后才能正常登录。

问题 2： 如果正在使用的邮箱突然不能使用了，或已经由于好久不用而把邮箱密码给忘记了，此时应该怎么办？

解答： 经常上网的用户可能都面临过遗失邮箱密码的情况，为了让用户能找回密码并继续使用自己的邮箱，大多数 Web-Mail 系统都会向用户提供邮箱密码恢复机制，让用户回答一系列问题，如果答案都正确，就会让用户恢复自己邮箱的密码。

第24章

协同办公——Office 组件之间的协作办公

● **本章导读**

    Office 组件之间的协同办公主要包括 Word 与 Excel 之间的协作、Word 与 PowerPoint 之间的协作、Excel 与 PowerPoint 之间的协作以及 Outlook 与其他组件之间的协作等。

● **学习目标**

◎ 掌握 Word 与 Excel 之间的协作技巧与方法
◎ 掌握 Word 与 PowerPoint 之间的协作技巧与方法
◎ 掌握 Excel 与 PowerPoint 之间的协作技巧与方法
◎ 掌握 Outlook 与其他组件之间的协作关系

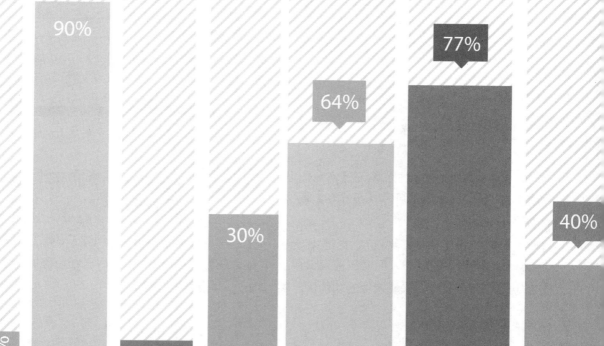

24.1 Word与Excel之间的协作

Word 与 Excel 都是现代化办公所必不可少的工具，熟练掌握 Word 与 Excel 的协同办公技能可以说是每个办公人员所必需的。

24.1.1 在 Word 中创建 Excel 工作表

在 Office 2013 的 Word 组件中提供了创建 Excel 工作表的功能，这样就可以直接在 Word 中创建 Excel 工作表，而不用在两个软件之间来回切换进行工作了。

在 Word 文档中创建 Excel 工作表的具体操作步骤如下。

步骤 1 在 Word 2013 的工作界面中选择【插入】选项卡，在打开的功能界面中单击【文本】选项组中的【对象】按钮，如图 24-1 所示。

图 24-1　单击【对象】按钮

步骤 2 弹出【对象】对话框，在【对象类型】列表框中选择【Microsoft Excel 工作表】选项，如图 24-2 所示。

步骤 3 单击【确定】按钮，文档中就会出现 Excel 工作表的状态，同时当前窗口最上方的功能区显示的是 Excel 软件的功能区，然后直接在工作表中输入需要的数据即可，如图 24-3 所示。

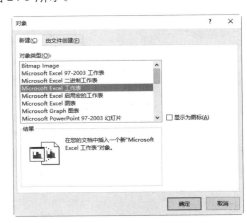

图 24-2　【对象】对话框

图 24-3　在 Word 中创建 Excel

24.1.2 在 Word 中调用 Excel 工作表

除了可以在 Word 中创建 Excel 工作表之外，还可以在 Word 中调用已经创建好的工作表，具体操作步骤如下。

步骤 1 打开 Word 软件，在其工作界面中选择【插入】选项卡，在打开的功能界面中单击【文本】选项组中的【对象】按钮，弹出【对象】对话框，在其中选择【由文件创建】选项卡，如图 24-4 所示。

图 24-4　【由文件创建】选项卡

步骤 2 单击【浏览】按钮，在弹出的【浏览】对话框中选择需要插入的 Excel 文件，这里选择随书光盘中的"素材\ch24\销售统计表.xlsx"文件，单击【插入】按钮，如图 24-5 所示。

图 24-5　【浏览】对话框

步骤 3 返回【对象】对话框，单击【确定】按钮，即可将 Excel 工作表插入 Word 文档中，如图 24-6 所示。

图 24-6　【对象】对话框

步骤 4 插入 Excel 工作表以后，可以通过工作表四周的控制点调整工作表的位置及大小，如图 24-7 所示。

图 24-7　在 Word 中调用 Excel 工作表

24.2 Word与PowerPoint之间的协作

　　Word 与 PowerPoint 之间也可以协同办公，将 PowerPoint 演示文稿可以制作成 Word 文档的方法有两种：一种是在 Word 状态下将演示文稿导入 Word 文档中；另一种是将演示文稿发送到 Word 文档中。

24.2.1 在 Word 中创建 PowerPoint 演示文稿

在 Word 文档中创建 PowerPoint 演示文稿的具体操作步骤如下。

步骤 1 打开 Word 软件，在其工作界面中选择【插入】选项卡，在打开的功能界面中单击【文本】选项组中的【对象】按钮，弹出【对象】对话框，在【新建】选项卡中选择【Microsoft PowerPoint 幻灯片】选项，如图24-8所示。

图 24-8 选择【Microsoft PowerPoint 幻灯片】选项

步骤 2 单击【确定】按钮，即可在 Word 文档中添加一个幻灯片，如图24-9所示。

图 24-9 在 Word 中创建幻灯片

步骤 3 在【单击此处添加标题】占位符中可以输入标题信息，如输入"产品介绍报告"，如图24-10所示。

图 24-10 输入标题信息

步骤 4 在【单击此处添加副标题】占位符中输入幻灯片的副标题，如这里输入"——蜂蜜系列产品"，如图24-11所示。

图 24-11 输入副标题信息

步骤 5 右击创建的幻灯片，在弹出的快捷菜单中选择【设置背景格式】命令，如图24-12所示。

图 24-12 选择【设置背景格式】命令

步骤 6 打开【设置背景格式】对话框，

在其中将填充的颜色设置为"蓝色"，如图 24-13 所示。

图 24-13　选择蓝色填充颜色

步骤 7 单击【关闭】按钮，返回到 Word 文档中，在其中可以看到设置之后的幻灯片背景，如图 24-14 所示。

图 24-14　添加的幻灯片背景颜色

步骤 8 选中该幻灯片的边框，等鼠标变为双向箭头时，按下鼠标左键不放，拖曳鼠标可以调整幻灯片的大小，如图 24-15 所示。

图 24-15　调整幻灯片的大小

24.2.2 在 Word 中调用 PowerPoint 演示文稿

当在 PowerPoint 中创建好演示文稿之后，用户除了可以在 PowerPoint 中进行编辑和放映外，还可以将 PowerPoint 演示文稿插入到 Word 软件中进行编辑及放映，具体操作步骤如下。

步骤 1 打开 Word 软件，单击【插入】选项卡【文本】选项组中的【对象】按钮，在弹出的【对象】对话框中选择【由文件创建】选项卡，单击【浏览】按钮，如图 24-16 所示。

图 24-16　【对象】对话框

步骤 2 打开【浏览】对话框，在其中选择需要插入的 PowerPoint 文件，这里选择随书光盘中的"素材\ch24\ 电子相册 .pptx"文件，然后单击【插入】按钮，如图 24-17 所示。

图 24-17　【浏览】对话框

步骤 3 返回【对象】对话框，单击【确定】按钮，即可在文档中插入所选的演示文稿，如图 24-18 所示。

步骤 4 插入 PowerPoint 演示文稿以后，可以通过演示文稿四周的控制点来调整演示文稿的位置及大小，如图 24-19 所示。

图 24-18　单击【确定】按钮

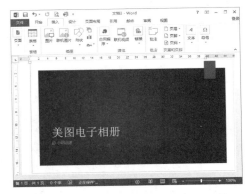

图 24-19　在 Word 中调用演示文稿

24.3　Excel和PowerPoint之间的协作

除了 Word 和 Excel、Word 与 PowerPoint 之间存在着相互的协同办公关系外，Excel 与 PowerPoint 之间也存在着信息的相互共享与调用关系。

24.3.1　在 PowerPoint 中调用 Excel 工作表

在使用 PowerPoint 进行放映讲解的过程中，用户可以直接将制作好 Excel 工作表调用到 PowerPoint 软件中进行放映，具体操作步骤如下。

步骤 1 打开随书光盘中的"素材 \ch24\ 学院人员统计表 .xlsx"文件，如图 24-20 所示。

步骤 2 将需要复制的数据区域选中并右击，在弹出的快捷菜单中选择【复制】命令，如图 24-21 所示。

图 24-20　打开素材文件

图 24-21　选择【复制】命令

步骤 3 切换到 PowerPoint 软件中，单击【开始】选项卡【剪贴板】选项组中的【粘贴】按钮，如图 24-22 所示。

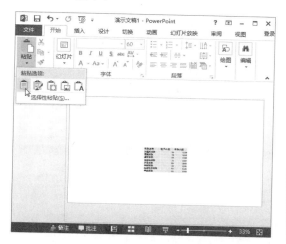

图 24-22 单击【粘贴】按钮

步骤 4 最终效果如图 24-23 所示。

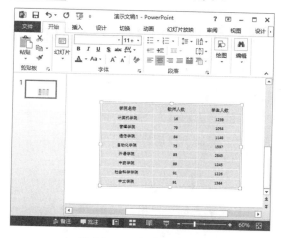

图 24-23 粘贴工作表

24.3.2 在 PowerPoint 中调用 Excel 图表

用户也可以在 PowerPoint 中播放 Excel 图表，将 Excel 图表复制到 PowerPoint 中的具体操作步骤如下。

步骤 1 打开随书光盘中的"素材 \ch24\ 图表 .xlsx"文件，如图 24-24 所示。

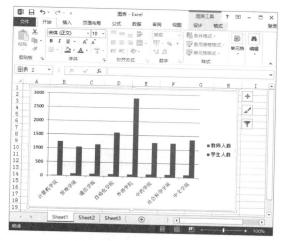

图 24-24 打开素材文件

步骤 2 选中需要复制的图表并右击，在弹出的快捷菜单中选择【复制】命令，如图 24-25 所示。

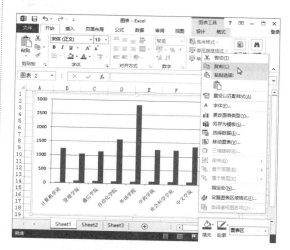

图 24-25 选择"复制"命令

步骤 3 切换到 PowerPoint 软件中，单击【开始】选项卡【剪贴板】选项组中的【粘贴】按钮，如图 24-26 所示。

步骤 4 最终效果如图 24-27 所示。

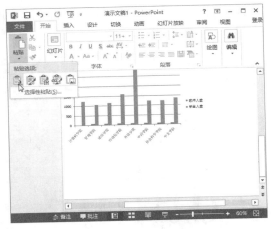

图 24-26　单击【粘贴】按钮

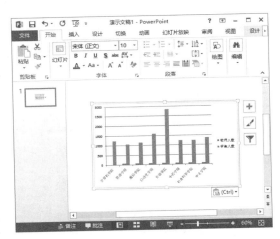

图 24-27　粘贴图表

24.4　高效办公技能实战

24.4.1　高效办公技能 1——使用 Word 和 Excel 组合逐个打印工资表

本实例介绍如何使用 Word 和 Excel 组合逐个打印工资表。作为公司财务人员，能够熟练并快速打印工资表是一项基本技能。首先需要将所有员工的工资都输入 Excel 中进行计算；然后就可以使用 Word 与 Excel 的联合功能制作每一位员工的工资条；最后打印即可。

具体操作步骤如下。

步骤 1 打开随书光盘中的 "素材 \ch24\ 工资表 .xlsx" 文件，如图 24-28 所示。

步骤 2 新建一个 Word 文档，并按 "工资表 .xlsx" 文件格式创建表格，如图 24-29 所示。

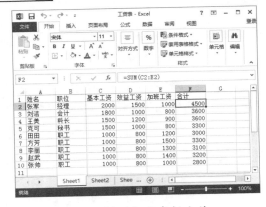

图 24-28　打开素材文件

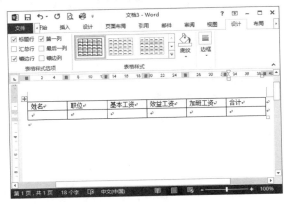

图 24-29　创建表格

步骤 3 单击 Word 文档中的【邮件】选项卡【开始邮件合并】组中的【开始邮件合并】按钮，在弹出的下拉列表中选择【邮件合并分步向导】选项，如图 24-30 所示。

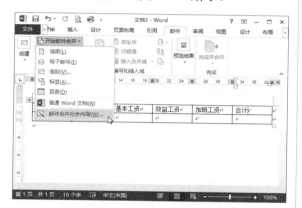

图 24-30 选择【邮件合并分步向导】选项

步骤 4 在窗口的右侧弹出【邮件合并】窗格，选择文档类型为【信函】选项，如图 24-31 所示。

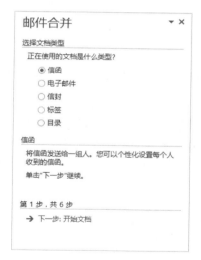

图 24-31 【邮件合并】窗格

步骤 5 单击【下一步：开始文档】按钮，进入邮件合并第 2 步，保持默认选项，如图 24-32 所示。

步骤 6 单击【下一步：选择收件人】按钮，进入"第 3 步，共 6 步"窗口中，如图 24-33 所示，单击【浏览】超链接。

图 24-32 邮件合并第 2 步

图 24-33 邮件合并第 3 步

步骤 7 打开【选取数据源】对话框，选择随书光盘中的"素材 \ch24\ 工资表 .xlsx"文件，如图 24-34 所示。

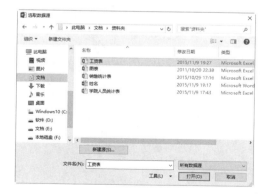

图 24-34 【选取数据源】对话框

步骤 8 单击【打开】按钮，弹出【选择表格】对话框，选择步骤 1 所打开的工作表，如图 24-35 所示。

图 24-35 　【选择表格】对话框

步骤 9 单击【确定】按钮，弹出【邮件合并收件人】对话框，保持默认，单击【确定】按钮，如图 24-36 所示。

图 24-36 　【邮件合并收件人】对话框

步骤 10 返回【邮件合并】窗格，如图 24-37所示，连续单击下一步链接直至最后一步。

图 24-37 　单击下一步链接

步骤 11 单击【邮件】选项卡【编写和插入域】组中的【插入合并域】按钮，如图 24-38所示。

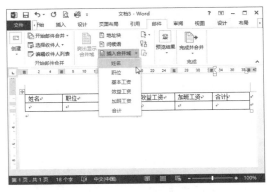

图 24-38 　选择【姓名】选项

步骤 12 根据表格标题设计，依次将第 1 条"工资表 .xlsx"文件中的数据填充至表格中，如图 24-39 所示。

图 24-39 　插入合并域的其他内容

步骤 13 单击【邮件合并】窗格中的【编辑单个信函】超链接，如图 24-40 所示。

图 24-40 　邮件合并第 6 步

步骤 14 打开【合并到新文档】对话框，选中【全部】单选按钮，如图 24-41 所示。

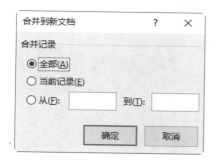

图 24-41　【合并到新文档】对话框

步骤 15 单击【确定】按钮，将新生成一个信函文档，该文档中对每一个员工的工资分页显示，如图 24-42 所示。

图 24-42　生成信函文件

步骤 16 删除文档中的分页符号，将员工工资条放置在一页中，然后就可以保存并打印工资条了，如图 24-43 所示。

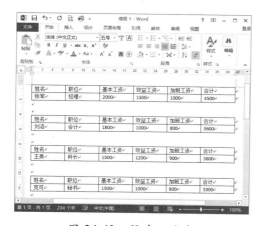

图 24-43　保存工资条

24.4.2 高效办公技能 2——Outlook 与其他组件之间的协作

使用 Word 可以查看、编辑和编写电子邮件，其中，Outlook 与 Word 之间最常用的是使用 Outlook 通讯簿查找地址，两者关系非常紧密。在 Word 中查找 Outlook 通讯簿的具体操作步骤如下。

步骤 1 打开 Word 软件，单击【邮件】选项卡【创建】组中的【信封】按钮，如图 24-44 所示。

图 24-44　单击【信封】按钮

步骤 2 打开【信封和标签】对话框，可以在【收信人地址】列表框中输入对方的邮件地址，如图 24-45 所示。

图 24-45　【信封和标签】对话框

> **提示** 用户还可以在【信封和标签】对话框中单击【通讯簿】按钮，从 Outlook 中查找对方的邮箱地址。

24.5 疑难问题解答

问题 1： 如何才能使表格具有相同风格的外观？

解答： 为了使表格统一为具有相同风格的外观，可以复制设置好的单元格，然后通过【选择性粘贴】方式应用在其他单元格中。右击需要设置外观的单元格，在弹出的快捷菜单中选择【选择性粘贴】命令，即可打开【选择性粘贴】对话框，并选中【格式】单选按钮，单击【确定】按钮即可将表格设置为统一的外观。另外还可以使用格式刷使表格的外观风格统一。

问题 2： 如何在低版本的 Excel 中打开 Excel 2013 文件？

解答： Excel 2013 制作的文件后缀名为 .xlsx，而以前版本的 Excel 文件后缀名为 .xls，用 Excel 2013 做的文件在以前版本的 Excel 中是打不开的。那么怎样实现这一功能呢？其具体的操作方法为：在 Excel 2013 中，选择【文件】选项卡，从打开的界面中选择【选项】选项，打开【Excel 选项】对话框，在左侧窗格中选择【保存】选项，切换到【保存】面板中，在【保存工作簿】选项组中单击【将文件保存为此格式】复选框右边的下拉箭头，从其下拉列表中选择【Excel 97-2003 工作簿 (*.xls)】选项，单击【确定】按钮，这样以后用 Excel 2013 做的文件在低版本的 Excel 中都能打开了。

第6篇
高手秘籍

随着互联网的发展，网络安全问题也开始出现在办公人员面前，保护办公数据和维护电脑安全，也是办公人员必须掌握的技能。本篇将重点深入学习办公数据的安全与共享、办公电脑的优化与维护等知识。

△ 第 25 章　保护数据——办公数据的安全与共享
△ 第 26 章　安全优化——办公电脑的优化与维护

第25章

保护数据——办公数据的安全与共享

● **本章导读**

　　保护办公数据是为了防止其他人员更改办公文件中的数据内容。对使用电脑来办公的人员来说，保护数据是一项很重要的工作。在实际工作中，应该养成对重要数据进行保护的好习惯，以免带来不必要的损失。本章将为读者介绍办公数据的安全与共享。

● **学习目标**

◎ 掌握办公文件共享的方法
◎ 掌握办公文件加密的方法

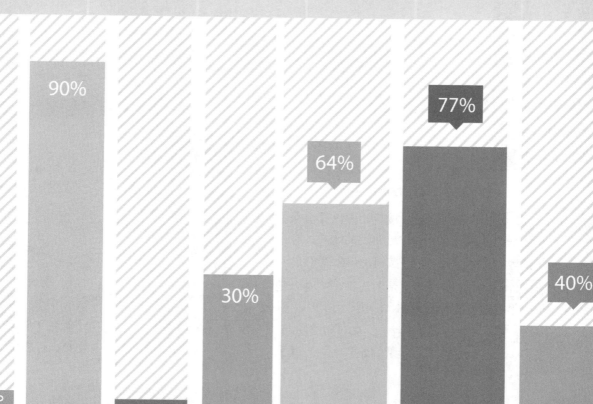

25.1 办公文件的共享

Excel 2013 为用户提供了多种共享数据的方法，使用这些方法，用户可以将 Excel 数据保存到云端 OneDrive、通过电子邮件共享、在局域网中共享等。

25.1.1 将文档保存到云端

云端 OneDrive 是由微软公司推出的一项云存储服务，用户可以通过自己的 Microsoft 账户进行登录，并上传自己的图片、文档等到 OneDrive 中进行存储。无论身在何处，用户都可以访问 OneDrive 上的所有内容。

将文档保存到云端 OneDrive 的具体操作步骤如下。

步骤 1 打开需要保存到云端 OneDrive 的工作簿。单击【文件】按钮，在打开的列表中选择【另存为】命令，在【另存为】界面中选择 OneDrive 选项，如图 25-1 所示。

图 25-1 【另存为】界面

步骤 2 单击【登录】按钮，弹出【登录】对话框，输入与 Excel 一起使用的账户的电子邮箱地址，单击【下一步】按钮，如图 25-2 所示。

步骤 3 在弹出的【登录】对话框中输入电子邮箱地址的密码，如图 25-3 所示。

步骤 4 单击【登录】按钮，即可登录账号，在 Excel 的右上角显示登录的账号名，在【另存为】区域中选择【OneDrive-个人】选项，如图 25-4 所示。

图 25-2 输入电子邮件地址

图 25-3 单击【登录】按钮

图 25-4 选择【OneDrive-个人】选项

步骤 5 单击【浏览】按钮，弹出【另存为】对话框，在对话框中选择文件要保存的位置，这里选择并打开【文档】文件夹，如图25-5所示。

图 25-5　【另存为】对话框

步骤 6 单击【保存】按钮，在其他电脑上打开 Excel 2013，单击【文件】选项卡，在打开的列表中选择【打开】选项，在【打开】区域中选择【OneDrive-个人】选项，然后单击【浏览】按钮，如图 25-6 所示。

图 25-6　单击【浏览】按钮

步骤 7 等软件从系统获取信息后，弹出【打开】对话框，即可选择存在 OneDrive 端的工作簿，如图 25-7 所示。

图 25-7　【打开】对话框

25.1.2 通过电子邮件共享

Excel 2013 还可以通过发送到电子邮件的方式进行共享，发送到电子邮件主要有【作为附件发送】、【发送链接】、【以 PDF 形式发送】、【以 XPS 形式发送】和【以 Internet 传真形式发送】5 种形式。下面介绍以附件形式进行邮件发送的方法。具体操作步骤如下。

步骤 1 打开需要通过电子邮件共享的工作簿。单击【文件】按钮，在打开的列表中选择【共享】命令，在【共享】界面中选择【电子邮件】选项，然后单击【作为附件发送】按钮，如图 25-8 所示。

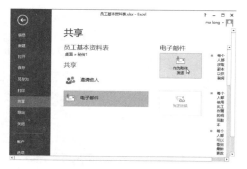

图 25-8　选择【电子邮件】选项

步骤 2 系统将自动打开电脑中的邮件客户端，弹出【员工基本资料表.xlsx- 写邮件】工作界面，在界面中可以看到添加的附件，在【收件人】文本框中输入收件人的邮箱，单击【发送】按钮即可将文档作为附件发送，如图 25-9 所示。

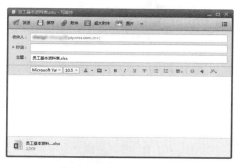

图 25-9　【员工基本资料表.xlsx- 写邮件】
工作界面

25.1.3 局域网中共享工作簿

局域网是在一个局部的范围内（如一个学校、公司和机关内），将各种计算机、外部设备、数据库等互相连接起来组成的计算机通信网。局域网可以实现文件管理、应用软件共享、打印机共享、扫描仪共享、工作组内的日程安排、电子邮件、传真通信服务等功能。

步骤 1 打开需要在局域网中共享的工作簿，单击【审阅】选项卡【更改】选项组中的【共享工作簿】按钮，如图 25-10 所示。

图 25-10　共享工作簿

步骤 2 弹出【共享工作簿】对话框，在对话框中选中【允许多用户同时编辑，同时允许工作簿合并】复选框，单击【确定】按钮，如图 25-11 所示。

图 25-11　【共享工作簿】对话框

步骤 3 弹出提示框，单击【确定】按钮，如图 25-12 所示。

图 25-12　信息提示框

步骤 4 工作簿即处于在局域网中共享的状态，在工作簿上方显示"共享"字样，如图 25-13 所示。

图 25-13　"共享"提示信息

步骤 5 单击【文件】按钮，在弹出的列表中选择【另存为】命令，单击【浏览】按钮，即可弹出【另存为】对话框，在对话框的地址栏中输入该文件在局域网中的位置，如图 25-14 所示。单击【保存】按钮，即可将该工作簿共享到网络中其他用户。

图 25-14　【另存为】对话框

> **提示**　将文件的所在位置通过电子邮件发送给共享该工作簿的用户，用户通过该文件在局域网中的位置即可找到该文件。在共享文件时，局域网必须处于可共享状态。

25.2　办公文件的加密

如果用户不希望制作好的办公文件被别人看到或修改，可以将文件保护起来。常用的保护文档的方法有标记为最终状态、用密码进行加密等。

25.2.1　标记为最终状态

【标记为最终状态】命令可将文档设置为只读，以防止审阅者或读者无意中更改文档。在将文档标记为最终状态后，输入、编辑命令以及校对标记都会禁用或关闭，文档的"状态"属性会设置为"最终"。具体操作步骤如下。

步骤 1　打开需要标记为最终状态的工作簿。单击【文件】按钮，在打开的列表中选择【信息】命令，在【信息】界面中单击【保护工作簿】按钮，在弹出的下拉菜单中选择【标记为最终状态】选项，如图 25-15 所示。

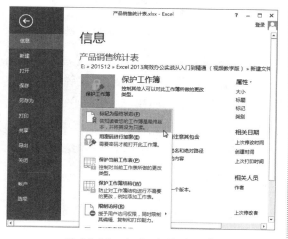

图 25-15　标记为最终状态

步骤 2　弹出 Microsoft Excel 提示框，单击【确定】按钮，如图 25-16 所示。

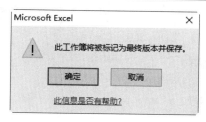

图 25-16　信息提示框

步骤 3　弹出 Microsoft Excel 提示框，单击【确定】按钮，如图 25-17 所示。

图 25-17　信息提示框

步骤 4　返回 Excel 页面，该文档即被标记为最终状态，以只读形式显示，如图 25-18 所示。

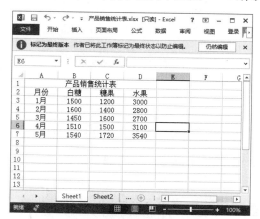

图 25-18　只读形式显示

提示 单击页面上方的【仍然编辑】按钮，可以对文档进行编辑。

25.2.2 用密码进行加密

用密码加密工作簿的具体操作步骤如下。

步骤 1 打开需要密码进行加密的工作簿。单击【文件】按钮，在打开的列表中选择【信息】命令，在【信息】界面中单击【保护工作簿】按钮，在弹出的下拉菜单中选择【用密码进行加密】选项，如图 25-19 所示。

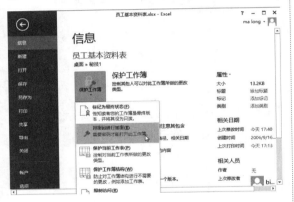

图 25-19 用密码进行加密

步骤 2 弹出【加密文档】对话框，输入密码，单击【确定】按钮，如图 25-20 所示。

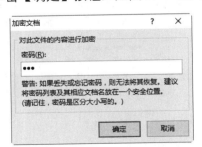

图 25-20 【加密文档】对话框

步骤 3 弹出【确认密码】对话框，再次输入密码，单击【确定】按钮，如图 25-21 所示。

步骤 4 即可为文档使用密码进行加密。在【信息】界面内显示已加密，如图 25-22 所示。

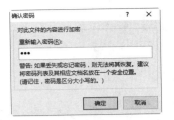

图 25-21 【确认密码】对话框

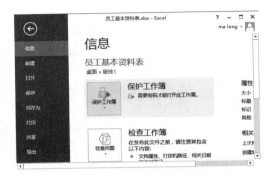

图 25-22 加密完成

步骤 5 再次打开文档时，将弹出【密码】对话框，输入密码后单击【确定】按钮，即可打开工作簿，如图 25-23 所示。

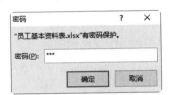

图 25-23 【密码】对话框

步骤 6 如果要取消加密，在【信息】界面中单击【保护工作簿】按钮，在弹出的下拉菜单中选择【用密码进行加密】选项，弹出【加密文档】对话框，清除文本框中的密码，单击【确定】按钮，即可取消工作簿的加密，如图 25-24 所示。

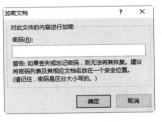

图 25-24 取消密码

25.2.3　保护当前工作表

　　除了对工作簿加密，用户也可以对工作簿中的某个工作表进行保护，防止其他用户对其进行操作，其具体操作步骤如下。

步骤 1 打开需要保护当前工作表的工作簿，单击【文件】按钮，在打开的列表中选择【信息】选项，在【信息】界面中单击【保护工作簿】按钮，在弹出的下拉菜单中选择【保护当前工作表】选项，如图 25-25 所示。

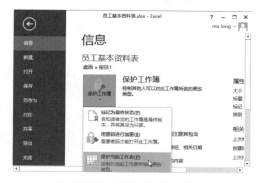

图 25-25　保护当前工作表

步骤 2 弹出【保护工作表】对话框，系统默认选中【保护工作表及锁定的单元格内容】复选框，也可以在【允许此工作表的所有用户进行】列表框中选择允许修改的选项，如图 25-26 所示。

图 25-26　【保护工作表】对话框

步骤 3 弹出【确认密码】对话框，在此输

入密码，单击【确定】按钮，如图 25-27 所示。

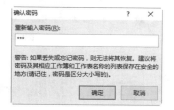

图 25-27　确认密码

步骤 4 返回 Excel 工作表中，双击任一单元格进行数据修改，则会弹出如图 25-28 所示的提示框。

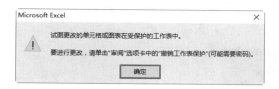

图 25-28　信息提示框

步骤 5 如果要取消对工作表的保护，可选择【信息】命令，然后在【保护工作簿】选项中，单击【取消保护】超链接，如图 25-29 所示。

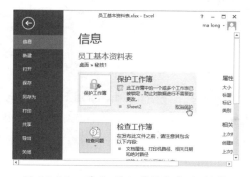

图 25-29　单击【取消保护】超链接

步骤 6 在弹出的【撤消工作表保护】对话框中，输入设置的密码，单击【确定】按钮即可取消保护，如图 25-30 所示。

图 25-30　【撤消工作表保护】对话框

25.3 高效办公技能实战

25.3.1 高效办公技能 1——检查文档的兼容性

Excel 2013 中的部分元素在早期的版本中是不兼容的，比如新的图表样式等。在保存工作簿时，可以先检查文档的兼容性，如果不兼容，更改为兼容的元素即可。具体操作步骤如下。

步骤 1 选择【文件】按钮，在下拉列表中选择【信息】命令，在中间区域中单击【检查问题】按钮，在弹出的下拉菜单中选择【检查兼容性】选项，如图 25-31 所示。

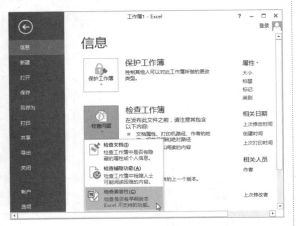

图 25-31 选择【检查兼容性】选项

步骤 2 在打开的【Microsoft Excel- 兼容性检查器】对话框中显示了兼容性检查的结果，如图 25-32 所示。

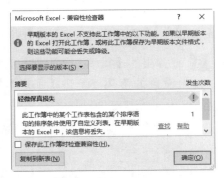

图 25-32 【Microsoft Excel- 兼容性检查器】对话框

25.3.2 高效办公技能 2——恢复未保存的工作簿

Excel 提供有自动保存的功能，每隔一段时间会自动保存，因此用户可以通过自动保存的文件来恢复工作簿。具体操作步骤如下。

步骤 1 选择【文件】按钮，在下拉列表中选择【信息】命令，在中间区域中单击【管理版本】按钮，在弹出的下拉菜单中选择【恢复未保存的工作簿】选项，如图 25-33 所示。

图 25-33 恢复未保存的工作簿

步骤 2 在弹出的【打开】对话框中选择自动保存的文件，如图 25-34 所示。

步骤 3 单击【打开】按钮，即可恢复未保存的文件，然后单击【另存为】按钮，将恢复的文件保存起来即可，如图 25-35 所示。

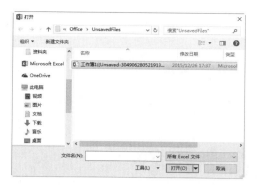

图 25-34　【打开】对话框

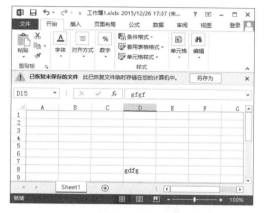

图 25-35　恢复未保存的文件

步骤 4　对自动保存时间间隔，可以在【Excel 选项】对话框中的【保存】选项中进行设置，如图 25-36 所示。

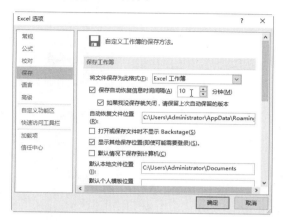

图 25-36　【Excel 选项】对话框

25.4　疑难问题解答

问题 1： 为什么有时打开局域网共享文件夹中的工作簿后，却不能改写里面的相应数据呢？

解答： 局域网中的共享文件夹，应为其他用户可更改模式，否则其中的工作簿将为只读形式，用户只能读取却不能对其进行更改。

问题 2： 当多个人对共享工作簿进行了编辑时，需要显示修订的信息，为什么只能在原工作表中显示，却不能在"历史记录"工作表中显示呢？

解答： 解决这个问题的方法其实很简单，只需要在【突出显示修订】对话框中进行其他设置后，同时选中【在屏幕上突出显示修订】和【在新工作表上显示修订】复选框，那么软件将在原工作表中突出显示修订的信息，同时也会出现在"历史记录"工作表中。

第 26 章

安全优化——办公电脑的优化与维护

● **本章导读**

随着计算机的不断使用，很多空间被浪费，用户需要及时优化系统和管理系统，包括电脑进程的管理和优化、电脑磁盘的管理与优化、清除系统垃圾文件、查杀病毒等，从而提高计算机的性能。本章就为读者介绍电脑系统安全与优化的方法。

● **学习目标**

◎ 掌握系统安全防护的方法
◎ 掌握查杀木马病毒的方法
◎ 掌握系统速度优化的方法

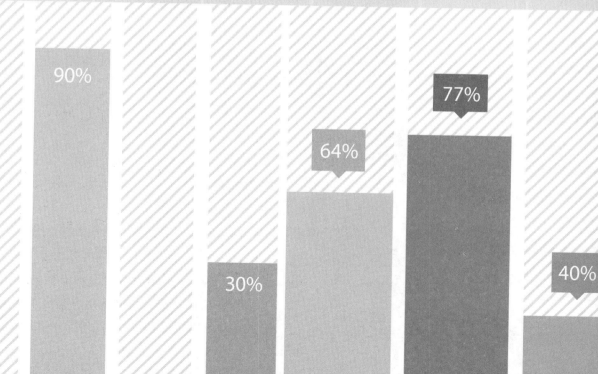

26.1　系统安全防护

随着电脑的普及和应用，电脑安全问题已经是电脑使用者面临的最大问题，而且电脑病毒也不断出现，且迅速蔓延。这就要求用户要做好系统安全的防护，并及时优化系统，从而提高电脑的性能。

26.1.1　使用 Windows 更新

Windows 更新是系统自带的用于检测系统的工具，使用 Windows 更新可以下载并安装系统更新。具体操作步骤如下。

步骤 1 单击【开始】按钮，在打开的【开始】屏幕中选择【设置】命令，如图 26-1 所示。

图 26-1　选择【设置】命令

步骤 2 打开【设置】窗口，在其中可以看到有关系统设置的相关功能，如图 26-2 所示。

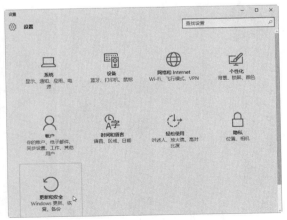

图 26-2　【设置】窗口

步骤 3 单击【更新和安全】图标，打开【更新和安全】设置界面，在其中选择【Windows 更新】选项，如图 26-3 所示。

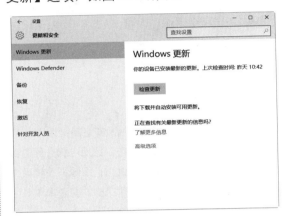

图 26-3　【更新和安全】设置界面

步骤 4 单击【检查更新】按钮，即可开始检查网上是否存在有更新文件，如图 26-4 所示。

图 26-4　检查更新

步骤 5 检查完毕后，如果存在有更新文件，则会弹出信息提示，提示用户有可用更新，并自动开始下载更新文件，如图 26-5 所示。

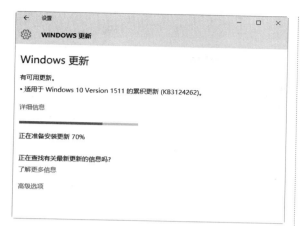

图 26-5　下载更新

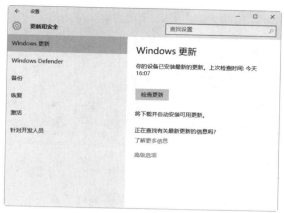

图 26-7　完成更新

步骤 6 下载完毕后，系统会自动安装更新文件，安装完毕后，会弹出如图 26-6 所示的信息提示框。

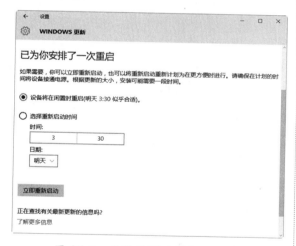

图 26-6　安装更新后的提示信息

步骤 7 单击【立即重新启动】按钮，立即重新启动电脑，重新启动完毕后，再次打开【更新和安全】设置界面，在其中可以看到"你的设备已安装最新的更新"信息提示，如图 26-7 所示。

步骤 8 单击【高级选项】超链接，打开【高级选项】设置界面，在其中可以设置更新的安装方式，如图 26-8 所示。

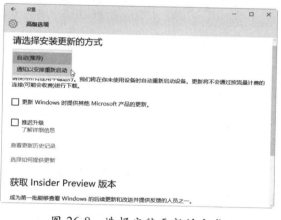

图 26-8　选择安装更新的方式

26.1.2　修复系统漏洞

使用软件修复系统漏洞是常用的优化系统的方式之一。目前，网络上存在多种软件都能对系统漏洞进行修复，如优化大师、360 安全卫士等。

修复系统漏洞的具体操作步骤如下。

步骤 1 双击桌面上的 360 安全卫士图标，打开 360 安全卫士工作界面，如图 26-9 所示。

步骤 2 单击【查找修复】按钮，打开如图 26-10 所示的工作界面。

图 26-9　360 安全卫士工作界面

图 26-10　扫描和修复界面

步骤 3 单击【漏洞修复】按钮，打开【漏洞修复】工作界面，开始扫描系统中存在的漏洞，如图 26-11 所示。

图 26-11　扫描系统存在的漏洞

步骤 4 如果存在漏洞则按照软件指示进行修复即可，如果没有系统漏洞，则会弹出如图 26-12 所示的工作界面。

图 26-12　修复系统漏洞

26.1.3　使用 Windows Defender

Windows Defender 是 Windows 10 的一项功能，主要用于帮助用户抵御间谍软件和其他潜在的有害软件的攻击，但在系统默认情况下，该功能是不开启的。下面介绍如何开启 Windows Defender 功能。

具体操作步骤如下。

步骤 1 单击【开始】按钮，从弹出的下拉菜单中选择【控制面板】命令，即可打开【所有控制面板项】窗口，如图 26-13 所示。

图 26-13　【所有控制面板项】窗口

步骤 2 单击 Windows Defender 超链接，即可打开 Windows Defender 对话框，提示用户此应用已经关闭，如图 26-14 所示。

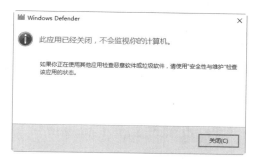

图 26-14　Windows Defender 对话框

步骤 3 在【所有控制面板项】窗口中单击【安全性与维护】超链接，打开【安全性与维护】窗口，如图 26-15 所示。

图 26-15　【安全性与维护】窗口

步骤 4 单击【间谍软件和垃圾软件防护】后面的【立即启用】按钮，弹出如图 26-16 所示的对话框。

图 26-16　选择运行应用的方式

步骤 5 单击【是，我信任这个发布者，希望运行此应用】超链接，即可启用 Windows Defender 服务。

26.1.4　启用系统防火墙

Windows 操作系统自带的防火墙做了进一步的调整，更改了高级设置的访问方式，增加了更多的网络选项，支持多种防火墙策略，让防火墙更加便于用户使用。

启用防火墙的具体操作步骤如下。

步骤 1 单击【开始】按钮，从弹出的下拉菜单中选择【控制面板】命令，即可打开【所有控制面板项】窗口，如图 26-17 所示。

图 26-17　【所有控制面板项】窗口

步骤 2 单击【Windows 防火墙】超链接，即可打开【Windows 防火墙】窗口，在左侧窗格中可以看到【允许程序或功能通过 Windows 防火墙】、【更改通知设置】、【启用或关闭 Windows 防火墙】、【高级设置】和【还原默认设置】等链接，如图 26-18 所示。

图 26-18　【Windows 防火墙】窗口

步骤 3 单击【启用或关闭 Windows 防火墙】链接，均可打开【自定义各类网络的设置】界面，其中可以看到【专用网络设置】和【公用网络设置】两个设置区域，用户可以根据需要设置 Windows 防火墙的启用、关闭以及 Windows 防火墙阻止新程序时是否通知我等，如图 26-19 所示。

图 26-19　开启防火墙

步骤 4 一般情况下，系统默认选中【Windows 防火墙阻止新应用时通知我】复选框，这样防火墙发现可信任列表以外的程序访问用户电脑时，就会弹出【Windows 防火墙已经阻止此应用的部分功能】界面，如图 26-20 所示。

图 26-20　【Windows 防火墙已经阻止此应用的部分功能】界面

步骤 5 如果用户知道该程序是一个可信任的程序，则可根据使用情况选中【专用网络……】

和【公用网络……】复选框，然后单击【允许访问】按钮，就可以把这个程序添加到防火墙的可信任程序列表中了，如图 26-21 所示。

图 26-21　【允许的应用】对话框

步骤 6 如果电脑用户希望防火墙阻止所有的程序，则可以在如图 26-19 所示的界面中选中【阻止所有传入连接，包括位于允许应用列表中的应用】复选框，此时 Windows 防火墙会阻止包括可信任程序在内的大多数程序，如图 26-22 所示。

图 26-22　【自定义设置】对话框

提示　有时即使同时选中【Windows 防火墙阻止新应用时通知我】复选框，操作系统也不会给出任何提示。不过，即使操作系统的防火墙处于这种状态，用户仍然可以浏览大部分网页、收发电子邮件以及查阅即时消息等。

26.2　木马病毒查杀

信息化社会面临着电脑系统安全问题的严重威胁，如系统漏洞木马病毒等。使用杀毒软件可以保护电脑系统安全。可以说杀毒软件是电脑安全必备的软件之一。

26.2.1　使用安全卫士查杀

使用 360 安全卫士还可以查询系统中的木马文件，以保证系统安全。使用 360 安全卫士查杀木马的具体操作步骤如下。

步骤　1　在 360 安全卫士的工作界面中单击【查杀修复】按钮，进入 360 安全卫士查杀修复工作界面，在其中可以看到 360 安全卫士为用户提供了 3 种查杀方式，如图 26-23 所示。

图 26-23　查看查杀方式

步骤　2　单击【快速扫描】按钮，开始快速扫描系统关键位置，如图 26-24 所示。

图 26-24　扫描木马病毒

步骤　3　扫描完成后，给出扫描结果。对于扫描出来的危险项，用户可以根据实际情况自行清理，也可以直接单击【一键处理】按钮，对扫描出来的危险项进行处理，如图 26-25 所示。

图 26-25　扫描结果

步骤　4　单击【一键处理】按钮，开始处理扫描出来的危险项，处理完成后，弹出【360木马查杀】对话框，在其中提示用户处理成功，如图 26-26 所示。

图 26-26　【360 木马查杀】对话框

26.2.2　使用杀毒软件查杀

如果发现电脑运行不正常，用户首先分析原因，然后利用杀毒软件进行杀毒操作。下面以"360 杀毒"查杀病毒为例讲解如何利用杀毒软件杀毒。

使用 360 杀毒软件杀毒的具体操作步骤如下。

步骤 1 在【木马查杀】选项卡中 360 杀毒为用户提供了几种查杀病毒的方式，如图 26-27 所示。

图 26-27 【木马查杀】选项卡

步骤 2 这里选择【快速扫描】方式。单击【快速扫描】按钮，即可开始扫描系统中的病毒文件，如图 26-28 所示。

图 26-28 开始扫描

步骤 3 在扫描的过程中如果发现木马病毒，则会在下面的列表框中显示扫描出来的木马病毒，并列出其威胁对象、威胁类型、处理状态等，如图 26-29 所示。

图 26-29 扫描结果

步骤 4 扫描完成后，选中【系统异常项】复选框，单击【立即处理】按钮，即可删除扫描出来的木马病毒或安全威胁对象，如图 26-30 所示。

图 26-30 处理扫描结果

26.3 系统速度优化

对电脑速度进行优化是系统安全优化的一个方面。用户可以通过清理系统盘临时文件、清理磁盘碎片、禁用开机启动项、清理系统垃圾、清理系统插件等方面来实现。

26.3.1 系统盘瘦身

在没有安装专业的清理垃圾软件前，用户可以手动清理磁盘垃圾临时文件，为系统盘瘦身。具体操作步骤如下。

步骤 1 选择【开始】→【所有应用】→【Windows 系统】→【运行】菜单命令，在【运行】对话框中输入"cleanmgr"命令，按 Enter 键确认，如图 26-31 所示。

图 26-31　【运行】对话框

步骤 2 弹出【磁盘清理：驱动器选择】对话框，在【驱动器】下拉列表框中选择需要清理临时文件的磁盘分区，如图 26-32 所示。

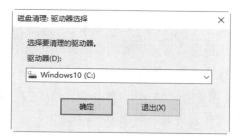

图 26-32　【磁盘清理：驱动器选择】对话框

步骤 3 单击【确定】按钮，弹出【磁盘清理】对话框，并开始自动计算清理磁盘垃圾，如图 26-33 所示。

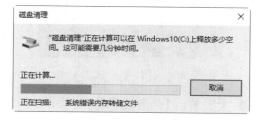

图 26-33　【磁盘清理】对话框

步骤 4 弹出【Windows10(C:)的磁盘清理】对话框，在【要删除的文件】列表框中显示扫描出的垃圾文件和大小，选择需要清理的临时文件，单击【清理系统文件】按钮，如图 26-34 所示。

图 26-34　扫描结果

步骤 5 系统开始自动清理磁盘中的垃圾文件，并显示清理的进度，如图 26-35 所示。

图 26-35　清理临时文件

26.3.2 整理磁盘碎片

随着时间的推移，用户在保存、更改或删除文件时，卷上会产生碎片。磁盘碎片整理程序可以重新排列卷上的数据并重新合并碎片数据，有助于计算机更高效地运行。在 Windows 10 操作系统中，磁盘碎片整理程序可以按计划自动运行，用户也可以手动运行该程序或更改该程序使用的计划。

具体操作步骤如下。

步骤 1 选择【开始】→【所有应用】→【Windows 管理工具】→【碎片整理和优化驱动器】命令，如图 26-36 所示。

图 26-36 选择【碎片整理和优化驱动器】命令

步骤 2 弹出【优化驱动器】对话框，在其中选择需要整理碎片的磁盘，单击【分析】按钮，如图 26-37 所示。

图 26-37 【优化驱动器】对话框

步骤 3 系统先分析磁盘碎片的多少，然后自动整理磁盘碎片。磁盘碎片整理完成后，单击【关闭】按钮即可，如图 26-38 所示。

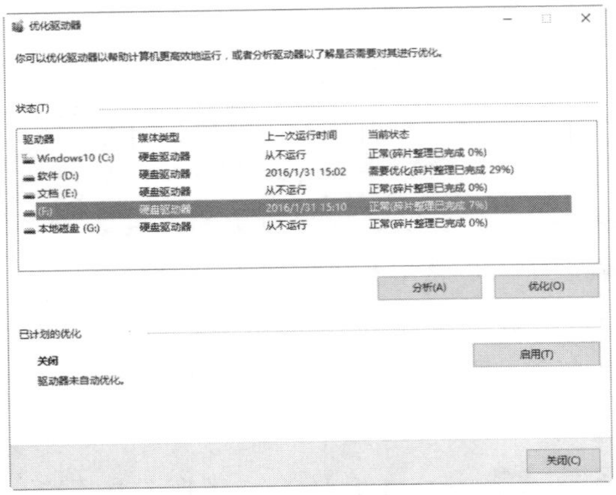

图 26-38 整理磁盘碎片

步骤 4 单击【启用】按钮，打开【优化驱

动器】对话框，在其中可以设置优化驱动器的相关参数，如【频率】、【驱动器】等，最后单击【确定】按钮，系统会根据预先设置好的计划自动整理磁盘碎片并优化驱动器，如图 26-39 所示。

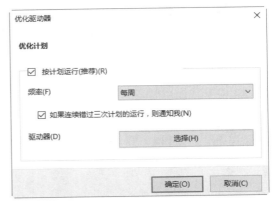

图 26-39 设置优化计划

26.3.3 禁用开机启动项

在电脑启动的过程中，自动运行的程序叫作开机启动项。开机启动程序会浪费大量的内存空间，并减慢系统启动速度。因此，要想加快开机速度，就必须禁用一部分开机启动项。

具体操作步骤如下。

步骤 1 按 Ctrl+Alt+Delete 组合键，打开【任务管理器】界面，如图 26-40 所示。

图 26-40 【任务管理器】界面

步骤 2 单击【任务管理器】选项，打开【任务管理器】对话框，如图 26-41 所示。

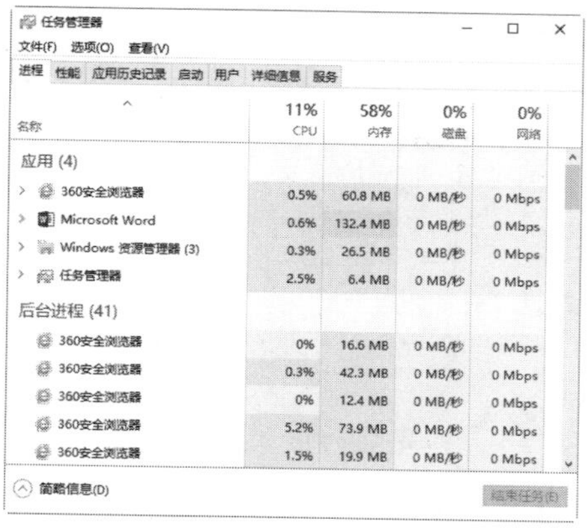

图 26-41　【任务管理器】对话框

步骤 3 切换到【启动】选项卡，在其中可以看到系统中的开机启动项列表，如图 26-42 所示。

图 26-42　【启动】选项卡

步骤 4 选择开机启动项列表框中需要禁用的启动项，单击【禁用】按钮，即可禁用该启动项，如图 26-43 所示。

图 26-43　选择需要禁用的启动项

26.3.4　清理系统垃圾

360 安全卫士是一款完全免费的安全类上网辅助工具软件，拥有木马查杀、恶意插件清理、漏洞补丁修复、电脑全面体检、垃圾和痕迹清理、系统优化等多种功能。

使用 360 安全卫士清理系统垃圾的具体操作步骤如下。

步骤 1 双击桌面上的 360 安全卫士快捷图标，打开 360 安全卫士界面，如图 26-44 所示。

图 26-44　360 安全卫士界面

步骤 2 在 360 安全卫士界面的左下角有 3 个按钮，分别是【查杀修复】、【电脑清理】、【优化加速】。这里单击【电脑清理】按钮，进入电脑清理工作界面，如图 26-45 所示。

图 26-45　清理工作界面

步骤 3 在电脑清理工作界面中包括多个清理类型。这里单击【一键扫描】按钮选择所有的清理类型，开始扫描电脑系统中的垃圾文件，如图 26-46 所示。

图 26-46　正在扫描垃圾

图 26-48　清理系统垃圾

步骤 4　扫描完成后，在电脑清理工作界面中显示扫描的结果，如图 26-47 所示。

图 26-47　显示扫描结果

步骤 5　单击【一键清理】按钮，开始清理系统垃圾，清理完成后，在电脑清理工作界面中给出清理完成的信息提示，如图 26-48 所示。

步骤 6　单击工作界面右下角的【自动清理】按钮，打开【自动清理设置】对话框，在其中开启自动清理功能，并设置自动清理的时间和清理内容，最后单击【确定】按钮即可，如图 26-49 所示。

图 26-49　【自动清理设置】对话框

26.4　高效办公技能实战

26.4.1　高效办公技能 1——管理鼠标的右键菜单

在电脑长期使用的过程中，鼠标的右键菜单会越来越长，占了大半个屏幕，看起来很不美观也不简洁。这是由于安装软件时附带的添加右键菜单功能而造成的，那么怎么管理右键菜单呢？使用 360 安全卫士的右键管理功能可以轻松管理鼠标的右键菜单，具体操作步骤如下。

步骤 1　在 360 安全卫士的【全部工具】操作界面中单击【右键管理】图标，如图 26-50 所示。

步骤 2　打开【右键菜单管理】对话框，如图 26-51 所示。

步骤 3　单击【开始扫描】按钮，开始扫描右键菜单，扫描完毕后，在【右键菜单管理】对话框中显示出扫描的结果，如图 26-52 所示。

图 26-50 单击【右键管理】图标

图 26-51 【右键菜单管理】对话框

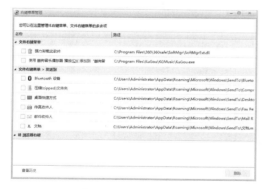

图 26-52 扫描结果

步骤 4 选中需要删除的右键菜单前面的复选框，如图 26-53 所示。

步骤 5 单击【删除】按钮，弹出信息提示对话框，提示用户是否确定要删除已经选择的右键菜单项，如图 26-54 所示。

步骤 6 单击【是】按钮，即可将选中的右键菜单删除，如图 26-55 所示。

图 26-53 选择要删除的右键菜单项

图 26-54 信息提示对话框

图 26-55 删除选中的右键菜单

26.4.2 高效办公技能 2——启用和关闭快速启动功能

使用系统中的"启用快速启动"功能，可以加快系统的开机启动速度。启用和关闭快速启动功能的具体操作步骤如下。

步骤 1 单击【开始】按钮，在打开的【开始】屏幕中选择【控制面板】命令，打开【所有控制面板项】窗口，如图 26-56 所示。

步骤 2 单击【电源选项】图标，打开【电源选项】窗口，如图 26-57 所示。

图 26-56 【所有控制面板项】窗口

图 26-57 【电源选项】窗口

步骤 3 单击【选择电源按钮的功能】超链接，打开【系统设置】对话框，在【关机设置】区域中选中【启用快速启动（推荐）】复选框，单击【保存修改】按钮，即可启用快速启动

功能，如图 26-58 所示。

图 26-58 【系统设置】窗口

步骤 4 如果想要关闭快速启动功能，则可以取消【启用快速启动（推荐）】复选框的选中状态，然后单击【保存修改】按钮即可，如图 26-59 所示。

图 26-59 关闭快速启动功能

26.5 疑难问题解答

问题 1： 如果突然发现保存在硬盘上的数据丢失了，应该如何处理？

解答： 当出现这种情况时，应该立刻停止一切不必要的操作。如果是误删除、误格式化造成的数据丢失，最好不要再往硬盘中写数据；如果是硬盘出现坏道读不出数据，最好不要继续反复读盘；如果是硬盘摔坏的情况，最好不要再加电，要想进行数据恢复工作，就要请教数据恢复专家了。

问题 2： 手动清理电脑系统垃圾有哪些弊端？

解答： 对于初学计算机的用户，自己清理系统垃圾是非常危险的，弄不好会造成系统瘫痪。因此，最好不要手工清理系统垃圾，建议利用清理工具来清理系统中的垃圾文件，常用的电脑系统垃圾清理工具是 360 安全卫士。